能量、热量单位换算

kJ	kcal	kgf·m	kW·h	Btu
1	0.238 845 9	0.101 972	1/3 600	0.947 817 0
4.186 8	1	0.426 936	1.163 00×10⁻³	3.968 320
9.806 65	2.342 28	1	2.724 07×10⁻³	9.294 89
3 600	859.845 2	367.097 8	1	3 412.141
1.055 056	0.251 995 8	0.107 586	2.930 711×10⁻⁴	1

$1\,J = 1\,N\cdot m = 1\,W\cdot s = 10^{7}\,erg$

传热量、功率单位换算

W	kgf·m/s	PS	ft·lbf/s
1	0.101 971 6	1.359 622×10³	0.737 562 1
9.806 65	1	1/75	7.233 014
735.498 8	75	1	542.476 0
1.355 818	0.138 255 0	1.843 399×10⁻³	1

$1\,W = 1\,J/s = 1\,N\cdot m/s$　　PS：米制马力

温度单位换算

$$t(\text{℃}) = T(K) - 273.15$$
$$t_F(\text{℉}) = 1.8\,t(\text{℃}) + 32$$
$$t_F(\text{℉}) = T_F(\text{°R}) - 459.67$$
$$T_F(\text{°R}) = 1.8\,T(K)$$

长度单位换算

m	mm	ft	in
1	1 000	3.280 840	39.370 08
10⁻³	1	3.280 840×10⁻³	39.370 08×10⁻²
0.304 8	304.8	1	12
0.025 4	25.4	1/12	1

面积单位换算

m²	cm²	ft²	in²
1	10⁴	10.763 91	1 550.003
10⁻⁴	1	1.076 391×10⁻⁵	0.155 000 3
9.290 304×10⁻²	929.030 4	1	144
6.451 6×10⁻⁴	6.451 6	1/144	1

体积单位换算

m³	cm³	ft³	in³	L	备　注
1	10⁶	35.314 67	6.102 374×10⁴	1 000	英制加仑：
10⁻⁶	1	3.531 467×10⁻⁵	6.102 374×10⁻²	10⁻³	1 m³ = 219.969 2 gal (UK)
2.831 685×10⁻²	2.831 685×10⁴	1	1 728	28.316 85	米制加仑：
1.638 706×10⁻⁵	16.387 06	1/1 728	1	1.638 706×10⁻²	1 m³ = 264.172 0 gal (US)
10⁻³	10³	3.531 467×10⁻²	61.023 74	1	

压力单位换算

Pa (N·m⁻²)	bar	atm	Torr (mmHg)	kgf·cm⁻²	psi (lbf·in⁻²)
1	10⁻⁵	9.869 23×10⁻⁶	7.500 62×10⁻³	1.019 72×10⁻⁵	1.450 38×10⁻⁴
10⁵	1	0.986 923	750.062	1.019 72	14.503 8
1.013 25×10⁵	1.013 25	1	760	1.033 23	14.696 0
133.322	1.333 22×10⁻³	1.315 79×10⁻³	1	1.359 51×10⁻³	1.933 68×10⁻²
9.806 65×10⁴	0.980 665	0.967 841	735.559	1	14.223 4
6.894 75×10³	6.894 75×10⁻²	6.804 59×10⁻²	51.714 9	7.030 69×10⁻²	1

机械工程类专业系列教材

传　热　学

〔日〕圆山重直　主编
王世学　张信荣　等　编译

著作权合同登记号　图字：01-2009-2514 号

图书在版编目(CIP)数据

传热学 /（日）圆山重直主编；王世学等编译. —北京：北京大学出版社，2011.9
（机械工程类专业系列教材）
ISBN 978-7-301-19529-1

Ⅰ. ①传… Ⅱ. ①圆…②王… Ⅲ. ①传热学－高等学校－教材 Ⅳ. ①TK124

中国版本图书馆 CIP 数据核字(2011)第 191752 号

ⓒ日本機械学会　2005　JSMEテキストシリーズ　伝熱工学
原出版社の文書による許諾なくして、本書の全部または一部を、フォトコピー、イメージスキャナ等により複写・複製したり、或いはデータベースへ情報として蓄積し、検索システムを含む電気的・機械的、その他いかなる手段・形態によっても、複製したり送信したりしてはならない。

ⓒ北京大学出版社　2011　JSME 教科书系列　传热学
本书（《JSME 教科书系列　传热学》(2005)）经日本机械学会（日本•东京新宿区）的授权，由北京大学出版社编译出版。

书　　　名：	传热学
著作责任者：	〔日〕圆山重直　主编　王世学　张信荣　等　编译
策 划 编 辑：	胡伟晔
责 任 编 辑：	胡伟晔
标 准 书 号：	ISBN 978-7-301-19529-1
出 版 发 行：	北京大学出版社
地　　　址：	北京市海淀区成府路 205 号　100871
网　　　址：	http://www.pup.cn　新浪微博：@北京大学出版社
电 子 信 箱：	编辑部 zyjy@pup.cn　总编室 zpup@pup.cn
电　　　话：	邮购部 010-62752015　发行部 010-62750672　编辑部 010-62756923
印 刷 者：	北京虎彩文化传播有限公司
	889 毫米×1194 毫米　大 16 开本　17.25 印张　518 千字
	2011 年 9 月第 1 版　2024 年 7 月第 5 次印刷
定　　　价：	40.00 元

未经许可，不得以任何方式复制或抄袭本书之部分或全部内容。
版权所有，侵权必究
举报电话：010-62752024　电子信箱：fd@pup.cn
图书如有印装质量问题，请与出版部联系，电话：010-62756370

内 容 简 介

本书是日本机械工程学会(JSME)为了提高机械类高校学生的基础知识水平并考虑适应工程技术人员国际教育认定制度而编写的系列教材之一,在日本国内深受欢迎。其内容包括热传导、对流、辐射、物质传递以及换热器等基础知识和最新进展,且编写中充分考虑各类读者的不同需求,读者可根据需要选择其部分或全部内容学习。

本书可作为高等学校机械类的本科生和研究生作为教材或辅助教材使用,也可供相关工程技术人员参考。

《机械工程类专业系列教材》
编译委员会

指导委员：(按姓氏音序排列)
    过增元（清华大学）
    何雅玲（西安交通大学）
    梁新刚（清华大学）
    廖 强（重庆大学）
    刘 伟（武汉理工大学）
    王如竹（上海交通大学）
    严俊杰（西安交通大学）
    张 兴（清华大学）

出版委员：(按姓氏音序排列)
    白 皓（北京科技大学）
    戴传山（天津大学）
    李凤臣（哈尔滨工业大学）
    汪双凤（华南理工大学）
    王 迅（天津大学）
    王世学（天津大学）
    魏进家（西安交通大学）
    张 鹏（上海交通大学）
    张信荣（北京大学）

《JSME 机械工程类系列教材》
出版委员会

主席 宇高义郎 （横滨国立大学）
干事 高田一 （横滨国立大学）
顾问 铃木浩平 （首都大学东京）
委员 石棉良三 （神奈川工科大学）　　西尾茂文 （东京大学）
　　　　远藤顺一 （神奈川工科大学）　　花村克悟 （东京工业大学）
　　　　加藤典彦 （三重大学）　　　　　原　利昭 （新泻大学）
　　　　川田宏之 （早稻田大学）　　　　北条春夫 （东京工业大学）
　　　　喜多村直 （九州工业大学）　　　松冈信一 （富山县立大学）
　　　　木村康治 （东京工业大学）　　　松野文俊 （电气通信大学）
　　　　后藤　彰 （荏原综合研究所）　　圆山重直 （日本东北大学）
　　　　志泽一之 （庆应义塾大学）　　　三浦秀士 （九州大学）
　　　　清水伸二 （上智大学）　　　　　三井公之 （庆应义塾大学）
　　　　新野秀宪 （东京工业大学）　　　水口义久 （山梨大学）
　　　　杉本浩一 （东京工业大学）　　　村田良义 （明治大学）
　　　　武田行生 （东京工业大学）　　　森田信义 （静冈大学）
　　　　陈　玳珩 （东京理工大学）　　　森栋隆昭 （湘南工科大学）
　　　　辻　知章 （中央大学）　　　　　汤浅荣二 （武藏工业大学）
　　　　中村　元 （防卫大学校）　　　　吉泽正绍 （庆应义塾大学）
　　　　中村仁彦 （东京大学）

JSME 系列教材之《热力学》和《传热学》中文版序

当今世界全球化发展极为迅猛,无论是政治与经济,还是科学技术与文化等国际间的交流日益紧密,与此相伴随的是信息、资金、技术与人才的跨国界流动。尤其是人才的国际化对提高我国的改革开放水平,提升我国的国际竞争力,促进我国国民经济和科学技术的发展无疑是至关重要的。为适应此国际化的需求,我国的一些重点高校已将人才的国际化培养作为一项重要工作列入学校的中长期发展规划。就人才的国际化培养来讲,向国外派遣留学生和接受外国留学生,或者请外籍教师来华授课和派教师到国外讲学仅仅是一种手段或曰形式,其实质是要求我们培养的学生和国际上主要国家的同类学生相比具有同等的知识水平和解决问题的能力。如何认定学生是否具备了这种水平和能力,或者是通过考试(如,美国工程基础能力检定考试(FE)等),或者是考查其所受教育的课程体系与内容。前者主要是针对作为个体的学生,而后者主要是针对作为教育机构的学校。

为应对国际标准的技术人员教育认定制度,日本在1999年成立了"日本技术者教育认定机构"(JABEE),其与各类科学技术协会密切合作,进行技术人员教育制度的审查和认定,通过加入华盛顿协议(Washington Accord,1989.11)实现了与欧美主要国家间的相互承认,为日本的人才走向世界打开了大门。为了配合技术教育认定,日本各高校在课程设置和教材选用上都作了改革。因此需要一套与国际标准接轨,有目的地对大学本科生进行专门教育的教科书。在此背景下,日本机械工程学会编辑和出版了《JSME 系列教材》。教材的编者队伍汇集了日本国内各相关领域的著名学者,实力雄厚。该系列教材可谓集大家之成,出版以来深受欢迎,其《热力学》一书销量已突破 43 000 册,在版本林立的工科专业课教材中堪称奇迹。

这样一套教科书对于正在全面进行工程教育改革,提升国际化水平的我国高等工程教育来说应是极具参考价值的。为此,北京大学出版社与 JSME 协商,组织了本系列教材的中文版出版工作。编译工作由北京大学、天津大学等高校教师完成,编译者均有长期在日工作的经历且在各自专业领域多有建树。非常高兴看到年轻的学者在引进国外优秀教材方面作出积极努力,有理由相信本系列教材中文版的出版一定会有助于我国的工程教育人才的国际化培养,促进我国的高等工程教育的国际化认证工作发展。

以上一点感想聊以为序。

过增元

2011 年 7 月

序　言

《JSME系列教材》是针对大学本科生的，以机械工程学入门必修课内容为出发点，涵盖机械工程学的基本内容，并涉足技术人员认定制度所发行的教科书。

自1988年日本出版事业相关规定修改以后，日本机械工程学会得以直接编辑并出版发行教科书，但系统地囊括机械工程学各个领域的书籍至今未有出版。这是因为已有大量的同类书籍出版，如本会所出版的《机械工程学便览》、《机械实用便览》等在机械学中都可以作为教材、辅助教材来使用。然而，随着全球化的发展，技术人员认证系统的重要性愈加突出，因此与国际标准接轨，有目的地对大学本科生进行专门教育等，本科教育环境急剧变化，与此对应的各个大学进行了教育内容方面的改革，也产生了出版与之相应的教科书的需求。

在这种背景下，我们策划出版了本系列教材，其特点如下。

（1）此系列教材是日本机械工程学会为在大学中示范机械工程学教育标准而编写的教科书。

（2）有助于在机械工程学教育中保持从入门到作为必修科目的学习连贯性，提高大学本科生的基础知识能力。

（3）考虑到应对国际标准的技术人员教育认定制度［日本技术人员教育认定机构（JABEE）］、技术人员认证制度［美国工程基础能力检定考试（FE），技术人员一次性考试等］，在各教材中引入相关的技术英语。

此外，在编辑、执笔过程中，为实现上述特点，采取了以下措施。

（1）采用了较多的编写者共同商议式的策划与实施。

（2）集结了各领域的全部力量，尽可能地优质低价出版。

（3）在页面的一侧使用图表、双色印刷等以方便阅读。

（4）参考美国的FE考试［工程学基础能力检定考试（Fundamentals of Engineering Examination）］习题集，设置了英语习题。

（5）配合各教科书出版了相应的习题集。

本出版分科委员会特别注意致力于编辑、校正工作，努力发行具有学会特色的优质书籍。具体来说，各领域的出版分科委员会以及编写小组都采用集体负责制，实施多数人商议校正制度，在最后由各领域资深校阅者负责校正工作。

经过所有同人的共同努力，本系列教材得以成功出版。在此，向为出版出谋划策的出版事业全会、编撰理事、出版分科委员会的各位委员，承担出版、策划、实施及最终定稿的各领域出版分科委员会的各位委员，特别是在短时间内按照教科书的特点在形式上进行修改直至最终定稿的各位编者，再次表达诚挚的谢意。此外，向本会出版集团积极担当出版业务的各位同人真诚致谢。

本系列教材若能有助于提高机械工程类学生的基础知识与能力，同时被更多的大学作为教材使用，为技术人员教育贡献绵薄之力，将会是我们的荣幸。

社团法人：日本机械工程学会
JSME系列教材出版分科会
主任：宇高义郎
2002年6月

前　言

"传热学"是一门论述热量传递方式和传递速度的基础科学,它不仅是从事机械工程设计所必需的,也是我们理解身边各种物理现象所需要的一门基础科学。

日本机械工程学会(JSME)为了提高机械类高校学生的基础知识水平,考虑到国际标准的技术工作者教育认定制度(日本 JABEE,美国 FE)的要求,并从学会的角度展示一个机械工程类的大学教育标准,成立了一个由横滨国立大学 Utaka Yoshio 教授为主任的教科书出版委员会,负责组织编写和出版机械工程类本科生用系列教科书,并于 2002 年开始陆续出版了《热力学》《传热学》《流体力学》等。该系列教材的主要特点是:

(1) 编者众多且皆为在各自研究领域有所成就的专家;
(2) 内容为众多编者反复讨论而最终成稿;
(3) 图表配置在相应页的边缘部分并采用双色印刷以便于阅读;
(4) 主要专业术语均有英文注解并配有颜色突出显示,从而重点突出易于学习;
(5) 参考美国的 FE 考试(Fundamentals of Engineering Examination),习题集采用了部分英语习题。

该系列已出版的各教材在日本国内广受欢迎,其中《热力学》一书已 6 次印刷,累计发行 43 000 册。

2007 年该系列教科书《热力学》和《传热学》的主编日本东北大学 Shigenao Maruyama 教授同北京大学教授张信荣博士讨论了将《热力学》一书编译成中文版的问题。另外,2008 年初 Yoshio Utaka 教授又向天津大学教授王世学博士建议将该系列教材介绍给中国读者。其后经各方协商决定成立一个编译委员会编译该系列教材并由北京大学出版社统一予以出版。由于原教材是面向日本国内的,为适应中国高校的教学特点和方便中国读者的学习和理解,编译者征得 JSME 的同意在编译过程中对原书的部分内容略做了修订。

本书由张信荣和王世学组织编译及校订。第 1 章由北京大学张信荣,第 2 章由天津大学王迅,第 3 章由哈尔滨工业大学李凤臣,第 4 章由北京科技大学白皓,第 5 章由上海交通大学张鹏,第 6 章山西安交通大学魏进家,第 7 章由天津大学戴传山,第 8 章由华南理工大学汪双凤等翻译。全书由王世学校对。

在本书的编译过程中,日本机械工程学会教科书出版委员会及 Shigenao Maruyama 教授、Yoshio Utaka 教授给予了大力支持和帮助,在此我们表示衷心的感谢。

另外,我们还要感谢北京大学出版社的大力支持和帮助。

编译委员会
2010 年 10 月

《传热学》前言

传热学作为研究热量的传递形态与传递速度的理论,对于学习机械工程学的学生来说是不可或缺的。此外,传热学不仅对于机器设计,而且对于理解身边的常见现象来说也是一门非常实用的学问。

在本书的编写过程中,始终坚持以下方针:

- 以学习机械学的本科学生为主要对象。
- 大量采用简单易懂的图表、机械模式图,方便工程学的学习者理解掌握。
- 网罗传热以及物质移动的所有基本内容,努力成为传热学的教材典范。
- 并不是基本信息的简单罗列,而是可以通过此书加深对传热的基本现象的理解。
- 也可以作为设计实际机器的技术人员和研究生的参考书目使用。

在本书中,有一些内容对于本科生来说较难理解,因此没有必要完全掌握。关于对本科生授课的使用方法,将在1.2节中进行叙述。

编写中,本书引入了一些新的尝试。比如,迄今为止传热学教材尚未涉足的对传热现象的微观理解及其与热力学的关联性、基于实际机器的叙述和英语习题等。另外,在第8章中,就日本学生以及技术人员不擅长的传热现象模型化与实际机器设计的应用案例进行了论述。

我们努力为读者提供优质服务,在出版后发现的排版错误刊登在了 http://www.jsme.or.jp/txt-errata.htm。若对本书内容有任何疑问或意见,请发邮件至 textseries@jsme.or.jp。

在本书编撰过程中,编者们通过多次讨论对内容进行了调整。编撰原稿除了由综合校阅人员对内容进行校正之外,还承蒙多位著名的传热学研究者提供了宝贵意见。编者们于百忙之中花费了大量时间与精力进行编写,并且召开了多次编者会议。在此向编写者研究室成员,以及为本书的编写、校正提供帮助的各位友人致以诚挚的感谢。

JSME系列教材出版分科委员会
《传热学》教材
主编　圆山重直
2005年1月

---------　　传热学　编者、出版分科委员会委员　　---------

编者	青木和夫	(长冈技术科学大学)	第2章
编者	石塚　胜	(富山县立大学)	第7章,第8章
编者	佐藤　勋	(东京工业大学)	第7章,第8章
编者	高田保之	(九州大学)	第5章,第8章
编者	高松　洋	(九州大学)	第6章
编者	中山　显	(静冈大学)	第3章
编者・委员	花村克悟	(东京工业大学)	第4章,索引
编者・委员	圆山重直	(日本东北大学)	第1章,第2章,第8章
编者	山田雅彦	(北海道大学)	第5章
综合校阅者	庄司正弘	(产业技术综合研究所)	

目　　录

第1章　概论(Introduction) ·· 1
 1.1　传热学的意义（significance of heat transfer） ································ 1
 1.2　本书的使用方法（how to use this book） ······································ 4
 1.3　传热的定义（what is heat transfer?） ·· 5
 1.4　热量传递及其方式（thermal energy transport and its modes） ············ 6
  1.4.1　传热方式（modes of thermal energy transport） ······················ 6
  1.4.2　热传导（conductive heat transfer） ···································· 7
  1.4.3　对流换热（convective heat transfer） ································ 8
  1.4.4　辐射换热（radiative heat transfer） ·································· 10
 1.5　单位与单位制（unit and system of units） ···································· 11
  1.5.1　SI（The International System of Units） ······························ 11
  1.5.2　SI之外的单位制（other system of units） ···························· 12
 *1.6　传热的微观理解（microscopic understanding of heat transfer） ·········· 14
  *1.6.1　内能（internal energy） ·· 14
  *1.6.2　微观能量的传播（transfer of microscopic energy） ················ 14
 1.7　热力学与传热的关系
  （relation between thermodynamics and heat transfer） ···················· 15
  1.7.1　闭口系统（closed system） ·· 15
  1.7.2　开口系统（open system） ·· 16
  1.7.3　边界面的能量平衡（energy balance at the boundary surface） ······ 18
  *1.7.4　传热与热力学第二定律的关系（relation
   between the second law of thermodynamics and heat transfer） ········ 19

第2章　热传导(Conductive Heat Transfer) ·· 23
 2.1　导热基础（basic of heat conduction） ·· 23
  2.1.1　傅里叶定律（Fourier's law） ·· 23
  2.1.2　导热系数（thermal conductivity） ···································· 23
  2.1.3　导热方程（heat conduction equation） ······························ 25
  2.1.4　边界条件（boundary condition） ······································ 26
  2.1.5　导热方程的无量纲化
   （dimensionless form of heat conduction equation） ···················· 27
 2.2　稳态导热（steady-state conduction） ·· 28

2.2.1 平板的稳态导热（steady-state conduction through plane wall） …… 28
2.2.2 圆筒壁和球壳的稳态导热
(Steady-state conduction through cylinder and sphere) …… 33
2.2.3 扩展的传热面（heat transfer from extended surfaces） …… 35
2.3 非稳态导热（unsteady-state conduction） …… 38
2.3.1 瞬态导热（transient conduction） …… 38
2.3.2 集总热容法模型（lumped capacitance model） …… 39
2.3.3 半无限大物体（semi-infinite solid） …… 40
2.3.4 平板（plane wall） …… 43
2.3.5 瞬态导热的简化计算法（estimation of transient conduction） …… 46
2.3.6 使用有限差分法的数值解法
(numerical solution by finite difference method) …… 48

第3章 对流换热（Convective Heat Transfer） …… 55

3.1 对流换热概述（introduction to convective heat transfer） …… 55
3.1.1 身边的对流换热（convective heat transfer around us） …… 55
3.1.2 层流与湍流（laminar flow and turbulent flow） …… 56
3.1.3 传热系数与边界层（heat transfer coefficient and boundary layer） …… 56
3.2 对流换热基本方程组（governing equations for convective heat transfer） …… 57
*3.2.1 连续性方程（equation of continuity） …… 57
*3.2.2 纳维-斯托克斯方程（Navier-Stokes equation） …… 58
*3.2.3 能量方程（energy equation） …… 59
3.2.4 不可压缩流体的基本方程组
(governing equations for incompressible flow) …… 61
3.2.5 边界层近似与无量纲数
(boundary layer approximation and dimensionless numbers) …… 63
3.3 管内流动的层流强迫对流（laminar forced convection in conduits） …… 67
3.3.1 充分发展流动（fully-developed flow） …… 68
3.3.2 充分发展的温度场（fully-developed temperature field） …… 69
3.3.3 等热流密度壁面加热下的充分发展温度场（fully-developed
temperature field for the case of constant wall heat flux） …… 70
3.3.4 等壁温加热下的充分发展温度场（fully-developed
temperature field for the case of constant wall temperature） …… 72
3.3.5 温度入口段的对流换热
(convective heat transfer within a thermal entrance region) …… 73

3.4 物体绕流的层流强迫对流换热(laminar forced convection from a body) …… 75
   3.4.1 水平平板绕流的层流强迫对流换热
      (laminar forced convection from a flat plate at zero incidence) ………… 75
   3.4.2 任意形状物体绕流的层流强迫对流换热
      (laminar forced convection from a body of arbitrary shape) …………… 77
3.5 湍流对流换热概述(introduction to turbulent convective heat transfer) …… 79
   3.5.1 湍流的特征(distinctive features of turbulence) …………………… 79
   *3.5.2 雷诺平均(Reynolds averaging) ……………………………………… 81
3.6 湍流强迫对流换热(turbulent forced convective heat transfer) …………… 82
   3.6.1 圆管内湍流强迫对流(turbulent forced convection in a circular tube) … 82
   3.6.2 平板湍流强迫对流(turbulent forced convection from a flat plate) …… 84
   3.6.3 强迫对流的实验关联式(correlations for forced convection) ……… 85
3.7 自然对流换热(natural convective heat transfer) ………………………… 87
   3.7.1 布辛涅斯克近似及基本方程组
      (Boussinesq approximation and governing equations) ………………… 87
   3.7.2 垂直平板附近的层流自然对流
      (laminar natural convection from a vertical flat plate) ………………… 88
   3.7.3 垂直平板附近的湍流自然对流
      (turbulent natural convection from a vertical flat plate) ……………… 91
   3.7.4 自然对流的经验关系式
      (empirical correlations for natural convection) ………………………… 91

第4章 辐射传热(Radiative Heat Transfer) …………………………………… 99
4.1 辐射传热的基本过程(fundamentals of radiative heat transfer) …………… 99
   4.1.1 传热的三种方式——传导、对流、辐射
      (three modes of heat transfer: conduction, convection and radiation) … 99
   4.1.2 何谓辐射(what is radiation?) ……………………………………… 99
   *4.1.3 辐射的放射机理(emission mechanism of radiation) ……………… 100
   4.1.4 导热和辐射的传热机理
      (heat transfer mechanisms of conduction and radiation) ……………… 100
   4.1.5 辐射的反射、吸收和透过
      (reflection, absorption and transmission of radiation) ………………… 101
4.2 黑体辐射(blackbody radiation) …………………………………………… 101
   4.2.1 普朗克定律(Planck's law) …………………………………………… 102
   *4.2.2 普朗克定律的导出(derivation of Planck's law) …………………… 103
   4.2.3 维恩位移定律(Wien's displacement law) ………………………… 105
   4.2.4 斯忒藩-玻尔兹曼定律(Stefan-Boltzmann's law) ………………… 105

4.2.5 黑体辐射比率 (fraction of blackbody emissive power) ………… 106
4.3 真实表面的辐射特性 (radiation properties of real surfaces) ………… 107
　4.3.1 放射率和基尔霍夫定律 (emissivity and Kirchhoff's law) ………… 107
　4.3.2 黑体、灰体和非灰体 (blackbody, gray body and nongray body) ………… 108
　4.3.3 真实表面的发射率 (emissivity of real surfaces) ………… 108
　4.3.4 真实表面的全发射率、全吸收率、全反射率和半球发射率 (total and hemispherical emissivity, total absorptivity and total reflectivity of real surfaces) ……… 109
4.4 辐射换热基础 (fundamentals of radiative heat exchange) ………… 110
　4.4.1 平行表面间的辐射换热
　　　 (radiative heat exchange between parallel surfaces) ………… 110
　4.4.2 辐射强度 (radiation intensity) ………… 111
　4.4.3 物体表面间的角系数 (view factor between black surfaces) ………… 112
4.5 黑体表面间以及灰体表面间的辐射传热
　　 (radiative heat transfer between black and/or gray surfaces) ………… 114
　4.5.1 黑体表面构成的封闭空间内的辐射传热
　　　 (radiative heat transfer between enclosed multiple black surfaces) ……… 114
　4.5.2 灰体表面构成的封闭空间的辐射传热
　　　 (radiative heat transfer between enclosed multiple gray surfaces) ……… 115
4.6 气体辐射 (gaseous radiation) ………… 117
　4.6.1 气体辐射的吸收、发射机理
　　　 (mechanism of absorption and emission of radiation by gases) ………… 117
　4.6.2 气体层的辐射吸收(比尔定律)
　　　 (absorption of radiation by gaseous layer; Beer's law) ………… 118
　4.6.3 气体辐射及其发射率
　　　 (emission of radiation from gaseous layer and emissivity) ………… 118
　4.6.4 实际气体的发射率和吸收率
　　　 (emittance and absorptance of real gases) ………… 120
　4.6.5 含实际气体的辐射传热
　　　 (radiative heat exchange including real gases) ………… 120

第5章 相变传热 (Heat Transfer with Phase Change) ………… 123
5.1 相变和传热 (phase change and heat transfer) ………… 123
5.2 相变热力学 (thermodynamics for phase change) ………… 124
　5.2.1 物质的相和相平衡 (phase of substance and phase equilibrium) ………… 124
　5.2.2 过热度和过冷度 (degrees of superheating and subcooling) ………… 125
　5.2.3 表面张力 (surface tension) ………… 126

目　录

5.3　沸腾换热的特征(characteristic of boiling heat transfer) …………………… 128
　　5.3.1　沸腾的分类(classification of boiling) ………………………………… 128
　　5.3.2　沸腾曲线(boiling curve) ……………………………………………… 128
　　5.3.3　影响沸腾传热的主要因素
　　　　　(dominant parameters influencing boiling heat transfer) …………… 130
5.4　核态沸腾(nucleate boiling) …………………………………………………… 130
　　*5.4.1　气泡的生长与脱离(bubble formation and departure) ……………… 130
　　5.4.2　核态沸腾传热机理(mechanism of nucleate boiling heat transfer) … 134
　　5.4.3　核态沸腾的关联式(correlation of nucleate boiling heat transfer) …… 135
5.5　池沸腾的临界热流密度(critical heat flux in pool boiling) ………………… 137
5.6　膜态沸腾(film boiling) ………………………………………………………… 137
5.7　流动沸腾(flow boiling) ………………………………………………………… 141
　　5.7.1　气液两相流动形态(two-phase flow pattern) ………………………… 141
　　5.7.2　管内沸腾传热(flow boiling heat transfer in tube) …………………… 142
5.8　凝结换热(heat transfer with condensation) ………………………………… 143
　　5.8.1　凝结的分类和机理(classification and mechanism of condensation) … 143
　　5.8.2　层流膜状凝结理论(theory of laminar film-wise condensation) ……… 144
　　5.8.3　努塞尔理论解析(Nusselt's analysis) ………………………………… 145
　　5.8.4　水平圆管表面的膜状凝结
　　　　　(film-wise condensation on a horizontal cooled tube) ……………… 149
　　5.8.5　管束的膜状凝结
　　　　　(film-wise condensation on a bundle of horizontal cooled tubes) …… 150
　　5.8.6　不凝性气体和凝结气体混合的情况(condensation of
　　　　　a mixture of non-condensing gas and condensing gas) ……………… 151
　　5.8.7　滴状凝结(drop-wise condensation) …………………………………… 152
　　5.8.8　滴状凝结的影响因素(dominant factor to drop-wise condensation) … 152
5.9　熔解、凝固传热(heat transfer with melting and solidification) …………… 153
5.10　其他的相变和传热(other phase change and heat transfer) ……………… 157

第6章　传质(Mass Transfer) ……………………………………………………… 161
6.1　混合物与传质(mixture and mass transfer) ………………………………… 161
　　6.1.1　什么是传质(what is mass transfer?) ………………………………… 161
　　6.1.2　传质物理(physics of mass transfer) …………………………………… 161
　　6.1.3　浓度的定义(definition of concentrations) …………………………… 162
　　6.1.4　速度和流率的定义(definitions of velocities and fluxes) …………… 163
6.2　物质扩散(diffusion mass transfer) …………………………………………… 165
　　6.2.1　费克扩散定律(Fick's law of diffusion) ………………………………… 165

6.2.2 扩散系数 (diffusion coefficient) …… 166
6.3 传质控制方程 (governing equations of mass transfer) …… 166
　6.3.1 组分守恒 (conservation of species) …… 166
　6.3.2 边界条件 (boundary conditions) …… 168
6.4 物质扩散举例 (examples of mass diffusion) …… 169
　6.4.1 静止介质中的稳态扩散
　　　 (steady-state diffusion in a stationary medium) …… 169
　6.4.2 静止气体中的单向扩散 (diffusion through a stagnant gas column) …… 171
　6.4.3 伴随均质化学反应的扩散
　　　 (diffusion with homogeneous chemical reactions) …… 173
　6.4.4 向下降液膜中的扩散 (diffusion into a falling liquid film) …… 174
　6.4.5 非稳态扩散 (transient diffusion) …… 175
6.5 对流传质 (convective mass transfer) …… 176
　6.5.1 传质系数 (mass transfer coefficient) …… 176
　6.5.2 对流传质中的重要参数
　　　 (significant parameters in convective mass transfer) …… 177
6.6 热质传递的耦合作用 (coupling effect of heat and mass transfer) …… 180

第7章 传热的应用与换热设备
(Applications of Heat Transfer and Heat Transfer Equipments) …… 183

7.1 换热器的基本理论 (fundamentals of heat exchangers) …… 183
　7.1.1 总传热系数 (overall heat transfer coefficient) …… 183
　7.1.2 基于热交换的流体温度变化
　　　 (temperature change of fluids due to heat exchange) …… 184
　7.1.3 对数平均温差 (logarithmic-mean temperature difference) …… 185
　7.1.4 实际换热器及其特点 (practical heat exchangers and their features) …… 186
7.2 换热器的设计方法 (design of heat exchangers) …… 188
　7.2.1 换热器的性能 (characteristics of heat exchangers) …… 188
　7.2.2 换热器设计 (heat exchanger design) …… 191
　7.2.3 换热器性能的变化 (characteristic change of heat exchangers) …… 194
7.3 设备的冷却 (cooling of equipments) …… 195
　7.3.1 热设计的必要性 (necessity of thermal design) …… 195
　7.3.2 热阻 (thermal resistance) …… 195
　7.3.3 空冷技术 (air-cooling technology) …… 197
　7.3.4 液体冷却 (liquid cooling) …… 199
7.4 绝热技术 (insulation technology) …… 200
　7.4.1 绝热材料 (insulation material) …… 200

7.4.2　绝热技术（Insulation technology） …………………………………… 201
7.5　其他传热装置（other heat transport devices） ……………………………… 202
　　7.5.1　热管（heat pipe） …………………………………………………… 202
　　7.5.2　帕尔特元件的应用（application of Peltier element） ……………… 203
　　7.5.3　其他最新换热技术
　　　　　（other state-of-the-art heat exchange technologies） ……………… 205
　　7.5.4　填充层与流化层（packed beds and fluidized beds） ……………… 206
7.6　温度与热的测量（measurements of heat and temperature） ……………… 208
　　7.6.1　温度测量（temperature measurement） …………………………… 208
　　7.6.2　热量与热流密度的测量（measurements of heat and heat flux） … 210
　　7.6.3　流体速度测量（measurement of fluid velocity） ………………… 210

第 8 章　传热问题的模型化与设计
（Modeling and Design of Heat Transfer Problem） ……………………… 215

8.1　传热现象的尺度效应（scale effect in heat transfer phenomena） ………… 215
8.2　无量纲数及其物理意义
　　（dimensionless numbers and their physical meaning） …………………… 216
　　8.2.1　量纲分析（dimensional analysis） ………………………………… 216
　　8.2.2　矢量性量纲分析（vectorial dimensional analysis） ……………… 217
　*8.2.3　无量纲数与相似准则（dimensionless numbers and similarity law） ……… 218
8.3　模型化与热设计（modeling and thermal design） ………………………… 220
8.4　实际换热器的设计（practical design of heat exchangers） ……………… 230
附录 ……………………………………………………………………………………… 235

第 1 章

概　　论

Introduction

1.1 传热学的意义（significance of heat transfer）

传热学(heat transfer, engineering heat transfer)是一门研究热量传递基本规律的科学。因此,在与热量相关的科学技术与工业发展中,传热学是不可或缺的一部分,在**机械工程学**(mechanical engineering)中担任着重要角色。在与日常生活密切相关的能源机械开发中,传热学尤为重要。

以 19 世纪 20 年代傅里叶对**热传导**(heat conduction)的研究为代表,传热学的研究历史久远,但在 20 世纪 30 年代人们才开始对各种传热现象进行系统整理并形成现在的传热学。传热学、**热力学**(thermodynamics)等涉及热的学科在广义上都被称为**热工学**(thermal engineering)。有关日本的热工学的发展在相关文献[1]中都有论述。传热学作为机械设计中不可缺少的一部分,随着工业的发展而不断发展。特别是以阿波罗计划为代表的宇宙开发及由能源危机引起的节能机械的开发等成为传热学的发展契机。今后,在解决以全球气候变化为代表的能源环境问题等方面,传热学也将会发挥重要作用。

图 1.1 是以 **LNG**(liquefied natural gas,液化天然气)作为燃料,利用**燃气轮机**(gas turbine)中的高温排热驱动**蒸汽轮机**(steam turbine)运转的联合循环发电站。现在,这样的系统在火力发电中属于发电效率最高的机械装置,但其主要装置锅炉及冷凝器**是换热器**(heat ex-

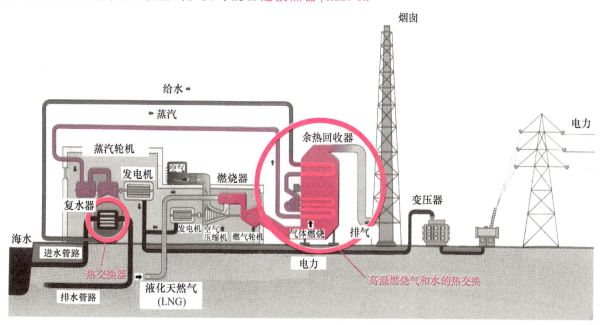

图 1.1　联合循环热交换（资料提供　东北电力(株)）

changer)。如果换热器传热设计不好,锅炉的水冷壁就会形成高温并损坏。此外,这些热交换器的性能会直接影响**发电站**(power plant)的热效率。

图1.2是在**联合循环**(combined cycle)中使用的燃气轮机构造图。在涡轮机的入口处,燃气燃烧温度越高其性能就越好。利用吹空气的方法来冷却置于高温燃气中的涡轮叶片。在此冷却过程中对于传热现象的理解是非常重要的。

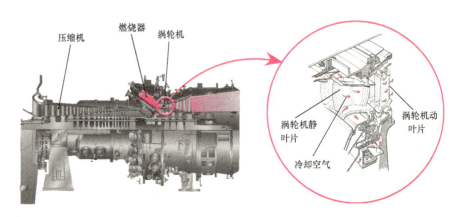

图1.2　燃气轮机的冷却与换热

图1.3所示的沸水堆**核能发电站**(nuclear power plant)除去燃料是铀之外,其发电形式基本与火力发电站相同,都是利用水的朗肯循环。铀燃料棒与水之间通过沸腾进行传热。如果沸腾传热系数小于设计值,那么燃料棒就会出现高温,有可能造成破损。因此,传热学与我们的生活与安全密切相关。

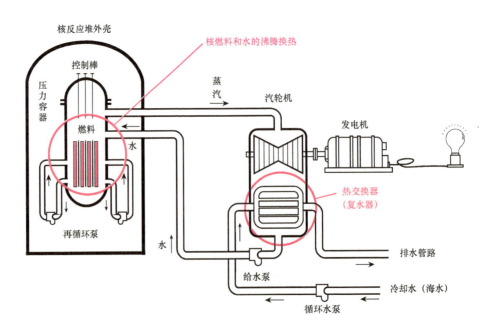

图1.3　核能发电与传热

如图 1.4 和图 1.5 所示，汽车、摩托车的引擎中用来排热的 散热器 (radiator)是引擎的重要组成部分，同时也是决定汽车的性能是否能够达到小型高性能化的重要因素。

图 1.4　冷却赛车引擎的散热器
（资料提供　本田技研工业株式会社）

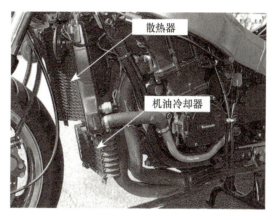

图 1.5　摩托车的散热器与机油冷却器
（资料提供　川崎重工业(株)）

为控制二氧化碳的排放量，减少暖气与空调中所使用的能源是非常重要的。为使我们的生活更加舒适，同时抑制能源消费，密封度高、隔热性好的住宅的需求大大增加。如图 1.6 所示，提高房屋的 隔热 (thermal insulation)性能极为重要，因此传热学也是必不可少的。

根据热力学，作为冷冻机、冷气机使用的如图 1.7 所示的 热泵 (heat pump)，能够转移投入电力数倍的热量，进行制冷或供暖。机器的实际性能要低于通过热力学计算的理想性能。但是，随着 换热器 (heat exchanger)性能的提高，制冷、供暖的性能能够达到投入电力的 6 倍左右。为了达到这样的性能，传热学发挥着重要的作用。衣服的保温作用也体现了传热的基本概念，像将食物切细以便烹煮中也体现了传热知识的应用。传热在我们的日常生活中随处可见。

图 1.6　居住环境与传热

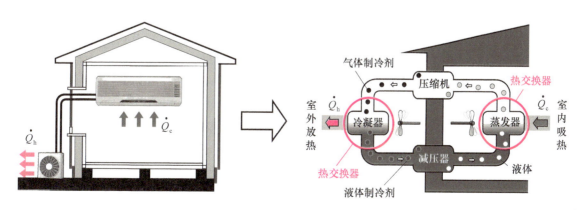

图 1.7　空调的运行原理与换热器

图1.8 计算机芯片的冷却

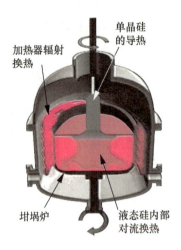

图1.9 单晶硅生成装置中的传热现象

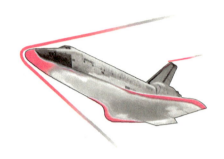

图1.10 航天飞机返回大气层时的热防护

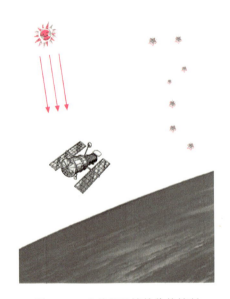

图1.11 哈勃望远镜的传热控制

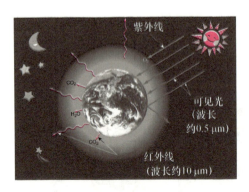

图1.12 全球变暖与热辐射中的能量收支情况

现在计算机逐渐成为我们日常生活中不可缺少的一部分。计算机的性能在3年内就提高了10倍,电脑的心脏部分CPU(central processing unit,中央处理器)的冷却技术是决定计算机性能的重要因素(图1.8)。此外,CPU的主要部分硅等半导体(semiconductor),是在如图1.9所示的单晶生成装置中做成的。制作无缺陷的均质单晶材料是半导体产业的基础。因此,在制造高品质半导体的过程中,1 700 K高温条件下的热量与流动的精确控制是不可或缺的。在金属材料制造过程中,冷却熔化的高温金属、压延加工金属的加热及冷却方法都是保证金属质量必要的技术。在这些材料加工过程中,传热学发挥着重要的作用。

在宇宙飞行器中传热学的应用也十分重要。图1.10显示了航天飞机再次进入大气层时的情景,此时由于流体的速度大大超过音速,使得飞机表面温度超过了1 000℃。因此为保护铝合金的机体构造以及乘客,隔热技术是非常必要的。所以需要利用多孔隔热材料的非稳态传热特性来隔热。在人造卫星运行轨道上,向阳面和背阴面有很大的温差。如图1.11所示的宇宙望远镜的精密仪器在较大温差的条件下,主镜就会歪斜,从而影响测量。在真空中,因没有对流,故传热的主要形式是热传导与热辐射。根据具体的情况,真空中还可以利用热管(heat pipe)来控制温度。

地球在从太阳吸收能量的同时,还向约2.7K温度的宇宙释放热量。温度通过这个能量收支来决定,这是热辐射的平衡。但是,从太阳辐射来的能量是波长大约为0.5μm的可见光,而地球释放出的能量是波长大约10μm的红外线。如图1.12所示,由于大气层中的二氧化碳吸收波长约10μm的红外线,因此地球的温度上升,导致全球变暖[2]。这也是传热学中的一个重要课题。

1.2 本书的使用方法(how to use this book)

本书主要以机械工程类的学生和技术人员为对象。全书由8章内容组成,涉及了传热与物质传输的基本内容。首先在本章中,学习传热学的基本概念，然后在各章中学习必要的传热方式。读者可根据情况选学相关内容，没有必要通读每一章。在每一章的开头，都会有帮助理解传热的基本现象的说明，希望能够通过这一部分来帮助读者理解相关的物理现象。

对于个别基于各种条件推断传热量的经验公式的详细说明，以及设计实用机械的必要数据都尽量简化。将本书作为工具书使用时，建议读者通过本书理解了传热的基本现象与机理之后，利用传热学的手册[3],[4],[5]，寻找详细的经验公式与设计数据。在第8章中，附上了实际传热现象的模拟与计算案例，使读者能够掌握设计新型传热机器所必需的知识和能力。

对于本科生来说有难度的内容以及对于初学者来说可以省略不看的内容都标有"*"（星号）。习题部分中标有"*"号的题目为难度较高的题目，希望读者能够勇于挑战。

将本书作为教科书使用的时候，在课堂上没有必要讲授书中的所有知识。首先在第1章中了解了传热学的概要后，可根据需要讲授各种传热方式。每章中标有"*"（星号）的内容中，有些部分对于本科生的初学者来说较有难度，因此可以让有兴趣的同学自学。第8章讨论了在实际工作中需要的传热现象的模拟及其本质，对于初学者来说，教师只需要就几个例题进行解说即可。

表1.1为一学期授课课时的安排示例。表中的虚线是对授课时间的划分，但不必完全拘泥于此表。表1.1中未记载的项目中有很多重要的课题，如果有充裕的时间，或者利用一学年学习本教材时，希望其他项目也能够列在授课计划中。目录中标有"*"（星号）的内容，对于本科生的初学者来说有一定的难度，也可以在硕士阶段进行学习，这些内容可以作为学习、授课的参考。

在日本JABEE(Japan Accreditation Board for Engineering Education，日本技术人员认定机构)已成立，技术人员教育计划的认定审查也在顺利进行中，其要求的一些关键点也在本书中有所顾及。

表1.1 一学期的学习内容

第1章 概论
　1.3　传热的定义
　1.4　热量传递及其方式
　　1.4.1　传热方式
　　1.4.2　热传导
　　1.4.3　对流换热
　　1.4.4　辐射换热
　1.7　热力学与传热的关系
　　1.7.1　闭口系统
　　1.7.3　边界面的能量平衡
第2章 热传导
　2.1　导热基础
　　2.1.1　傅里叶定律
　　2.1.3　导热方程
　　2.1.4　边界条件
　2.2　稳态导热
　　2.2.1　平板的稳态导热　a b c
　　2.2.2　圆筒壁和球壳的稳态导热　a
　　2.2.3　扩展的传热面　a b
　2.3　非稳态导热
　　2.3.1　瞬态导热
　　2.3.2　集总热容法模型
　　2.3.3　半无限大物体　a
　　2.3.4　平板　a
第3章 对流换热
　3.1　对流换热概述
　　3.1.1　身边的对流换热
　　3.1.2　层流与湍流
　3.2　对流换热基本方程组
　　3.2.4　不可压缩流体的基本方程组　b c
　　3.2.5　边界层近似与无量纲数
　3.3　管内流动的层流强迫对流
　　3.3.2　充分发展的温度场
　　3.3.3　等热流密度壁面加热下的充分发展温度场　a
　3.4　物体绕流的层流强迫对流换热
　　3.4.1　水平平板绕流的层流强迫对流换热
　3.5　湍流对流换热的概述
　　3.5.1　湍流的特征
　3.6　湍流强迫对流换热
　　3.6.1　圆管内湍流强迫对流
　3.7　自然对流换热
　　3.7.1　布辛涅斯克近似及基本方程组
第4章 辐射传热
　4.1　辐射传热的基本过程
　　4.1.1　传热的三种方式——传导、对流、辐射
　　4.1.2　何谓辐射
　　4.1.5　辐射的反射、吸收和透过
　4.2　黑体辐射
　　4.2.2　普朗克定律
　　4.2.3　维恩位移定律
　　4.2.4　斯忒藩-玻尔兹曼定律
　4.3　真实表面的辐射特性
　　4.3.1　放射率和基尔霍夫定律
　　4.3.2　黑体、灰体和非灰体
　4.4　辐射换热基础
　　4.4.1　平行表面间的辐射换热
　　4.4.2　辐射强度
　　4.4.3　物体表面间的角系数
第5章 相变传热
　5.1　相变和传热
　5.2　相变热力学
　　5.2.2　过热度和过冷度
　5.3　沸腾换热的特征
　　5.3.1　沸腾的分类
　　5.3.2　沸腾曲线
　5.4　核态沸腾
　　5.4.3　核态沸腾的关系式
　5.8　凝结换热
　　5.8.1　凝结的分类和机理
　　5.8.2　层流膜状凝结理论
　　5.8.3　努塞尔理论解析
　　5.8.6　不凝性气体和凝结气体混合的情况
第6章 传质
　6.1　混合物与传质
　　6.1.3　浓度的定义
　　6.1.4　速度和流率的定义
　6.2　物质扩散
　　6.2.1　费克扩散定律
第7章 传热的应用与换热设备
　7.1　换热器的基本理论
　　7.1.1　总传热系数
　　7.1.2　基于热交换的流体温度变化
　　7.1.3　对数平均温差
　7.6　温度与热的测量
　　7.6.1　温度测量
　　7.6.2　热量与热流密度的测量
第8章 传热问题的模型化与设计
　8.3　模型化与热设计

1.3　传热的定义 (what is heat transfer?)

热量(heat)是从高温处向低温处传递的一种**能量**(energy)的形态。换而言之，热量是通过**传热**(heat transfer)移动的**热能**(thermal energy)。热量是由于温差而产生的能量转移，**热力学**(thermodynamics)研究的是从最初状态经过某种过程热量转移后，到热量移动消失的最终状态，即平衡状态中的**系统**(system)[6]。而传热学研究的是热量如何进行传递以及热量传递的速度。

和制造发动机、发电站等机器时所遇到的一样，在实际工程问题中，热量是以多大的速度传递，或者将一定量的能量作为热量移动时需要多大的机器等都是非常重要的问题。即使在日常生活中，如何更快地加热、冷却，如何隔热等也都是非常重要的问题。

由此看出，**传热学**(heat transfer)是研究热量传递的方式以及速度的一门科学。

如图 1.13 所示,传热方式大致可以分为 **热传导**(conductive heat transfer)、**对流换热**(convective heat transfer)、**热辐射**(radiative heat transfer)。传热学是研究非**热平衡**(thermal equilibrium)状态下的热量传递,因此可以解释在热力学中无法解释的现象。

【传热的例题】 ＊＊＊＊＊＊＊＊＊＊＊＊＊＊＊＊＊＊＊＊＊

(a) 鸡蛋在热水里煮后,放在凉水里冷却直至鸡蛋表面变凉。但从凉水中拿出来后放在空气中,煮过的鸡蛋为何会再次变热?

(b) 将手放到 100℃ 的沸水中手会受伤,但为什么进到 100℃ 的桑拿室却不会受伤?

(c) 天气晴朗的时候,为何长时间停放的汽车内的温度要比车外温度高?

(d) 为了对 10℃ 100 升牛奶进行低温杀毒,欲将其加热到 70℃ 以上。那么可不可以使用 90℃ 的 100 升水加热牛奶?

【解答】

(a) 如第 3 章所述,通过凉水进行的对流换热使得里外温度一致的鸡蛋的表面温度迅速降低,但内部温度仍然很高。将鸡蛋放置到空气中,如第 2 章所述,通过非稳态导热,鸡蛋内部的热量又使鸡蛋表面的温度再次升高。

(b) 空气与人体的热传导率与比热不同,所以在桑拿室中,空气与人体接触时,接触面的温度接近于人体温度。另外,水和人体的热传导率与比热较为接近,在热水中接触面的温度大概为人体与热水的平均温度,因此容易受伤。具体分析请参照第 2 章的非稳态热传导。

(c) 汽车通过车窗玻璃接受了太阳辐射,但无法通过与车外的空气进行热对流来冷却,因此形成了温室效应,造成了车内高温。地球的温室效应亦是同理。详见第 4 章。

(d) 可以进行低温杀毒。如第 7 章所述使用逆流型热交换器,将牛奶加热到 90℃ 左右,使热水冷却到 10℃ 左右是有可能的。

＊＊＊＊＊＊＊＊＊＊＊＊＊＊＊＊＊＊＊＊＊

1.4 热量传递及其方式 (thermal energy transport and its modes)

1.4.1 传热方式 (modes of thermal energy transport)

如图 1.14 所示,传热方式可分为 **热传导**(heat conduction)、**对流**(convection)、**热辐射**(thermal radiation)。传热方式的区别如表 1.2 所示。

热传导指的是当物体内部温度不均一而出现 **温度梯度**(temperature gradient)时,热量移动的方式。在图 1.14(a)中,在火上高温加热的平底煎锅的下部与放置肉的上部产生了温度梯度,从而产生热量传递。在图 1.14 中,将单位时间(1 秒)内传递的热量 Q(J)称为 **传热率**(heat transfer rate)(J/s 或 W)。热传导是指通过分子、电子的运动,即构成物质的粒子的相互作用,热量从物体的高温处移动至低温处的

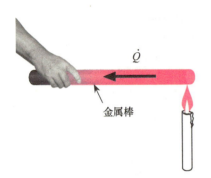

(a) 固体内的热量传导

(b) 利用空气对流冷却

(c) 火焰的辐射加热

图 1.13 传热的三种方式

表 1.2 传热方式

传热 (heat transfer)	
热传导 conductive heat transfer	物体内部的温度梯度引起的热量传递
热对流 convective heat transfer	流体的移动引起的热量传递
热辐射 radiative heat transfer	电磁波引起的热量传递

传热方式。热传导不仅在固体内部,在气体、液体等流体中也能产生。

对流传热是指在高温物体表面被加热后的流体向低温物体表面移动的传热方式。若物体表面上的流体是静止的,那么物体表面与流体之间也会通过热传导来传递热量。也就是说,对流传热是基于热传导和流体的流动即对流(convection)所进行的热量传递。此外,有时对流传热(convective heat transfer)也单指热传递。但需要引起注意的是,相对于一般的传热(heat transfer)用语,有的时候也会使用"热传递"这一用语。如图1.14(b)所示,在高温锅内被加热部分的水密度变小向上移动,其与低温的肉接触后开始进行热量传递。温度降低,水密度变大并下沉,并再次与高温的锅底接触。

内能的一部分转换成可视光、红外线等电磁波(electromagnetic wave)并从物体表面放射出来。这种电磁波被称为热辐射(thermal radiation)。这种电磁波在空间中传递并再次到达物体转换成内能。越是温度高的物体,这种放射性能量越大。所以它是通过电磁波的形式从高温物体向低温物体进行热量传递。这就是热辐射传热(radiative heat transfer)。物体的部分内能通过电磁波的形式释放出来称为放射(emission)。来自物体放射电磁波和被物体反射的电磁波的能量称为辐射(radiation),或热辐射。如表1.3所示,需要注意后一种用语的说法,当radiation指"辐射"的时候,emission指"放射"。图1.14(c)表示,高温炭放射的辐射能到达低温的肉上转换成肉的内能,使肉温升高的一种传热方式。在其他的传热方式中都需要有传热的介质,但辐射传热即便在真空中也能进行。

在下面几节中,将分别对各种传热方式进行定量的分析。

1.4.2 热传导 (conductive heat transfer)

图1.15表示,面积为$A(m^2)$厚度为$L(m)$的平板。平板左右两面的温度分别为T_1,$T_2(K)$。以热传导方式通过的传热量由下式表示。

$$\dot{Q} = Ak\frac{T_1-T_2}{L} \tag{1.1}$$

这里,$k(W/(m \cdot K))$为导热系数(thermal conductivity)。单位面积的传热量即热流密度(heat flux)定义为$q=\dot{Q}/A(W/m^2)$。平板内部的温度梯度

$$\frac{dT}{dx} = \frac{T_2-T_1}{L} \tag{1.2}$$

因此,热传导引起的热流密度

$$q = -k\frac{dT}{dx} \tag{1.3}$$

式(1.3)就是关于热传导的傅里叶定律(Fourier's law)的一维表达形式,(参照第2章)。导热系数k是由物质的温度、成分等物质的状态所决定的物性(property)或称为热物性(thermophysical property)。图1.16列出了各种物质在常温(室温)下的导热系数。温度梯度相同,导热系数越大,物质的热传导引起的传热量就越大。不同的物质,其导热系数可以相差5个量级。

(a) 热传导 (heat conduction)

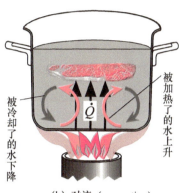

(b) 对流 (convection)

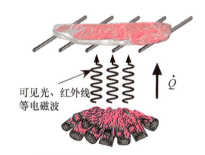

(c) 热辐射 (thermal radiation)

图1.14 烹制肉时的热量传递方式

表1.3 辐射用语

radiation	emission
辐射⟵⟶放射	
放射⟵⟶射出	

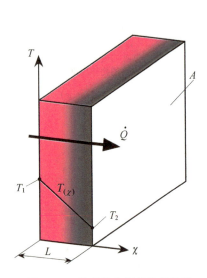

图 1.15 基于热传导的热量传递

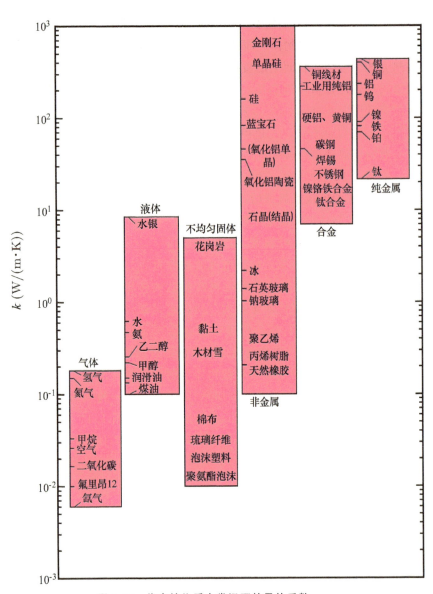

图 1.16 代表性物质在常温下的导热系数

1.4.3 对流换热（convective heat transfer）

如图 1.17 所示，假设温度为 T_1、表面积为 A 的物体周围，有温度为 T_2 的流体流动。因为物体表面与流体之间有温差，所以出现了对流换热。在物体表面的流体因与表面接触，其具有和物体表面相同的

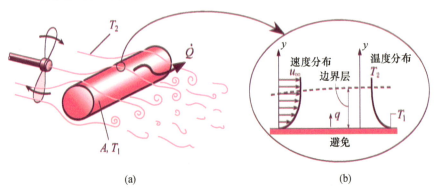

图 1.17 对流换热与边界层

温度。另外,离物体足够远处的流体温度为 T_2。在物体附近,存在温度、流速发生变化的 边界层(boundary layer)。此时,传热量与温差的关系可用下式表示

$$\dot{Q}=Ah(T_1-T_2) \tag{1.4}$$

其中,$h(W/(m^2 \cdot K))$ 是 传热系数(heat transfer coefficient)。传热系数不同于导热系数,导热系数是物质固有的物性,传热系数则是随着流体的流动状态变化。严格来说,流动状态因物体的表面而异,所以传热系数在各局部也不相同。假设面积为 $dA(m^2)$,其传热量为 $d\dot{Q}(W)$,那么 局部热流密度(local heat flux) $q=d\dot{Q}/dA$ 与温差的关系可用下式表示

$$q=h(T_1-T_2) \tag{1.5}$$

上式被后人称为 牛顿冷却定律(Newton's law of cooling)。

图 1.18 是一些具有代表性的对流换热例子。流体升温后,因密度变小产生浮力,进而产生对流。像这样的因流体自身密度差产生的流动称为 自然对流(natural convection)或者 自由对流(free convection)。而由吹风机或泵等强制地使流体移动而产生的流动叫做 强迫对流(forced convection)。

像水会变成水蒸气一样,多数物质都会随着温度的变化变成固体、液体、气体,发生 相(phase)的变化。伴随着相变化的最具代表性的传热方式是 沸腾(boiling)和 凝结(condensation)。在沸腾中,物体表面受热后,其表面上的液体就会变成气体,通过汽化潜热能够传递大量的热量。这种热量是变成蒸汽后被输送的。凝结正好与之相反,物体周围的蒸汽接触到低温的物体表面后,变成液体,并因此传递热量。在物体表面凝结的液体由于重力等作用从物体表面脱落移动。

图 1.19 总结了各种传热方式中一般的对流传热系数概略值。图 1.19 表示的是在从几厘米到几米大小的物体表面上,流速不大的

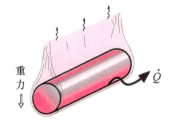

自然对流 (natural convection)

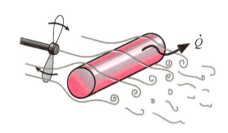

强迫对流 (forced convection)

沸腾 (boiling)

凝结 (condensation)

图 1.18 代表性的对流换热实例

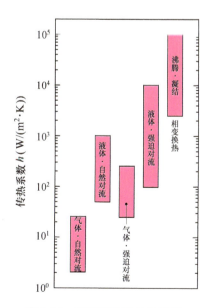

图 1.19 对流传热系数的数值

常温液体与气体的对流传热系数。可见，一般情况下，液体的传热系数比气体大，强迫对流比自然对流的传热系数大。沸腾、凝结等发生相变化的传热系数明显大于不发生相变化的传热系数。（详情请参照第5章）

1.4.4 辐射换热（radiative heat transfer）

物体会因温度而放射**热辐射**（thermal radiation）。温度为 $T(\mathrm{K})$ 的物体在单位面积内，最多会放射出下式表示的热辐射。

$$E_b = \sigma T^4 \tag{1.6}$$

其中，$\sigma(\mathrm{W/(m^2 \cdot K^4)})$ 是**斯忒藩-玻耳兹曼常数**（Stefan-Boltzmann constant），$\sigma = 5.67 \times 10^{-8}\,\mathrm{W/(m^2 \cdot K^4)}$。$E_b(\mathrm{W/m^2})$ 为**黑体辐射率**（blackbody emissive power），即黑体辐射的热流密度。此外，需要注意物体的温度是绝对温度（K）。按照式（1.6），放射最大热辐射的物体称为**黑体**（black body）。实际物体放射的热辐射要比黑体少。此时，**辐射能**（emissive power）E 为

$$E = \varepsilon E_b \tag{1.7}$$

这里，ε 为**发射率**（emissivity），是由物体的温度和表面状况来决定的常数。

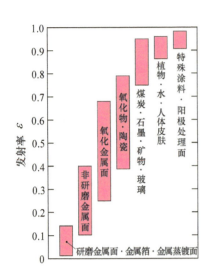

图 1.20 代表性物质常温下发射率

图1.20为具有代表性的物体表面在常温下发射率的概略值。像金属蒸镀面这样清洁的金属面的发射率就很小。氧化物等不易导电的**电解质**（dielectric）的发射率就很大。特别是生物等含有大量水的物体，其发射率都接近于1，且与物体的颜色无关。

假设有面积和温度分别为 A_1,T_1 的物体1与面积和温度分别为 A_2,T_2 的物体2。如图1.21所示，当 $A_1 \ll A_2$ 时，从物体1到2的传热量为

$$\dot{Q} = A_1 \varepsilon \sigma (T_1^4 - T_2^4) \tag{1.8}$$

如用热流密度，则

$$q = \varepsilon \sigma (T_1^4 - T_2^4) \tag{1.9}$$

若物体1与2的温度差较小，$|T_1 - T_2| \ll T_1$，其平均温度为 T_m，那么式（1.9）可近似用下式表示

$$q = \varepsilon \sigma (T_1^4 - T_2^4) = \varepsilon \sigma (T_1^3 + T_1^2 T_2 + T_1 T_2^2 + T_2^3)(T_1 - T_2)$$
$$\approx 4\varepsilon \sigma T_m^3 (T_1 - T_2) = h_r (T_1 - T_2) \tag{1.10}$$

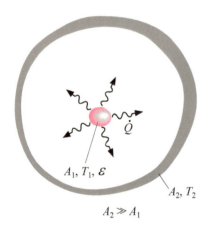

图 1.21 在较大空间中物体的辐射换热

这里

$$h_r = 4\varepsilon \sigma T_m^3 \;(\mathrm{W/(m^2 \cdot K)}) \tag{1.11}$$

称之为**有效辐射传热系数**（effective radiation heat transfer coefficient）。关于辐射换热的更多内容请参照第4章。

各种传热方式的热流密度总结如表1.4所示。

表 1.4 各种传热方式的热流密度总结

热传导： $q = -k \dfrac{\mathrm{d}T}{\mathrm{d}x}$
对流传热： $q = h(T_1 - T_2)$
辐射传热： $q = \varepsilon \sigma (T_1^4 - T_2^4)$

【例题1.1】　＊＊＊＊＊＊＊＊＊＊＊＊＊＊＊＊＊＊＊＊＊

假设人体身高1.7 m，表面积1.8 m²，温度为310 K，近似于垂直平板，比较一下其对290 K的周围环境的自然对流传热系数与有效辐射传热系数。

1.5 单位与单位制

【解答】 假设人体的放射率为 0.9, $T_m = 300\,\text{K}$, 根据式(1.11), h_r 为 $5.5\,\text{W}/(\text{m}^2 \cdot \text{K})$。其大小与图 1.19 所示的气体自然对流的传热系数大致相同。高 1.7 m 的垂直平板的自然对流的平均传热系数若用第 3 章中的方程(3.202a)计算,为 $3.8\,\text{W}/(\text{m}^2 \cdot \text{K})$,比有效辐射传热系数要小。可见,即使在常温下,辐射传热也是不可忽视的。

****

1.5 单位与单位制 (unit and system of units)

1.5.1 SI (The International System of Units)

国际单位制(SI,The International System of Units)是指 1960 年由国际计量大会所采用的米制标准单位制。SI 由表 1.5 中的基本单位和补充单位、导出单位构成。在这些单位前加上 SI 词头,以 10 的整数倍来标记。如表 1.6 所示,欧制的词头是以 10^3 为基准的。像 1 cm(厘米)一样,在 1 附近有时也会使用以 10 或 100 为基准的词头。

除此之外都是按照物理法则将基本单位与补充单位组合得到的导出单位。表 1.7 给出了与传热学密切相关的导出单位。

表 1.5 SI 基本单位

量	名 称	记 号
长度 length	米 meter	m
质量 mass	千克 kilogram	kg
时间 time	秒 second	s
电流强度 electric current	安[培] ampere	A
热力学温度 thermodynamic temperature	开[尔文] kelvin	K
物质的量 amount of substance	摩[尔] mole	mol
发光强度 luminous intensity	坎[德拉] candela	cd

表 1.7 SI 导出单位

量	名 称	记 号	定 义
力 force	牛[顿] newton	N	$\text{kg} \cdot \text{m}/\text{s}^2$
压力、应力 pressure, stress	帕[斯卡] pascal	Pa	N/m^2
能量、功、热 energy, work, heat	焦[耳] joule	J	$\text{N} \cdot \text{m}$
功率 power	瓦[特] watt	W	J/s
摄氏温度 celsius temperature scale	摄氏度 celsius degree	℃	$T(\text{℃}) = T(\text{K}) + 273.15$

表 1.6 SI 接头词

倍 数	接头词	记 号
10^{18}	艾[可萨]	E
10^{15}	拍[它]	P
10^{12}	太[拉]	T
10^{9}	吉[咖]	G
10^{6}	兆	M
10^{3}	千	k
10^{2}	百	h
10^{1}	十	da
10^{-1}	分	d
10^{-2}	厘	c
10^{-3}	毫	m
10^{-6}	微	μ
10^{-9}	纳	n
10^{-12}	皮	p
10^{-15}	飞	f
10^{-18}	阿	a

在传热学中,利用基本单位组合成各种单位,表示物体的速度、体积等各种物理量(physical qantity)。表1.8为与传热有关的最具代表性的物理量、物性(property)的单位。

1.5.2 SI之外的单位制(other system of units)

SI是以长度、质量、时间为基础的绝对单位制之一。SI作为一种合理的单位制具有连贯性,在全球越来越多的知识系统都引进了SI单位制。传热学的学习者也需要掌握并使用SI单位制,本书中,原则上都按照SI单位制进行论述。

另一方面,自古以来各种各样的单位在各国使用着。其中的大多数不为国际度量衡总会推荐使用。但是,以往的单位制不仅具有一定的历史意义,而且因其使用了针对具体用途易于理解的标准,所以事实上,至今为止其在产业界及实际生活中仍有使用。在本部分内容中,将会论述与传热学有关的物理量的单位制与SI的关系。

SI是以长度、质量、时间为基础的单位制,"质量"这一概念产生于牛顿力学以后,在此之前,是将作为力的"重量"作为基本单位使用的。像这样以长度、力、时间为基本单位组合而成的单位制叫做工程单位制。这种单位制是以作用于单位质量物体上的重力来作为力的单位,因此又称为重力单位制。作为工程单位制的基础,关于长度、时间有很多的单位,有关传热学中主要的物理量的单位定义如下。

1. 温度(temperature)

一般来说,气体在高温、低压条件下服从波义耳-查理定律已为实验所证明。具有这种性质的理想气体(ideal gas)在体积一定的条件下,若改变温度并同时测定气体压力,则在某个温度下,其压力会变为零。以这个温度为原点,将水的三相点(triple point)温度定为273.16K的温标称为理想气体温标。

此外,从理论上可以推导出不依赖于任何具体物质的温度,称为热力学温度(thermodynamic temperature)。理想气体温标的原点是理论上的最低温度(绝对零度)。以此为原点测量得到的温度为绝对温度(absolute temperature)。绝对温度T的单位是开尔文(Kelvin)(K)。规定在1个大气压下,水的冰点温度与沸腾温度分别为0℃和100℃,这样定义的温度为摄氏温度(Celcius) t(℃)。绝对温度与摄氏温度之间存在如下关系:

$$t(℃) = T(K) - 273.15 \tag{1.12}$$

另外,在美国多使用华氏温度(Fahrenheit) t_F(℉)。使用华氏温标的绝对温度T_F的单位为朗肯(Rankine)。表1.9表示了各种温度之间的换算关系。

表1.8 传热学中常用的物理量和单位

物理量	单 位
体积	m^3
密度	kg/m^3
速度,流速	m/s
热容量	J/K
比热	$J/(kg·K)$
传热量	W
热流密度	W/m^2
导热系数	$W/(m·K)$
换热系数	$W/(m^2·K)$
热扩散率	m^2/s
黏度	$Pa·s$
运动黏度	m^2/s
表面张力	N/m
质量浓度	kg/m^3
传质系数	$kg/(m^2·s)$
扩散系数	m^2/s

表1.9 温度换算

$t(℃) = T(K) - 273.15$
$t_F(℉) = 1.8t(℃) + 32$
$t_F(℉) = T_F(°R) - 459.67$
$T_F(°R) = 1.8T(K)$

2. 力(force)

1N(牛顿)表示使质量 1 kg 的物体以 1 m/s² 的加速度运动所需要的**力**(force)。在日本使用的米制工程单位制中，力使用重力千克或千克力(kgf, kgw)。美国现在仍然使用的 **USCS**(the United States Customary System)**单位制**中，用英尺(1 ft＝0.3048 m)表示长度，用磅表示重量。另外，一般有时说"用 100 kg 的力来拉"，仅用千克来表示千克力(kgf, kgw)，注意不要将重量与质量相混淆。重量是力，在宇宙空间等地球重力加速度不起作用时，"重量"不存在，但物质的质量还是存在的。表 1.10 表示了各种力的换算关系。

表 1.10 力的换算表

单位名称	符号	换算成 SI 的值(N)
达因	dyne	10^{-5}
千克力	kgf	9.807
磅	lbf	4.448

3. 压力、应力(pressure, stress)

1 Pa 为在 1 m² 上 1N 沿法线方向的力所产生的**压力**(pressure)。**应力**(stress)也是同样的单位。在气象学中所使用的单位都加上词头 hPa(百帕)。以往的压力单位有标准大气压(atm)、托等。标准重力场中 760 mm 高的标准密度水银柱所产生的压力定义为标准大气压(atm)，托(Torr＝(mmHg))表示 1mm 高的标准密度水银柱所产生的压力。在热流体机器的压力测量中，经常会使用与压力等价的水柱高(mmH₂O)，即水头(head)。在 SI 单位制中，会尽量避免使用这些单位，而推荐换成 SI 单位。一般情况下，压力表大多表示与大气压的压差，即**表压**(gauge pressure)，有时会在单位后加后缀 g。以绝对真空为标准的压力称为**绝对压力**(absolute pressure)。需要特别标明为绝对压力时，加注 a。在 USCS 单位制中，1 平方英寸(in²)上受到的力用 psi 表示。压力、应力换算表如表 1.11 所示。

表 1.11 压力、应力换算表

单位名称	符号	SI 值(Pa)
巴	bar	10^5
大气压（标准大气）	atm	101325
托(mmHg)	Torr	133.322
毫米水柱	mmH₂O	9.807
磅/平方英寸(lbf/in²)	psi	6894.76

4. 能量、热量(energy, amount of heat)

在 1N 的力作用下，物体在力的方向上移动 1m 时所做的**功**(work)为 1 焦耳。热与功是等价的，所以功和**热量**(amount of heat)都用焦耳表示。以往，热量单位是**用卡路里**(calorie)来表示，简称卡，即能够使 1g 的水升温 1℃ 的热量。根据不同的定义，卡值稍有不同。在营养学或与食品有关的用语中，有时会用 1 Cal 来表示 1 kcal。在电力换算的能量表示中，也用千瓦时来表示使用 1 kW 功率 1 小时所需的能量。在 USCS 中，使 1 lb 的水升温 1℉ 的热量用 BTU(British Thermal Unit)来表示。在能源方面，有时使用换算成石油燃烧时所产生的能量作为单位。能量、热量换算表如表 1.12 所示。

表 1.12 能量、热量换算表

单位名称	符号	SI 值(J)
尔格	erg	10^{-7}
千卡	kcal, Cal	4186
千瓦时	kWh	3.6×10^6
英制热单位	Btu	1055.06
千升石油(换算)	—	3.8728×10^{10}
吨石油(换算)	TOE	4.1868×10^{10}

5. 功率、传热率(power, heat transfer rate)

单位时间内所做的功叫做**功率**(power)。功率又叫做动力(power)。在 SI 中，其单位是 J/s 或 W，将其称为瓦特(watt)。单位时间内传递的热量叫做**传热率**(heat transfer rate)，也是同样的单位。在传热学中，用千卡每小时(kcal/h)来表示 1 小时内传递的热量。在动力工程领域中，也使用马力(horse power)。它本来是指一匹马的功率，但

14　　第1章　概　　论

表 1.13　传热率、功率换算表

单位名称	符号	SI 值（W）
千卡每小时	kcal/h	1.163
（日本）冷冻吨	JRt	3860
米制马力	PS	735.5
英制马力	HP	746

现在有两种马力。一种是指 1 秒内做功 75 kgf·m 的功率，即米制马力（1 PS＝0.7355 kW）；另一种是 1 秒内做功 550 ft·lbf 的功率，即英制马力（1 HP＝0.746 kW）。英制马力用 HP 表示，米制马力用 PS 表示。使 1 吨（1000 kg）0℃的水在 24 小时内冻结的传热率叫做 1 冷冻吨（ton of refrigeration），经常使用在空调、冰箱等领域。传热率、功率换算表如表 1.13 所示。

*1.6　传热的微观理解（microscopic understanding of heat transfer）

*1.6.1　内能（internal energy）

由众多分子等粒子构成的系统中，粒子通过相互作用而运动。系统本身不发生运动，粒子通过相互作用进行微观运动的能量以及作为粒子之间的位势能蓄积着的微观能量称做系统的内能（internal energy）。微观能量有很多种类。如图 1.22(a)、(b) 所示为气体分子的平移运动能量、旋转运动能量，图 1.22(c) 所示为固体分子的振动能量。在金属固体中，原子的振动能量和自由电子的运动能量是在相互作用下共存的。随着这些内部能量的增加，物质的温度就会上升，因此这些微观的力学能量被称为显热（sensible heat）。

(a) 平移运动能量

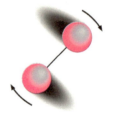
(b) 旋转运动能量

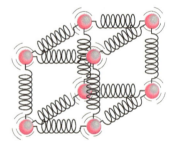
(c) 振动能量与潜在能量

图 1.22　分子的微观能量

液体在蒸发时，需要有能量能够让被束缚的分子产生自由运动。如图 1.23 所示，因分子的相互作用在固体、液体、气体中各不相同，所以即便温度相同，固体、液体、气体的内部能量也不相同。因此，即使温度不变，但随着固体、液体、气体等相（phase）的变化，物质的内部能量也会发生变化。这样在等温等压条件下，相的变化所引起的内能的变化叫做潜热（latent heat）。一般情况下，潜热明显大于显热。因此，沸腾与凝结中的传热能够通过较小的温差来传递大量的热量。

显热与潜热是与热量相关的内部能量。在机械工程中，内能又称为热能（thermal energy）。其他的内能还有与原子相结合的化学能、原子核的结合与分裂的核能等。具体内容请参照本系列教材的《热力学》[3]。

图 1.23　等温饱和状态下液体和气体分子运动

*1.6.2　微观能量的传播（transfer of microscopic energy）

考虑图 1.24(a) 所示的微观晶格点阵构成的固体。如图 1.22(c) 所示，固体在分子振动幅度大的情况下，温度升高。若固体中温度不均匀时,不同地方的分子振动幅度大小就会有不同。但由于分子间的相互作用,振动就会通过声波(弹性波)的形式进行传递。从宏观的角度来看,振动能量从高温处传递比从低温处传递得多,因此热量也便从高温处传向了低温处。这是导热引起的一种热量传递形式。若将这种晶体点阵振动的弹性波称为能源粒子**声子**(phonon),那么没有导电性的固体的热传导可以作为声子扩散现象来处理。

在金属固体中存在自由电子并能够在固体晶格中自由移动。通过这种电子与固体中原子的相互作用,在高温的金属中,会有很大的原子振动能量和电子运动能量。在金属中,这种自由电子有利于热的传导,因此一般情况下金属导热系数会较大。

如图 1.22(a)、(b)所示,气体的分子旋转运动以及平移运动的能量越大,温度越高。分子群中出现温度不均时,分子会通过碰撞交换能量,分子的能量得到传播。此现象从宏观上看,能量从高温气体传递到低温气体,这就是气体的热传导。

随着近年来计算机技术的发展,追踪多数分子的运动、研究其能量传送和相变化现象成为可能。因此,在计算机上对分子运动进行模拟的分子动力学发展起来了。

如图 1.24(b)所示,在高温与低温的固体壁面之间存在流体时,与高温固体壁面接触的流体通过热传导也变成了高温。然后高温流体通过对流移动到低温壁面上,并通过热传导向其传递热量。这就是宏观上的对流传热。

相比流体分子之间的间隔,物体表面十分巨大时,可以假定与壁面接触的液体是附着在壁面上的,此时壁面上的流体温度与壁面相同。然而如果是稀薄气体或者是非常小的间隙内的流动,这种假定是不成立的。此时,壁面上的流速不能看成 0,而且流体的温度也会不同于壁面温度。

如图 1.24(c)所示,物体总是不断地放射着电磁波。这种电磁波是作为具有由普朗克常数 h(J·s)与振动数 ν(1/s)之积 $h\nu$(J)所示的能量的**光子**(photon)放射出来的。放射出来的光子到达物体表面后,被吸收或被反射。被吸收的光子能量变成了物体的内部能量。这种电磁波的能量越是高温物体放射得越多,因此作为结果热量由高温物体传递到低温物体。

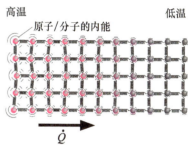

(a) 热传导 (heat conduction)

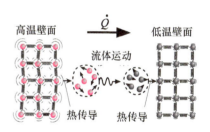

(b) 对流 (convection)

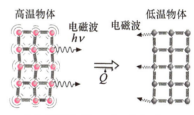

(c) 热辐射 (thermal radiation)

图 1.24 传热的微观解释

1.7 热力学与传热的关系 (relation between thermodynamics and heat transfer)

1.7.1 闭口系统 (closed system)

前述 1.3 节中也曾指出,传热与热力学有着密切的联系。特别是热力学第一定律,对传热问题的公式化十分有用。**热力学第一定律**(the first law of thermodynamics)是能量守恒的定律,由下式表示

$$\Delta E_t = Q - L \tag{1.13}$$

其中,ΔE_t(J)是指包括内能、势能、动能在内的系统拥有的总能的变化[6],Q(J)为进入系统的热量,L(J)为系统对外做的功。

针对物质不通过边界转移的 闭口系统(closed system)，在研究传热的多数情况下，系统的形状不发生变化，系统的对外做功可以忽略。此外，如果系统的运动可以忽略不计，则其势能和动能的变化也可以忽略不计。因此，系统拥有的内能 E(J)的变化为

$$\Delta E = Q \tag{1.14}$$

如同对金属通电加热一样，系统会因外部对其做功而发热，也会因燃烧等化学反应发热。这种热量是在系统内部产生的，所以可将其标记为 Q_v。若将从边界流入的热量和流出的热量分别标记为 Q_{in}，Q_{out} 时，闭口系统的能量守恒定律可用下式表示

$$\Delta E = Q_{in} - Q_{out} + Q_v \tag{1.15}$$

在传热中，将单位时间内的热量移动量即传热量称为热流量 $\dot{Q}$(W)，因此，如图 1.25 所示，系统的内能变化 dE/dt(W)为

$$\frac{dE}{dt} = \dot{Q}_{in} - \dot{Q}_{out} + \dot{Q}_v \tag{1.16}$$

当系统是由体积为 V 的均一物质构成时，式(1.16)变为

$$c\rho V \frac{dT}{dt} = \dot{Q}_{in} - \dot{Q}_{out} + V\dot{q}_v \tag{1.17}$$

其中，c, ρ, V 分别为系统的比热(J/(kg·K))、密度(kg/m³)、体积(m³)，$\dot{q}_v$(W/m³)是单位体积的发热量。因假定系统的体积不变，故定压比热和定容比热相同，用 c 表示。

通过对式(1.17)使用傅里叶定律，式(1.3)，热传导方程可以公式化。第 2 章中将会对此进行说明。

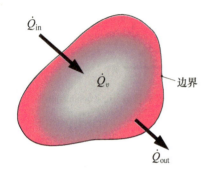

图 1.25 闭口系统的能量守恒示意

【例题 1.2】＊＊＊＊＊＊＊＊＊＊＊＊＊＊＊＊＊＊＊＊＊

将长 $l=1$ m，直径 $D=1$ mm 的镍铬合金线置于温度为 $T_0=295$ K 的环境中，计算当 $I=5$ A 的电流通过时其表面温度 T_w。其中，镍铬合金线的电阻 $R=1.4\Omega$，发射率 $\varepsilon=0.7$，只考虑辐射传热，对流传热可以忽略不计。

【解答】 因考虑镍铬合金线的发热量 $\dot{Q}_v = RI^2$，认为其处于定容状态时的温度，故由式(1.16)可得出

$$\dot{Q}_v = \dot{Q}_{out} \tag{ex 1.1}$$

根据(1.8)式，发热量表述如下

$$\dot{Q}_{out} = \varepsilon\sigma A(T_w^4 - T_0^4) \tag{ex 1.2}$$

表面积 $A=\pi l D$，将上式代入(ex 1.1)，则可得到壁面温度

$$T_w = \left\{\frac{RI^2}{\pi Dl\varepsilon\sigma} + T_0^4\right\}^{1/4} = 733 \text{ (K)} \tag{ex 1.3}$$

＊＊＊＊＊＊＊＊＊＊＊＊＊＊＊＊＊＊＊＊＊

1.7.2 开口系统 (open system)

通过系统的边界物质可以流入或流出的系统称为 开口系统(open system)。在开口系统中，控制体积的大小不变，流入物质量与流出物质量相同的系统称为 定常流动系统(steady flow system)。

图 1.26 为一维定常流动系统。单位时间内 $\dot{m}$(kg/s) 的流体流入、流出定常流动系统时，根据热力学第一定律，有

$$\dot{m}\left(e_2+\frac{p_2}{\rho_2}+\frac{v_2^2}{2}+gz_2\right)-\dot{m}\left(e_1+\frac{p_1}{\rho_1}+\frac{v_1^2}{2}+gz_1\right)$$
$$=\dot{Q}_{in}-\dot{Q}_{out}+\dot{Q}_v-\dot{L}\text{(W)} \tag{1.18}$$

其中，e,p,ρ,v,z 分别表示管中单位质量流体的 内能(internal energy)(J/kg)，以及流体的压力(Pa)、密度(kg/m³)、速度(m/s)、距离标准面的高度(m)。g(m/s²) 是重力加速度，$\dot{L}$(W) 是系统对外做功的功率。

单位质量流体的 焓值(enthalpy)(J/kg) 定义如下：

$$h=e+\frac{p}{\rho} \tag{1.19}$$

若忽略系统对环境做功及其内部放热，则式(1.18)变为

$$\dot{m}\left\{\left(h_2+\frac{v_2^2}{2}+gz_2\right)-\left(h_1+\frac{v_1^2}{2}+gz_1\right)\right\}=\dot{Q} \tag{1.20}$$

其中，$\dot{Q}=\dot{Q}_{in}-\dot{Q}_{out}$。

当流体为比热一定的理想气体时，定容比热(specific heat at constant volume) 和 定压比热(specific heat at constant pressure) 分别为 c_v, c_p(J/(kg·K))，内能与焓的变化由下式表示

$$e_2-e_1=c_v(T_2-T_1),\quad h_2-h_1=c_p(T_2-T_1) \tag{1.21}$$

对液体之类的流体，当其密度变化可以忽略时，$c_v=c_p=c$，焓的变化可由下式计算

$$h_2-h_1=\int_1^2 c\mathrm{d}T+\frac{p_2-p_1}{\rho} \tag{1.22}$$

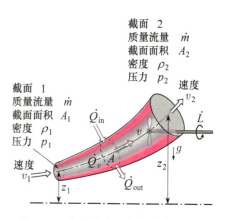

图 1.26 定常流动系统中的能量守恒

如图1.27所示，使用 管道(pipe) 或 槽道(duct) 输送流体在很多的机械中都有应用。在这种定常流动系统流体输送中管道不对周围做功。因管道很长，流体有时会被加热或冷却。当流体流过管道时，管道的高度多会存在变化。特别是输送液体的情况下，流体的位置热能不可忽略，即能量守恒方程为式(1.20)。

当流体在管内流动时，在管壁与流体之间会产生摩擦，在弯管和阀等处会产生流体阻力。由于这些阻力，流体的动能 $v^2/2$、势能 gz、流动功 p/ρ 会出现损失，并转换为热量。这些损失由下式表示。

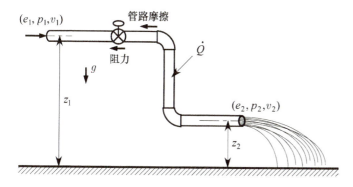

图 1.27 管道内流动

$$\dot{m}\left\{\left(\frac{p_1}{\rho_1}+\frac{v_1^2}{2}+gz_1\right)-\left(\frac{p_2}{\rho_2}+\frac{v_2^2}{2}+gz_2\right)\right\}=\dot{Q}_{\text{loss}} \tag{1.23}$$

根据式(1.19)、式(1.20)、式(1.23),可以得到流体内能的变化如下

$$\dot{m}(e_2-e_1)=\dot{Q}+\dot{Q}_{\text{loss}} \tag{1.24}$$

当流道绝热且没有阻力时,根据式(1.23),在流道中下式成立

$$\frac{p}{\rho}+\frac{v^2}{2}+gz=\text{常数} \tag{1.25}$$

此式称为贝努利方程(Bernoulli's equation)。

换热器(heat exchanger)是指通过固体壁面等边界在高温流体与低温流体之间进行热量传递的装置。根据使用目的的不同,可分为加热器(heater)、冷却器(cooler)、蒸发器(evaporator)、冷凝器(condenser)。热交换器没有功的输入与输出,一般情况下,流体的势能和动能的变化可忽略。在热交换器内部两种流体可进行热交换,而热交换器常常与外界环境是绝热的。这种情况下,高温流体失去的能量等于低温流体接受的能量。

在图1.28所示的热交换器中,着眼于任意一种工作流体,并将其换热量记为$\dot{Q}$。若忽略动能与势能的变化,则其内能的变化可由式(1.20)得到

$$e_2-e_1=\frac{\dot{Q}}{\dot{m}}+\left(\frac{p_1}{\rho_1}-\frac{p_2}{\rho_2}\right) \tag{1.26}$$

若流体的体积变化可忽略,且比热一定时,有

$$c(T_2-T_1)=\frac{\dot{Q}}{\dot{m}}+\frac{p_1-p_2}{\rho} \tag{1.27}$$

在一般的热交换器中,上式右边第2项常可忽略。

图1.28 热交换器模式图

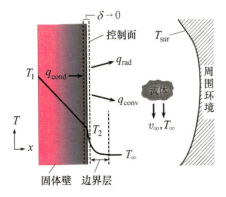

图1.29 边界层的能量平衡

1.7.3 边界面的能量平衡(energy balance at the boundary surface)

在解决各种传热问题时,必须考虑边界(boundary)的能量输入与输出。如图1.29所示,此时考虑一个既没有厚度又没有内部质量的控制体(control volume),即控制面(control surface)。可以将此认为是没有质量的闭口系统。根据热力学第一定律,边界处控制面的热平衡可由式(1.16)得到

$$\dot{Q}_{\text{in}}-\dot{Q}_{\text{out}}=0 \tag{1.28}$$

值得注意的是,由于控制面没有体积,式(1.28)对非稳态下的过渡传热现象以及物体内部存在放热的情况也都同样适用。

下面,针对图1.29中控制面的热流密度,尝试使用式(1.28)。若令固体导热引起的热流密度为q_{cond},对流引起的流体移动的热流密度为q_{conv},因辐射而与周围环境引起的换热的热流密度为q_{rad},则式(1.28)可用下式表示

$$q_{\text{cond}}-q_{\text{conv}}-q_{\text{rad}}=0 \tag{1.29}$$

各种热流密度可以用给出的条件进行计算。控制面处的热平衡

在有多种传热方式共存的复合传热问题中非常有用。

*1.7.4 传热与热力学第二定律的关系（relation between the second law of thermodynamics and heat transfer）

根据热力学第一定律，能量的总量是不变的。在发电站等处使用能量转化设备时，用有限的能源资源创造出更多的有效能源是传热学的作用之一。

图 1.30(a) 表示，温度为 T_H 的高温热源与温度为 T_C 的低温热源间的**卡诺循环**（Carnot cycle）。从高温热源的传热量中可获得的功率 $\dot{L}_{max}$，可由卡诺循环的效率得到

$$\dot{L}_{max} = \dot{Q}_H \left(1 - \frac{T_C}{T_H}\right) \tag{1.30}$$

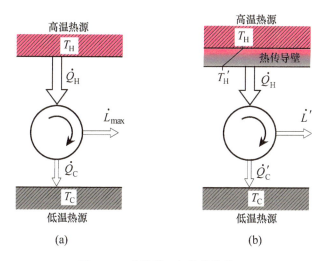

图 1.30　卡诺循环与传热的关系

卡诺循环是一种来自热源的热量在纯静态条件下进行传递的现象，但在实际热交换中，温度一定会有所降低。如图 1.30(b) 所示，在高温热源与卡诺循环之间设热传导壁面。因为壁面的存在，热源的温度降低到 T_H'。此时的功率 $\dot{L}'$ 计算方法同式 (1.30)，由热传导壁面所导致的做功减小量，即有用功的损失或者**㶲**（exergy）损失 $\dot{L}_{loss}$ 可用下式表示

$$\dot{L}_{loss} = \dot{L}_{max} - \dot{L}' = \dot{Q}_H \left(\frac{T_C}{T_H'} - \frac{T_C}{T_H}\right) = T_C \dot{Q}_H \frac{T_H - T_H'}{T_H' T_H} \tag{1.31}$$

即由传热引起的温度下降，导致可以利用的功减少了 $\dot{L}_{loss}$。

另一方面，闭口系统由状态 1 变化到状态 2 时，熵增 S_{gen} 可用下式表示

$$S_{gen} = S_2 - S_1 - \int_1^2 \frac{\delta Q}{T} \tag{1.32}$$

其中，S(J/K) 为各状态下系统的熵。δQ(J) 是状态发生变化时流入系统的热量。

在图 1.26 的定常流动系统中，流道的质量流量为 $\dot{m}$(kg/s) 时，工作流体的**熵增率**（entropy generation rate）$\dot{S}_{gen}$(J/(K·s)) 可用下式表示

$$\dot{S}_{\text{gen}} = \dot{m}(s_2 - s_1) - \int_1^2 \frac{q}{T} dA_w \tag{1.33}$$

其中,s_1, s_2 (J/(kg·K))为流道入口处和出口处流体的熵产率,q是来自传热面的热流密度,A_w是流道的传热面积。

考虑一下如图1.15所示的固体壁面的热传导。假设壁面的温度为T_1, T_2,通过固体壁面的传热量为$\dot{Q}$。流体在进行热量传递时,通常$T_1 > T_2$。将系统假定为没有工作流体的定常系统($\dot{m}=0$)时,熵增率可根据式(1.33)导出

$$\dot{S}_{\text{gen}} = \dot{Q}\left(\frac{1}{T_2} - \frac{1}{T_1}\right) = \dot{Q}\frac{T_1 - T_2}{T_1 T_2} \tag{1.34}$$

在图1.30(b)所示的情况下,由传热引起的功率损失,可通过比较式(1.31)与式(1.34)得出

$$\dot{L}_{\text{loss}} = T_C \dot{S}_{\text{gen}} \tag{1.35}$$

即㶲损失与熵增率成正比。

表1.14比较了在热交换器中使用的壁面与作为隔热材料而使用的壁面因热传导引起的熵增。在热交换器的情况下,传热量是一定的,因此,提高传热性能时,温差减小熵增率也会降低。另一方面,在作为隔热材料的情况下,其壁面温度是给定的,通过降低热传导,传热量减小,熵增率也会降低。

从热力学第二定律的观点来看,在物质吸收的能量中,促进传热或绝热能够增大所给能量中有效能量或者㶲的比例。

表1.14 促进传热与高绝热化引起的㶲损失

	传热量	$T_1 - T_2$	㶲损失
促进传热	固定	减少	减少
高绝热化	减少	固定	减少

===== **练习题** =====================

【1.1】 What is the heat flux through a brick wall, 30 cm thick with a thermal conductivity of 2.0 W/(m·K)? The temperature difference between the surfaces is 30 K.

【1.2】 假设一房间,墙壁高3 m,长宽均为10 m,有屋顶。室外与室内的温度分别为273 K和294 K。室内采暖使用电暖气。

(a) 整个房间被厚度为10 cm的混凝土覆盖时,计算一天的暖气费。假设地面是绝热的,混凝土的导热系数为2.3 W/(m·K),1 kWh的电费为20日元。

(b) 当用导热系数为0.02 W/(m·K)厚度为5 cm的聚氨酯泡沫隔热材料代替混凝土时,计算暖气费为多少。

【1.3】 An LSI chip (Fig 1.31) 15 mm wide by 15 mm long is mounted to a vertical substrate. The substrate is installed in an enclosure whose wall and air are maintained at 297 K. The effective radiation heat transfer coefficient of the chip is 3.6 W/(m²·K). Due to considerations of reliability, the chip temperature must not exceed 358 K.

(a) If heat is removed by radiation and natural convection, what is the maximum power of the chip? The convective heat transfer coefficient by natural convection is 12 W/(m²·K).

(b) If a fan is used to maintain air flow through the enclosure, and the heat transfer coefficient by forced convection is 250 W/(m²·K), what is the maximum power?

【1.4】 A thin black plate is insulated on the back and exposed to solar radiation on the front surface (Fig 1.32). The solar radiation is incident on the plate at a rate of 600 W/m², and the surrounding air temperature is 288 K. The heat transfer coefficient by natural convection at the plate is 2.3 W/(m²·K). Determine the surface temperature of the plate when the heat loss by convection and radiation equals the solar energy absorbed.

【1.5】 现要设计一个表面面积为 3.3 m² 的平板加热器。为了安全，平板面温度要控制在 315 K 以下。当室内温度为 294 K 时，计算平板加热器的最大输出功率。其中，自然对流换热系数为 3.1 W/(m²·K)，有效辐射换热系数为 5.8 W/(m²·K)。

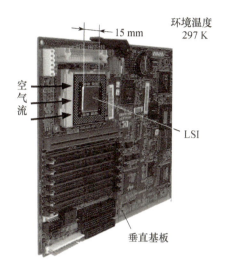

图 1.31 装在基板上的 LSI 芯片

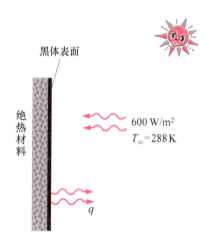

图 1.32 习题 1.4 的模型

【答案】

1.1　200 W/m²

1.2　(a) 51000 日元
　　　(b) 887 日元

1.3　(a) 2.14×10^{-1} W
　　　(b) 3.48 W

1.4　350 K

1.5　617 W

第 1 章　参考文献

[1] 西川兼康，熱工学の歩み，(1999)，オーム社．

[2] 円山重直，光エネルギー工学，(2004)，養賢堂．

[3] 日本機械学会，伝熱工学資料，改定第 4 版，(1986)，日本機械学会．

[4] 日本機械学会，伝熱ハンドブック，(1992)，森北出版．

[5] 日本熱物性学会編，熱物性ハンドブック，改定第 2 版，(2000)，養賢堂．

[6] 日本機械学会，JSMEテキストシリーズ「熱力学」，(2002)，日本機械学会

第 2 章

热 传 导

Conductive Heat Transfer

2.1 导热基础（basic of heat conduction）

2.1.1 傅里叶定律（Fourier's law）

当物体内存在温度梯度时，热量从高温的部分传递到低温的部分。这时，热量依靠**导热**(heat conduction)在物体中传递，这种热的传递方式称为**导热传热**（conductive heat transfer）。根据**傅里叶定律**(Fourier's law)，表示单位面积、单位时间所传输的热量的**热流密度**(heat flux) q (W/m²) 表示为

$$q = -k \frac{\partial T}{\partial x} \tag{2.1}$$

式中，k (W/(m·K)) 称为**导热系数**(thermal conductivity)，$\partial T/\partial x$ 是某点的**温度梯度**(temperature gradient)。傅里叶定律是经验公式，意味着物体内由导热传递的热流密度与温度梯度成正比。等号右边的负号表示温度梯度与热流密度方向相反，如图 2.1 所示，物体内温度梯度为负时热量朝正方向传递。

常见的导热现象多数可认为是远大于微秒（10^{-6} s）的现象。但是，在小于纳秒（10^{-9} s）和皮秒（10^{-12} s）时间内产生的非稳态热现象，存在不遵守傅里叶定律的情况。这称为**非傅里叶效应**（non-Fourier effect）。

2.1.2 导热系数（thermal conductivity）

导热系数 k 是由物质的温度、压力、成分等物性的状态决定的**物性参数**(property)。一般地，固体的导热系数最大，按液体、气体的顺序减小。可由理论精确地预测导热系数的情况很少，通常使用的导热系数是由实验得出。表 2.1 中列出了典型物质的导热系数。

1. 气体的导热系数

典型气体的导热系数见图 2.2。如 1.6 节所述，气体的导热可以理解为依靠分子间碰撞产生了分子的回转功能、平行运动动能的交换，分子动能从高的地方向低的地方传递。根据分子运动理论，单原子理想气体的导热系数可以表示为下式：

$$k = \frac{1}{3}\rho C_v vl \tag{2.2}$$

式中，ρ (mol/m³) 是气体的摩尔密度，C_v (J/(mol·K)) 是摩尔定容比

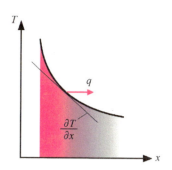

图 2.1 温度梯度与热流密度

表 2.1 常温常压下各种物质的导热系数[1]

物　质 [常温(300 K)，常压(101.3 kPa)]		导热系数 k(W/(m·K))
气体	氢	0.181
	氦	0.153
	甲烷	0.034
	空气	0.026
	二氧化碳	0.017
液体	水银	8.52
	水	0.610
	氨	0.479
	乙二醇	0.258
	甲醇	0.208
	润滑油	0.086
固体（纯金属）	银	427
	铜	398
	金	315
	铝	237
	镁	156
	镍	90.5
	铁	80.3
	铂	71.4
	铟	35.2
	钛	21.9
固体（合金）	黄铜(Cu-40Zn)	123
	焊锡	46.5
	碳素钢(S35C)	43.0
	不锈钢(SUS304)	16.0
	钛合金(Ti-6Al-4V)	7.60
固体（非金属）	蓝宝石	46.0
	冰(273 K)	2.20
	石英玻璃	1.38
	钠玻璃	1.03
	丙烯酸(类)树脂	0.21

热，v(m/s)是分子的平均速度，l(m)是分子的 平均自由行程(mean free path)。

现在，考虑单原子分子的理想气体，有

$$\rho = \frac{n}{N_A}, \quad C_v = \frac{3}{2}R_0 = \frac{3}{2}N_A k_B \tag{2.3}$$

式中，N_A 是阿伏加德罗数，k_B 是玻尔兹曼常数，n 是单位体积所含的分子数，R_0(J/(mol·K))是通用气体常数。此外，根据分子运动理论，分子的平均速度 v 和分子自由行程 l 的关系可以表示如下：

$$v = \sqrt{\frac{8k_B T}{\pi m}}, \quad l = \frac{1}{\sqrt{2}\pi d^2 n} \tag{2.4}$$

式中，d 是分子直径。若用 M 表示分子量，分子的质量为

$$m = \frac{M}{N_A} \tag{2.5}$$

将这些关系式代入式(2.2)，导热系数可表示为下式。

$$k = \frac{1}{d^2}\sqrt{\left(\frac{k_B}{\pi}\right)^3 N_A \frac{T}{M}} \tag{2.6}$$

由此可知，分子量越小，温度越高，单原子气体的导热系数越大，但它受压力的影响不大。

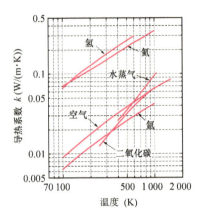

图 2.2 温度对常压气体导热系数的影响

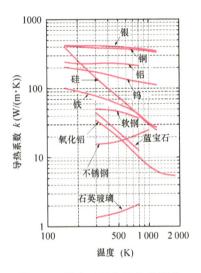

图 2.3 温度对固体导热系数的影响

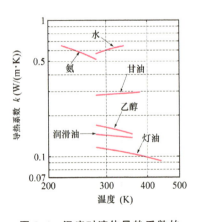

图 2.4 温度对液体导热系数的影响

2. 固体的导热系数

如1.6.2节所述，固体的导热方式有两种。一种方式是依靠固体内原子之间晶格的振动(声子)来传递能量，另一种方式是以金属为代表的导电性固体依靠自由电子的移动进行能量传递。由于这两种方式基本上是相互独立的，可以认为非金属的导热系数只依靠第一种方式，而金属的导热系数则是两种方式共同起作用。

纯金属的导热主要依靠自由电子。这时导电和导热机理基本相同，导电率和导热系数之间符合 威德曼-弗朗兹-劳伦兹(Wiedemann-Franz-Lorenz equation)方程。

$$\frac{k}{\sigma_e T} = 2.45 \times 10^{-8} \, (W\Omega/K^2) \tag{2.7}$$

金属升温后，由于原子的热振动阻碍了自由电子的运动，如图2.3所示，导热系数降低。

对于非金属，热传递主要依靠声子。晶体如蓝宝石，音速越大导热系数越大。非晶体(amorphous)如玻璃，由于声子混乱程度很大，与结晶体相比导热系数变小。

作为保温材料使用的材料大多是固体和气体的混合物，如玻璃棉、发泡塑胶等。由于保温材料的内部空隙中含有导热系数小的气体，所以与固体材料自身相比导热系数变小。

3. 液体的导热系数

与气体相比，液体的分子间距变小，分子间相互作用变大。由于这个原因，液体能量传递主要依靠分子的振动(声子)。但是，液体不如晶体分子排列有规律性而且分子在液体内运动，因此它的导热机理比固

体和气体更复杂。如表 2.1 和图 2.4 所示,液体的导热系数一般处于固体和气体之间。此外,音速越大,则它的导热系数越大。

2.1.3 导热方程(heat conduction equation)

导热方程可以由傅里叶定律和在 1.7.1 节讨论的能量守恒方程导出。现在,如图 2.5 所示,选取**直角坐标系**(Cartesian coordinates),在物体内任意位置,考察微元体 $dxdydz$ 的热平衡。由式(1.15),在 Δt(s)时间间隔内存在以下热平衡:

(热力学能的变化量)=[(导入微元体的热量)−(导出微元体的热量)]+(微元体内产生的热量)×Δt (2.8)

将上式应用于图 2.5(b)所示的微元体,能量守恒定律表示为下式:

$$\rho c \Delta T dxdydz = (q_x dydz + q_y dzdx + q_z dxdy)\Delta t \\ - (q_{x+dx} dydz + q_{y+dy} dzdx + q_{z+dz} dxdy)\Delta t \\ + \dot{q}_v dxdydz\Delta t \quad (2.9)$$

整理后,得

$$\rho c \frac{\Delta T}{\Delta t} dxdydz = (q_x - q_{x+dx})dydz + (q_y - q_{y+dy})dxdz \\ + (q_z - q_{z+dz})dxdy + \dot{q}_v dxdydz \quad (2.10)$$

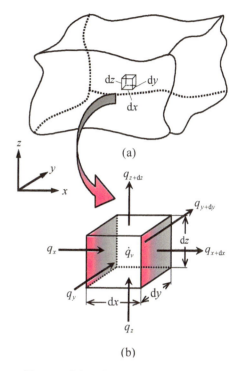

图 2.5 直角坐标系中的微元体和导热

式中,ρ (kg/m³) 为物体的密度,c (J/(kg·K)) 为比热。此外,$\dot{q}_v$ (W/m³) 是微元体内单位时间、单位体积的发热量。

对图 2.5(b)所示的微元体从左侧导入的热流密度应用傅里叶定律表示为

$$q_x = -\left(k \frac{\partial T}{\partial x}\right)_x \quad (2.11)$$

微元体右侧导出的热流密度为

$$q_{x+dx} = -\left(k \frac{\partial T}{\partial x}\right)_{x+dx} = -\left(k \frac{\partial T}{\partial x}\right)_x + \frac{\partial}{\partial x}\left(-k \frac{\partial T}{\partial x}\right)_x dx \quad (2.12)$$

上式是在 $x+dx$ 处对 x 作泰勒展开式只取到一次 dx 的表达式。

将式(2.11)、式(2.12)代入式(2.10),式(2.10)右侧第 1 项变为

$$q_x - q_{x+dx} = \frac{\partial}{\partial x}\left(k \frac{\partial T}{\partial x}\right)_x dx \quad (2.13)$$

同理,考察 y 方向、z 方向,式(2.10)右侧的第 2、第 3 项分别可表示为

$$q_y - q_{y+dy} = \frac{\partial}{\partial y}\left(k \frac{\partial T}{\partial y}\right)_y dy \quad (2.14)$$

$$q_z - q_{z+dz} = \frac{\partial}{\partial z}\left(k \frac{\partial T}{\partial z}\right)_z dz \quad (2.15)$$

将式(2.13)~式(2.15)代入式(2.10),并取极限 $\Delta t \rightarrow 0$,得到如下**导热方程**(heat conduction equation)。

$$\rho c \frac{\partial T}{\partial t} = \frac{\partial}{\partial x}\left(k\frac{\partial T}{\partial x}\right) + \frac{\partial}{\partial y}\left(k\frac{\partial T}{\partial y}\right) + \frac{\partial}{\partial z}\left(k\frac{\partial T}{\partial z}\right) + \dot{q}_v \qquad (2.16)$$

若 k 为常数,导热方程变为

$$\frac{\partial T}{\partial t} = \alpha\left(\frac{\partial^2 T}{\partial x^2} + \frac{\partial^2 T}{\partial y^2} + \frac{\partial^2 T}{\partial z^2}\right) + \frac{\dot{q}_v}{\rho c} \qquad (2.17)$$

式中,$\alpha = k/(\rho c)$ (m^2/s) 称为**热扩散率**(thermal diffusivity),或称为**导温系数**,是物性参数。

分别使用如图 2.6 和图 2.7 所示的**圆柱坐标系**(cylindrical coordinates system) (r, θ, z) 与**球坐标系**(spherical coordinates system) (r, θ, ϕ),则直角坐标系的导热方程式(2.16)分别改写如下。

柱坐标系:

$$\rho c \frac{\partial T}{\partial t} = \frac{1}{r}\frac{\partial}{\partial r}\left(kr\frac{\partial T}{\partial r}\right) + \frac{1}{r^2}\frac{\partial}{\partial \theta}\left(k\frac{\partial T}{\partial \theta}\right) + \frac{\partial}{\partial z}\left(k\frac{\partial T}{\partial z}\right) + \dot{q}_v \qquad (2.18)$$

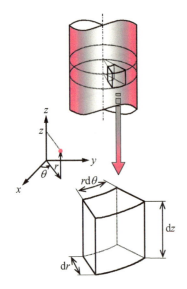

图 2.6 圆柱坐标系中的微元体

球坐标系:

$$\begin{aligned}\rho c \frac{\partial T}{\partial t} = &\frac{1}{r^2}\frac{\partial}{\partial r}\left(kr^2\frac{\partial T}{\partial r}\right) + \frac{1}{r^2 \sin^2\phi}\frac{\partial}{\partial \theta}\left(k\frac{\partial T}{\partial \theta}\right) \\ &+ \frac{1}{r^2 \sin\phi}\frac{\partial}{\partial \phi}\left(k\sin\phi\frac{\partial T}{\partial \phi}\right) + \dot{q}_v\end{aligned} \qquad (2.19)$$

若导热系数 k 为常数,使用**拉普拉斯算子**(Laplacian operator) ∇^2,则这些导热方程表示为

$$\frac{\partial T}{\partial t} = \alpha \nabla^2 T + \frac{\dot{q}_v}{\rho c} \qquad (2.20)$$

式中,拉普拉斯算子定义如下。

直角坐标系:

$$\nabla^2 = \frac{\partial^2}{\partial x^2} + \frac{\partial^2}{\partial y^2} + \frac{\partial^2}{\partial z^2} \qquad (2.21)$$

柱坐标系:

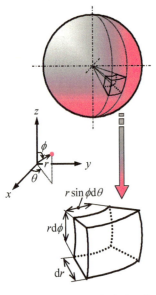

图 2.7 球坐标系中的微元体

$$\nabla^2 = \frac{\partial^2}{\partial r^2} + \frac{1}{r}\frac{\partial}{\partial r} + \frac{1}{r^2}\frac{\partial^2}{\partial \theta^2} + \frac{\partial^2}{\partial z^2} \qquad (2.22)$$

球坐标系:

$$\nabla^2 = \frac{\partial^2}{\partial r^2} + \frac{2}{r}\frac{\partial}{\partial r} + \frac{1}{r^2 \sin^2\phi}\frac{\partial^2}{\partial \theta^2} + \frac{1}{r^2}\frac{\partial^2}{\partial \phi^2} + \frac{\cot\phi}{r^2}\frac{\partial}{\partial \phi} \qquad (2.23)$$

2.1.4 边界条件(boundary condition)

导热方程式(2.20),是对于时间 1 阶、对于空间 2 阶的偏微分方程。因此,求解该方程需要关于温度的一个时间条件和两个空间条件。这些条件作为 $t=0$ 时的**初始条件**(initial condition)和空间的**边界条件**(boundary condition)给出。

考察第 1.7.3 节的边界上热流的平衡,导出边界上的边界条件。导热中典型的边界条件在图 2.8 中给出。这里,取边界的垂直方向为 x 轴,$x=0$ 为边界(或者物体表面)。

1. 第一类边界条件（boundary condition of the first kind）

规定了边界上温度的边界条件如下式：

$$T_{x=0} = T_s(t) \tag{2.24}$$

并且，边界面上温度 T_s 与时间无关（为常数）时称为 **恒壁温**（constant wall temperature）条件。

2. 第二类边界条件（boundary condition of the second kind）

对于规定了边界上热流密度的情况，可由下式表示：

$$-k\left(\frac{\partial T}{\partial x}\right)_{x=0} = q(t) \tag{2.25}$$

并且，边界上热流密度 q 与时间无关（为常数）时称为 **恒热流**（constant heat flux）条件。特别地，$q=0$ 的场合，即 **绝热条件**（adiabatic condition）可表示如下：

$$\left(\frac{\partial T}{\partial x}\right)_{x=0} = 0 \tag{2.26}$$

3. 第三类边界条件（boundary condition of the third kind）

给出了边界面上的表面传热系数的场合，即对于物体与周围流体换热的场合，根据牛顿冷却公式，使用表面传热系数，边界条件表示如下：

$$-k\left(\frac{\partial T}{\partial x}\right)_{x=0} = h\{T_\infty - T_s(t)\} \tag{2.27}$$

4. 界面连续条件

两个物体完全接触时，两个物体的接触面的温度和热流密度的值分别相等。所以，边界条件表示如下：

$$(T_1)_{x=0} = (T_2)_{x=0} \tag{2.28}$$

$$-k_1\left(\frac{\partial T_1}{\partial x}\right)_{x=0} = -k_2\left(\frac{\partial T_2}{\partial x}\right)_{x=0} \tag{2.29}$$

两物体不完全接触时，接触面上产生温差 $\Delta T = (T_1)_{x=0} - (T_2)_{x=0}$。这时，使用 **接触热阻**（thermal contact resistance）R_c（K/W）表示如下：

$$-k_1 A\left(\frac{\partial T_1}{\partial x}\right)_{x=0} = -k_2 A\left(\frac{\partial T_2}{\partial x}\right)_{x=0} = \frac{(T_1)_{x=0} - (T_2)_{x=0}}{R_c} \tag{2.30}$$

式中，A 为传热面积，如 7.3.2 节所述，实际机器中的冷却大多数不能忽略接触热阻。关于接触热阻将在 2.2.1 节第 4 小节详细叙述。

第一类边界条件和第二类边界条件又分别称为 **狄利克雷条件**（Dirichlet condition）和 **纽曼条件**（Neumann condition）。

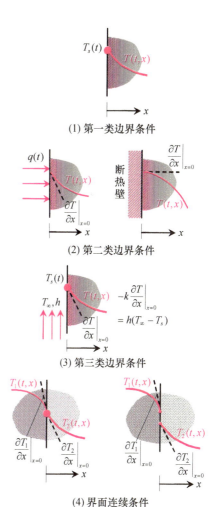

(1) 第一类边界条件

(2) 第二类边界条件

(3) 第三类边界条件

(4) 界面连续条件

图 2.8 各类边界条件

2.1.5 导热方程的无量纲化（dimensionless form of heat conduction equation）

通过求解导热方程式(2.16)，可以求出物体内的温度分布和加热、冷却速度等。

现在，取物体的特征尺寸为 L，初始条件和边界条件中出现的具有代表性的温差，即物体的初始温度 T_i 与物体所处流体的温度 T_∞ 之差 $T_i - T_\infty$ 作为特征温度，温度和坐标表示为如下的无量纲形式。

$$\theta = \frac{T - T_\infty}{T_i - T_\infty}, \quad X = \frac{x}{L}, \quad Y = \frac{y}{L}, \quad Z = \frac{z}{L} \tag{2.31}$$

将这些代入导热方程式(2.16)，得到下式。

$$\frac{\partial \theta}{\partial Fo} = \frac{\partial^2 \theta}{\partial X^2} + \frac{\partial^2 \theta}{\partial Y^2} + \frac{\partial^2 \theta}{\partial Z^2} + \dot{G} \tag{2.32}$$

式中，

$$Fo = \frac{\alpha t}{L^2}, \quad \dot{G} = \frac{\dot{q}_v L^2}{k(T_i - T_\infty)} \tag{2.33}$$

Fo 是无量纲时间，称为 **傅里叶数**(Fourier number)。

另一方面，对于规定了边界上表面传热系数的情况（第三类边界条件），进行无量纲化，式(2.27)变为下式。

$$\left(\frac{\partial \theta}{\partial X}\right)_s = Bi\, \theta_s \tag{2.34}$$

式中，T_s 为物体表面温度，θ_s，Bi 分别为

$$\theta_s = \frac{T_s - T_\infty}{T_i - T_\infty}, \quad Bi = \frac{hL}{k} \tag{2.35}$$

Bi 是反映物体内部的导热与物体表面的对流换热相对大小的无量纲量，称为 **毕渥数**(Biot number)。虽然毕渥数与第 3 章中使用的努塞尔数（例如式(3.57)）具有相同形式的定义式，但应注意式(2.35)中的 k 是固体的导热系数。

物体无内热源时，物体的无量纲温度是位置和傅里叶数、毕渥数的函数。这意味着在物体形状相似的情况下，相当于无量纲时间的傅里叶数和相当于边界条件的毕渥数分别相等时，物体的无量纲温度相同。这样，根据无量纲形式的导热方程，并当物体的几何形状、物性和边界条件等对应成比例时，可以应用导热现象的相似准则。详细情况请参照第 8.2 节。

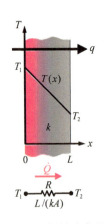

图 2.9　平板的稳态导热

2.2　稳态导热 (steady-state conduction)

2.2.1　平板的稳态导热 (steady-state conduction through plane wall)

1. 平板

考察物体内的温度分布不随时间变化的稳态导热。如图 2.9 所示，厚度为 L 的 **平板**(plane wall)，高温侧($x = 0$)和低温侧($x = L$)的表面温度分别为 T_1 和 T_2 并保持不变。如果平板内的温度被视为只沿 x 方向变化的一维问题，那么热量传递也是只沿 x 方向的一维导热。平板的导热方程是，一维(y，z 方向的微分项为 0)、稳定(对时间的微分项为 0)、无内热源的导热方程(2.16)。因此，式(2.16)变成下式。

$$\frac{\mathrm{d}}{\mathrm{d}x}\left(k\frac{\mathrm{d}T}{\mathrm{d}x}\right)=0 \tag{2.36}$$

参照式(2.1),式(2.36)表示平板内的热流密度不随位置变化,处处相等。

当导热系数为常数时,对式(2.36)两次积分,可求出平板内温度分布的通解。

$$T(x)=C_1 x+C_2 \tag{2.37}$$

积分常数 C_1 和 C_2 可根据 $x=0$ 和 $x=L$ 处给出的表面温度的两个边界条件得出:

$$T(0)=T_1 \tag{2.38}$$

$$T(L)=T_2 \tag{2.39}$$

由式(2.38)得

$$C_2=T_1 \tag{2.40}$$

进而由式(2.39)得

$$C_1=\frac{T_2-T_1}{L} \tag{2.41}$$

因此,平板内的温度分布如下式:

$$T(x)=(T_2-T_1)\frac{x}{L}+T_1 \tag{2.42}$$

通过平板的热流密度 q 可用下式求得。

$$q=k\frac{T_1-T_2}{L} \tag{2.43}$$

因此,平板面积为 A 的传热量 $\dot{Q}$ 变为下式。

$$\dot{Q}=qA=kA\frac{T_1-T_2}{L} \tag{2.44}$$

2. 热阻与传热系数

式(2.44)可以写成如下形式。

$$\dot{Q}=\frac{T_1-T_2}{L/(kA)}=\frac{T_1-T_2}{R} \tag{2.45}$$

式中的 $R(K/W)$ 称为 **热阻**(thermal resistance)。式(2.45)的关系与电路中的欧姆定律相似,电流与传热量(或者热流密度),电位差与温差,电阻与热阻分别对应。将一维稳态导热问题按等效热阻网络考虑,对许多情况更容易理解。图2.9中的下部给出了等效热阻网络。

此外,如图2.10所示,考察将平板放置不同温度(T_h, T_c)的流体中的情况。平板的高温侧($x=0$)的表面传热系数为 h_h,低温侧($x=L$)的表面传热系数为 h_c,即第三类边界条件。这时,平板的导热方程变为式(2.36),热流密度不变。平板的表面温度设为 T_1, T_2,下式成立。

$$q=h_h(T_h-T_1) \tag{2.46}$$

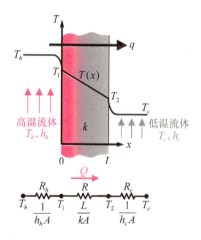

图2.10 平板导热的第三类边界条件

$$q = k\frac{T_1 - T_2}{L} \tag{2.47}$$

$$q = h_c(T_2 - T_c) \tag{2.48}$$

从这些关系式中消去 T_1, T_2, 热流密度可用两侧流体温度 T_h, T_c 由下式求出。

$$q = \frac{T_h - T_c}{\dfrac{1}{h_h} + \dfrac{L}{k} + \dfrac{1}{h_c}} \tag{2.49}$$

这里, 定义**总传热系数**(overall heat transfer coefficient) K(W/(m²·K)) 如下

$$\frac{1}{K} = \frac{1}{h_h} + \frac{L}{k} + \frac{1}{h_c} \tag{2.50}$$

通过平板的热流密度为

$$q = K(T_h - T_c) \tag{2.51}$$

总传热系数是两流体间通过固体壁面进行换热时的性能指标, 是推算 7.1 节所述的热交换器的性能的重要参数。

传热面积为 A 的平板的传热量 $\dot{Q}$ 为

$$\dot{Q} = Aq = \frac{T_h - T_c}{\dfrac{1}{A}\left(\dfrac{1}{h_h} + \dfrac{L}{k} + \dfrac{1}{h_c}\right)} = KA(T_h - T_c) \tag{2.52}$$

作为各热阻之和的**总热阻**(total thermal resistance) R_t(K/W) 定义为下式。

$$R_t = \frac{1}{A}\left(\frac{1}{h_h} + \frac{L}{k} + \frac{1}{h_c}\right) \tag{2.53}$$

式(2.53)意味着当高、低温流体的对流热阻和平板的导热热阻串联在一起, 总热阻可由各热阻之和算出。而且, 热阻的倒数称为**热导**(thermal conductance)。

热阻中不含面积, 用热流密度定义的情况也存在。但是, 在本书中, 为了方便在面积变化和复杂的多层结构时使用, 采用考虑了传热面积的式(2.53)定义。

热阻与传热系数各公式如表 2.2 所示。

表 2.2 热阻与传热系数

传热系数 (W/(m²·K))
$$K = \frac{1}{1/h_h + L/k + 1/h_c}$$

总热阻 (K/W)
$$R_t = \frac{1}{A}\left(\frac{1}{h_h} + \frac{L}{k} + \frac{1}{h_c}\right)$$

热导 (W/K)
$$C = \frac{A}{1/h_h + L/k + 1/h_c}$$

【例题 2.1】 ********************

如图 2.10 所示, 平板放置在两个不同温度(T_h, T_c)的流体中, 试求平板的温度分布。

【解答】 设平板内任意位置 x 的温度为 $T(x)$, 当一维稳定时因为通过平板的热流密度处处相等, 所以关于热流密度的下式成立。

$$q = h_h(T_h - T_1) = \frac{k}{x}\{T_1 - T(x)\} \tag{ex 2.1}$$

消去 T_1, 得

$$T_h - T(x) = \left(\frac{x}{k} + \frac{1}{h_h}\right)q = \left(\frac{x}{k} + \frac{1}{h_h}\right)K(T_h - T_c) \tag{ex 2.2}$$

整理后,求出的温度分布由下式表示。

$$\frac{T_h - T(x)}{T_h - T_c} = \frac{\dfrac{x}{k} + \dfrac{1}{h_h}}{\dfrac{1}{h_h} + \dfrac{L}{k} + \dfrac{1}{h_c}} \tag{ex 2.3}$$

****

3. 多层平板

如图 2.11 所示,将由导热系数不同的多个平板紧密接触构成的多层平板(composite plane wall)内的导热视为一维导热。平板间无接触热阻,各平板接触面的温度相等。若进一步考虑流体的对流换热,那么通过各平板的热流密度相等表示如下。

$$q = h_h(T_h - T_1) = \frac{k_1}{L_1}(T_1 - T_2) = \frac{k_2}{L_2}(T_2 - T_3)$$
$$= \frac{k_3}{L_3}(T_3 - T_4) = h_c(T_4 - T_c) \tag{2.54}$$

从上式中消去 T_1, T_2, T_3, T_4,通过平板的热流密度为

$$q = \frac{(T_h - T_c)}{\dfrac{1}{h_h} + \dfrac{L_1}{k_1} + \dfrac{L_2}{k_2} + \dfrac{L_3}{k_3} + \dfrac{1}{h_c}} \tag{2.55}$$

这时的传热系数为

$$\frac{1}{K} = \frac{1}{h_h} + \frac{L_1}{k_1} + \frac{L_2}{k_2} + \frac{L_3}{k_3} + \frac{1}{h_c} \tag{2.56}$$

推而广之,对任意多层的情况也同样适用。

多层平板导热时,可以认为是各平板导热热阻串联相加,总热阻表示如下:

$$R_t = \frac{1}{A}\left(\frac{1}{h_h} + \frac{L_1}{k_1} + \frac{L_2}{k_2} + \frac{L_3}{k_3} + \frac{1}{h_c}\right)$$
$$= \frac{1}{A}\left(\frac{1}{h_h} + \sum_{i=1}^{3}\frac{L_i}{k_i} + \frac{1}{h_c}\right) = \frac{1}{KA} \tag{2.57}$$

因此,对于面积为 A 的平板,传热量 $\dot{Q}$ 由下式可得。

$$\dot{Q} = qA = \frac{T_h - T_c}{R_t} \tag{2.58}$$

此外,如图 2.12 所示,考虑含有并联热阻的情况,如果用和电阻相同的方法处理并联在一起的物体 a 和物体 b 的热阻 R_2,可以表示成下式:

$$\frac{1}{R_2} = \frac{1}{R_a} + \frac{1}{R_b} = \frac{1}{\dfrac{L_2}{k_a(A/2)}} + \frac{1}{\dfrac{L_2}{k_b(A/2)}} \tag{2.59}$$

由此得

$$R_2 = \frac{L_2}{(k_a + k_b)(A/2)} \tag{2.60}$$

因此,这时的总热阻 R_t 表示为下式。

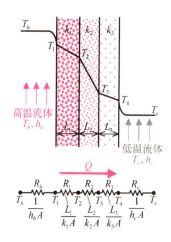

图 2.11　多层平板导热

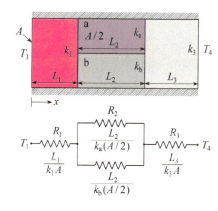

图 2.12　存在并联部分多层平板的导热

$$R_t = R_1 + R_2 + R_3 = \frac{L_1}{k_1 A} + \frac{2L_2}{(k_a+k_b)A} + \frac{L_3}{k_3 A} \qquad (2.61)$$

4. 接触热阻

上述的多层平板导热问题中，认为相邻的两个平板完全接触，接触面上两侧平板的温度和热流密度相等。但是，实际上大多数接触是不完全的，接触面上两个物体只有部分接触。这时，接触两面的温度是不连续的，有温差产生。如图 2.13 所示，因为两个物体不完全接触，所以在接触面产生了温差 $\Delta T = T_{2A} - T_{2B}$。这时，将其分为两个物体和接触部分三部分。接触部分用**接触热阻**(thermal contact resistance) R_c 表示，可以表示如下：

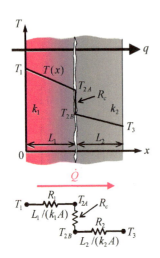

图 2.13 由接触热阻引起的温度降低

$$\dot{Q} = \frac{T_{2A} - T_{2B}}{R_c} \qquad (2.62)$$

因为 x 方向的传热量相等，得

$$\dot{Q} = k_1 A \frac{T_1 - T_{2A}}{L_1} = \frac{T_{2A} - T_{2B}}{R_c} = k_2 A \frac{T_{2B} - T_3}{L_2} \qquad (2.63)$$

因此，考虑了接触热阻的总热阻表示如下：

$$R_t = \left(\frac{L_1}{k_1 A} + R_c + \frac{L_2}{k_2 A} \right) \qquad (2.64)$$

5. 具有内热源的导热

考察物体内存在单位时间、单位体积发热量 $\dot{q}_v$ 的情况，即考察具有**内热源**(thermal energy generation)的导热。这时，由式(2.16)，平板的一维稳态导热方程如下式：

$$\frac{d}{dx}\left(k \frac{dT}{dx} \right) + \dot{q}_v = 0 \qquad (2.65)$$

若导热系数为常数，对式(2.65)两次积分，求出平板的温度分布通解为

$$T = -\frac{\dot{q}_v}{2k} x^2 + C_1 x + C_2 \qquad (2.66)$$

积分常数 C_1, C_2 由 $x=0$ 和 $x=L$ 的表面温度 T_1, T_2 这两个边界条件得出

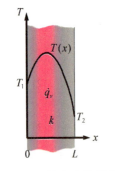

图 2.14 具有内热源的平板导热

$$C_2 = T_1 \qquad (2.67)$$

$$C_1 = \frac{T_2 - T_1}{L} + \frac{\dot{q}_v L}{2k} \qquad (2.68)$$

因此，平板内的温度分布为

$$T = -\frac{\dot{q}_v}{2k} x^2 + \left(\frac{T_2 - T_1}{L} + \frac{\dot{q}_v L}{2k} \right) x + T_1 \qquad (2.69)$$

有内热源时，平板的温度分布如图 2.14 所示，为 2 次曲线。而且，对式(2.69)微分，热流密度 $q(x)$ 是位置 x 的函数

$$q(x) = \dot{q}_v x - \left(k\frac{T_2-T_1}{L} + \frac{\dot{q}_v L}{2}\right) \tag{2.70}$$

2.2.2 圆筒壁和球壳的稳态导热（Steady-state conduction through cylinder and sphere）

1. 圆筒壁

如图 2.15 所示，考察内半径 r_1，外半径 r_2，长度 L 的 **圆筒壁**（cylinder）。圆筒壁的内侧（$r=r_1$）和外侧（$r=r_2$）的表面温度分别为 T_1，T_2。圆筒壁无内热源，温度只沿 r 方向变化时，其导热为一维稳态导热问题。这时，式（2.18）的导热方程为

$$\frac{\mathrm{d}}{\mathrm{d}r}\left(kr\frac{\mathrm{d}T}{\mathrm{d}r}\right) = 0 \tag{2.71}$$

现在，设导热系数为常数，对式（2.71）两次积分，圆筒壁温度分布的通解为

$$T(r) = C_1 \ln r + C_2 \tag{2.72}$$

积分常数 C_1，C_2 由两个边界条件即 $r=r_1$ 和 $r=r_2$ 的两个表面温度得出

$$C_1 = \frac{T_1 - T_2}{\ln(r_1/r_2)} \tag{2.73}$$

$$C_2 = -\frac{T_1 \ln r_2 - T_2 \ln r_1}{\ln(r_1/r_2)} \tag{2.74}$$

因此，圆筒壁的温度分布整理成下式

$$\frac{T_1 - T(r)}{T_1 - T_2} = \frac{\ln(r/r_1)}{\ln(r_2/r_1)} \tag{2.75}$$

通过圆筒壁的传热量 $\dot{Q}$ 不随半径而异为定值。

$$\dot{Q} = -2\pi r L k \frac{\mathrm{d}T}{\mathrm{d}r}\bigg|_r = \frac{2\pi L k (T_1 - T_2)}{\ln(r_2/r_1)} \tag{2.76}$$

这时的热阻 R 为

$$R = \frac{\ln(r_2/r_1)}{2\pi L k} \tag{2.77}$$

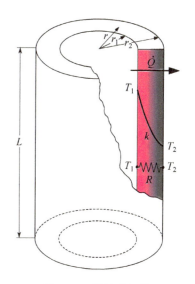

图 2.15 圆筒壁导热

2. 多层圆筒壁

如图 2.16 所示的多层圆筒壁，在作为边界条件给出了圆筒与流体间的表面传热系数时，与推导式（2.52）相同，通过 N 层（图 2.16 中为 3 层）的 **多层圆筒壁**（composite cylinder）的传热量 $\dot{Q}$ 为

$$\dot{Q} = \frac{2\pi L}{\dfrac{1}{h_h r_1} + \sum_{j=1}^{N}\dfrac{1}{k_j}\ln\dfrac{r_{j+1}}{r_j} + \dfrac{1}{h_c r_{N+1}}}(T_h - T_c) \tag{2.78}$$

此时的总热阻 R_t 为

$$R_t = \frac{1}{2\pi L}\left(\frac{1}{r_1 h_h} + \sum_{j=1}^{N}\frac{1}{k_j}\ln\frac{r_{j+1}}{r_j} + \frac{1}{r_{N+1} h_c}\right) \tag{2.79}$$

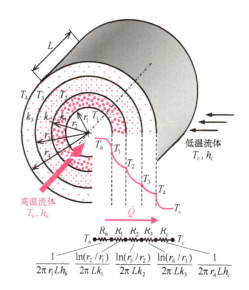

图 2.16 多层圆筒壁的导热

【例题 2.2】 ✱✱✱✱✱✱✱✱✱✱✱✱✱✱✱✱✱✱✱✱✱

长度为 L、直径为 10 mm、温度为 350 K 的圆柱,放置在温度为 300 K 的气体中。圆柱上覆盖了导热系数为 $k=0.2$ W/(m·K)、厚度为 3 mm 的硅胶,圆柱与气体的表面传热系数为 $h=6$ W/(m²·K),试计算覆盖前、后的传热量。

【解答】 没覆盖时,因为可只考虑式(2.78)右边分母的第三项,传热量为

$$\dot{Q}_o = 2\pi L h r_1 (T_1 - T_c) = 9.4 \times L \, (\text{W}) \tag{ex 2.2}$$

而被覆盖的场合

$$\dot{Q}_1 = \frac{2\pi L (T_1 - T_c)}{\frac{1}{k} \ln \frac{r_2}{r_1} + \frac{1}{h r_2}} = 13.6 \times L \, (\text{W}) \tag{ex 2.3}$$

由计算结果可知,覆盖了保温材料后,导热系数变小而表面积增加的综合效果,可能反而使传热量增加的情况存在,$r_c = k/h$ 时传热量变得最大。

✱✱✱✱✱✱✱✱✱✱✱✱✱✱✱✱✱✱✱✱✱

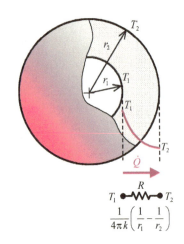

图 2.17 球壳的导热

3. 球壳与多层球壳

如图 2.17 所示,内半径 r_1、外半径 r_2 的 **球壳**(hollow sphere),球壳内侧($r=r_1$)和外侧($r=r_2$)的温度分别为 T_1 和 T_2,与上述的圆筒壁的情况相同,设无内热源,热流为只沿半径方向的一维稳态导热问题,导热方程式(2.19)变为下式

$$\frac{d}{dr}\left(k r^2 \frac{dT}{dr}\right) = 0 \tag{2.80}$$

设导热系数为常数,球壳温度分布的通解为

$$T(x) = \frac{C_1}{r} + C_2 \tag{2.81}$$

由 $r=r_1$ 和 $r=r_2$ 的边界条件,得出积分常数 C_1,C_2 为

$$C_1 = \frac{T_1 - T_2}{1/r_1 - 1/r_2} \tag{2.82}$$

$$C_2 = T_1 - \frac{T_1 - T_2}{r_1 (1/r_1 - 1/r_2)} \tag{2.83}$$

球壳内的温度分布变为下式

$$\frac{T_1 - T(r)}{T_1 - T_2} = \frac{(1/r_1 - 1/r)}{(1/r_1 - 1/r_2)} \tag{2.84}$$

通过球壳的热量 $\dot{Q}$ 不随半径而异为定值。

$$\dot{Q} = -4\pi r^2 k \frac{dT}{dr}\bigg|_r = \frac{4\pi k (T_1 - T_2)}{(1/r_1 - 1/r_2)} \tag{2.85}$$

并且,热阻 R 表示如下

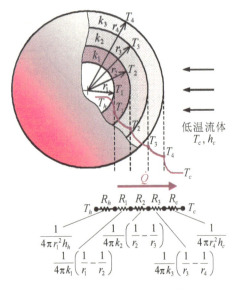

图 2.18 多层球壳的导热

$$R = \frac{1}{4\pi k}\left(\frac{1}{r_1} - \frac{1}{r_2}\right) \tag{2.86}$$

如图 2.18 所示,给出了多层球壳与流体间传热的边界条件时,通过 N 层的**多层球壳**(composite sphere)热量 $\dot{Q}$ 表示为下式

$$\dot{Q} = \frac{4\pi}{\dfrac{1}{h_h r_1^2} + \sum\limits_{j=1}^{N}\dfrac{1}{k_j}\left(\dfrac{1}{r_j} - \dfrac{1}{r_{j+1}}\right) + \dfrac{1}{h_c r_{N+1}^2}}(T_h - T_c) \tag{2.87}$$

并且,这时的总热阻 R_t 为

$$R_t = \frac{1}{4\pi}\left(\frac{1}{h_h r_1^2} + \sum\limits_{j=1}^{N}\frac{1}{k_j}\left(\frac{1}{r_j} - \frac{1}{r_{j+1}}\right) + \frac{1}{h_c r_{N+1}^2}\right) \tag{2.88}$$

2.2.3 扩展的传热面 (heat transfer from extended surfaces)

1. 扩展传热面的意义

固体壁与周围流体间的对流换热,传热量用 $\dot{Q} = h\Delta TA$ 表示,传热量与传热面积成正比地增加。因此,如果传热面积增大,可使传热量增加。为此,**扩展传热面**(extended surface)被广泛使用。图 2.19 给出了电子设备冷却用肋的例子,图 2.20 给出了汽车散热器使用的带肋换热装置的例子。这些为了扩展传热面而从传热面突出的部分称为**肋**(fin),扩展传热面称为**肋化传热面**(finned surface)。

为了减少总热阻,减少各热阻中最大的热阻是有效方法。为此,扩展表面传热系数小的一方的传热面积。以图 2.20 为例,因为散热器与空气的表面传热系数小于散热器内冷水侧的表面传热系数,所以在空气侧安置肋。

现在,考虑厚度为 δ 的平板内侧流过温度为 T_h 的高温流体,通过肋面向温度为 T_c 的低温流体放热的情况(如图 2.21 所示)。无肋时的传热量用式(2.52)表示为下式

$$\dot{Q} = \frac{(T_h - T_c)}{\dfrac{1}{A}\left(\dfrac{1}{h_h} + \dfrac{\delta}{k} + \dfrac{1}{h_c}\right)} \tag{2.89}$$

式中,A 为平板的传热面积,k 为平板的导热系数,h_h 和 h_c 分别为高温流体侧和低温流体侧的表面传热系数。

加肋后,低温侧的传热面积增加到肋表面积 A_f 与除去肋基后的平板的面积 A_0 之和($A_f + A_0$)。对于增加的面积,即整个肋表面的温度与肋基温度相等的理想情况,传热量为

$$\dot{Q} = \frac{(T_h - T_c)}{\dfrac{1}{Ah_h} + \dfrac{\delta}{Ak} + \left(\dfrac{1}{A_0 + A_f}\right)\dfrac{1}{h_c}} \tag{2.90}$$

但是,实际上,由于向低温流体放热,肋片各截面温度沿高度方向逐步降低,所以因肋而增加的面积不能如上式那样使传热量增加。实际的传热量比式(2.90)小,表示为下式

图 2.19 计算机 CPU 冷却用肋

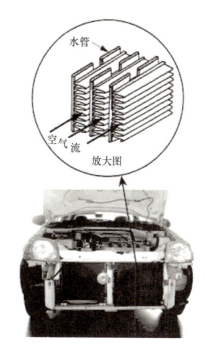

图 2.20 汽车用散热器

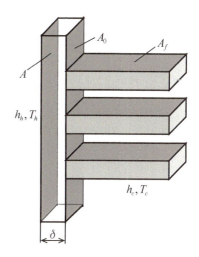

图 2.21 肋化扩展传热面

$$\dot{Q} = \frac{(T_h - T_c)}{\dfrac{1}{Ah_h} + \dfrac{\delta}{Ak} + \left(\dfrac{1}{A_0 + \eta A_f}\right)\dfrac{1}{h_c}} \tag{2.91}$$

式中，η 称为**肋效率**(fin efficiency)，即实际的散热量与整个肋表面的温度和肋基温度相等时肋的散热量之比，定义为

$$\eta = \frac{\text{肋实际散热量}}{\text{整个肋处于肋基温度下的散热量}} \tag{2.92}$$

因此，肋效率用肋基温度和 T_c 之差与肋表面平均温度和 T_c 之差的比表示。

2. 等截面肋

通常，肋是由导热系数大的材料制成，其厚度也薄，因此肋横截面内的温差很小，可以忽略。这时，可以简单地将肋内的导热处理成只沿肋高方向进行的一维稳态导热问题。

肋的形式多种多样，等截面肋中典型的有**矩形肋**(rectangular fin)和**圆形的针肋**(pin fin)。此处，虽然采用矩形肋加以推导，但是同样可以适用于针形肋。

现在，考察如图2.22所示的横截面积 A 一定的矩形肋。肋暴露在温度为 T_∞ 的流体中，设其表面传热系数为 h，肋基的温度为 T_0。考虑在肋任意位置 x 处，长为 dx 的控制体 Adx 内的热平衡。在位置 x 处从控制体左面进入的传热量 $\dot{Q}_x$ 为

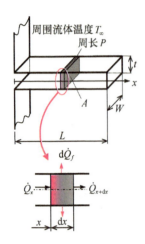

图 2.22 矩形肋的热平衡

$$\dot{Q}_x = -A\left(k\frac{dT}{dx}\right)_x \tag{2.93}$$

在位置 $x+dx$ 处，从控制体右面流出的传热量 $\dot{Q}_{x+dx}$ 为

$$\dot{Q}_{x+dx} = -A\left(k\frac{dT}{dx}\right)_{x+dx} = -A\left\{\left(k\frac{dT}{dx}\right)_x + \frac{d}{dx}\left(k\frac{dT}{dx}\right)_x dx\right\} \tag{2.94}$$

设肋周长为 P，从控制体表面 Pdx 通过对流换热向周围流体释放出热量 $d\dot{Q}_f$ 为

$$d\dot{Q}_f = h(T - T_\infty)Pdx \tag{2.95}$$

对于稳定状态，因为控制体内流入、流出的传热量的总和为零，得

$$\dot{Q}_x - \dot{Q}_{x+dx} - d\dot{Q}_f = 0 \tag{2.96}$$

将式(2.93)~式(2.95)代入式(2.96)，得

$$\frac{d}{dx}\left(k\frac{dT}{dx}\right)_x A - h(T - T_\infty)P = 0 \tag{2.97}$$

设导热系数为常数，得

2.2 稳态导热

$$k\frac{d^2 T}{dx^2}A - h(T-T_\infty)P = 0 \tag{2.98}$$

式中,若令 $m^2 = hP/(kA)$,$\theta = (T-T_\infty)/(T_0-T_\infty)$,式(2.98)整理成下式

$$\frac{d^2\theta}{dx^2} - m^2\theta = 0 \tag{2.99}$$

式(2.99)的通解表示为下式

$$\theta = C_1 e^{mx} + C_2 e^{-mx} \tag{2.100}$$

在 $x=0$ 处,$T=T_0$,并且,假设可以忽略肋顶端的传热,在 $x=L$ 处,有 $dT/dx=0$。根据这两个边界条件,得

$$C_1 + C_2 = 1 \tag{2.101}$$

$$\frac{d\theta}{dx} = m(C_1 e^{mx} - C_2 e^{-mx}) = 0 \tag{2.102}$$

C_1,C_2 为

$$C_1 = \frac{e^{-mL}}{e^{mL}+e^{-mL}}, \quad C_2 = \frac{e^{mL}}{e^{mL}+e^{-mL}} \tag{2.103}$$

所以,肋的温度分布是肋位置 x 的函数,表示为下式:

$$\theta = \frac{T-T_\infty}{T_0-T_\infty} = \frac{e^{m(L-x)}+e^{-m(L-x)}}{e^{mL}+e^{-mL}} = \frac{\cosh[m(L-x)]}{\cosh mL} \tag{2.104}$$

使用式(2.104),对式(2.95)积分后,求出肋全表面的放热量 $\dot{Q}_f$ 为

$$\dot{Q}_f = \int_0^L d\dot{Q}_f = \int_0^L hP\theta(T_0-T_\infty)dx$$

$$= \sqrt{hPkA}(T_0-T_\infty)\tanh(mL) \tag{2.105}$$

该放热量 $\dot{Q}_f$ 等于肋基的传热量 $\dot{Q}_0$,由肋基的温度梯度和傅里叶定律,得出下式。

$$\dot{Q}_0 = -k\left(\frac{\partial T}{\partial x}\right)_{x=0}A = \sqrt{hPkA}(T_0-T_\infty)\tanh(mL) = \dot{Q}_f \tag{2.106}$$

这时,由式(2.92)可求出肋效率,得

$$\eta = \frac{\sqrt{hPkA}(T_0-T_\infty)\tanh(mL)}{hPL(T_0-T_\infty)} = \frac{\tanh(mL)}{mL} \tag{2.107}$$

即矩形肋的效率只是 mL 的函数。

对于矩形肋,周长 P 和横截面 A 用肋宽 W 和肋厚 t 表示,得

$$P = 2(W+t), \quad A = Wt \tag{2.108}$$

因此,m 为

$$m = \sqrt{\frac{2h}{kt}}\sqrt{1+\frac{t}{W}} \tag{2.109}$$

肋厚 t 与肋宽 W 相比很小,m 可以近似如下

$$m = \sqrt{\frac{2h}{kt}} \tag{2.110}$$

3. 横截面积变化的肋

除前述的矩形肋以外,还使用各种形状的肋。图2.23给出了矩形肋和横截面 A 变化的典型肋随 mL 变化的肋效率。并且,图2.24以环形肋为例,给出了等截面环形肋的肋效率。此外,这些图中,一般肋的厚度 t 非常薄,m 是将肋根厚度代入式(2.110)求出的值。

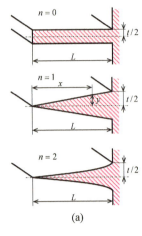

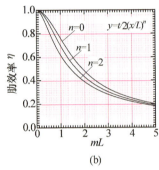

图 2.23 各种形式肋的肋效率

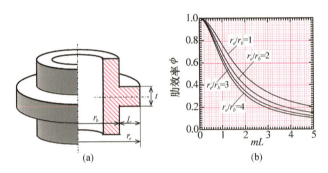

图 2.24 环形肋的肋效率

2.3 非稳态导热 (unsteady-state conduction)

2.3.1 瞬态导热 (transient conduction)

至此,已经可以处理稳态导热,但是,实际传热现象中,温度场随时间变化的非稳态导热常常是重要的。在这里讨论**瞬态导热**(transient conduction)。

现在,考察初始温度为 T_i 的平板,暴露在温度为 T_∞ 的周围介质中时的瞬态导热。如2.1.5节所述,不同的**毕渥数**(Biot number)形成不同形状的温度分布。由于毕渥数的不同,不同的平板内温度分布示于图2.25。在这里,毕渥数定义为下式

$$Bi = \frac{hL_c}{k} \tag{2.111}$$

式中,L_c 是特征长度,定义为物体的体积 V 除以它的表面积 S,如下式

$$L_c = \frac{V}{S} \tag{2.112}$$

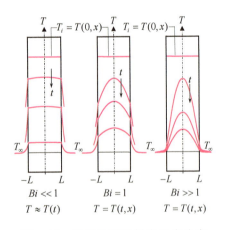

图 2.25 毕渥数对平板中温度分布的影响

图2.25给出了不同毕渥数条件下对应的平板温度分布。当 $Bi \ll 1$ 时,平板的温度分布几乎是均匀一致的,温度随时间的变化只与物体的热容量和表面的传热量有关。2.3.2节中介绍的集总热容法模型与这种情况对应。一般地,$Bi < 0.1$ 时,用集总热容法模型计算温度的误差在几个百分点以下。

$Bi \gg 1$ 时,表面温度几乎随时与外部环境温度相等,可以视为表面温度为常数的第一类边界条件。这时,平板内的温度分布不依赖表面传热系数,只是位置和时间或者无量纲位置和傅里叶数的函数。

2.3 非稳态导热

$Bi \approx 1$ 时，因为不能如上述般地简化，因此如 2.3.5 节所示，必须直接用解析方法求解非稳态导热问题的温度分布。

【例题 2.3】 ************************

初始温度为 300 K 的直径 11 mm 的钢球，近似为直径 0.4 m，长 1 m 的圆柱的金枪鱼和近似为 3 cm 厚大平板的生鱼片暴露在 1 m/s 的低温流体中，试求其毕渥数。钢球、金枪鱼和金枪鱼生鱼片的热物性和表面传热系数见下表。

	$k(\mathrm{W/(m \cdot K)})$	$c(\mathrm{J/(kg \cdot K)})$	$\rho(\mathrm{kg/m^3})$	$h(\mathrm{W/(m^2 \cdot K)})$
钢球	43.0	465	7 850	40
金枪鱼	0.42	3 700	990	7
金枪鱼生鱼片	〃	〃	〃	12

【解答】 因为钢球、金枪鱼和金枪鱼生鱼片的特征长度，由式 (2.112)，分别为 $L_c = 1.83 \times 10^{-3}$ m，0.083 3 m，0.015 m，所以毕渥数分别为 $Bi = 1.70 \times 10^{-3}$，1.39，0.429。

由此可知，由于钢球的毕渥数很低，内部温度均匀，而对于金枪鱼，表面和内部存在较大的温差。

****

2.3.2 集总热容法模型 (lumped capacitance model)

对于物体尺寸非常小或导热系数很大的情况，加热和冷却时物体内各处几乎不存在温差，基本上保持均匀温度而且一起变化。因此，可以无视物体的温度分布，只考虑热容量影响的集总系统，这样的模型称为**集总热容法模型**(lumped capacitance model)。

现在，考察体积 V、密度 ρ、比热 c、表面积 S 的物体暴露在温度为 T_∞ 的流体中的情况。高温物体向周围流体放热，设经过微小时间 dt，物体温度变化为 dT，物体的热平衡表示为下式

$$c\rho V \frac{dT}{dt} = -hS(T - T_\infty) \tag{2.113}$$

式中，h 为物体与流体之间的表面传热系数。积分式 (2.113) 并使用 $t = 0$ 时，$T = T_i$ 的初始条件确定积分常数后，得出如下解

$$\theta = \frac{T - T_\infty}{T_i - T_\infty} = \exp\left(-\frac{hS}{c\rho V}t\right) = \exp(-FoBi) \tag{2.114}$$

式中无量纲数 Fo，Bi 的特征长度由式 (2.112) 的 L_c 定义。图 2.26 显示了由式 (2.114) 表示的物体温度随时间的变化。物体的温度随时间呈指数函数变化且趋近环境温度。

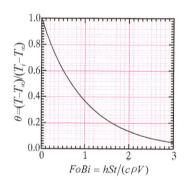

图 2.26 集总热容系统的瞬态温度变化

2.3.3 半无限大物体（semi-infinite solid）

1. 半无限大物体的温度分布

所谓半无限大物体（semi-infinite solid），是指如图 2.27 所示从边界面（$x=0$）沿 x 方向无限扩展的物体。虽然实际上不存在半无限大物体，但是当与物体的大小相比，瞬态导热现象的时间短，温度随时间的变化没有波及物体全体时，可以视为半无限大物体。一般地，对于一维非稳态导热问题，求解需要关于温度的一个初始条件和两个边界条件，与之对应，对于半无限大物体，应给出无限远处温度一定的另一个边界条件。

现在，为了简化，考察物体内无内热源，初始温度 T_i 均匀的情况，一维导热方程和初始条件分别表示为下式。

导热方程：
$$\frac{\partial T}{\partial t} = \alpha \frac{\partial^2 T}{\partial x^2} \tag{2.115}$$

初始条件：
$$x > 0, \ t = 0 : T = T_i \tag{2.116}$$

对于(1) 温度一定（第一类边界条件），(2) 热流密度一定（第二类边界条件），(3) 表面传热系数一定（第三类边界条件）三种典型的边界条件，图 2.27 定性地给出了初始条件为 T_i 的半无限大物体，在从表面加热时温度随时间的变化。注意随着边界条件的变化表面附近的温度变化各不相同。

(1) 第一类边界条件：对于如图 2.28 所示的温度一定的边界条件，考虑半无限大物体的一维非稳态导热问题。这时的边界条件为

$$t > 0, \ x = 0 : T = T_0 \tag{2.117}$$
$$t > 0, \ x \to \infty : T = T_i \tag{2.118}$$

设 $\theta = (T - T_i)/(T_0 - T_i)$，式(2.115)~式(2.118)分别改写为

$$\frac{\partial \theta}{\partial t} = \alpha \frac{\partial^2 \theta}{\partial x^2} \tag{2.119}$$

$$t = 0, \ x \geq 0 : \theta = 0 \tag{2.120}$$
$$t > 0, \ x = 0 : \theta = 1 \tag{2.121}$$
$$t > 0, \ x \to \infty : \theta = 0 \tag{2.122}$$

用后述的 2.3.3 节第 2 小节的求解方法求解，该解为

$$\theta = \left\{1 - \mathrm{erf}\left(\frac{x}{2\sqrt{\alpha t}}\right)\right\} = \left\{1 - \mathrm{erf}\left(\frac{1}{2\sqrt{F_0}}\right)\right\} \tag{2.123}$$

即，

$$T = T_i + (T_0 - T_i)\left\{1 - \mathrm{erf}\left(\frac{x}{2\sqrt{\alpha t}}\right)\right\}$$
$$= T_i + (T_0 - T_i)\mathrm{erfc}\left(\frac{x}{2\sqrt{\alpha t}}\right) \tag{2.124}$$

式中，$\mathrm{erf}(\xi)$ 为 误差函数（error function），而 $\mathrm{erfc}(\xi)$ 为 余误差函数（complementary error function），分别定义为下式

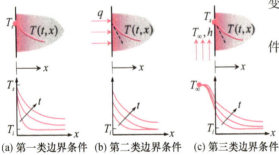

(a) 第一类边界条件　(b) 第二类边界条件　(c) 第三类边界条件

图 2.27　半无限大物体的边界条件

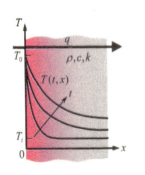

图 2.28　第一类边界条件下半无限大物体内的瞬态温度分布

$$\mathrm{erf}(\xi) = \frac{2}{\sqrt{\pi}} \int_0^{\xi} e^{-y^2} \mathrm{d}y \tag{2.125}$$

$$\mathrm{erfc}(\xi) = 1 - \mathrm{erf}(\xi) \tag{2.126}$$

用余误差函数表示的温度分布表示在图2.29中。图2.28中显示的不同时刻的温度分布,通过使用**傅里叶数**(Fourier number),它们可以用一条特性曲线表示。

(2) 第二类边界条件:表面热流密度 q_s (W/m^2)一定的边界条件,温度分布为下式:

$$\begin{aligned}
\frac{k(T-T_i)}{q_s\sqrt{\alpha t}} &= \frac{2}{\sqrt{\pi}}\exp\left(-\frac{x^2}{4\alpha t}\right) - \frac{x}{\sqrt{\alpha t}}\mathrm{erfc}\left(\frac{x}{2\sqrt{\alpha t}}\right) \\
&= \frac{2}{\sqrt{\pi}}\exp\left(-\frac{1}{4Fo}\right) - \frac{1}{\sqrt{Fo}}\mathrm{erfc}\left(\frac{1}{2\sqrt{Fo}}\right)
\end{aligned} \tag{2.127}$$

将 $x=0$ 代入上式,得出表面的温度如下:

$$T_s = T_i + \frac{2q_s}{k}\frac{\sqrt{\alpha t}}{\sqrt{\pi}} \tag{2.128}$$

(3) 第三类边界条件:将物体放置在温度为 T_∞ 的流体中,物体的表面存在对流换热(表面传热系数 h)时,物体的温度分布为下式:

$$\begin{aligned}
\theta = \frac{T-T_i}{T_\infty - T_i} &= \mathrm{erfc}\left(\frac{x}{2\sqrt{\alpha t}}\right) - \exp\left(\frac{hx}{k} + \frac{h^2\alpha t}{k^2}\right)\mathrm{erfc}\left(\frac{x}{2\sqrt{\alpha t}} + \frac{h\sqrt{\alpha t}}{k}\right) \\
&= \mathrm{erfc}\left(\frac{1}{2\sqrt{Fo}}\right) - \exp(Bi + Bi^2 Fo)\mathrm{erfc}\left(\frac{1}{2\sqrt{Fo}} + Bi\sqrt{Fo}\right)
\end{aligned} \tag{2.129}$$

可见,此时无量纲温度是傅里叶数和毕渥数的函数。

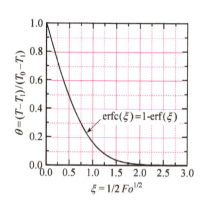

图2.29 用误差函数和余误差函数表示的瞬态导热温度分布

*2. 拉普拉斯变换法

2.1.3节中导出的导热方程在给出了初始温度和边界条件的情况下可以求解。但是,解析法求解局限在导热系数等物性一定、导热方程和边界条件是线性的,以及物体的形状是简单的情况。这些线性问题可以用拉普拉斯变换法和分离变量法来求解,无论哪种情况都是用某种方法将偏微分方程变换为常微分方程求解。

下面,介绍典型的**拉普拉斯变换**(Laplace transformation)求解法。在式(2.120)~式(2.122)的初始条件和边界条件的情况下,求解式(2.119)的偏微分方程。对 θ 中的 t 进行拉普拉斯变换,$\Theta(x,s)$ 表示为

$$\Theta(x,s) = \int_0^\infty e^{-st}\theta(x,t)\mathrm{d}t \tag{2.130}$$

对方程式(2.119)进行拉普拉斯变换,得

$$\int_0^\infty e^{-st}\frac{\partial\theta}{\partial t}\mathrm{d}t = \int_0^\infty e^{-st}\left(\alpha\frac{\partial^2\theta}{\partial x^2}\right)\mathrm{d}t \tag{2.131}$$

式(2.131)的左边变成

$$\int_0^\infty e^{-st}\frac{\partial\theta}{\partial t}dt = [e^{-st}\theta]_0^\infty + \int_0^\infty se^{-st}\theta dt$$
$$= -\theta(x,0) + s\Theta(x,s) = s\Theta(x,s) \tag{2.132}$$

另一方面,因为式(2.131)的右边为

$$\int_0^\infty e^{-st}\left(\alpha\frac{\partial^2\theta}{\partial x^2}\right)dt = \alpha\frac{\partial^2}{\partial x^2}\int_0^\infty e^{-st}\theta dt = \alpha\frac{d^2\Theta}{dx^2} \tag{2.133}$$

所以式(2.131)变换成下面的常微分方程

$$s\Theta = \alpha\frac{d^2\Theta}{dx^2} \tag{2.134}$$

式(2.134)的通解表示为下式

$$\Theta = C_1 e^{x\sqrt{s/\alpha}} + C_2 e^{-x\sqrt{s/\alpha}} \tag{2.135}$$

然后,对边界条件进行拉普拉斯变换,对于 $x=0$,式(2.121)变为

$$\Theta = \int_0^\infty e^{-st}dt = \int_0^\infty e^{-st}dt = \frac{1}{s} \tag{2.136}$$

对于 $x\to\infty$,式(2.122)变为

$$\Theta = 0 \tag{2.137}$$

由式(2.137)得 $C_1 = 0$,由式(2.136)得 $C_2 = 1/s$,则式(2.135)变为

$$\Theta = \frac{1}{s}e^{-x\sqrt{s/\alpha}} \tag{2.138}$$

再进行拉普拉斯逆变换[1],最终的温度分布表示为下式

$$\theta = \left\{1 - \text{erf}\left(\frac{x}{2\sqrt{\alpha t}}\right)\right\} \tag{2.139}$$

3. 两个半无限大物体的接触

如图 2.30 所示,考察将初始温度分别为 $T_{1,i}$,$T_{2,i}$ 的两个半无限大物体接触在一起的非稳态导热问题。两个物体完全接触,可以无视接触热阻。这时的边界条件是物体 1 和物体 2 接触面的温度和热流密度分别相等。现在,设接触面的温度为 T_S,接触后经过的时间为 t,由式(2.124),给出物体 1、物体 2 的温度如下

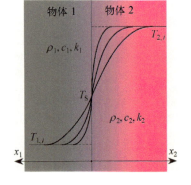

图 2.30 两个半无限大物体接触时的瞬态温度分布

$$T_1 = T_{1,i} + (T_S - T_{1,i})\left\{1 - \text{erf}\left(\frac{x_1}{2\sqrt{\alpha_1 t}}\right)\right\} \tag{2.140}$$

$$T_2 = T_{2,i} + (T_S - T_{2,i})\left\{1 - \text{erf}\left(\frac{x_2}{2\sqrt{\alpha_2 t}}\right)\right\} \tag{2.141}$$

式中,α_1 和 α_2 分别是物体 1 和物体 2 的热扩散率。此外,因为接触面上热流密度相等,得

$$x_1 = x_2 = 0, \quad -k_1\frac{\partial T_1}{\partial x_1} = k_2\frac{\partial T_2}{\partial x_2} \tag{2.142}$$

考虑到误差函数 $\text{erf}(\xi)$ 的微分变成 $2\exp(\xi^2)/\sqrt{\pi}$,整理式(2.142),接触面的温度 T_S 得

$$T_s = \frac{\sqrt{\rho_1 c_1 k_1}\, T_{1,i} + \sqrt{\rho_2 c_2 k_2}\, T_{2,i}}{\sqrt{\rho_1 c_1 k_1} + \sqrt{\rho_2 c_2 k_2}} \tag{2.143}$$

由上可知，T_s 为不依赖于时间 t 的定值。

【例题 2.4】 ＊＊＊＊＊＊＊＊＊＊＊＊＊＊＊＊＊＊＊＊＊

推算进入温度为 100℃ 的蒸汽浴和 100℃ 热水浴池后人皮肤表面的温度。这里空气、水和皮肤的物性参数值见下表，人的皮肤初始温度为 37℃。

	$k(W/(m \cdot K))$	$c(J/(kg \cdot K))$	$\rho(kg/m^3)$
空气	0.031	1 010	0.955
水	0.676	4 210	960
人的皮肤	0.45	3 600	1 050

【解答】 人进入蒸汽浴和热水浴池后，忽略流体的对流换热，可以近似视为两个物体接触的瞬态导热。分别将各物性参数值代入式（2.143），进入蒸汽浴和热水浴池后皮肤的表面温度分别为 37.3℃ 和 72.2℃。因此，蒸汽浴时不会被烫伤，而进入热水池时由于皮肤温度达到细胞的坏死温度，可以造成烫伤。

这也是当与比体温低的金属接触时感觉到凉，而与低温的木材和保温材料接触时感觉不到太凉的原因。

＊＊＊＊＊＊＊＊＊＊＊＊＊＊＊＊＊＊＊＊＊

2.3.4 平板 (plane wall)

1. 平板内温度分布

如图 2.31 所示，厚度为 $2L$ 的 平板(plane wall)，初始温度均匀为 T_i，然后放置在温度 T_∞、表面传热系数 h 的流体中，即认为是对流换热的边界条件下的一维非稳态的导热问题。

导热方程式的初始条件和边界条件分别表示如下

$$\frac{\partial T}{\partial t} = \alpha \frac{\partial^2 T}{\partial x^2} \tag{2.144}$$

$$t=0, L \geq x \geq 0: T=T_i \tag{2.145}$$

$$t>0, x=0: \frac{\partial T}{\partial x}=0 \tag{2.146}$$

$$t>0, x=L: -k\frac{\partial T}{\partial x}=h(T-T_\infty) \tag{2.147}$$

设 $\theta=(T-T_\infty)/(T_i-T_\infty)$，上述的式（2.144）～式（2.147）可以改写成：

$$\frac{\partial \theta}{\partial t} = \alpha \frac{\partial^2 \theta}{\partial x^2} \tag{2.148}$$

$$t=0, L \geq x \geq 0: \theta=1 \tag{2.149}$$

$$t>0, x=0: \frac{\partial \theta}{\partial x}=0 \tag{2.150}$$

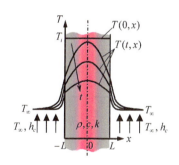

图 2.31 第三类边界条件下平板瞬态温度分布示意图

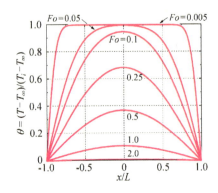

图 2.32 第一类边界条件下（$Bi \to \infty$）平板的瞬态温度分布

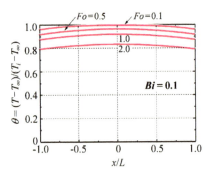

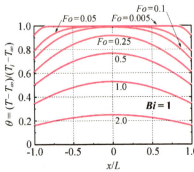

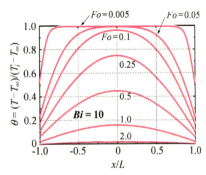

图 2.33 不同毕渥数条件下的瞬态温度分布

$$t>0, x=L: -k\frac{\partial\theta}{\partial x}=h\theta \tag{2.151}$$

用后述的 2.3.4(b) 节的表示方法求解，得出

$$\theta=\frac{T-T_\infty}{T_i-T_\infty}=\sum_{n=1}^{\infty}\frac{4\sin(\beta_n)}{\{\sin(2\beta_n)+2\beta_n\}}e^{-\beta_n^2 Fo}\cos(\beta_n X) \tag{2.152}$$

式中，无量纲数以平板的半厚 L 为基准长度，定义如下：

$$X=\frac{x}{L}, \quad Fo=\frac{\alpha t}{L^2}, \quad Bi=\frac{hL}{k} \tag{2.153}$$

并且，式（2.152）中的 β_n 表示满足下式的解，表示为 $\beta_1, \beta_2, \cdots, \beta_n, \cdots$

$$\cot(\beta_n)=\frac{\beta_n}{Bi} \tag{2.154}$$

$Bi\to\infty$ 时相当于壁面温度一定的第一类边界条件。这时，满足式（2.154）的解为

$$\beta_n=\frac{\pi}{2}, \frac{3\pi}{2}, \cdots, \frac{(2n+1)\pi}{2}, \cdots \tag{2.155}$$

图 2.32 给出了第一类边界条件下平板的瞬态温度分布。这时，无量纲温度分布只是傅里叶数的函数。图 2.33 表示了毕渥数为 0.1，1，10 时的瞬态温度分布，可知该图表现出了不同毕渥数条件下 2.3.1 节所阐述的特性。

*2. 分离变量法

利用分离变量法求解在第三类边界条件下的偏微分方程式（2.148）。温度 θ 是 x 和 t 的函数，设其为 x 的函数 $Y(x)$ 和 t 的函数 $G(t)$ 的积

$$\theta=Y(x)G(t) \tag{2.156}$$

将式（2.156）代入导热方程（2.148），整理后，得出下式

$$\frac{1}{\alpha G}\frac{dG}{dt}=\frac{1}{Y}\frac{d^2Y}{dx^2} \tag{2.157}$$

式（2.157）的左边只是 t 的函数，而右边只是 x 的函数。因此，为了使上式成立，式（2.157）的值必须是不依赖于 t 和 x 的常数，而且为了不使解发散，只能是负数。因此，设常数为 $-p^2$，整理得到下面两个常微分方程。

$$\frac{dG}{dt}+\alpha p^2 G=0 \tag{2.158}$$

$$\frac{d^2Y}{dx^2}+p^2 Y=0 \tag{2.159}$$

通解分别为

$$G=Ae^{-\alpha p^2 t} \tag{2.160}$$

$$Y=B_1\cos(px)+B_2\sin(px) \tag{2.161}$$

由式（2.156），温度 θ 的通解用积分常数 C_1 和 C_2 表示为：

$$\theta=e^{-\alpha p^2 t}\{C_1\cos(px)+C_2\sin(px)\} \tag{2.162}$$

2.3 非稳态导热

将式(2.162)对 x 微分,得

$$\frac{\partial \theta}{\partial x} = p e^{-ap^2 t}\{-C_1 \sin(px) + C_2 \cos(px)\} \tag{2.163}$$

由 $x=0$ 的边界条件式(2.150),得

$$C_2 = 0 \tag{2.164}$$

由 $x=L$ 的边界条件式(2.151),得

$$kpC_1 \sin(pL) = hC_1 \cos(pL) \tag{2.165}$$

即

$$p\tan(pL) = \frac{h}{k} \tag{2.166}$$

如果满足式(2.166)的解分别为 $p_1, p_2, \cdots, p_n, \cdots$ 那么各解之和仍为方程解,由式(2.162),通解变为下式

$$\theta = \sum_{n=1}^{\infty} C_n e^{-ap_n^2 t} \cos(p_n x) \tag{2.167}$$

由初始条件,式(2.149)得

$$\sum_{n=1}^{\infty} C_n \cos(p_n x) = 1 \tag{2.168}$$

为了求 C_n,式(2.168)的两边同乘 $\cos(p_m x)$,并在区间 $[0, L]$ 积分,得

$$\int_0^L \cos(p_m x)\mathrm{d}x = \sum \int_0^L C_n \cos(p_n x)\cos(p_m x)\mathrm{d}x \tag{2.169}$$

式(2.169)的右边的积分,当 $n \neq m$ 和 $n = m$ 时分别为

$$\int_0^L C_n \cos(p_n x)\cos(p_m x)\mathrm{d}x = \begin{cases} 0 & (n \neq m) \\ C_n\left\{\dfrac{\sin(2p_n L)}{4p_n} + \dfrac{L}{2}\right\} & (n = m) \end{cases} \tag{2.170}$$

另一方面,对式(2.169)的左边积分,得

$$\int_0^L \cos(p_n x)\mathrm{d}x = \frac{\sin(p_n L)}{p_n} \tag{2.171}$$

由式(2.170)和式(2.171),得

$$C_n = \frac{4\sin(p_n L)}{\{\sin(2p_n L) + 2p_n L\}} \tag{2.172}$$

因此,温度分布 θ 为

$$\theta = \frac{T - T_\infty}{T_i - T_\infty} = \sum_{n=1}^{\infty} \frac{4\sin(p_n L)}{\{\sin(2p_n L) + 2p_n L\}} e^{-ap_n^2 t}\cos(p_n x) \tag{2.173}$$

为了将该解表示为无量纲形式,将用 β_n 代替 $P_n L$,并使用傅里叶数 $Fo(=\alpha t/L^2)$,无量纲距离 $X(=x/L)$,得出式(2.152)的解为

$$\theta = \frac{T - T_\infty}{T_i - T_\infty} = \sum_{n=1}^{\infty} \frac{4\sin(\beta_n)}{\{\sin(2\beta_n) + 2\beta_n\}} e^{-\beta_n^2 Fo}\cos(\beta_n X) \tag{2.174}$$

式中,β_n 是式(2.166)变形后得到的下式的解 $\beta_1, \beta_2, \cdots, \beta_n, \cdots$

$$\cot(\beta_n) = \frac{\beta_n}{Bi} \tag{2.175}$$

该解可由图 2.34 中所示的函数 y_I 和 y_{II} 的交点得出。

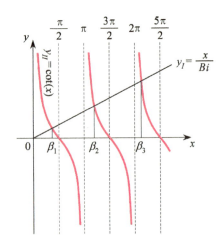

图 2.34 图解根 β 的概念图

2.3.5 瞬态导热的简化计算法 (estimation of transient conduction)

以前面介绍过的第三类边界条件下的平板的非稳态导热为例,对各种形状物体的瞬态导热的计算方法加以说明。

如式(2.174)所示,用解析法求出的平板的温度分布是无限级数之和,每次计算解时比较麻烦。因此,为了使用方便,将解的结果整理成图称为**海斯勒图**(Heisler chart)。如式(2.174)和式(2.175)所示,平板内的无量纲温度 $\theta = (T - T_\infty)/(T_i - T_\infty)$ 作为无量纲数 $X = x/L$, $Fo = \alpha t/L^2$, $Bi = hL/k$ 的函数,表示如下:

$$\theta = F(X, Fo, Bi) \tag{2.176}$$

并且,将式(2.174)取 $X=0$,中心点的无量纲温度 θ_c 可简化为

$$\theta_c = F(Fo, Bi) \tag{2.177}$$

取纵轴为中心温度 θ_c,横轴为傅里叶数 Fo,毕渥数的倒数为参数的海斯勒图表示在图 2.35。当给出物体的导热系数、表面传热系数和特征尺寸后,可以从该图求出平板的中心温度。图 2.35 给出了平板中心温度的海斯勒图,对于圆柱和球,也可以绘制出类似的海斯勒图。在图 2.35 中,$Bi \to \infty$ 的极限对应壁面温度一定的第一类边界条件。

表 2.3 给出了不同毕渥数条件下的平板、圆柱、球的式(2.178)中的常数。当 $Fo > 0.2$ 时,中心温度的变化用单对数坐标图表示时几乎成为直线,表示为下式。

$$\theta_c = A_1 \exp(-A_2 Fo) \tag{2.178}$$

图 2.36 给出了对于第一类边界条件下的各种形状物体中心温度的瞬态变化。[2]

【例题 2.5】 ************************

例题 2.3 中的钢球、金枪鱼和金枪鱼生鱼片的初始温度 $T_i = 300\,\text{K}$,然后放置在 $T_\infty = 250\,\text{K}$ 的冷库中,计算中心温度变为 $T_c = 270\,\text{K}$ 时所需时间。物性与例题 2.3 相同。

【解答】 由例 2.3 的物性和定义知,钢球和金枪鱼的热扩散率分别为 $\alpha = 1.18 \times 10^{-5}\,\text{m}^2/\text{s}, 1.15 \times 10^{-7}\,\text{m}^2/\text{s}$。

对于钢球,$Bi = 1.70 \times 10^{-3} \ll 0.1$,可以应用集总热容法

$$\theta_c = 0.4 = \exp(-FoBi) \tag{ex 2.4}$$

即

2.3 非稳态导热

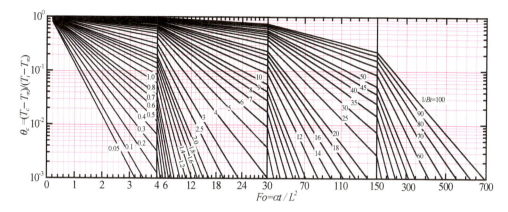

图 2.35 平板中心温度的海斯勒图

表 2.3 各种形状物体中心温度的瞬态温度变化的参数($Fo>0.2$)

$Bi=hL/k$	平板 $L=$板厚/2		圆柱 $L=$半径		球 $L=$半径	
	A_1	A_2	A_1	A_2	A_1	A_2
0.01	1.002	0.010	1.003	0.020	1.003	0.030
0.02	1.003	0.020	1.005	0.040	1.006	0.060
0.04	1.007	0.039	1.010	0.079	1.012	0.119
0.06	1.010	0.059	1.015	0.118	1.018	0.178
0.08	1.013	0.078	1.020	0.157	1.024	0.236
0.1	1.016	0.097	1.025	0.195	1.030	0.294
0.2	1.031	0.187	1.048	0.381	1.059	0.577
0.3	1.045	0.272	1.071	0.557	1.088	0.848
0.4	1.058	0.352	1.093	0.725	1.116	1.108
0.5	1.070	0.427	1.114	0.885	1.144	1.359
0.6	1.081	0.497	1.135	1.037	1.171	1.599
0.7	1.092	0.563	1.154	1.182	1.198	1.829
0.8	1.102	0.626	1.172	1.320	1.224	2.051
0.9	1.111	0.685	1.190	1.452	1.249	2.263
1.0	1.119	0.740	1.207	1.577	1.273	2.467
2.0	1.170	1.160	1.338	2.558	1.479	4.116
3.0	1.210	1.422	1.419	3.199	1.623	5.239
4.0	1.229	1.599	1.470	3.641	1.720	6.030
5.0	1.240	1.726	1.503	3.959	1.787	6.607
6.0	1.248	1.821	1.525	4.198	1.834	7.042
7.0	1.253	1.895	1.541	4.384	1.867	7.379
8.0	1.257	1.954	1.553	4.531	1.892	7.647
9.0	1.260	2.002	1.561	4.651	1.911	7.865
10.0	1.262	2.042	1.568	4.750	1.925	8.045
20.0	1.270	2.238	1.592	5.235	1.978	8.914
30.0	1.272	2.311	1.597	5.411	1.990	9.225
40.0	1.272	2.349	1.599	5.501	1.994	9.383
50.0	1.273	2.372	1.600	5.556	1.996	9.479
100.0	1.273	2.419	1.602	5.669	1.999	9.673
∞	1.273	2.467	1.602	5.783	2.000	9.870

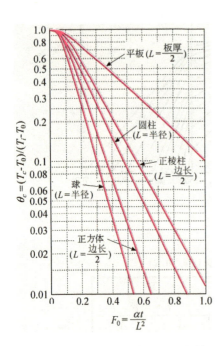

图 2.36 各种形状物体中心温度的瞬态变化（$Bi\to\infty$）

$$Fo = -\frac{\ln 0.4}{Bi} \quad \text{(ex 2.5)}$$

由 $Fo=539$，得 $t=FoL_c^2/\alpha=153(\mathrm{s})$。

另一方面，对于金枪鱼和金枪鱼生鱼片，$Bi=1.39$ 和 0.429 用表 2.3 进行计算。注意到金枪鱼的特征长度 L 是圆柱半径，毕渥数计算修正为 $Bi=3.33$，对表 2.3 中的参数进行内差分后，金枪鱼的 $A_1=1.436$ 和 $A_2=3.345$，代入式(2.178)得

$$\theta_c = 0.4 = A_1 \exp(-A_2 Fo) \quad \text{(ex 2.6)}$$

由 $Fo=0.382$，得出 $t=FoL^2/\alpha=1.33\times 10^5\,\mathrm{s}$，即需要 1.5 日。同理，将厚度 3 cm、$L=0.015$ m 的生鱼片近似为大平板，$A_1=1.062$，$A_2=0.375$，由 $Fo=2.60$ 得 $t=5.09\times 10^3\,\mathrm{s}$，即 1.4 小时。值得注意的是，实际中，由于金枪鱼表面结冰，实际值与计算值有所不同。

* *

2.3.6 使用有限差分法的数值解法（numerical solution by finite difference method）

对于规则形状的物体，当边界条件简单时，可以用解析的方法求解非稳态导热问题。但是，对实际问题中遇到的几何形状复杂或者边界条件随时间变化的情况，很难使用解析方法求解，这时，常常采用数值计算处理问题。这里以二维非稳态导热为中心介绍**有限差分法**（finite difference method）。而且，对于三维问题可以使用相同的方法。

1. 差分表示

设温度 $T(x)$ 是自变量 x 的连续函数，如图 2.37 所示，现在考虑用与 x 的离散点 x_{i-1}, x_i, x_{i+1} 分别对应 T 的离散值 T_{i-1}, T_i, T_{i+1}，表示在离散点温度 T 的微分关系。温度 T 在 x_i 的一次微分可以近似为以下三种形式。

$$\left.\frac{\partial T}{\partial x}\right|_{x_i} = \frac{T_{i+1}-T_i}{\Delta x} + O(\Delta x) \tag{2.179}$$

$$\left.\frac{\partial T}{\partial x}\right|_{x_i} = \frac{T_i-T_{i-1}}{\Delta x} + O(\Delta x) \tag{2.180}$$

$$\left.\frac{\partial T}{\partial x}\right|_{x_i} = \frac{T_{i+1}-T_{i-1}}{2\Delta x} + O(\Delta x^2) \tag{2.181}$$

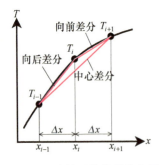

图 2.37 连续函数的差分表示

这种表示方法称为差分，式(2.179)、式(2.180)、式(2.181)分别称为向前差分、向后差分和中心差分。$O(\Delta x)$ 和 $O(\Delta x^2)$ 分别表示 $O(\Delta x)$ 和 $O(\Delta x^2)$ 阶数的截断误差，向前差分和向后差分包含了步长 Δx 程度的截断误差，与之相比，中心差分包含了 $O(\Delta x^2)$ 程度的截断误差。因此，中心差分法的近似精度高。

另外，对于二次微分可以用差分表示如下

$$\left.\frac{\partial^2 T}{\partial x^2}\right|_{x_i} = \frac{T_{i+1} - 2T_i + T_{i-1}}{\Delta x^2} + O(\Delta x^2) \tag{2.182}$$

2. 导热方程的差分表示

当物体无内热源并且物性值为常数时，二维非稳态导热方程可用下式表示。

$$\frac{\partial T}{\partial t} = \alpha\left(\frac{\partial^2 T}{\partial x^2} + \frac{\partial^2 T}{\partial y^2}\right) \tag{2.183}$$

对求解区域在 x 方向和 y 方向划分网格，取步长分别为 Δx 和 Δy。划分的矩形网格可以分为内部网格 A 和边界网格 B 和 C，如图 2.38 所示。

首先，对于内部网格，考虑导热方程(2.183)的差分方程。如图 2.39 所示，x 方向上第 i 节点($x = i\Delta x; i = 1, 2, \cdots$)和 y 方向上第 j 节点($y = j\Delta y; j = 1, 2, \cdots$)，它的中心节点为($i, j$)。取时间步长为 Δt，对于时刻 $t = n\Delta t (n = 1, 2, \cdots)$，温度用 $T_{i,j}^n$ 表示。

式(2.183)的时间微分用向前差分、空间微分用中心差分，则式(2.183)可以近似地表示如下

$$\frac{T_{i,j}^{n+1} - T_{i,j}^n}{\Delta t} = \alpha\left(\frac{T_{i-1,j}^n - 2T_{i,j}^n + T_{i+1,j}^n}{\Delta x^2} + \frac{T_{i,j-1}^n - 2T_{i,j}^n + T_{i,j+1}^n}{\Delta y^2}\right) \tag{2.184}$$

差分式中含有 $O(\Delta x^2, \Delta y^2)$ 程度的截断误差，设 $r_x = \alpha\Delta t/\Delta x^2$ 和 $r_y = \alpha\Delta t/\Delta y^2$，则式(2.184)表示为下式

$$T_{i,j}^{n+1} = T_{i,j}^n + r_x(T_{i+1,j}^n - 2T_{i,j}^n + T_{i-1,j}^n) + r_y(T_{i,j+1}^n - 2T_{i,j}^n + T_{i,j-1}^n) \tag{2.185}$$

并且，上式也可用 2.3.6 节的第 5 小节所述的控制体积法或者有限体积法导出。

3. 边界网格的差分表示

下面，考虑边界网格。这里，为了便于理解，采用热平衡法（直接应用在各网格的热量守恒的方法）导出差分式。[3] 考虑图 2.40(a)所示的对流边界条件，边界网格内进、出的热量用 $\dot{Q}_1, \dot{Q}_2, \dot{Q}_3, \dot{Q}_4$ 表示，这些热量表示如下

$$\dot{Q}_1 = -k\frac{T_{M,N} - T_{M,N-1}}{\Delta y}\frac{\Delta x}{2} \tag{2.186}$$

$$\dot{Q}_2 = -k\frac{T_{M,N} - T_{M-1,N}}{\Delta x}\Delta y \tag{2.187}$$

$$\dot{Q}_3 = -k\frac{T_{M,N+1} - T_{M,N}}{\Delta y}\frac{\Delta x}{2} \tag{2.188}$$

$$\dot{Q}_4 = h(T_{M,N} - T_\infty)\Delta y \tag{2.189}$$

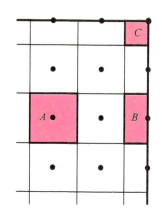

图 2.38 物体的内部节点和边界节点

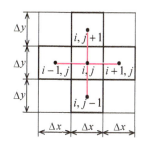

图 2.39 物体内节点差分方程的建立

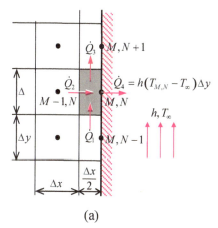

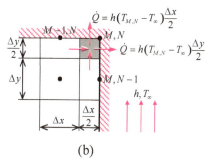

图 2.40 边界节点的差分方程的建立

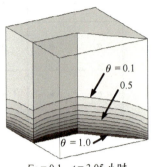

$Fo = 0.1$, $t = 3.05$ 小时

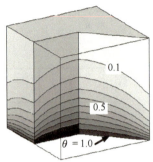

$Fo = 0.5$, $t = 15.2$ 小时

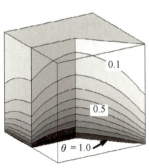

$Fo = 1.0$, $t = 30.5$ 小时

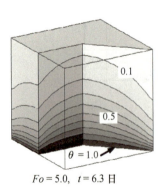

$Fo = 5.0$, $t = 6.3$ 日

图 2.41 边长为 $0.5\mathrm{m}$, $k = 1.2\,\mathrm{W/(m \cdot K)}$, $\alpha = 5.7 \times 10^{-7}\,\mathrm{m^2/s}$, 初始温度为 T_i 的混凝土制成的立方体, 放置在温度为 T_i 的空气中, $h = 8\,\mathrm{W/(m^2 \cdot K)}$, $Bi = 1.67$, 下面温度为 $T_0(>T_i)$ 的瞬态温度分布的例子

考虑到热平衡, 这些传热量的总和等于网格内储存热量的变化。因此, 下式成立。

$$\rho c \frac{(T^{n+1}_{M,N} - T^n_{M,N})}{\Delta t} \frac{\Delta x \Delta y}{2} = \dot{Q}_1 + \dot{Q}_2 - \dot{Q}_3 - \dot{Q}_4$$

$$= -k \frac{T_{M,N} - T_{M,N-1}}{\Delta y} \frac{\Delta x}{2} - k \frac{T_{M,N} - T_{M-1,N}}{\Delta x} \Delta y$$

$$+ k \frac{T_{M,N+1} - T_{M,N}}{\Delta y} \frac{\Delta x}{2} - h(T_{M,N} - T_\infty)\Delta y \quad (2.190)$$

整理该式, 对于边界网格, 得出如下的差分表示

$$T^{n+1}_{M,N} = T^n_{M,N} + 2r_x \left(-T^n_{M,N} + T^n_{M,N-1} - \frac{h(T^n_{M,N} - T_\infty)\Delta x}{k} \right) +$$
$$r_y(T^n_{M,N+1} - 2T^n_{M,N} + T^n_{M,N-1}) \quad (2.191)$$

同理, 图 2.40(b) 所示的角部边界网格的差分表示如下

$$T^{n+1}_{M,N} = T^n_{M,N} + 2r_x \left(-T^n_{M,N} + T^n_{M,N-1} - \frac{h(T^n_{M,N} - T_\infty)\Delta x}{k} \right)$$
$$+ 2r_y \left(-T^n_{M,N} + T^n_{M,N-1} - \frac{h(T^n_{M,N} - T_\infty)\Delta y}{k} \right) \quad (2.192)$$

4. 显式解法和隐式解法

差分方程式(2.185)中, 式(2.184)的左边的时间微分采用向前差分表示, 右边用相应时刻 t 值表示。这是因为, 如果已知时刻 t 的节点温度, 下一时刻 $t + \Delta t$ 的温度可以容易计算。这种用显式从现在值直接计算出下一时刻值的方法称 **显式解法**(explicit method)。因为解的稳定性, 显式解法存在对时间步长的限制, 必须注意与空间差分对应的时间差分的选取方法。

另外, 式(2.184)的右边采用时刻 $t + \Delta t$ 的值表示, 得到下式。

$$\frac{T^{n+1}_{i,j} - T^n_{i,j}}{\Delta t} = \alpha \left(\frac{T^{n+1}_{i-1,j} - 2T^{n+1}_{i,j} + T^{n+1}_{i+1,j}}{\Delta x^2} + \frac{T^{n+1}_{i,j-1} - 2T^{n+1}_{i,j} + T^{n+1}_{i,j+1}}{\Delta y^2} \right)$$
$$(2.193)$$

采用上式时, 即使知道时刻 t 的全部节点温度, 也不能简单地计算出时刻 $t + \Delta t$ 的温度。这时, 对于计算域全体节点, 建立如式(2.193)的差分方程, 必须求解由这些差分方程组成的联立方程组。这种方法称为 **隐式解法**(implicit method)。隐式解法用时刻 t 时某节点的温度变化影响时刻 $t + \Delta t$ 的全部节点, 换而言之, 因为信息以无限大速度传递, 时间步长不对稳定条件产生制约。

三维非稳态导热的数值解析的例子表示在图 2.41。温度分布是由采用差分的数值模拟求得的结果。由此例可知, $Fo < 0.1$ 时, 温度分布与半无限大物体相似, $Fo > 1$ 时, 基本上成为稳定状态。

5. 导热方程的其他数值解法

非稳态多维导热的数值解法, 除了上面介绍的差分法外, 还有许多其他方法。其中典型的是 **有限元方法**(finite element method)[4]、**边界元法**(boundary element method)[5]。

众所周知,对采用有限元法求解导热方程,需将其化为等价的泛函形式。因此,将计算区域划分成多角形或多面体,为使各元满足条件,各元体用变分原理和加权余量法求解。这种方法适用于任意形状的三维物体的解析,因为可以计算应力,所以也可以应用在热应力解析中。

边界元法对可用拉普拉斯方程式表示的无内热源的稳态导热有效。使用格林函数将拉普拉斯方程转换为针对边界的积分方程,因此可求解给定的边界条件下的全计算区域的温度分布。

随着计算机的发展,可以得到采用有限差分法、有限元法的计算机解析软件,在实际计算中,这些计算机软件的使用将变得越来越多。

===== **练习题** =====================

【2.1】 有一房屋,屋顶和地面的面积相同,为一个边长为 10 m 的正方形,侧墙高为 3 m,房间屋顶和侧墙由导热系数为 2.3 W/(m·K)、厚为 10 cm 的混凝土构成。当室外温度和室内温度分别为 0℃ 和 24℃ 时,计算房间的散热量。室外和室内的表面传热系数分别为 25 W/(m²·K) 和 10 W/(m²·K)。

【2.2】 A hot-water pot 15 cm in inner-diameter and 20 cm deep has a composite wall with three layers: an inner layer of high thermal conductivity, a middle layer for an electric heater and an outer layer for insulation. The thermal conductivity and the thickness of these layers are as follows: the inner layer, $k_1 = 20$ W/(m·K) and $d_1 = 2$ mm; the electric heater layer, $k_2 = 5$ W/(m·K) and $d_2 = 5$ mm, and insulation layer, $k_3 = 0.1$ W/(m·K) and $d_3 = 10$ mm. The temperatures of the inner and the outer surfaces are kept at 100℃ and 20℃, respectively. Calculate the heat transfer rate across the composite layer in the steady state assuming one-dimensional radial heat flow.

【2.3】 习题 2.1 的房间装有厚度为 6 mm 的单层玻璃窗和厚为 3 mm 的玻璃板间存在厚为 12 mm 空气层的双层玻璃窗,房间壁面温度低于 15℃ 后玻璃窗将结露,计算玻璃的表面温度,并解释单层玻璃窗结露而双层玻璃窗不结露的原因。玻璃与空气的导热系数分别为 1.03 W/(m·K),0.026 W/(m·K),忽略辐射换热。

【2.4】 单位体积的发热量 $\dot{q}_v$ 的半径为 R 的发热球,当它的表面温度保持在 T_s 不变时,求其内部的温度分布和最高温度。并且证明球的发热量等于球表面的散热量。

第 2 章 热 传 导

【2.5】 长为 10 m、外径为 1 cm 的管道中流过 80℃ 的热水，这根管被导热系数为 0.1 W/(m·K)、厚度为 1 cm 的保温材料覆盖，该保温材料与周围环境的表面传热系数为 10 W/(m²·K)，求此时的散热量以及除去保温材料后的散热量（两者表面传热系数相同）。管道表面温度与热水相同，周围介质温度为 20℃。

【2.6】 当牛排的厚度变为原来的两倍时，烧烤时间大约变为原来的几倍？

【2.7】 A 5 cm thick iron slab is initially kept at a uniform temperature of 500 K. Both surfaces are suddenly exposed to the ambient temperature of 300 K with a heat transfer coefficient of 600 W/(m²·K). Here, the thermal conductivity is $k = 42.8$ W/(m·K), the specific heat $c_p = 503$ J/(kg·K), the density $\rho = 7320$ kg/m³ and the thermal diffusivity $\alpha = 1.16 \times 10^{-5}$ m²/s. Calculate the temperature at the center 2 min after the start of the cooling.

【2.8】 厚度为 1 cm 的钢板加热到 800 K 后放置在 300 K 的空气中冷却。计算钢板冷却到 500 K 时所需时间。钢材的导热系数、热扩散率和表面传热系数分别为 43.0 W/(m·K)，1.18×10^{-5} m²/s，80 W/(m²·K)。

【2.9】 A chicken egg can be approximated as a 45 mm diameter sphere. An egg is initially at 280 K is dropped into boiling water at 370 K. Calculate how long it takes until the temperature at the center of the egg reaches 350 K. Assume the thermal conductivity and thermal diffusivity to be 0.55 W/(m·K) and 1.41×10^{-7} m²/s, respectively. Use 1200 W/(m²·K) for the heat transfer coefficient.

【答案】

2.1　28.8 kW

2.2　160 W

2.3　单层玻璃窗 7.54℃，双层玻璃窗 20.0℃

2.4　温度分布：$T = \dfrac{\dot{q}_v}{6k}(R^2 - r^2) + T_s$，最高温度：$T = \dfrac{\dot{q}_v R^2}{6k} + T_s$

　　　放热量 = 球表面积 × 半径 R 表面上的热流密度

$$= 4\pi R^2 \dfrac{\dot{q}_v R}{3} = \dfrac{4\pi R^3}{3}\dot{q}_v = 球的发热量$$

2.5　有绝热材料：213.6 W　无绝热材料：188.5 W

2.6　4 倍

2.7　407 K

2.8　209 s

2.9　因为 $Bi = 49 \gg 1$，使用图 2.36。由 $\theta = 0.22$ 时 $Fo \approx 0.24$，得 $t = 862$ s，另外若用表 2.3，得 $t = 833$ s

第 2 章 参考文献

[1] 日本機械学会, 伝熱工学資料, 改定第 4 版, (1986), 日本機械学会.

[2] Max Jakob, Heat Transfer, Vol. 1, (1949), John Wiley & Sons.

[3] Suhas V. Patankar 著, 水谷幸夫, 香月正司 訳, コンピュータによる熱流動と流れの数値解析, (1985), 森北出版.

[4] 矢川元基, 流れと熱伝導の有限要素法入門, (1983), 培風館.

[5] 神谷紀生, 大西和榮, 境界要素法による計算力学, (1985), 森北出版.

第3章

对 流 换 热

Convective Heat Transfer

3.1 对流换热概述 (introduction to convective heat transfer)

流体流动所伴随的热量传递，也即**对流换热**（convective heat transfer），由于流体的宏观输送运动，与热传导相比可传输的热量要大得多。因此，对流换热在热交换器为代表的各种热流体机械中广泛应用，也是工业上的重要热传递方式。同时，在气象学、地球物理学、地球环境学等领域当中，对流换热因其与各种物理现象的相互关联也是被广泛讨论的传热形式。

3.1.1 身边的对流换热 (convective heat transfer around us)

环视一下我们周围的生活环境，会发现身边的许多现象当中都包含了对流换热。参照图3.1，来思考一下其中所列举的几个例子。

(1) 泡完热水澡出来，吹一吹风扇会感觉凉爽宜人，或者喝杯冰镇啤酒更会品出别样的味道。而每当这种时候应该注意要让冰镇的啤酒避开风扇吹出的风，这是为什么呢？

(2) 早饭时滚烫的大酱汤（日本人早饭时一般必备的汤类）很好喝，仔细观察会发现酱汤中有从碗底翻滚上来又下去的胶状模样，这种现象是从何而来呢？

(3) 煎药罐、电水壶、浴缸暖炉等，无论哪种加热装置的热源总是处于被加热对象的下方。为什么加热源放在被加热对象的上方不行呢？

(4) 浴缸中的水加热之后，因为上面的水太热，需要好好搅拌一下才进去，如果搅拌之后还是觉得过热，可以轻轻地进入，然后呆在原地不动。如上的做法又有怎样的理由呢？

(5) 如果认为像浴缸中的水一样，那么总是上部水温比下部高，但是在结冰时却是上面的水先开始冻结，这又是为什么呢？

(6) 白天的时候海风从海上向陆地吹，而夜里陆地上起的风向海上吹，这其中有什么样的理由？而且，在内陆白天刮起的风一到夜里总会有减弱的趋势，这是为什么？

(7) 无论多小的孩子，想让盛在碗里的热饭变凉时，都知道撅起嘴向着热饭吹气，而想暖一下变冷的手时都知道向着手哈气。此处的吹气与哈气所起的作用有怎样的区别呢？

对这些问题中的某几个我们可能已经知道如何解释，而随着对本章阅读的深入，各个问题的答案都会渐渐变得明了。

如第1章概述中描述的那样，由温差而产生的浮力诱发的对流被

图3.1 身边的对流换热现象

称之为 自然对流(natural convection)或 自由对流(free convection),而利用机械手段(如泵或风扇等)所强制发生的对流被称之为 强迫对流(forced convection)。上面列举的问题(1)和(7)也可以按照自然对流和强迫对流来分类。实际当中,也有浮力和强制力作为流体驱动力共存的场合,此时称之为 混合对流(mixed convection)或者 联合对流(combined convection)。

3.1.2 层流与湍流(laminar flow and turbulent flow)

对于对流换热,包围固体壁面的周围环境对其影响很大。如图3.2所示,置于均匀来流中的物体周围的流动,也即固体被流体包围的情形称之为 外部流动(external flow),相反,流体被固体壁面包围的情形称之为 管内流动(internal flow)。

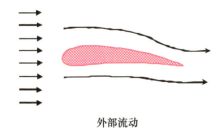
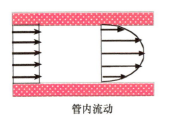

图3.2 外部流动与管内流动

当流速和物体的特征尺寸变大时,如图3.3所示,由流体黏性起主导作用的规则的 层流(laminar flow)会向流速随时间脉动的 湍流(turbulent flow)转换,有关湍流现象将在第3.5节详述。湍流发生时做不规则运动的流体微团的作用很大,相比于分子扩散运动,由 湍流混合(turbulent mixing)所致的动量传递和热传递起了主导作用,因此,湍流的动量传递量和热传递量要比层流高出很多。

作为层流的例子,可以列举出诸如尺寸很小的翅片周围的流动、微尺度通道内的流动、多孔介质内的流动,或者是小间隙内高黏度润滑油的流动,等等。而在现实生活中遇到的流动多为湍流,因此,在工业上对于湍流热流场的预测极其重视。

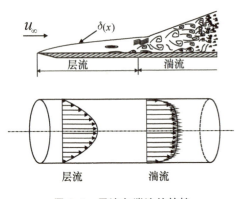

图3.3 层流向湍流的转换

3.1.3 传热系数与边界层(heat transfer coefficient and boundary layer)

想象一下进入浴缸时的情形,如图3.4所示,在肌肤周围会形成一个温度从体表温度到热水温度急剧变化的热流体薄层,称之为 温度边界层(thermal boundary layer)。同样,当有流动的时候,流体会附着于皮肤上,身体肌肤周围会形成一个从皮肤表面的零速度开始变化急剧的流动薄层,称之为 速度边界层(velocity boundary layer)或者 黏性边界层(viscous boundary layer)。皮肤周围的流体流动速度越快,边界层厚度就越薄,如果周围是凉水,身体会随着凉水流动速度的加快更觉得冷。在夏天吹风扇时,风扇吹出来的风越强就会觉得越凉爽,强忍灼热慢慢进入盛满热水的浴缸中后,如果搅拌热水,就会觉得忍受不了,其原因也都是一样的。

如第1章中接触到的,身体向冷水传递的热量的多少遵循 牛顿冷却定律(Newton's law of cooling),与皮肤的温度 T_w 和水温 T_f 之间的温差成正比,即

$$q = h(T_w - T_f) \tag{3.1}$$

这里的比例系数 h 称之为 传热系数(heat transfer coefficient)。上式对加热的情况,即物体表面温度 T_w 比周围流体温度 T_f 低时也成立。取热流量 q 与温差 $(T_w - T_f)$ 的符号相同(也即物体表面向流体侧传递

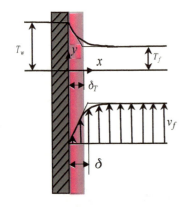

图3.4 温度边界层和速度边界层

热量时 q 为正),那么传热系数 h 被定义为恒正数。沙漠地区的体表温度 T_w 比空气温度 T_f 低,q 为负,被风越吹身体就会越热,因此,沙漠地区的居民都不露出皮肤就是这个道理。

参照图 3.4,对传热系数 h 进行估算,如果表面热传导应用傅里叶定律,则

$$h \equiv \frac{q}{(T_w-T_f)} = \frac{-k\frac{\partial T}{\partial x}\big|_{x=0}}{(T_w-T_f)} \approx \frac{k\frac{(T_w-T_f)}{\delta_T}}{(T_w-T_f)} \approx \frac{k}{\delta_T} \qquad (3.2a)$$

这里 k 为流体的导热系数,δ_T 为**温度边界层厚度**(thermal boundary layer thickness)。如式(3.2a)所示,传热系数 h 与温度边界层厚度 δ_T 成反比。从温度边界层厚度随流速增加而减小可见,传热系数与导热系数、比热等不同,并非只取决于物性,与物体形状、流动条件之间也存在很大的依存关系。一般来说,h 与物体表面的位置有关,称之为**局部换热系数**(local heat transfer coefficient),对整个物体表面,则采用**平均换热系数**(average heat transfer coefficient)$\bar{h}$,等温面条件下,其定义如下

$$\bar{h} \equiv \frac{1}{A}\int_A h \, dA \qquad (3.2b)$$

式中,A 为物体表面积。换热系数的估算在对流换热的学习中是很重要的一部分。

【**例题 3.1**】 ************************

水的导热率比空气大 20 倍左右,另外,水流的温度边界层厚度比空气流的薄,典型工况下,约薄 1/10 左右,此时,水流和空气流的传热系数有怎样的差别?

【**解答**】 应用式(3.2a)作估算,可知水流的传热系数比空气流的大(20/0.1=)200 倍。

****

3.2 对流换热基本方程组 (governing equations for convective heat transfer)

在质点系中,基本方程如牛顿第二定律 $ma = F$ 一样具有很简洁的形式。而考虑流体的动量或热量输运时,设定流动空间的**控制体**(control volume),从而考虑固定的控制体内物理量的平衡关系,虽然基本方程变得复杂,但该种分析方法要方便许多。下面推导**对流换热的基本方程组**(governing equations for convective heat transfer)。

*3.2.1 连续性方程 (equation of continuity)

如图 3.5 所示,在流体流动的三维空间内,取一任意体积为 V、表面积为 A 的控制体,其内部单位时间内质量的增加量,等于从控制面流入控制体的质量,因此下式成立

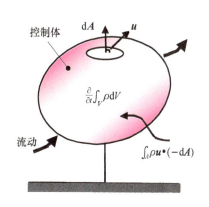

图 3.5 质量守恒

$$\frac{\partial}{\partial t}\int_V \rho \, dV = \int_A \rho \bm{u} \cdot (-d\bm{A}) \tag{3.3}$$

此处 $\bm{u}=(u,v,w)$ 为速度矢量，$d\bm{A}=(dA_x,dA_y,dA_z)$ 为控制体表面上垂直于外法线方向的面积微元矢量。由于空间固定的控制体不随时间变化，方程左边的积分与微分运算可以交换顺序，另外，方程右边的面积分可由高斯散度定理(divergence theorem)变换成体积分，于是，式(3.3)可写为

$$\int_V \left(\frac{\partial \rho}{\partial t} + \nabla \cdot (\rho \bm{u}) \right) dV = 0 \tag{3.4}$$

注意到这里所选的控制体 V 的大小是任意的，为了使得上式针对任意选取的控制体都成立，那么对于控制体内任意一点，上式左边的被积函数必须取 0 值。于是，导出了质量守恒定律，也即连续性方程(equation of continuity)。

$$\frac{\partial \rho}{\partial t} + \nabla \cdot (\rho \bm{u}) = 0 \tag{3.5}$$

*3.2.2　纳维-斯托克斯方程 (Navier-Stokes equation)

现在来考虑 x 方向的动量变化。单位时间控制体内 x 方向的动量增加量为

$$\frac{\partial}{\partial t}\int_V \rho u \, dV$$

如图 3.6 所示，该增量与单位时间从控制面流入控制体内的 x 方向动量、作用在控制面上的表面力(surface force)以及作用在控制体的体积力(body force)在 x 方向的分量相平衡，于是下式成立

$$\frac{\partial}{\partial t}\int_V \rho u \, dV = \int_A \rho u \bm{u} \cdot (-d\bm{A}) + \bm{i} \cdot \int_A (-p \, d\bm{A} + \bm{\tau} \cdot d\bm{A}) + \bm{i} \cdot \int_V \rho \bm{g} \, dV \tag{3.6}$$

这里 $\bm{i}$ 为 x 方向的单位矢量，应力张量与面积矢量的并矢积(dyadic multiplication) $\bm{\tau} \cdot d\bm{A}$ 代表与作用在面积微元上的黏性应力有关的表面力矢量，其 x 方向上的分量为 $\tau_{xx} dA_x + \tau_{yx} dA_y + \tau_{zx} dA_z$。另外，$\bm{g}$ 为重力等流体单位质量所受的体积力矢量。与前面的推导过程一样，交换方程左端积分和微分运算顺序，再利用高斯散度定理可得

$$\int_V \left(\frac{\partial \rho u}{\partial t} + \nabla \cdot (\rho u \bm{u}) \right) dV = \bm{i} \cdot \int_V (-\nabla p + \nabla \cdot \bm{\tau} + \rho \bm{g}) dV \tag{3.7}$$

由控制体 V 的大小为任意选取可得

$$\frac{\partial \rho u}{\partial t} + \nabla \cdot (\rho u \bm{u}) = \bm{i} \cdot (-\nabla p + \nabla \cdot \bm{\tau} + \rho \bm{g}) \tag{3.8a}$$

同理，考虑 y 和 z 方向的动量变化，可得

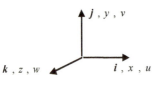
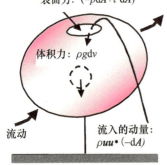

图 3.6　动量守恒

$$\frac{\partial \rho v}{\partial t}+\nabla \cdot (\rho v \boldsymbol{u}) = \boldsymbol{j} \cdot (-\nabla p + \nabla \cdot \boldsymbol{\tau} + \rho \boldsymbol{g}) \tag{3.8b}$$

$$\frac{\partial \rho w}{\partial t}+\nabla \cdot (\rho w \boldsymbol{u}) = \boldsymbol{k} \cdot (-\nabla p + \nabla \cdot \boldsymbol{\tau} + \rho \boldsymbol{g}) \tag{3.8c}$$

上面3方向的动量方程可合写为如下的矢量方程形式

$$\frac{\partial \rho \boldsymbol{u}}{\partial t}+\nabla \cdot \rho \boldsymbol{u}\boldsymbol{u} = -\nabla p + \nabla \cdot \boldsymbol{\tau} + \rho \boldsymbol{g} \tag{3.9a}$$

把方程左端展开,并利用连续性方程(3.5),得到下式

$$\rho \frac{\mathrm{D}\boldsymbol{u}}{\mathrm{D}t} = -\nabla p + \nabla \cdot \boldsymbol{\tau} + \rho \boldsymbol{g} \tag{3.9b}$$

这里

$$\frac{\mathrm{D}\phi}{\mathrm{D}t} = \frac{\partial \phi}{\partial t} + (\boldsymbol{u} \cdot \nabla)\phi = \frac{\partial \phi}{\partial t} + u\frac{\partial \phi}{\partial x} + v\frac{\partial \phi}{\partial y} + w\frac{\partial \phi}{\partial z} \tag{3.10}$$

称之为**物质导数**(substantial derivative 或 material derivative)。对于牛顿流体,应力张量 τ 由下面的**本构方程**(constitutive equation)给出

$$\boldsymbol{\tau} = \begin{bmatrix} \tau_{xx} & \tau_{xy} & \tau_{xz} \\ \tau_{xy} & \tau_{yy} & \tau_{yz} \\ \tau_{xz} & \tau_{yz} & \tau_{zz} \end{bmatrix}$$

$$= \begin{bmatrix} \mu\left(2\frac{\partial u}{\partial x}-\frac{2}{3}\nabla \cdot \boldsymbol{u}\right) & \mu\left(\frac{\partial u}{\partial y}+\frac{\partial v}{\partial x}\right) & \mu\left(\frac{\partial u}{\partial z}+\frac{\partial w}{\partial x}\right) \\ \mu\left(\frac{\partial u}{\partial y}+\frac{\partial v}{\partial x}\right) & \mu\left(2\frac{\partial v}{\partial y}-\frac{2}{3}\nabla \cdot \boldsymbol{u}\right) & \mu\left(\frac{\partial v}{\partial z}+\frac{\partial w}{\partial y}\right) \\ \mu\left(\frac{\partial u}{\partial z}+\frac{\partial w}{\partial x}\right) & \mu\left(\frac{\partial v}{\partial z}+\frac{\partial w}{\partial y}\right) & \mu\left(2\frac{\partial w}{\partial z}-\frac{2}{3}\nabla \cdot \boldsymbol{u}\right) \end{bmatrix} \tag{3.11}$$

这里 μ(Pa·s)为**黏度**(viscosity)。把上面的本构方程代入式(3.9a)或式(3.9b)得到的表达式称之为**纳维-斯托克斯方程**(Navier-Stokes equation)。在笛卡儿坐标系下纳维-斯托克斯方程可写为

$$\rho\frac{\mathrm{D}u}{\mathrm{D}t} = -\frac{\partial p}{\partial x}+\frac{\partial}{\partial x}\left(\mu\left(2\frac{\partial u}{\partial x}-\frac{2}{3}\nabla \cdot \boldsymbol{u}\right)\right)+\frac{\partial}{\partial y}\left(\mu\left(\frac{\partial u}{\partial y}+\frac{\partial v}{\partial x}\right)\right)+\frac{\partial}{\partial z}\left(\mu\left(\frac{\partial u}{\partial z}+\frac{\partial w}{\partial x}\right)\right)+\rho g_x$$

$$\rho\frac{\mathrm{D}v}{\mathrm{D}t} = -\frac{\partial p}{\partial y}+\frac{\partial}{\partial y}\left(\mu\left(2\frac{\partial v}{\partial y}-\frac{2}{3}\nabla \cdot \boldsymbol{u}\right)\right)+\frac{\partial}{\partial z}\left(\mu\left(\frac{\partial v}{\partial z}+\frac{\partial w}{\partial y}\right)\right)+\frac{\partial}{\partial x}\left(\mu\left(\frac{\partial v}{\partial x}+\frac{\partial u}{\partial y}\right)\right)+\rho g_y$$

$$\rho\frac{\mathrm{D}w}{\mathrm{D}t} = -\frac{\partial p}{\partial z}+\frac{\partial}{\partial z}\left(\mu\left(2\frac{\partial w}{\partial z}-\frac{2}{3}\nabla \cdot \boldsymbol{u}\right)\right)+\frac{\partial}{\partial x}\left(\mu\left(\frac{\partial w}{\partial x}+\frac{\partial u}{\partial z}\right)\right)+\frac{\partial}{\partial y}\left(\mu\left(\frac{\partial w}{\partial y}+\frac{\partial v}{\partial z}\right)\right)+\rho g_z$$

$$\tag{3.12a,b,c}$$

*3.2.3 能量方程 (energy equation)

由于单位质量流体所含有的能量包括内能 e、动能($\boldsymbol{u} \cdot \boldsymbol{u}/2$)以及由体积力所产生的势能($-\boldsymbol{g} \cdot \boldsymbol{r}$),因而,单位时间内控制体内增加的流体总能为

$$\frac{\partial}{\partial t}\int_V \rho\left(e+\frac{\boldsymbol{u} \cdot \boldsymbol{u}}{2}-\boldsymbol{g} \cdot \boldsymbol{r}\right)\mathrm{d}V$$

如图 3.7 所示,该能量的增加与单位时间内因对流作用而通过控制面流入的流体总能、因热传导作用而通过控制表面流入控制体的热

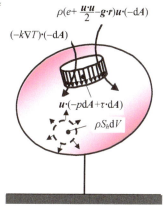

图 3.7 能量守恒

量、作用在控制面上的表面力对控制体所做的功,以及控制体内的热量生成(化学反应等)的总和相平衡,因此下式成立

$$\frac{\partial}{\partial t}\int_V \rho\left(e+\frac{\boldsymbol{u}\cdot\boldsymbol{u}}{2}-\boldsymbol{g}\cdot\boldsymbol{r}\right)\mathrm{d}V$$
$$=\int_A \rho\left(e+\frac{\boldsymbol{u}\cdot\boldsymbol{u}}{2}-\boldsymbol{g}\cdot\boldsymbol{r}\right)\boldsymbol{u}\cdot(-\mathrm{d}\boldsymbol{A})+\int_A -k\nabla T\cdot(-\mathrm{d}\boldsymbol{A})$$
$$+\int_A \boldsymbol{u}\cdot(-p\mathrm{d}\boldsymbol{A}+\boldsymbol{\tau}\cdot\mathrm{d}\boldsymbol{A})+\int_V \rho S_h \mathrm{d}V \tag{3.13}$$

把方程左端积分和微分运算交换顺序,再应用高斯散度定理

$$\int_V\left(\frac{\partial}{\partial t}\rho\left(e+\frac{\boldsymbol{u}\cdot\boldsymbol{u}}{2}-\boldsymbol{g}\cdot\boldsymbol{r}\right)+\nabla\cdot\rho\left(e+\frac{\boldsymbol{u}\cdot\boldsymbol{u}}{2}-\boldsymbol{g}\cdot\boldsymbol{r}\right)\boldsymbol{u}\right)\mathrm{d}V$$
$$=\int_V(\nabla\cdot(k\nabla T-\boldsymbol{u}p+\boldsymbol{u}\cdot\boldsymbol{\tau})+\rho S_h)\mathrm{d}V \tag{3.14}$$

根据控制体 V 的大小为任意选取,可得下式

$$\frac{\partial}{\partial t}\rho\left(e+\frac{\boldsymbol{u}\cdot\boldsymbol{u}}{2}-\boldsymbol{g}\cdot\boldsymbol{r}\right)+\nabla\cdot\rho\left(e+\frac{\boldsymbol{u}\cdot\boldsymbol{u}}{2}-\boldsymbol{g}\cdot\boldsymbol{r}\right)\boldsymbol{u}$$
$$=\nabla\cdot(k\nabla T-\boldsymbol{u}p+\boldsymbol{u}\cdot\boldsymbol{\tau})+\rho S_h \tag{3.15}$$

把上式左端展开,应用连续性方程(3.5)可得

$$\rho\frac{\mathrm{D}}{\mathrm{D}t}\left(e+\frac{\boldsymbol{u}\cdot\boldsymbol{u}}{2}-\boldsymbol{g}\cdot\boldsymbol{r}\right)=\nabla\cdot(k\nabla T-\boldsymbol{u}p+\boldsymbol{u}\cdot\boldsymbol{\tau})+\rho S_h \tag{3.16}$$

另一方面,用速度矢量 $\boldsymbol{u}$ 与动量方程(3.9b)中各项作点积,可得动能的输运方程

$$\rho\frac{\mathrm{D}}{\mathrm{D}t}\left(\frac{\boldsymbol{u}\cdot\boldsymbol{u}}{2}\right)=\boldsymbol{u}\cdot(-\nabla p+\nabla\cdot\boldsymbol{\tau}+\rho\boldsymbol{g}) \tag{3.17}$$

代入(3.16)式,整理可得下式内能方程

$$\rho\frac{\mathrm{D}e}{\mathrm{D}t}=\nabla\cdot(k\nabla T)-p\nabla\cdot\boldsymbol{u}+(\boldsymbol{\tau}\cdot\nabla)\cdot\boldsymbol{u}+\rho S_h \tag{3.18}$$

把从连续性方程(3.5)中得到的关系式 $\rho\mathrm{D}(p/\rho)/\mathrm{D}t=\mathrm{D}p/\mathrm{D}t+p\nabla\cdot\boldsymbol{u}$ 代入可得另一表达形式

$$\rho\frac{\mathrm{D}h}{\mathrm{D}t}=\nabla\cdot(k\nabla T)+\frac{\mathrm{D}p}{\mathrm{D}t}+(\boldsymbol{\tau}\cdot\nabla)\cdot\boldsymbol{u}+\rho S_h \tag{3.19}$$

这里

$$h=e+\frac{p}{\rho} \tag{3.20}$$

为比焓(与传热系数记号相同,注意不要混淆)。方程(3.19)的右边第二项为压力做功项,另外,黏性耗散项 $(\boldsymbol{\tau}\cdot\nabla)\cdot\boldsymbol{u}$ 与黏性摩擦生热相对应,利用本构方程(3.11)把该项展开

$$(\boldsymbol{\tau}\cdot\nabla)\cdot\boldsymbol{u}=2\mu\left(\left(\frac{\partial u}{\partial x}\right)^2+\left(\frac{\partial v}{\partial y}\right)^2+\left(\frac{\partial w}{\partial z}\right)^2\right)$$
$$+\mu\left(\left(\frac{\partial u}{\partial y}+\frac{\partial v}{\partial x}\right)^2+\left(\frac{\partial v}{\partial z}+\frac{\partial w}{\partial y}\right)^2+\left(\frac{\partial w}{\partial x}+\frac{\partial u}{\partial z}\right)^2\right)-\frac{2}{3}\mu|\nabla\cdot\boldsymbol{u}|^2$$
$$\tag{3.21}$$

黏性耗散项为发热项,因而恒为正值,对于不是很高速的流动可以

忽略。如果把 ρS_h 重新定义成包含了黏性耗散项的发热项,当方程(3.18)中 ρ 的变化可忽略(根据连续性方程(3.5)$\nabla \cdot \boldsymbol{u} \approx 0$)或方程(3.19)中 p 的变化可忽略时,可分别得到如下的简化能量方程

$$\rho \frac{\mathrm{D} e}{\mathrm{D} t} = \nabla \cdot (k \nabla T) + \rho S_h$$

(ρ = 常数) (3.22)

$$\rho \frac{\mathrm{D} h}{\mathrm{D} t} = \nabla \cdot (k \nabla T) + \rho S_h$$

(p = 常数) (3.23)

(3.22)式在 ρ 一定时是严格成立的,但是,即使对于不可压流体的解析,作为**能量方程**(energy equation),也不用(3.22)式,而采用(3.23)式来求解。能量方程(3.18)中的 $p \nabla \cdot \boldsymbol{u}$(注意 p 为绝对压力)项,即使是流体可近似为不可压(即 $\nabla \cdot \boldsymbol{u} \approx 0$)时,一般也不能省略。针对这一点,另一个能量方程(3.19)中的 $\mathrm{D} p / \mathrm{D} t$ 项,一般来说由于动压远小于绝对压力,除去体积变化显著的密闭空间内的流动或者可压缩性流体高速流动之外,很多情况下可以忽略。这是因为对于实际的热流动现象,"从热力学角度来说,相比于等容变化过程,接近于等压变化的过程更多见"的缘故。这就是作为能量方程,即使是对近似不可压流体而言,一般都采用以比焓为变量的方程(3.23)的理由。

3.2.4 不可压缩流体的基本方程组 (governing equations for incompressible flow)

1. 能量方程与状态量

控制方程组式(3.5)、式(3.9)和式(3.19)中包含了速度 $\boldsymbol{u} = (u, v, w)$、压力 p、温度 T、密度 ρ 和比焓 h 这 7 个自变量,如果要使 5 个方程组成的方程组封闭,需要考虑另外 2 个辅助方程式,即有关比焓的热力学关系式

$$\mathrm{D} h = c_p \mathrm{D} T + (1 - \beta T) \frac{\mathrm{D} p}{\rho} \tag{3.24}$$

及**状态方程**(equation of state)

$$\rho = \rho(p, T) \tag{3.25}$$

这里

$$\beta = -\frac{1}{\rho} \left(\frac{\partial \rho}{\partial T} \right)_p \tag{3.26}$$

为**体[积]膨胀系数**(volumetric thermal expansion coefficient)。但是,实际的热流动现象多近似为热力学的等压变化过程($\mathrm{D} p \approx 0$),$\mathrm{D} h$ 一般近似为 $c_p \mathrm{D} T$。

2. 不可压缩流体

本书当中讨论的流体主要是密度可近似为一定的**不可压缩流体**(incompressible fluid),这时不需要状态方程式,而只把速度、压力和温度作为自变量来考虑即可。特别是对于黏度、导热系数和比热等物

性参数一定,且流动内部无热源的情况,方程式(3.5)、式(3.12)和式(3.23)可分别写成下面的简洁形式。对于与自然对流有关的温度差所致的密度变化,将另外在3.7节做近似考虑。

$$\nabla \cdot \boldsymbol{u} = 0 : 连续性方程 \tag{3.27}$$

$$\frac{D\boldsymbol{u}}{Dt} = -\frac{1}{\rho}\nabla p + \nu \nabla^2 \boldsymbol{u} + \boldsymbol{g} : 纳维-斯托克斯方程 \tag{3.28}$$

$$\frac{DT}{Dt} = \alpha \nabla^2 T : 能量方程 \tag{3.29}$$

把方程(3.27)代入(3.12)即可得到方程(3.28)。这里

$$\nu \equiv \frac{\mu}{\rho} \quad (\text{m}^2/\text{s}) \tag{3.30a}$$

为流体的**运动黏度**(kinematic viscosity),另外,

$$\alpha = \frac{k}{\rho c_p} \quad (\text{m}^2/\text{s}) \tag{3.30b}$$

为流体的热扩散率。

3. 笛卡儿坐标系

上面的方程组在图3.8(a)所示的笛卡儿坐标系(x,y,z)中可写为

$$\frac{\partial u}{\partial x} + \frac{\partial v}{\partial y} + \frac{\partial w}{\partial z} = 0 \tag{3.31}$$

$$\frac{Du}{Dt} = -\frac{1}{\rho}\frac{\partial p}{\partial x} + \nu \left(\frac{\partial^2 u}{\partial x^2} + \frac{\partial^2 u}{\partial y^2} + \frac{\partial^2 u}{\partial z^2}\right) + g_x \tag{3.32a}$$

$$\frac{Dv}{Dt} = -\frac{1}{\rho}\frac{\partial p}{\partial y} + \nu \left(\frac{\partial^2 v}{\partial x^2} + \frac{\partial^2 v}{\partial y^2} + \frac{\partial^2 v}{\partial z^2}\right) + g_y \tag{3.32b}$$

$$\frac{Dw}{Dt} = -\frac{1}{\rho}\frac{\partial p}{\partial z} + \nu \left(\frac{\partial^2 w}{\partial x^2} + \frac{\partial^2 w}{\partial y^2} + \frac{\partial^2 w}{\partial z^2}\right) + g_z \tag{3.32c}$$

$$\frac{DT}{Dt} = \alpha \left(\frac{\partial^2 T}{\partial x^2} + \frac{\partial^2 T}{\partial y^2} + \frac{\partial^2 T}{\partial z^2}\right) \tag{3.33}$$

这里

$$\begin{aligned}\frac{D\phi}{Dt} &\equiv \frac{\partial \phi}{\partial t} + u\frac{\partial \phi}{\partial x} + v\frac{\partial \phi}{\partial y} + w\frac{\partial \phi}{\partial z} \\ &= \frac{\partial \phi}{\partial t} + \frac{\partial (u\phi)}{\partial x} + \frac{\partial (v\phi)}{\partial y} + \frac{\partial (w\phi)}{\partial z}\end{aligned} \tag{3.34}$$

与右边第一式或第二式的表达式相对应即可。实际上,把方程(3.34)右边第二式的第二项以后的各项展开,再利用连续性方程(3.31)即可得到右边第一式的表达形式。

不可压缩流体的基本方程组如表3.1所示。

4. 圆柱坐标系

图3.8(b)所示的圆柱坐标系(x,r,θ)中,各速度分量(u,v,w)的单位矢量在空间上发生了变化,因而方程组比笛卡儿坐标系下的表达式更复杂。

$$\frac{\partial u}{\partial x} + \frac{1}{r}\frac{\partial (rv)}{\partial r} + \frac{1}{r}\frac{\partial w}{\partial \theta} = 0 \tag{3.35}$$

$$\frac{\partial u}{\partial t} + u\frac{\partial u}{\partial x} + v\frac{\partial u}{\partial r} + \frac{w}{r}\frac{\partial u}{\partial \theta} = -\frac{1}{\rho}\frac{\partial p}{\partial x} + \nu\left(\frac{\partial^2 u}{\partial x^2} + \frac{1}{r}\frac{\partial}{\partial r}\left(r\frac{\partial u}{\partial r}\right) + \frac{1}{r^2}\frac{\partial^2 u}{\partial \theta^2}\right) + g_x \tag{3.36a}$$

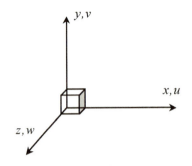

(a) 笛卡儿坐标系

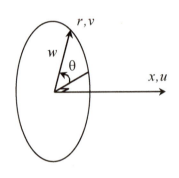

(b) 圆柱坐标系

图3.8 坐标系

表3.1 不可压缩流体的基本方程组(笛卡儿坐标)

连续性方程

$$\frac{\partial u}{\partial x} + \frac{\partial v}{\partial y} + \frac{\partial w}{\partial z} = 0$$

纳斯-斯托克斯方程

$$\frac{Du}{Dt} = -\frac{1}{\rho}\frac{\partial p}{\partial x} + \nu \left(\frac{\partial^2 u}{\partial x^2} + \frac{\partial^2 u}{\partial y^2} + \frac{\partial^2 u}{\partial z^2}\right) + g_x$$

$$\frac{Dv}{Dt} = -\frac{1}{\rho}\frac{\partial p}{\partial y} + \nu \left(\frac{\partial^2 v}{\partial x^2} + \frac{\partial^2 v}{\partial y^2} + \frac{\partial^2 v}{\partial z^2}\right) + g_y$$

$$\frac{Dw}{Dt} = -\frac{1}{\rho}\frac{\partial p}{\partial z} + \nu \left(\frac{\partial^2 w}{\partial x^2} + \frac{\partial^2 w}{\partial y^2} + \frac{\partial^2 w}{\partial z^2}\right) + g_z$$

能量方程

$$\frac{DT}{Dt} = \alpha\left(\frac{\partial^2 T}{\partial x^2} + \frac{\partial^2 T}{\partial y^2} + \frac{\partial^2 T}{\partial z^2}\right)$$

$$\frac{\partial v}{\partial t}+u\frac{\partial v}{\partial x}+v\frac{\partial v}{\partial r}+\frac{w}{r}\frac{\partial v}{\partial \theta}-\frac{w^2}{r}$$
$$=-\frac{1}{\rho}\frac{\partial p}{\partial r}+\nu\left(\frac{\partial^2 v}{\partial x^2}+\frac{1}{r}\frac{\partial}{\partial r}\left(r\frac{\partial v}{\partial r}\right)-\frac{v}{r^2}+\frac{1}{r^2}\frac{\partial^2 v}{\partial \theta^2}-\frac{2}{r^2}\frac{\partial w}{\partial \theta}\right)+g_r$$
(3.36b)

$$\frac{\partial w}{\partial t}+u\frac{\partial w}{\partial x}+v\frac{\partial w}{\partial r}+\frac{w}{r}\frac{\partial w}{\partial \theta}+\frac{vw}{r}$$
$$=-\frac{1}{\rho r}\frac{\partial p}{\partial \theta}+\nu\left(\frac{\partial^2 w}{\partial x^2}+\frac{1}{r}\frac{\partial}{\partial r}\left(r\frac{\partial w}{\partial r}\right)-\frac{w}{r^2}+\frac{1}{r^2}\frac{\partial^2 w}{\partial \theta^2}+\frac{2}{r^2}\frac{\partial v}{\partial \theta}\right)+g_\theta$$
(3.36c)

$$\frac{\partial T}{\partial t}+u\frac{\partial T}{\partial x}+v\frac{\partial T}{\partial r}+\frac{w}{r}\frac{\partial T}{\partial \theta}=\alpha\left(\frac{\partial^2 T}{\partial x^2}+\frac{1}{r}\frac{\partial}{\partial r}\left(r\frac{\partial T}{\partial r}\right)+\frac{1}{r^2}\frac{\partial^2 T}{\partial \theta^2}\right) \quad (3.37)$$

3.2.5 边界层近似与无量纲数 (boundary layer approximation and dimensionless numbers)

考虑如图 3.9 所示的二维物体黏性绕流，沿着物体形状边缘设定坐标系，x 为沿物体表面的切线方向，y 为沿物体表面的外法线方向，不可压流体的连续性方程(3.31)、x 方向的动量方程(3.32a)、y 方向的动量方程(3.32b)以及能量方程(3.33)按照二维定常问题可写成下面的形式

$$\frac{\partial u}{\partial x}+\frac{\partial v}{\partial y}=0 \quad (3.38)$$

$$u\frac{\partial u}{\partial x}+v\frac{\partial u}{\partial y}=-\frac{1}{\rho}\frac{\partial p}{\partial x}+\nu\left(\frac{\partial^2 u}{\partial x^2}+\frac{\partial^2 u}{\partial y^2}\right) \quad (3.39\text{a})$$

$$u\frac{\partial v}{\partial x}+v\frac{\partial v}{\partial y}=-\frac{1}{\rho}\frac{\partial p}{\partial y}+\nu\left(\frac{\partial^2 v}{\partial x^2}+\frac{\partial^2 v}{\partial y^2}\right) \quad (3.39\text{b})$$

$$u\frac{\partial T}{\partial x}+v\frac{\partial T}{\partial y}=\alpha\left(\frac{\partial^2 T}{\partial x^2}+\frac{\partial^2 T}{\partial y^2}\right) \quad (3.40)$$

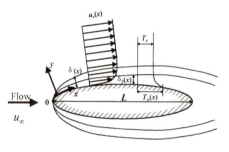

图 3.9 边界层流动

这里，可忽略物体表面曲率的影响。普朗特指出，如果沿着物体表面的流速足够高，那么速度边界层和温度边界层非常薄，下面的**边界层近似**(boundary layer approximation)成立。请注意，图 3.9 中所描画的速度和温度边界层厚度(δ,δ_T)是为显示清楚而被夸大了的。

$$|u|\gg|v|$$
$$\left|\frac{\partial u}{\partial y}\right|\gg\left|\frac{\partial u}{\partial x}\right|,\left|\frac{\partial v}{\partial y}\right|,\left|\frac{\partial v}{\partial x}\right|$$
$$\left|\frac{\partial T}{\partial y}\right|\gg\left|\frac{\partial T}{\partial x}\right|$$

即，沿着物体表面切线方向的速度分量 u 远大于其法线方向的垂直分量 v。另外，速度分量 u 及温度 T 在垂直物体表面方向上变化显著，而在沿物体表面切线方向变化很小。针对这样的**边界层流动**(boundary layer flow)，如下**边界层方程组**(boundary layer equations)成立。

$$\frac{\partial u}{\partial x}+\frac{\partial v}{\partial y}=0 \tag{3.41}$$

$$u\frac{\partial u}{\partial x}+v\frac{\partial u}{\partial y}=-\frac{1}{\rho}\frac{\mathrm{d}p}{\mathrm{d}x}+\nu\frac{\partial^2 u}{\partial y^2} \tag{3.42}$$

$$u\frac{\partial T}{\partial x}+v\frac{\partial T}{\partial y}=\alpha\frac{\partial^2 T}{\partial y^2} \tag{3.43}$$

其边界条件为

$$y=0: u=v=0, \quad T=T_w(x) \tag{3.44a}$$

$$y=\infty: u=u_e(x), \quad T=T_e=\text{常数} \tag{3.44b}$$

式(3.44a)为壁面**无滑移条件**(no-slip condition)。另外,有关**边界层外缘**(boundary layer edge)的状态则采取渐进的方法,边界层外缘的位置 $y=\delta$ 在数学上对应于 $y=\infty$。尽管边界层近似处理后,连续性方程(3.41)保持不变,但 x 方向与 y 方向上的两个动量方程却归结为(3.42)一个式子。这里须注意,方程右边第一项的压力梯度项为常微分写法,即 $p=p(x)$。对于边界层方程组的求解,需要根据物体形状事先确定压力分布 $p(x)$,如果物体表面压力可测,就可用实测的数据。确定了压力分布 $p(x)$ 之后,关于边界条件中所需要的 $u_e(x)$,可根据方程(3.42)也适用于边界层外缘这一条件,利用**贝努利定理**(Bernoulli law)来计算。

$$u_e\frac{\mathrm{d}u_e}{\mathrm{d}x}=-\frac{1}{\rho}\frac{\mathrm{d}p}{\mathrm{d}x} \tag{3.45}$$

针对压力测量困难的场合,可考虑非黏性流(势流)确定其理论上的边界层外缘速度 $u_e(x)$,再应用贝努利定理(3.45)式确定压力梯度项。

现在假设物体的特征长度为 L,表面温度 T_w(一定),用物体上游无穷远处来流速度 u_∞ 及温度 $T_\infty(=T_e)$ 对各量做如下的无量纲处理

$$x^*=x/L, \quad y^*=y/L,$$
$$u^*=u/u_\infty, \quad v^*=v/u_\infty, \quad p^*=p/(\rho u_\infty^2),$$
$$T^*=(T-T_\infty)/(T_w-T_\infty)$$

应用这些无量纲量,把式(3.41)至式(3.43)改写成

$$\frac{\partial u^*}{\partial x^*}+\frac{\partial v^*}{\partial y^*}=0 \tag{3.46}$$

$$u^*\frac{\partial u^*}{\partial x^*}+v^*\frac{\partial u^*}{\partial y^*}=-\frac{\mathrm{d}p^*}{\mathrm{d}x^*}+\left(\frac{\nu}{u_\infty L}\right)\frac{\partial^2 u^*}{\partial y^{*2}} \tag{3.47}$$

$$u^*\frac{\partial T^*}{\partial x^*}+v^*\frac{\partial T^*}{\partial y^*}=\left(\frac{\alpha}{u_\infty L}\right)\frac{\partial^2 T^*}{\partial y^{*2}} \tag{3.48}$$

其边界条件为

$$y^*=0: u^*=v^*=0, \quad T^*=1 \tag{3.49a}$$

$$y^*=\infty: u^*=u_e^*(x^*), \quad T^*=0. \tag{3.49b}$$

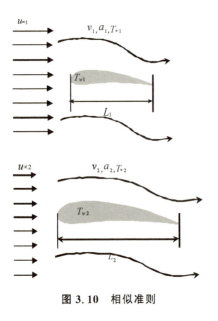

图 3.10 相似准则

如果物体形状是相似的,那么无量纲压力和无量纲外缘速度不随物体的尺寸而变化。因而,如图3.10所示,对于形状相似的两个物体,

不管 $u_\infty, L, \nu, \alpha, T_\infty$ 以及 T_w 取怎样的值，只要方程式(3.47)和式(3.48)中的各个无量纲系数相同，那么无量纲方程本身及其边界条件就是完全一致的。这些无量纲系数的倒数分别称之为**雷诺数**(Reynolds number)和**贝克来数**(Péclet number)，即

$$Re_L = \frac{u_\infty L}{\nu} : 雷诺数 \tag{3.50}$$

$$Pe_L = \frac{u_\infty L}{\alpha} = Re_L Pr : 贝克来数 \tag{3.51}$$

这里

$$Pr = \frac{\nu}{\alpha} = \frac{\mu c_p}{k} : 普朗特数 \tag{3.52}$$

由于雷诺数也可写作 $Re_L = (\rho u_\infty^2)/(\mu u_\infty / L)$（以黏性力的特征尺度为基准进行无量纲化），因此也可以把它解释成代表惯性力的无量纲数。贝克来数等于雷诺数与**普朗特数**(Prandtl number)的乘积。普朗特数本身是流体所固有的物性参数，对于液态金属 $Pr \ll 1$，气体 $Pr \approx 1$，水 $Pr \approx 6$，润滑油 $Pr \gg 1$，如后面(3.130)式所描述的那样，温度边界层厚度与速度边界层厚度的比值与普朗特数的大小密切相关。

公式(3.46)和式(3.47)清楚地表明，对于已知的物体形状，也即已知的 $p^*(x^*)$，无量纲速度只是无量纲坐标和雷诺数的函数

$$u^* = u^*(x^*, y^*, Re_L), \quad v^* = v^*(x^*, y^*, Re_L) \tag{3.53}$$

相应地，**壁面剪切应力**(wall shear stress)

$$\tau_w = \mu \frac{\partial u}{\partial y}\bigg|_{y=0} = \frac{\mu u_\infty}{L} \frac{\partial u^*}{\partial y^*}\bigg|_{y^*=0} = \frac{\mu u_\infty}{L} f(x^*, Re_L)$$

这里 $f(x^*, Re_L)$ 表示以 x^* 和 Re_L 为自变量的无量纲函数。物体表面的平均壁面剪切应力（平均壁面摩擦）

$$\bar{\tau}_w = \frac{\mu u_\infty}{L} \bar{f}(Re_L)$$

平均摩擦系数(average friction coefficient)定义为

$$\bar{C}_f \equiv \frac{2\bar{\tau}_w}{\rho u_\infty^2} = \frac{2}{Re_L} \bar{f}(Re_L) \tag{3.54}$$

可见，工业中很重要的平均摩擦系数只是雷诺数的函数。相应地，对于某种形状的物体，如果得到了其平均摩擦系数与雷诺数的关系，那么这一关系也适用于与之具有相似形状的其他物体，而且与流体的种类无关，即**相似准则**(similarity)成立。

接下来考虑热流密度的相似准则。由于温度场的确定依赖于速度场，根据公式(3.48)可知，无量纲温度是无量纲坐标、雷诺数以及普朗特数的函数

$$T^* = T^*(x^*, y^*, Re_L, Pr) \tag{3.55}$$

壁面热流密度(wall heat flux)为

$$q_w = -k \frac{\partial T}{\partial y}\bigg|_{y=0} = -k \frac{(T_w - T_\infty)}{L}\frac{\partial T^*}{\partial y^*}\bigg|_{y^*=0} = k\frac{(T_w - T_\infty)}{L} g(x^*, Re_L, Pr)$$

这里 g 为无量纲函数。把换热系数的定义式(3.2a)代入上式

$$h = \frac{q_w}{(T_w - T_\infty)} = \frac{k}{L} g(x^*, Re_L, Pr)$$

于是，可得物体表面的平均换热系数

$$\bar{h} = \frac{\bar{q}_w}{(T_w - T_\infty)} = \frac{k}{L}\bar{g}(Re_L, Pr) \tag{3.56a}$$

上式表明强制对流的无量纲换热系数只是雷诺数和普朗特数的函数，可改写为

$$\overline{Nu}_L = \frac{\bar{h}L}{k} = \bar{g}(Re_L, Pr) \tag{3.56b}$$

此无量纲数称之为**努塞尔数**(Nusselt number)。上式表明,如果能够得到努塞尔数、雷诺数及普朗特数之间的函数关系,那么这一关系对于所有相似的物体都成立。前面已经提到过换热系数的估算在对流换热的学习中占有很重要的一部分,这就需要掌握努塞尔数与其他无量纲数之间的关系。另一方面,应用(3.2a)的近似关系可得

$$\overline{Nu}_L = \frac{\bar{h}L}{k} \approx \frac{L}{\delta_T} \tag{3.57}$$

也即努塞尔数和物体的特征长度与温度边界层厚度之间的倍数相对应。

以上的讨论虽然是以外部流动为例,但是如果把物体的特征尺度 L 对应于管径尺寸,那么对管内流动来说,边界层近似及相似准则同样适用。对于圆管内流场的解析,采用在圆柱坐标系内从边界层方程组(3.41)至(3.43)改写而来的公式。

$$\frac{\partial u}{\partial x} + \frac{1}{r}\frac{\partial (rv)}{\partial r} = 0 \tag{3.58}$$

$$u\frac{\partial u}{\partial x} + v\frac{\partial u}{\partial r} = -\frac{1}{\rho}\frac{dp}{dx} + \frac{\nu}{r}\frac{\partial}{\partial r}\left(r\frac{\partial u}{\partial r}\right) \tag{3.59}$$

$$u\frac{\partial T}{\partial x} + v\frac{\partial T}{\partial r} = \frac{\alpha}{r}\frac{\partial}{\partial r}\left(r\frac{\partial T}{\partial r}\right) \tag{3.60}$$

【例题 3.2】

欲观察放置在速度为 20 m/s 的气流中的物体的绕流,可把该物体置于水流中,采用微量的染料进行流场的可视化。在空气的运动黏度为 2×10^{-5} m²/s、水的运动黏度为 7×10^{-7} m²/s 时,水流速度应该设定为多大合适?

【解答】 为使雷诺数保持不变,因物体的尺寸相同,所以只需要 u_∞/ν 保持一致即可。即,水流的速度应设定如下

$$u_\infty = 20 \times \frac{7 \times 10^{-7}}{2 \times 10^{-5}} = 0.7 \, (\text{m/s}) \tag{ex 3.1}$$

3.3 管内流动的层流强迫对流 (laminar forced convection in conduits)

如图 3.11 所示,均匀来流以速度 u_B 流入管道,速度边界层从入口处开始形成并向下游发展,直至在下游某处汇合于管道中心,之后,速度分布维持不变向下游流动。从管道入口到边界层合流于管道中心的位置称之为**流动入口段**(hydrodynamic entrance region),其后实现速度不变的下游称之为**充分发展段**(fully-developed flow)。流动入口段的长度会因入口段是保持层流还是向湍流迁移而发生显著变化。例如,对于圆管流,当基于均匀来流的入口速度 u_B 和管径 d 的雷诺数

$$Re_d = \frac{u_B d}{\nu} = \frac{4\dot{m}}{\pi \mu d} \approx 2\,300 \tag{3.61}$$

时流动变为湍流。这里 $\dot{m}$(kg/s)为**质量流量**(mass flow rate)。在这一**临界雷诺数**(critical Reynolds number)以下,圆管内流动保持层流状态,流动入口段长度 L_u 可由下式估算

$$L_u/d \approx 0.05 Re_d:层流(Re_d \leqslant 2\,300) \tag{3.62a}$$

一旦变为湍流,流动入口段长度 L_u 不再依赖于雷诺数,由下式确定

$$L_u/d \approx 10:湍流(Re_d > 2\,300) \tag{3.62b}$$

一般来说,湍流的流动入口段比层流的要短。

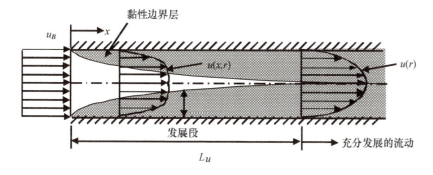

图 3.11 管内流动的入口段

与速度场一样,温度场也存在入口段。现在假定从流道某点开始至其下游的流动情况,假设壁面被同等(例如等壁温条件或等热流条件)加热。温度边界层从加热起始点开始发展,并最终在某一点汇合于管截面中心处,这一温度边界层发展区间称为**温度入口段**(thermal entrance region),其后为**充分发展的温度场**(fully-developed temperature field),充分发展温度场的温度分布是相似的。

温度入口段长度 L_T 可用下式估算

$$L_T/d \approx 0.05 Re_d Pr = 0.05 Pe_d:层流(Re_d \leqslant 2\,300) \tag{3.63a}$$

$$L_T/d \approx 10:湍流(Re_d > 2\,300) \tag{3.63b}$$

3.3.1 充分发展流动 (fully-developed flow)

本节讨论雷诺数较低、流动为层流,且管壁与流体间的温差也较小的情况。相应地,流体黏度、导热系数及比热等物性值为定值,由黏性摩擦导致的流体内部发热和浮力的影响也可忽略。

1. 平行平板间的流动 (flow between parallel plates)

首先考虑基本内部流动之一的**平行平板间的充分发展流**(fully-developed flow between prallel plates)的速度分布。对于图 3.12(a) 所示的坐标系,充分发展流的速度分布沿轴向没有变化

$$\frac{\partial u}{\partial x}=0, \quad v=0 \tag{3.64}$$

代入 x 方向的动量方程式(3.42)可得

$$\frac{d^2 u}{d y^2}=-\frac{1}{\mu}\left(-\frac{dp}{dx}\right) \tag{3.65}$$

利用边界条件

$$y=\pm H: u=0 \tag{3.66}$$

进行积分,可得如下抛物线型的速度分布形式

$$u=\frac{1}{2\mu}\left(-\frac{dp}{dx}\right)(H^2-y^2)=\frac{3}{2}u_B\left(1-\left(\frac{y}{H}\right)^2\right) \tag{3.67}$$

这里

$$u_B=\frac{1}{2H}\int_{-H}^{H} u\, dy=\frac{H^2}{3\mu}\left(-\frac{dp}{dx}\right) \tag{3.68}$$

为**截面平均速度**(mean velocity),与入口速度一致。当壁面剪切应力 $\tau_w=-\mu(du/dy)|_{y=H}$ 由式(3.67)算出时,可推导出**穆迪摩擦因子**(Moody friction factor)关系式

$$\lambda_f \equiv \frac{8\tau_w}{\rho u_B^2}=-\frac{2d_h}{\rho u_B^2}\frac{dp}{dx}=\frac{96}{Re_{d_h}} \tag{3.69}$$

这里,定义雷诺数的特征长度为**水力直径**(hydraulic diameter),即"截面积的 4 倍除以湿周"($d_h=4H$)。另外,由**范宁摩擦系数**(Fanning friction factor)$C_f \equiv 2\tau_w/\rho u_B^2$ 的定义,得 $C_f=\lambda_f/4$。

2. 圆管内流动 (flow in a circular tube)

对于图 3.12(b)所示的直径为 $d=2R$ 的**圆管内的充分发展流**(fully-developed flow in a circular tube),采用同样的处理过程,由式(3.59)可得

$$\frac{1}{r}\frac{d}{dr}\left(r\frac{du}{dr}\right)=-\frac{1}{\mu}\left(-\frac{dp}{dx}\right) \tag{3.70}$$

对其积分,得到所谓的**哈根-泊肃叶流**(Hagen-Poiseuille flow)的抛物线型速度分布。

$$u=\frac{1}{4\mu}\left(-\frac{dp}{dx}\right)(R^2-r^2)=2u_B\left(1-\left(\frac{r}{R}\right)^2\right) \tag{3.71}$$

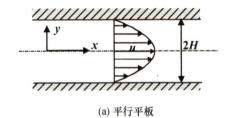

(a) 平行平板

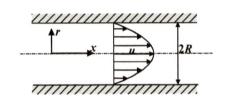

(b) 圆管

图 3.12 充分发展流

3.3 管内流动的层流强迫对流

这里，截面平均速度

$$u_B = \frac{1}{\pi R^2}\int_0^R 2\pi r u\, dr = \frac{R^2}{8\mu}\left(-\frac{dp}{dx}\right) \tag{3.72}$$

另外由式(3.71)算出 $\tau_w = -\mu(du/dr)|_{y=R}$，并得到摩擦系数 λ_f

$$\lambda_f = \frac{8\tau_w}{\rho u_B^2} = -\frac{2d}{\rho u_B^2}\frac{dp}{dx} = \frac{64}{Re_d} \tag{3.73}$$

上式所示的壁面剪切应力与压力梯度的关系 $2\pi R\tau_w = \pi R^2(-dp/dx)$，与通过式(3.70)两端乘以 $2\pi r$ 再从 0 到 R 积分而得到的"周长×壁面摩擦=截面积×轴向单位长度的压降"这一力学平衡关系是一致的。

3.3.2 充分发展的温度场 (fully-developed temperature field)

在流动的下游实现的**充分发展温度场**(fully-developed temperature field)指的是如图 3.13 所示的有完全相同或者相似的分布形式的温度场。也就是说，选取适当的参考温差(可以是 x 的函数)而作的无量纲温度分布，在足够远的下游处不再依赖于轴向坐标 x。对于管内流动，通常选取壁温 T_w 与**流体平均温度**(bulk mean temperature) T_B 之差作为参考温差。流体平均温度代表的是所选流道截面内的流体温度，由下式来定义

$$T_B(x) \equiv \frac{\int_A \rho c_p u T\, dA}{\int_A \rho c_p u\, dA} = \frac{\int_A u T\, dA}{u_B A} \tag{3.74}$$

可见，流体平均温度，即取出一定时间内通过所选流道截面 A 的流体并在绝热条件下进行充分掺混之后的流体温度，流体物性值一定的条件下可简化成方程式(3.74)右边第二式的表达形式。

当选取壁温与流体平均温度之差为参考温差时，充分发展温度场的温度分布可由下面的表达形式来描述

$$\frac{T - T_w}{T_B - T_w} = \theta(\eta) \tag{3.75}$$

这里无量纲温度分布 θ 只是无量纲自变量 η 的函数，而无量纲自变量 η 在平面坐标和圆柱坐标当中分别定义为

$$\eta = \frac{y}{H} \quad \text{和} \quad \eta = \frac{r}{R} \tag{3.76}$$

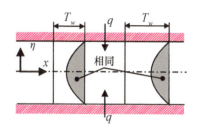

(a) 等壁面热流密度

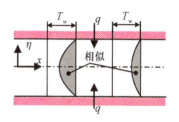

(b) 等壁温

图 3.13 充分发展温度场

如图 3.13 所示，其坐标原点取为流道中心处。由于温度分布完全相同或者相似，如果取 $L_{ref} = H$ 或 R

$$h = \frac{q}{(T_w - T_B)} = \left(k\frac{(T_B - T_w)}{L_{ref}}\theta'(1)\right)/(T_w - T_B) = -\theta'(1)\frac{k}{L_{ref}} \tag{3.77}$$

这里 θ' 的角标 "′" 表示对 η 进行求导。从上式可知

$$Nu_{L_{ref}} = \frac{hL_{ref}}{k} = -\theta'(1) \tag{3.78}$$

相应地，充分发展温度场可解释为传热系数或努塞尔数不随轴坐标 x 变化的温度场。由于充分发展温度场满足 $\partial\theta/\partial x = 0$，应用式(3.75)可得

$$\frac{\partial T}{\partial x} = \frac{dT_B}{dx}\theta(\eta) + \frac{dT_w}{dx}(1-\theta(\eta)) \tag{3.79}$$

另一方面,针对壁面加热(以及冷却),两类渐近边界条件,即**等壁面热流密度条件**(constant wall heat flux)和**等壁温条件**(constant wall temperature)需要考虑。而实际当中的所有**热边界条件**(thermal boundary condition)一般是介于这两类渐近边界条件之间的。因此下面的讨论中,分别考虑在这两种渐近边界条件下的充分发展温度场,这里虽假定是流体被加热的场合($T_w > T_B$),但对于流体被冷却的场合($T_w < T_B$),其所得到的结果在数学上也是一样的,因此可以直接适用。

3.3.3 等热流密度壁面加热下的充分发展温度场 (fully-developed temperature field for the case of constant wall heat flux)

首先考虑等壁面热流密度条件,此时对于充分发展温度场,由于 q 和 h 一定,由牛顿冷却定律 $q = h(T_w - T_B)$ 可知温差 $(T_w - T_B)$ 也一定,于是,由充分发展温度场如式(3.79)可得

$$\frac{\partial T}{\partial x} = \frac{dT_B}{dx} = \frac{dT_w}{dx} \tag{3.80}$$

即,如图3.14(a)所示,对于等壁面热流密度条件下的充分发展温度场,随着流体向下游流动,流道截面流体的温度以一定的温差上升。

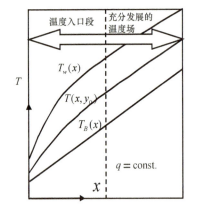

(a) 等热流密度条件

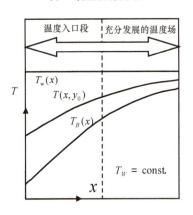

(b) 等壁温条件

图3.14 管路内的温度变化

1. 平行平板间流动

考虑式(3.64)的条件,能量方程(3.43)可写为

$$\rho c_p u \frac{\partial T}{\partial x} = \frac{\partial}{\partial x}(\rho c_p u T) = k \frac{\partial^2 T}{\partial y^2} \tag{3.81}$$

注意到流道的对称性,沿流道上半部 $y = 0 \sim H$(参见图3.12(a))积分,根据掺混平均速度的定义式(3.74)

$$H \frac{d}{dx}(\rho c_p u_B T_B) = k \frac{\partial T}{\partial y}\bigg|_{y=H} = q \tag{3.82a}$$

即

$$\frac{dT_B}{dx} = \frac{q}{\rho c_p u_B H} \tag{3.82b}$$

代入式(3.81),并注意式(3.80)列出的关系式,可得

$$\frac{u}{u_B} = \frac{kH}{q} \frac{\partial^2 T}{\partial y^2}$$

速度分布采用式(3.67),把上式改写成式(3.75)定义的无量纲温度形式

$$\frac{3}{2}(1-\eta^2) = -\frac{1}{Nu_H}\theta'' \tag{3.83}$$

将该方程在如下边界条件下积分

$$\eta = 0: \theta' = 0 \tag{3.84a}$$

$$\eta = 1: \theta = 0 \tag{3.84b}$$

得无量纲温度分布

$$\theta = \frac{T - T_w}{T_B - T_w} = \frac{Nu_H}{8}(5 - 6\eta^2 + \eta^4) \quad (3.85)$$

进一步地,把混合平均温度的定义式(3.74)利用无量纲温度分布和无量纲速度分布改写如下

$$\int_0^1 \theta\left(\frac{u}{u_B}\right)d\eta = \int_0^1 \frac{Nu_H}{8}(5 - 6\eta^2 + \eta^4)\frac{3}{2}(1 - \eta^2)d\eta = 1 \quad (3.86)$$

将上式积分,求解出努塞尔数

$$Nu_H = \frac{35}{17} \quad 及 \quad Nu_{d_h} = 8.24 \quad (3.87)$$

这里取 $d_h = 4H$。

2. 圆管内流动

考虑式(3.64)的条件,能量方程(3.60)可写为

$$\rho c_p u \frac{\partial T}{\partial x} = \frac{\partial}{\partial x}(\rho c_p u T) = k \frac{1}{r}\frac{\partial}{\partial r}\left(r \frac{\partial T}{\partial r}\right) \quad (3.88)$$

方程两端乘以 $2\pi r$ 再沿 $r = 0 \sim R$ 积分,由混合平均温度的定义式(3.74)可得

$$\pi R^2 \frac{d}{dx}(\rho c_p u_B T_B) = 2\pi R\left(k\frac{\partial T}{\partial r}\bigg|_{r=R}\right) = 2\pi R q \quad (3.89a)$$

这与"周长×热流密度=轴向单位长度的焓增"这一热平衡关系式相一致。从上式可得

$$\frac{dT_B}{dx} = \frac{2\pi R q}{c_p \dot{m}} = \frac{2q}{\rho c_p u_B R} \quad (3.89b)$$

考虑式(3.80),同时把速度分布关系式(3.71)及上式代入式(3.88)中,利用无量纲温度的定义可得

$$2(1 - \eta^2) = -\frac{1}{2Nu_R}\frac{(\eta\theta')'}{\eta} \quad (3.90)$$

在如下边界条件下积分

$$\eta = 0: \theta' = 0 \quad (3.91a)$$

$$\eta = 1: \theta = 0 \quad (3.91b)$$

得到无量纲温度分布

$$\theta = \frac{T - T_w}{T_B - T_w} = \frac{Nu_R}{4}(3 - 4\eta^2 + \eta^4) \quad (3.92)$$

进而,利用无量纲温度分布和无量纲速度分布,混合平均温度的定义式(3.74)可写为

$$2\int_0^1 \theta\left(\frac{u}{u_B}\right)\eta d\eta = 2\int_0^1 \frac{Nu_R}{4}(3 - 4\eta^2 + \eta^4) 2(1 - \eta^2)\eta d\eta = 1 \quad (3.93)$$

对上式积分,得到努塞尔数

$$Nu_R = \frac{24}{11} \quad 及 \quad Nu_d = 4.36 \quad (3.94)$$

等热流密度壁面条件下的平行平板间以及圆管内充分发展流的温度分布式(3.85)和式(3.92)示于图 3.15。另外,由式(3.78)可知,壁面上的无量纲温度梯度与努塞尔数相对应。

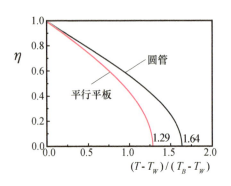

图 3.15 等热流密度壁面条件下充分发展温度分布

表 3.2 努塞尔数的渐近值
（特征尺寸：水力直径）

加热条件	平行平板	圆管
等热流密度	8.24	4.36
等壁温	7.54	3.66

3.3.4 等壁温加热下的充分发展温度场 (fully-developed temperature field for the case of constant wall temperature)

如图 3.13(b) 所示，等壁温条件下的充分发展温度场具有相似性温度分布。一般来说，等壁温条件下的热流场解析要比等壁面热流密度条件下的困难，这也可从充分发展温度场关系式(3.79)推导出的下式看出

$$\frac{\partial T}{\partial x} = \frac{\mathrm{d} T_B}{\mathrm{d} x} \theta(\eta) \tag{3.95}$$

即，等壁温条件下充分发展温度场的温度梯度 $\partial T/\partial x$ 对于不同截面并非定值，而是如图 3.14(b) 所示意的那样在不断变化。下面求解等壁温条件下的平行平板流动和圆管内部流动的温度分布及努塞尔数。

1. 平行平板间流动

将式(3.95)代入平行平板间流动能量方程(3.81)中

$$\rho c_p u \frac{\mathrm{d} T_B}{\mathrm{d} x} \theta = k \frac{\partial^2 T}{\partial y^2} \tag{3.96}$$

代入式(3.82b)和式(3.67)得到

$$\frac{3}{2}(1-\eta^2)\theta = -\frac{1}{Nu_H}\theta'' \tag{3.97}$$

对于这类常微分方程，可用龙格·库塔法等数值积分方法来求解。对未知的努塞尔数 Nu_H 预测一个适当的初值，然后在边界条件式(3.84)之下进行数值积分，为使得到的温度分布结果满足与混合平均温度定义相关的式(3.74)，即

$$\int_0^1 \theta\left(\frac{u}{u_B}\right) \mathrm{d}\eta = \int_0^1 \frac{3}{2}(1-\eta^2)\theta \mathrm{d}\eta = 1 \tag{3.98}$$

基于牛顿法等方法对努塞尔数 Nu_H 的预测值进行修正，反复迭代，重复上述过程，可得如下的收敛结果

$$Nu_H = 1.89 \text{ 及 } Nu_{d_h} = 7.54 \tag{3.99}$$

2. 圆管内流动

对于圆管可得同样形式的常微分方程

$$2(1-\eta^2)\theta = -\frac{1}{2Nu_R}\frac{(\eta\theta')'}{\eta} \tag{3.100}$$

利用边界条件式(3.91)及混合平均温度的定义式(3.74)

$$2\int_0^1 \theta\left(\frac{u}{u_B}\right)\eta \mathrm{d}\eta = 2\int_0^1 2(1-\eta^2)\eta\theta \mathrm{d}\eta = 1 \tag{3.101}$$

可求解出努塞尔数的渐近值

$$Nu_R = 1.83 \text{ 及 } Nu_d = 3.66 \tag{3.102}$$

由上述结果可见，无论对于平行平板间流动还是圆管内流动，无论是在等壁面热流密度还是等壁温条件下，Nu_H 和 Nu_R 都取约等于 2 的值，表明不同边界条件及不同无量纲温度分布形式对其影响很小，这对实际流动的换热系数估算十分方便。

【例题 3.3】 ✶✶✶✶✶✶✶✶✶✶✶✶✶✶✶✶✶✶✶✶✶

内径为 6 cm 的圆管内水流流量为 0.01 kg/s，从管外以等热流密度 1 kW/m² 对其加热。如果取入口水温为 20℃，那么下游 6 m 处的圆管内壁面温度为多少度？水的物性参数取 $\mu = 7 \times 10^{-4}$ Pa·s，$k = 0.6$ W/m·K，$c_p = 4.2$ kJ/(kg·K)。

【解答】 首先计算雷诺数

$$Re_d = \frac{u_B d}{\nu} = \frac{4\dot{m}}{\pi \mu d} = \frac{4 \times 0.01}{3.14 \times 7 \times 10^{-4} \times 0.06} = 303 < 2\,300 \quad \text{(ex 3.2)}$$

可见流动为层流，入口段长度由式(3.63a)计算

$$L_T = 0.05 Re \frac{\mu c_p}{k} d = 0.05 \times 303 \times 4.9 \times 0.06 = 4.45 (\text{m}) < 6(\text{m}) \quad \text{(ex 3.3)}$$

表明下游 6 m 处的温度场已处于充分发展区。由式(3.94)及式(3.89b)可得

$$T_w(x) = T_B(x) + \frac{qd}{k Nu_d} = T_B(0) + \frac{\pi d q L}{c_p \dot{m}} + \frac{qd}{k Nu_d}$$

$$= 20 + \frac{3.14 \times 0.06 \times 1\,000 \times 6}{4\,200 \times 0.01} + \frac{1\,000 \times 0.06}{0.6 \times 4.36} = 70(℃) \quad \text{(ex 3.4)}$$

✶✶✶✶✶✶✶✶✶✶✶✶✶✶✶✶✶✶✶✶✶

3.3.5 温度入口段的对流换热 (convective heat transfer within a thermal entrance region)

对应于加热开始点处的速度场的发展状态，即流动速度场已充分发展的状态和速度场完全未发展时均一速度分布的柱塞状流状态，有两种典型情况需要考虑。下面以等壁温条件时的加热情况分别讨论这两种典型流动。

1. 充分发展速度场（$Pr \gg 1$ 的流动）

如图 3.16(a)所示，从入口到充分远处的下游等温加热开始点速度场均假设具有哈根-泊肃叶流动的速度分布，对于这种圆管流温度入口段(thermal entrance region in a circular tube)流动的求解，称之为格拉兹问题(Graetz problem)。从格拉兹、努塞尔等学者开始，这一问题吸引了大量研究人员的兴趣。对于普朗特数非常大的流体，速度边界层比温度边界层的发展速度快得多。因此，即使从圆管流的入口就开始加热，速度边界层的入口段长度比起温度边界层的入口段长度也可忽略不计，此时可认为整个温度入口段内的速度场处于充分发展状态。即，格拉兹问题的解是包含了极大普朗特数流体流动的解，这一问题的能量方程和其边界条件可从方程式(3.88)和式(3.71)得到

$$\rho c_p 2 u_B \left(1 - \left(\frac{r}{R}\right)^2\right) \frac{\partial T}{\partial x} = k \frac{1}{r} \frac{\partial}{\partial r}\left(r \frac{\partial T}{\partial r}\right) \quad (3.103)$$

$$x = 0: \quad T(r, 0) = T_0 \quad (3.104a)$$

$$x > 0: \quad T(R, x) = T_w \quad (3.104b)$$

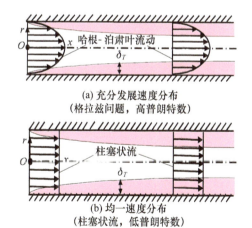

(a) 充分发展速度分布
（格拉兹问题，高普朗特数）

(b) 均一速度分布
（柱塞状流，低普朗特数）

图 3.16 温度入口段问题

无量纲化后可得

$$\frac{\partial T^*}{\partial x^*} = \frac{2}{\eta(1-\eta^2)}\frac{\partial}{\partial \eta}\left(\eta\frac{\partial T^*}{\partial \eta}\right) \tag{3.105}$$

$$T^*(\eta,0)=1, \quad T^*(1,x^*)=0 \tag{3.106}$$

这里

$$T^* = \frac{T-T_w}{T_0-T_w} \tag{3.107a}$$

$$\eta = \frac{r}{R} \tag{3.107b}$$

$$x^* = \frac{(x/d)}{Re_d Pr} = \frac{(x/d)}{Pe_d} \tag{3.107c}$$

无量纲坐标 x^* 的倒数（或者 x^* 本身）称为**格拉兹数**(Graetz number)。偏微分方程式(3.105)可用分离变量法进行求解，我们所关注的**局部努塞尔数**(local Nusselt number) $Nu_d = hd/k$ 可表示成无穷级数的形式，其渐近解如下

$$Nu_d(x^*) \approx 1.08 x^{*-1/3} \quad x^* < 0.01 \tag{3.108a}$$

$$Nu_d(x^*) \approx 3.66 \quad x^* > 0.05 \tag{3.108b}$$

如图 3.17 所示的那样，局部努塞尔数随着 x^* 增大而减小，对应于充分发展温度场其渐近值为 3.66。

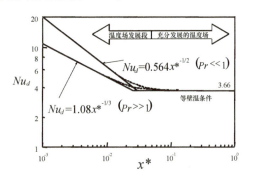

图 3.17 入口段的局部努塞尔数

对于等热流密度的壁面条件，可采用同样方法进行求解，其渐近解如下

$$Nu_d(x^*) = 1.30 x^{*-1/3} \quad x^* < 0.01 \tag{3.109a}$$

$$Nu_d(x^*) \approx 4.36 \quad x^* > 0.05 \tag{3.109b}$$

2. 均一速度分布（柱塞状流）（$Pr \ll 1$ 的流动）

现在考虑如图 3.16(b)所示的均一速度分布流动（柱塞状流）的情况。流体由进口流入，并且在下游也保持均一速度场，此时对应于极小普朗特数流体，即，速度边界层的发展速度比温度边界层要慢得多，管道截面内的速度分布可视为均匀的（$u/u_B = 1$）。这一问题等同于低温固体棒与高温壁面刚好接触、以一定速度被推进并同时被加热情况下的导热问题，可得如下渐近解

$$Nu_d(x^*) = 0.564 x^{*-1/2} \quad x^* < 0.01 \tag{3.110}$$

即，对于低普朗特数流体流动，局部努塞尔数从加热起始点开始沿流动方向逐渐减小（比高普朗特数流体情况减小更快），与 $\sqrt{x^*}$ 成反比。

3.4 物体绕流的层流强迫对流换热 (laminar forced convection from a body)

3.4.1 水平平板绕流的层流强迫对流换热 (laminar forced convection from a flat plate at zero incidence)

下面考虑外部绕流中最基本的水平平板绕流的**层流强迫对流换热** (laminar forced convection from a flat plate)。如图 3.18 所示,在以均匀速度 u_e 流动的温度为 T_e 的流体中,与流动方向平行放置一块壁温 T_w 的平板。对于平板温度比流体温度低时的冷却情况可采用完全相同的讨论方式。这样的问题作为散热器翅片的放热模型,从实际的放热设计观点来看也非常重要。一般来说,如果基于边界层外缘速度 u_e 和平板长度 L 的雷诺数 $Re_L = u_e L/\nu < 5 \times 10^5$ 时,可认为平板的大部分领域处于层流状态。

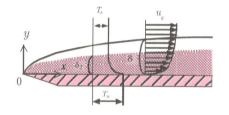

图 3.18 从平板前缘发展的边界层

由于边界层外缘速度 u_e 一定,且流动方向压力梯度为零,从式 (3.41)~式(3.43)可得如下控制方程组

$$\frac{\partial u}{\partial x} + \frac{\partial v}{\partial y} = 0 \qquad (3.111)$$

$$u\frac{\partial u}{\partial x} + v\frac{\partial u}{\partial y} = \nu \frac{\partial^2 u}{\partial y^2} \qquad (3.112)$$

$$u\frac{\partial T}{\partial x} + v\frac{\partial T}{\partial y} = \alpha \frac{\partial^2 T}{\partial y^2} \qquad (3.113)$$

其边界条件如下

$$y=0: \quad u=v=0, \quad T=T_w \qquad (3.114a)$$
$$y=\infty: \quad u=u_e, \quad T=T_e \qquad (3.114b)$$

这里,引入下面的坐标变换

$$\eta = \frac{y}{\sqrt{\nu x/u_e}}, \quad f(\eta) = \frac{\psi}{\sqrt{\nu x u_e}}, \quad \theta(\eta) = \frac{T-T_e}{T_w-T_e} \qquad (3.115)$$

应用这些自变量可把偏微分方程式(3.112)和式(3.113)变换成如下常微分方程

$$f''' + \frac{1}{2}f''f = 0 \qquad (3.116)$$

$$\frac{1}{Pr}\theta'' + \frac{1}{2}f\theta' = 0 \qquad (3.117)$$

这里 f'' 和 θ' 右上角的撇号 " $'$ " 表示对 η 求导。变换后的边界条件为

$$\eta=0: \quad f=f'=0, \quad \theta=1 \qquad (3.118a)$$
$$\eta=\infty: \quad f'=1, \quad \theta=0 \qquad (3.118b)$$

另一方面,引入**流函数** (stream function) Ψ,定义如下

$$u = \frac{\partial \Psi}{\partial y}, \quad v = -\frac{\partial \Psi}{\partial x} \qquad (3.119)$$

把其代入连续性方程式(3.111)的左边,可知连续性方程自动满足。因此,如果引入流函数 Ψ,连续性方程可不予考虑。如方程式(3.116)及式(3.117)那样,之所以原来的控制方程可变换成只针对独立变量 η 的常微分方程,是因为速度分布与温度分布是"相似"的,即 $\eta = y/\sqrt{\nu x/u_e} \sim y/\delta$ 时,不同 x 处的速度分布和温度分布完全重合。

对于强迫对流的解析,可先确定出速度场然后再求解温度场,如布拉修斯(Blasius)速度分布、波尔豪森(Pohlhausen)温度分布,可分别通过解析的方法求出。但是,一般来说应用龙格库塔法等的数值求解方法更容易操作。无量纲流函数 $f(\eta)$ 确定之后,可由定义式(3.119)计算出各速度分量

$$u = u_e f' \tag{3.120a}$$

$$v = \frac{u_e}{2Re_x^{1/2}}(\eta f' - f) \tag{3.120b}$$

无量纲速度分布如图 3.19 所示。由图可知 $\eta = y/\sqrt{\nu x/u_e} \approx 5$ 时 $u \approx u_e$,与之相对应,速度边界层厚度可由下式估算

$$\delta \approx 5\sqrt{\nu x/u_e} = 5x/\sqrt{Re_x} \tag{3.121}$$

这里

$$Re_x = u_e x/\nu \tag{3.122}$$

称之为**局部雷诺数**(local Reynolds number)。另外,**局部摩擦系数**(local friction coefficient)由下式计算

$$C_{f_x} = \frac{2\tau_w}{\rho u_e^2} = \frac{2}{\rho u_e^2}\mu \frac{\partial u}{\partial y}\bigg|_{y=0} = \frac{2f''(0)}{Re_x^{1/2}} = \frac{0.664}{Re_x^{1/2}} \tag{3.123}$$

平均摩擦系数(average skin friction coefficient)可沿平板全长对壁面摩擦($\tau_w \propto x^{-1/2}$)进行积分求得

$$\bar{C}_f \equiv \left(\frac{2}{\rho u_e^2}\right)\frac{1}{L}\int_0^L \tau_w \mathrm{d}x = \frac{1.328}{Re_L^{1/2}} \tag{3.124}$$

另一方面,把方程式(3.117)在边界条件式(3.118)之下积分,可得温度分布

$$\theta = 1 - \frac{\int_0^\eta \exp\left(-\frac{Pr}{2}\int_0^\eta f \mathrm{d}\eta\right)\mathrm{d}\eta}{\int_0^\infty \exp\left(-\frac{Pr}{2}\int_0^\eta f \mathrm{d}\eta\right)\mathrm{d}\eta} \tag{3.125}$$

将求解式(3.116)所得的无量纲流函数 $f(\eta)$ 代入上式,再进一步积分即可确定温度分布,如图 3.20 所示。由图可见流体 Pr 变小,温度边界层厚度变大。无量纲温度分布 $\theta(\eta)$ 确定之后,壁面热流密度 $q_w = -k\frac{\partial T}{\partial y}\big|_{y=0} = -\frac{k(T_w - T_e)}{\sqrt{\nu x/u_e}}\theta'(0)$ 即可求得,因此,我们所关心的局部努塞尔数可由下式算出

$$Nu_x \equiv \frac{q_w x}{(T_w - T_e)k} = -\theta'(0)Re_x^{1/2} \tag{3.126}$$

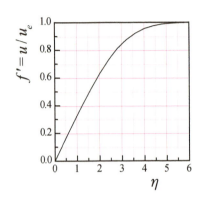

图 3.19 速度分布 $u/u_e = f'(\eta)$

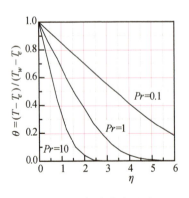

图 3.20 温度分布 $\theta(\eta)$

由式(3.125)可见,这里的系数$-\theta'(0)$是普朗特数Pr的函数,尤其是当$Pr \approx 1$(气体)时,温度分布与速度分布有相同形式

$$Nu_x(=C_{f_x}Re_x/2)=0.332\ Re_x^{1/2} \quad (Pr=1) \tag{3.127}$$

实际应用中,可采用如下近似公式,其计算结果在广泛的普朗特数范围内都具有足够的精度。

$$Nu_x=0.332Re_x^{1/2}Pr^{1/3} \quad (0.5<Pr<15) \tag{3.128}$$

对于平均努塞尔数采用下式计算

$$\overline{Nu}_L \equiv \frac{\bar{h}L}{k}=\frac{\int_0^L q_w \mathrm{d}x}{(T_w-T_e)k}=0.664\ Re_L^{1/2}Pr^{1/3} \quad (0.5<Pr<15) \tag{3.129}$$

另外,由式(3.57)可知 $Nu_x \approx x/\delta_T$,同样地,有 $C_{f_x}Re_x/2 = \tau_w x/\mu_e u_e \approx x/\delta$ 的关系,因此比较式(3.128)和式(3.123),可得关于普朗特数和边界层厚度之比的关系如下

$$\frac{\delta}{\delta_T} \approx Pr^{1/3} \tag{3.130}$$

以上讨论了关于温度边界层与速度边界层同时从平板前缘开始发展的情形,实际当中也存在如图 3.21 所示的在 $0 \leqslant x \leqslant x_0$ 的平板前缘存在非加热部的流动情况。对此,可用如下的局部努塞尔数近似式

$$Nu_x/Re_x^{1/2}=\frac{0.332Pr^{1/3}}{(1-(x_0/x)^{3/4})^{1/3}} \quad (x>x_0) \tag{3.131}$$

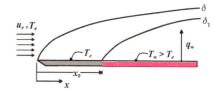

图 3.21 非加热部的流动情况

3.4.2 任意形状物体绕流的层流强迫对流换热 (laminar forced convection from a body of arbitrary shape)

预测**二维任意形状物体**(two-dimensional body of arbitrary shape)的壁面摩擦以及等温壁面对流传热的解析方法有许多,这里介绍一下最为广泛采用的、属于**积分法**(integral method)的 Pohlhausen-Holstein-Bohlen 动量方程近似解和 Smith Spalding 能量方程近似解。局部摩擦系数由下式计算

$$C_{f_x}Re_x^{1/2}/2=(2+\Lambda)\left(\frac{1}{6\Lambda}\frac{\mathrm{d}\ln u_e}{\mathrm{d}\ln x}\right)^{1/2} \tag{3.132}$$

这里,对于任意形状物体周围的边界层流动,形状因子$\Lambda(x)$可由测压法或者利用无黏流(势流)理论求得外缘速度分布$u_e(x)$再代入下式来确定

$$6\Lambda\left(\frac{148-8\Lambda-5\Lambda^2}{1260}\right)^2=0.47\left(\frac{\mathrm{d}u_e}{\mathrm{d}x}\right)\frac{\int_0^x u_e^5 \mathrm{d}x}{u_e^6} \tag{3.133}$$

对于局部努塞尔数,利用$u_e(x)$计算如下

$$Nu_x/Re_x^{1/2}=0.332Pr^{0.35}\left(\frac{u_e^{2.95Pr^{0.07}-1}x}{\int_0^x u_e^{2.95Pr^{0.07}-1}\mathrm{d}x}\right)^{1/2} \tag{3.134}$$

1. 楔形流（Falkner-Skan 流）

如图 3.22 所示，均匀流场中放置的**楔形体**（wedge）表面上的流动称之为 **Falkner-Skan 流**（Falkner-Skan flow），该流动作为有压力梯度作用的基本边界层流动而受到关注。由势流理论可知，楔角 $2\pi m/(1+m)$ 下的边界层外缘速度可表示成

$$u_e = C_u x^m \tag{3.135}$$

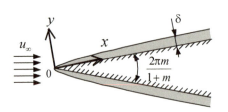

图 3.22 楔形流

当 $m=0, 1/3, 1$ 时，分别对应于水平平板流、直角楔形流和**驻流**（stagnation flow）。对于系数 C_u，因其依赖于楔形流下游的压力场，需根据实测值确定。此时，式（3.133）右边变成 $0.47m/(1+5m)$，对给定的 m，形状因子 Λ 可由 5 次代数方程求得，近似情况下也可由下式计算

$$\Lambda = \frac{5.68m}{(1+5.5m)^{0.84}} \tag{3.136}$$

相应地，由式（3.132）可得楔形流的局部摩擦系数

$$\frac{C_{f_x} Re_x^{1/2}}{2} = 0.343(1+5.5m)^{0.42}\left(1+\frac{2.84m}{(1+5.5m)^{0.84}}\right) \tag{3.137}$$

由式（3.134）可得等温楔形体表面的局部努塞尔数

$$Nu_x/Re_x^{1/2} = 0.332 Pr^{0.35}(1+(2.95Pr^{0.07}-1)m)^{1/2} \tag{3.138}$$

另外，与局部摩擦系数 C_{f_x} 和局部雷诺数 Re_x 相关的速度 u_e 可取当地值 $u_e = C_u x^m$。上述 $C_{f_x} Re_x^{1/2}/2$ 和 $Nu_x/Re_x^{1/2}$ 的结果与其精确解一起分别表示在图 3.23 和图 3.24 上。

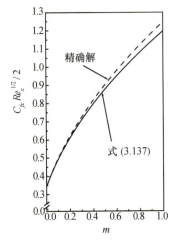

图 3.23 楔形流摩擦系数

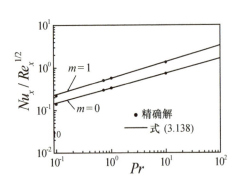

图 3.24 楔形流努塞尔数

2. 圆柱绕流

对于曲面物体周围的绕流，用式（3.133）可计算至流动剥离 $\Lambda = -2$（由式（3.132）可知 $C_{f_x}=0$）的位置。作为一个例子，对图 3.25 所示的**圆柱**（circular cylinder）与流动相垂直的情况，利用哈依门兹（Hiemenz）的圆柱绕流实验数据 $u_e(x)$，由式（3.132）、式（3.133）及式（3.134）可算出局部摩擦系数和等温壁面情况下的局部传热系数，把结果与精确解（Smith-Clutter）、热测量数据（Schmidt-Wenner）和摄动解（Chao）一起分别表示于图 3.26 和图 3.27 上。

对于圆柱前驻点 $x=0$ 这个奇异点，由于 $m=1$，用式（3.137）和（3.138）计算如下

$$C_{f_x} Re_x^{1/2}/2 = 1.197 \tag{3.139a}$$

$$Nu_x/Re_x^{1/2} = 0.570 Pr^{0.385} \tag{3.139b}$$

传热系数在前方驻点附近约为定值，至下游快速减小。

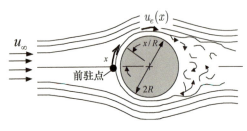

图 3.25 圆柱绕流

【例题 3.4】 ✳✳✳✳✳✳✳✳✳✳✳✳✳✳✳✳✳✳✳✳✳

风速为 10 m/s 温度为 20℃ 的空气当中,壁温保持在 100℃ 且直径为 12 mm 的圆柱体与流动方向垂直,此时前驻点附近的热流密度为多少?当 $Re_d = u_\infty d/\nu < 2 \times 10^5$ 时可认为是层流,空气物性值为 $\nu = 2 \times 10^{-5}\ \mathrm{m^2/s}$,$k = 0.0286\ \mathrm{W/(m \cdot K)}$,$Pr = 0.7$。

【解答】 首先计算雷诺数

$Re_d = u_\infty d/\nu = 10 \times 0.012/2 \times 10^{-5} = 6\,000 < 2 \times 10^{-5}$

可知流动为层流,式(3.139b)适用

$$Nu_x / Re_x^{1/2} = \left(\frac{hx}{k}\right) \Big/ \left(\frac{2u_\infty (x/R) x}{\nu}\right)^{1/2} = 0.570 Pr^{0.385} \quad (ex\ 3.5)$$

这里,Re_x 中的 $u_e(x)$ 用基于圆柱绕流的势流理论的下式确定

$u_e(x) = 2u_\infty \sin(x/R) \approx 2u_\infty (x/R)$ (ex 3.6)

因此,与 x 无关前驻点附近的传热系数及热流密度计算如下

$$h = 0.570 Pr^{0.385} \left(\frac{2u_\infty R}{\nu}\right)^{1/2} \frac{k}{R} = 0.570 \times 0.7^{0.385} \times 6\,000^{0.5} \times \frac{0.028\,6}{0.006}$$
$= 183(\mathrm{W/(m^2 \cdot K)})$ (ex 3.7)

$q = h(T_w - T_\infty) = 183 \times (100 - 20) = 14.7(\mathrm{kW/m^2})$ (ex 3.8)

✳✳✳✳✳✳✳✳✳✳✳✳✳✳✳✳✳✳✳✳✳

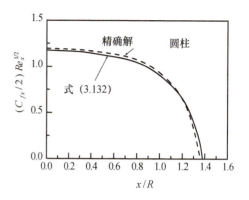

图 3.26 圆柱绕流的局部摩擦系数

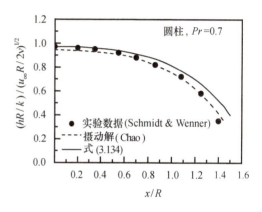

图 3.27 圆柱绕流的局部传热系数

3.5 湍流对流换热概述(introduction to turbulent convective heat transfer)

工业上遇到的流动几乎都是速度和温度分布都在不规则变动的湍流,因此,湍流对流换热(turbulent convective heat transfer)的估算是工业应用当中无法绕开的重要课题。然而,伴随着不规则脉动(irregular fluctuations)现象,其数学上的求解过程相比于层流来说要困难得多。与层流相比,湍流有本质上的差异,下面列举一些湍流的主要特征。

3.5.1 湍流的特征(distinctive features of turbulence)

湍流的基本特征之一是其动量掺混(momentum mixing)效果,这是伴随着对层流来说有序流动的流体微团发生的湍流脉动,其流速在平均值附近随时间作不规则变动的结果。这种不规则变动对应于流体以涡流(eddies)形式的运动形态,涡流的空间尺度(变动周期)和时间尺度分布很广。由于不规则变动的出现,高速(高动量)流体微团会把动量传递给低速(低动量)流体微团,其结果就造成了如图 3.28 所示的流道截面内平均速度分布的平坦化。例如,对于圆管内的充分发展层流,如 3.3.1 节所讨论的其速度分布呈抛物线形分布,如果发生了层流向湍流的转捩,管截面内的动量掺混增强,速度分布会变得基本一致。3.3 节和 3.4 节已经论述过,流动是保持为层流还是变为湍流依赖于雷诺数的大小,另外也与流动初期的湍流度有关,一般来说,当管流 $Re_d > 2\,300$、平板边界层流 $Re_x > 5 \times 10^5$ 时,流动向湍流转捩。

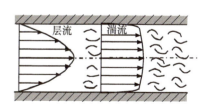

图 3.28 平均速度分布的平坦化

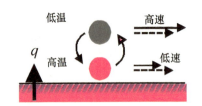

图 3.29　湍流掺混

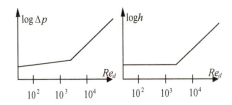

图 3.30　管内流动阻力及换热系数

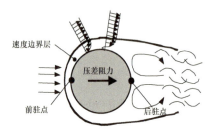

图 3.31　流动分离

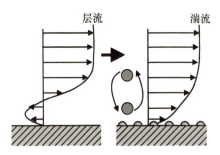

图 3.32　表面凹凸的效果

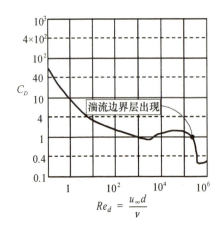

图 3.33　圆柱体的阻力系数

湍流掺混(turbulent mixing)发生之后,如图 3.29 所示,壁面附近低速流体微团能够捕获到远离壁面处的高速流体微团,这种卷吸作用使得流动阻力激增,如图 3.30 中左图所示。实际上,在管内湍流中,相比于因黏性而产生的摩擦,由于湍流而产生的摩擦占大部分。另外,对于加热壁面附近发生的湍流掺混,由于促进了远离加热面处的低温流体微团与加热面附近的高温流体微团之间的混合,因此流体间热能的交换也被加强,结果导致图 3.30 中右图所示意的那样,传热系数也在湍流发生处突增。也就是说,由于管内流动从层流向湍流转捩的发生,压力损失和传热系数都被增大了。传热系数的增大从强化换热的角度来看是希望得到的结果,而压力损失的增大却与消耗驱动力的增加相关联,不容忽视。

另一方面,也有因湍流的发生而致阻力减小的情形。如图 3.31 所示,在均匀流中放置的圆柱或球等**钝体**(非流线形物体,blunt body)表面,黏性流体边界层内的低动量流体微团不足以抵抗因壁面曲率变化而引起的压力升高,从物体壁面剥离,这种现象称之为**流动分离**(flow separation)现象。流动分离点也是逆流发生的起始点,也即定义为壁面上沿垂直方向的速度梯度为零的点。如果是无黏性流体,本该在**后驻点**(rear stagnation point)恢复的压力不能恢复反而下降,造成很大的**压阻**(pressure drag)。

一般来说,对于像圆柱这样的钝体,压阻会比因表面摩擦所致的**摩擦阻力**(friction drag)还大,占了物体所受阻力的大部分。因此,尽量把流动剥离点向物体后缘推移、尽量避免剥离发生,会使物体所受阻力大大减轻。如图 3.32 所示,高尔夫球做成凹凸表面,会使黏性边界层内的流体微团因湍流掺混作用而抑制其动量的下降,从而推迟流体从壁面的流动剥离。以垂直于流动方向所放置的圆柱为例,层流时位于**前驻点**(front stagnation point)80°位置的剥离点,由于湍流掺混作用会推移至140°。当然,表面凹凸的存在会增大摩擦阻力,但占全部阻力大部分的压阻由于剥离领域的缩小而大幅度减小,因此大大提高了高尔夫球的飞行距离。飞机机翼上排列布置的称为**旋涡发生器**(vortex generator)的小突起也有同样的作用。

均匀速度 u_∞ 的流动中垂直放置的圆柱所受阻力与雷诺数 Re_d(基于圆柱直径)之间的关系示于图 3.33,其中纵坐标为**阻力系数**(drag coefficient),由下式定义

$$C_D \equiv F_D/(A_P \rho u_\infty^2/2) \tag{3.140}$$

等于阻力 F_D 除以动压 $\rho u_\infty^2/2$ 与投影面积(在垂直于流动方向的面上投影)的乘积。如图 3.33 所示,从临界雷诺数 $Re_d \approx 2\times 10^5$ 开始边界层由层流转捩为湍流,阻力呈锐减趋势,出现了所谓的**阻力危机**(drag crisis)现象。利用这样的湍流掺混作用,有时可减小阻力(压阻),有时也可增大阻力(摩阻),因此可获得相反的两方面效果。

*3.5.2 雷诺平均 (Reynolds averaging)

即使对于湍流,连续性方程式(3.27)、非定常的纳维-斯托克斯方程式(3.28)以及能量方程式(3.29)也同样成立。把这些基本方程按照式(3.34)右端的第二种写法在笛卡儿坐标系下写成张量形式如下

$$\frac{\partial u_j}{\partial x_j}=0 \tag{3.141}$$

$$\frac{\partial u_i}{\partial t}+\frac{\partial u_j u_i}{\partial x_j}=-\frac{1}{\rho}\frac{\partial p}{\partial x_i}+\frac{\partial}{\partial x_j}\left\{\nu\left(\frac{\partial u_i}{\partial x_j}+\frac{\partial u_j}{\partial x_i}\right)\right\} \quad (i=1,2,3) \tag{3.142}$$

$$\frac{\partial T}{\partial t}+\frac{\partial u_j T}{\partial x_j}=\frac{\partial}{\partial x_j}\left(\alpha\frac{\partial T}{\partial x_j}\right) \tag{3.143}$$

为简便起见,省略了动量方程中的体积力项。对于张量的表示形式,脚标重复出现时,约定其意味着 $j=1,2,3$ 的三项之和,因此式(3.141)等同下式

$$\frac{\partial u_1}{\partial x_1}+\frac{\partial u_2}{\partial x_2}+\frac{\partial u_3}{\partial x_3}=0 \quad 即 \quad \frac{\partial u}{\partial x}+\frac{\partial v}{\partial y}+\frac{\partial w}{\partial z}=0$$

称之为**爱因斯坦求和约定**(Einstein's summation rule)。对能量方程中的对流项及导热项也同样应用了求和约定。另外,动量方程式(3.142)($i=1,2,3$)为矢量方程,把 u,v,w 的动量方程式(3.32a)、式(3.32b)及式(3.32c)一并描述了。

在处理湍流问题时,有时没有必要知道湍流脉动的细节,大多是只需知道其平均值即可。如图 3.34 所示,湍流速度、压力及温度的瞬时信号都是在其平均值附近作高频脉动,瞬时值可表示成其平均值 $\bar{\phi}$ 和脉动值 ϕ' 之和(ϕ' 的撇号不要和导数的撇号相混淆)。

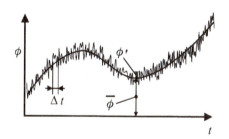

图 3.34 雷诺分解

$$u_i=\bar{u}_i+u'_i, \quad p=\bar{p}+p' \quad T=\bar{T}+T' \tag{3.144}$$

这里

$$\bar{\phi}=\frac{1}{\Delta t}\int_t^{t+\Delta t}\phi\,dt \tag{3.145}$$

表示时间平均值,把这一过程称为**雷诺分解**(Reynolds decomposition)。湍流脉动信号取平均时,时间间隔 Δt 的选取应遵循:① 在满足 Δt 内的平均值 $\bar{\phi}$ 不依赖于时间间隔之大小的条件下尽量取较大的值,② 在平均值 $\bar{\phi}$ 对时间的依存性不能消失条件下尽量取较小值。在这样的设定条件下,湍流脉动消失,只抽出物理量的平均值。由于湍流脉动相比于平均值 $\bar{\phi}$ 随时间的变动要快得多,以上的平均处理不会产生矛盾。平均值 $\bar{\phi}$ 不随时间变化的湍流场为定常湍流,与之相对,随时间变化者为非定常湍流。

将雷诺分解后的速度张量代入连续性方程式(3.141),然后在时间间隔 Δt 内取平均,因 $\overline{u'_j}=0$,可得如下方程

$$\frac{\partial \bar{u}_j}{\partial x_j}=0 \tag{3.146}$$

这种处理过程称之为 雷诺平均(Reynolds averaging)。雷诺平均后的连续性方程与方程式(3.141)中的瞬时速度 u_j 换成平均速度 $\bar{u}_j$ 之后的形式一致。对纳维-斯托克斯方程(3.142)作同样的雷诺平均处理,需注意非线性项 $\overline{u_i u_j}$ 的平均

$$\overline{u_i u_j} = \overline{(\bar{u}_i + u'_i)(\bar{u}_j + u'_j)} = \overline{\bar{u}_i \bar{u}_j} + \overline{\bar{u}_i u'_j} + \overline{u'_i \bar{u}_j} + \overline{u'_i u'_j} = \bar{u}_i \bar{u}_j + \overline{u'_i u'_j} \tag{3.147}$$

于是,纳维-斯托克斯方程式(3.142)实施平均化处理之后,可得如下的 雷诺平均纳维-斯托克斯方程(Reynolds averaged Navier-Stokes equation)

$$\frac{\partial \bar{u}_i}{\partial t} + \frac{\partial \bar{u}_j \bar{u}_i}{\partial x_j} = -\frac{1}{\rho}\frac{\partial \bar{p}}{\partial x_i} + \frac{\partial}{\partial x_j}\left\{\nu\left(\frac{\partial \bar{u}_i}{\partial x_j} + \frac{\partial \bar{u}_j}{\partial x_i}\right) - \overline{u'_i u'_j}\right\} \tag{3.148}$$

上式表明湍流的外力应力项有如下形式

$$(\tau_{ij})_{\text{turb}} = \mu\left(\frac{\partial \bar{u}_i}{\partial x_j} + \frac{\partial \bar{u}_j}{\partial x_i}\right) - \rho\overline{u'_i u'_j} \tag{3.149}$$

比较方程式(3.142),多出来的 $-\rho\overline{u'_i u'_j}$ 项正是由湍流掺混作用引起的外力湍流应力项,称之为 雷诺应力(Reynolds stresses),且比上式右边第一项的黏性应力大很多,其在除了壁面附近之外的大部分区域占统治地位。

同样对能量方程式(3.143)作雷诺平均处理得到如下方程

$$\frac{\partial \bar{T}}{\partial t} + \frac{\partial \bar{u}_j \bar{T}}{\partial x_j} = \frac{\partial}{\partial x_j}\left(\alpha\frac{\partial \bar{T}}{\partial x_j} - \overline{u'_j T'}\right) \tag{3.150}$$

即,湍流的外力热流密度矢量有如下表达形式

$$(q_j)_{\text{turb}} = -k\frac{\partial \bar{T}}{\partial x_j} + \rho c_p \overline{u'_j T'} \tag{3.151}$$

与雷诺应力一样,湍流热流密度(turbulent heat flux)$\rho c_p \overline{u'_j T'}$ 比上式右边第一项的分子热传导项大得多,占了湍流的显式热流密度的绝大部分。关于湍流的模型化,即关于如何把雷诺应力 $-\rho\overline{u'_i u'_j}$ 和湍流热流密度 $\rho c_p \overline{u'_j T'}$ 用其他可确定的量来模型化的问题,构建通用性和精度两者兼顾的湍流模型是热流体力学研究领域中最重要的课题之一。

3.6 湍流强迫对流换热 (turbulent forced convective heat transfer)

3.6.1 圆管内湍流强迫对流 (turbulent forced convection in a circular tube)

如图 3.35(a)所示,光滑平面上发展起来的湍流边界层的 充分发展湍流区(fully-turbulent layer)内的平均速度为相似的对数速度分布形式,这称之为 壁面定律(law of the wall)。

$$\frac{u}{(\tau_w/\rho)^{1/2}} = \frac{1}{\kappa}\ln\left\{\frac{(\tau_w/\rho)^{1/2} y}{\nu}\right\} + B \tag{3.152}$$

此处,冯卡门常数 κ 和积分常数 B 基于实验数据确定

$$(\kappa, B) = (0.40, 5.5) \quad \text{或者} \quad (0.41, 5.0) \tag{3.153}$$

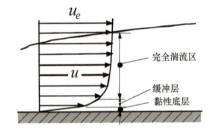

(a) 湍流边界层

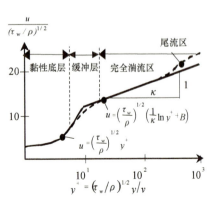

(b) 对数速度分布

图 3.35 湍流边界层

占湍流边界层大部分的对数速度分布(式(3.152))以单对数坐标形式绘于图3.35(b)。实际上,如图所示,湍流边界层包括有层流线性速度分布的**黏性底层**(viscous sublayer)、线性速度分布与对数速度分布光滑连接处的**缓冲层**(buffer layer)以及受边界层外缘影响的**尾流层**(wakelike layer)等不同区域。

将式(3.152)在圆管截面内积分可得管内摩擦系数 $\lambda_f = 4\,C_f = 8\,\tau_w/\rho u_B^2$ 与雷诺数 $Re_d = u_B d/\nu$ 间的函数关系,对此进行一些修正的普朗特关系式与实验结果很符合。

$$\frac{1}{\sqrt{\lambda_f}} = 2.0\log_{10}(Re_d\sqrt{\lambda_f}) - 0.80 \quad :\text{Prandtl} \tag{3.154}$$

另外,对于光滑管内的摩擦系数,还有著名的**布拉修斯公式**(Blasius formula)及White的经验关系式

$$\lambda_f = 0.3164 Re_d^{-1/4} \quad (3\times10^3 < Re_d < 10^5) \quad :\text{Blasius} \tag{3.155a}$$

$$\lambda_f = 1.02(\log_{10} Re_d)^{-2.5} \quad (3\times10^3 < Re_d < 10^8) \quad :\text{White} \tag{3.155b}$$

图3.36中描绘了布拉修斯公式、White经验关系式和层流管内摩擦系数关系式(3.73)。

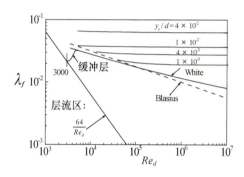

图3.36 管流摩擦系数

对于湍流对流换热的估算,注意到努塞尔数与摩擦系数表达式之间的相似性,比较摩擦系数表达式(3.124)与努塞尔数表达式(3.129)可得下面的**科尔伯恩相似定律**(Colburn analogy)。

$$Nu_d = \frac{1}{2} C_f Re_d Pr^{1/3} \tag{3.156}$$

在湍流雷诺数范围内,摩擦系数 $C_f \propto 1/Re_d^{1/4 \sim 1/5}$,因此可设想 $Nu_d \propto Re_d^{0.75 \sim 0.8} Pr^{1/3}$。与实验数据符合很好的这类关联式为**迪图斯-贝尔特公式**(Dittus-Boelter equation)。

$$Nu_d = 0.023 Re_d^{0.8} Pr^n \quad (10^3 < Re_d < 10^7) \tag{3.157a}$$

当物性值的变化不可忽略时,可采用Sieder-Tate的**指数修正公式**(power law correction)

$$Nu_d = 0.023 Re_d^{0.8} Pr^n \left(\frac{\mu}{\mu_w}\right)^{0.14} \tag{3.157b}$$

这里

$$n = 0.4: \text{流体加热工况} \tag{3.158a}$$

$$n = 0.3: \text{流体冷却工况} \tag{3.158b}$$

其中，μ_w 为基于壁面温度的黏性，μ_w 以外的物性值均采用混合平均温度下的数值。

【例题 3.5】 ✳✳✳✳✳✳✳✳✳✳✳✳✳✳✳✳✳✳✳✳✳

内径 10 cm、长 6 m 的圆管中热风以 0.05 kg/s 的质量流量流动，管外气温为 20℃，管外壁与管外气流间的传热系数为 10 W/(m²·K)。管出口处外壁向外气流传递的热流密度为 350 W/m²，问出口气体温度为多少度？假设管壁厚度很小，其导热热阻可忽略；气体物性值随温度变化很小。气体物性值取为 $\mu = 2 \times 10^{-5}$ Pa·s，$k = 0.0286$ W/(m·K)，$Pr = 0.7$。

【解答】 首先计算出雷诺数

$$Re_d = \frac{u_B d}{\nu} = \frac{4\dot{m}}{\pi \mu d} = \frac{4 \times 0.05}{3.14 \times 2 \times 10^{-5} \times 0.1} = 3.19 \times 10^4 > 2\,300$$

(ex 3.9)

可知流动为湍流，其入口段长度由式(3.63b)可知

$$L_T \approx 10 \times 0.1 = 1\,(\text{m}) < 6\,(\text{m})$$

(ex 3.10)

表明管出口处已达到充分发展温度场。应用迪图斯-贝尔特公式 (3.157a)

$$h = 0.023\,Re_d^{0.8} Pr^{0.3} \frac{k}{d}$$

$$= 0.023 \times (3.19 \times 10^4)^{0.8} \times 0.7^{0.3} \times \frac{0.0286}{0.1} = 23.7\,(\text{W/(m}^2 \cdot \text{K)})$$

(ex 3.11)

于是可得出口流体温度

$$T_B = T_a + \left(\frac{1}{h} + \frac{1}{h_a}\right) q = 20 + \left(\frac{1}{23.7} + \frac{1}{10}\right) \times 350 = 69.8\,(\text{℃})$$

(ex 3.12)

✳✳✳✳✳✳✳✳✳✳✳✳✳✳✳✳✳✳✳✳✳

3.6.2 平板湍流强迫对流 (turbulent forced convection from a flat plate)

一般来说，湍流边界层是从平板前缘下游的湍流转捩点开始发展，但近似地认为从平板前缘即开始发展差别不大。这时，速度边界层厚度可由下式估算

$$\frac{\delta}{x} = 0.381\,Re_x^{-1/5}$$

(3.159)

与层流时的式(3.121)相比较可知，湍流边界层更容易变厚。局部摩擦系数可由下式估算

$$C_{fx} = 0.0593\,Re_x^{-1/5} \quad (5 \times 10^5 < Re_x < 10^7)$$

(3.160)

表明对于掠过水平平板的湍流 (turbulent flow over a flat plate)，沿流动方向壁面摩擦逐渐减小与 $x^{1/5}$ 成反比例。局部壁面摩擦系数沿平板长度作积分可得平均摩擦系数。

$$\bar{C}_f = \frac{5}{4} C_{fx}\Big|_{x=L} = 0.0741\, Re_L^{-1/5} \tag{3.161}$$

局部努塞尔数可用柯尔朋相似定律式(3.156)计算

$$Nu_x = \frac{1}{2} C_{fx} Re_x Pr^{1/3} \approx 0.03\, Re_x^{4/5} Pr^{1/3} \quad (0.7 < Pr < 100) \tag{3.162}$$

实际上,如图3.37所示,若考虑从平板前缘开始至转捩点为层流,其下游为湍流,则应用式(3.128)和式(3.162)计算平均传热系数

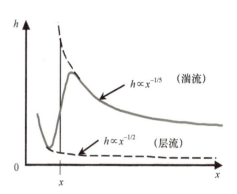

图 3.37 平板上的换热系数变化

$$\overline{Nu}_L = \frac{\bar{h}L}{k} = Pr^{1/3}\left(\int_0^{x_{tr}} 0.331\frac{Re_x^{1/2}}{x}dx + \int_{x_{tr}}^{L} 0.03\frac{Re_x^{4/5}}{x}dx\right)$$

$$= Pr^{1/3}\{0.037(Re_L^{4/5} - Re_{x_{tr}}^{4/5}) + 0.662 Re_{x_{tr}}^{1/2}\} \tag{3.163a}$$

这里如果取 $Re_{x_{tr}} = 5 \times 10^5$,则

$$\overline{Nu}_L = Pr^{1/3}(0.037 Re_L^{4/5} - 873) \tag{3.163b}$$

另外,当 $x_{tr} \ll L$ 时层流区域可忽略,可近似表示如下

$$\overline{Nu}_L = 0.037 Re_L^{4/5} Pr^{1/3} \tag{3.164}$$

3.6.3 强迫对流的实验关联式 (correlations for forced convection)

1. 圆柱

垂直流动方向的圆柱(cylinder)周围的强迫对流,因与以热交换器为代表的各种热流体机器密切相关而备受关注。然而,其流动现象异常复杂,特别是当超过临界雷诺数(约 2×10^5)后,驻点附近的层流边界层向湍流边界层转捩,并进一步呈现出边界层分离的复杂现象。

对于前驻点附近层流边界层区域的热交换,注意到 $u_e \approx 2u_\infty(x/R)$,应用 Smith-Spalding 公式(3.139b),即可通过下式估算

$$\frac{hx}{k} = 0.570 Pr^{0.385}\left(\frac{2u_\infty\left(\frac{x}{R}\right)x}{\nu}\right)^{1/2} \tag{3.165}$$

即,表明驻点附近的换热系数显示为与局部位置无关的常数

$$\frac{hd}{k} = 1.14 Pr^{0.385} Re_d^{1/2} : 驻点附近 \tag{3.166}$$

这里 $Re_d = u_\infty d/\nu$ 是基于主流速度的雷诺数。另外,工业上常常要求计算从驻点附近的层流开始经过湍流再到流动分离的整个圆周的平均换热系数,茹考斯卡斯(Zhukauskas)基于大量的实验数据,整理出下面适合不同雷诺数范围的关联式

$$\left(\frac{\bar{h}d}{k}\right)/Pr^{0.36}\left(\frac{Pr}{Pr_w}\right)^{1/4} = \begin{cases} 0.51 Re_d^{0.5} &: 40 < Re_d < 10^3 \\ 0.26 Re_d^{0.6} &: 10^3 < Re_d < 2 \times 10^5 \;:\text{圆柱} \\ 0.076 Re_d^{0.7} &: 2 \times 10^5 < Re_d < 10^6 \end{cases} \tag{3.167}$$

这里 Pr 和 Pr_w 分别是基于周围流体温度和壁面温度的普朗特数，Pr_w 以外的物性值均基于周围流体温度。

2. 球

对于掠过**球**(sphere)的强迫对流换热与绕圆柱的情形一样，也受到湍流转捩、边界层剥离的复杂影响。惠克特(Whitaker)提出了下面适用于广泛雷诺数和普朗特数范围的实验关联式

$$\frac{\bar{h}d}{k} = 2 + (0.4Re_d^{1/2} + 0.06Re_d^{2/3})Pr^{0.4}\left(\frac{\mu}{\mu_w}\right)^{1/4} : 球 \qquad (3.168)$$

$$0.71 < Pr < 380, \quad 3.5 < Re_d < 7.6 \times 10^4$$

这里 μ_w 以外的物性值均基于周围流体温度。

另外，针对液滴自由下落时的情形，有如下的 Ranz-Marshall 传热公式

$$\frac{\bar{h}d}{k} = 2 + 0.6Re_d^{1/2}Pr^{1/3} : 球 \qquad (3.169)$$

$$0.6 < Pr < 380, \quad 1 < Re_d < 10^5$$

式(3.168)和式(3.169)在 $Re_d \to 0$ 时均渐近于静止流体中的球的热传导解 $(hd/k) = 2$。

3. 管束

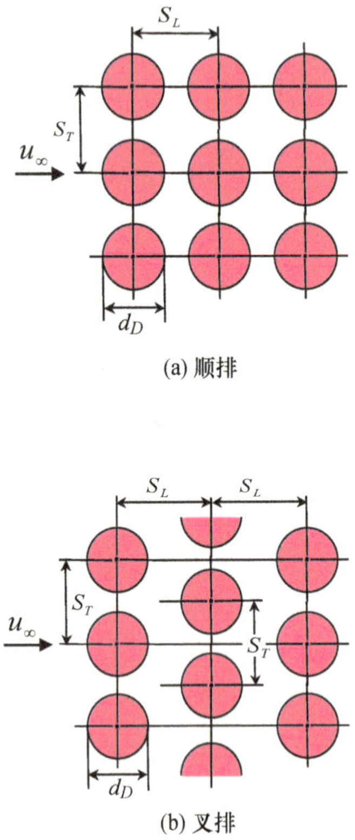

垂直于流体流动方向放置的**管束**(tube bank)的换热在锅炉、空调换热器等很多热流体机器内广为采用。如图 3.38 所示，管束的排列有**顺排**(aligned arrangement)和**叉排**(staggered arrangement)等方式。Zhukauskas 针对两种管束排列方式，基于不同的横向间隔 S_L 和纵向间隔 S_T 工况下的实测数据，提出了一系列关联式

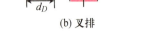

图 3.38 管束排列形式

顺排

$$\frac{\left(\dfrac{\bar{h}d}{k}\right)}{Pr^{0.36}\left(\dfrac{Pr}{Pr_w}\right)^{1/4}} = \begin{cases} 0.80\,Re_{d\max}^{0.4} &: 10 < Re_{d\max} < 10^2 \\ 0.51\,Re_{d\max}^{0.5} &: 10^2 < Re_{d\max} < 10^3 \\ 0.27\,Re_{d\max}^{0.63} &: 10^3 < Re_d < 2 \times 10^5 \quad (S_T/S_L > 0.7) \\ 0.021\,Re_{d\max}^{0.84} &: 2 \times 10^5 < Re_d < 2 \times 10^6 \end{cases}$$

(3.170)

叉排

$$\frac{\left(\dfrac{\bar{h}d}{k}\right)}{Pr^{0.36}\left(\dfrac{Pr}{Pr_w}\right)^{1/4}} = \begin{cases} 0.90\,Re_{d\max}^{0.4} : 10 < Re_{d\max} < 10^2 \\ 0.51\,Re_{d\max}^{0.5} \quad : 10^2 < Re_{d\max} < 10^3 \\ 0.35(S_T/S_L)^{0.2}Re_{d\max}^{0.60} : S_T/S_L < 2, \quad 10^3 < Re_d < 2 \times 10^5 \\ 0.40\,Re_{d\max}^{0.60} : S_T/S_L > 2, \quad 10^3 < Re_d < 2 \times 10^5 \\ 0.022\,Re_{d\max}^{0.84} : 2 \times 10^5 < Re < 2 \times 10^6 \end{cases}$$

管束列数 $\geqslant 10$, $0.7 \leqslant Pr \leqslant 500$

(3.171)

这里,除基于壁温的 Pr_w 之外,其他物性值均基于管束进出口的流体温度的算术平均温度。另外,$Re_{d\max}=u_{\max}d/\nu$ 是基于下面定义的速度 $u_{\max}$ 的雷诺数

$$u_{\max}=u_\infty S_T/(S_T-d) \quad :\text{顺排} \tag{3.172}$$

$$u_{\max}=u_\infty S_T/\mathrm{Min}\left((S_T-d),\ 2\left(\sqrt{S_L^2+\left(\frac{S_T}{2}\right)^2}-d\right)\right):\text{叉排} \tag{3.173}$$

此处 u_∞ 为管束上游的主流速度,$\mathrm{Min}(A,B)$ 为在 A 与 B 中取小。

3.7 自然对流换热 (natural convective heat transfer)

由流体加热或冷却时产生的密度差而引起的对流,即自然对流,与我们日常生活中观察或体验到的现象密切相关。如点燃的香烟或卫生香发出的烟、烟囱冒的烟、水蒸气上升所产生的云、火炉周围上升的温暖气流等。在强迫对流的情况下,速度场不受温度场的影响,而在 **自然对流换热**(natural convective heat transfer)的情况下,由于流动是由温差产生的 **浮力**(buoyancy)来驱动,故速度场与温度场密切相关。对自然对流现象解析的难点正在于此。

3.7.1 布辛涅斯克近似及基本方程组 (Boussinesq approximation and governing equations)

如图 3.39 所示,沿加热平板边界层内的流体比边界层外的流体温度高,于是受到 x 方向的向上浮力。现在考虑密度是温度的函数,把该函数进行 **泰勒级数展开**(Taylor series expansion)并取到第二项

$$\rho(T)=\rho(T_e)+\left(\frac{\partial\rho}{\partial T}\right)_p\bigg|_{T=T_e}(T-T_e) \tag{3.174}$$

应用 **阿基米德定理**(Archimedes principle)可知,单位体积的流体所受浮力

$$(\rho(T_e)-\rho(T))g=\rho(T_e)g\beta(T-T_e) \tag{3.175}$$

这里

$$\beta\equiv-\frac{1}{\rho}\left(\frac{\partial\rho}{\partial T}\right)_p\bigg|_{T=T_e} \tag{3.176}$$

为已经在式(3.26)中定义的体[积]膨胀系数。对通常的气体,基本上可近似应用理想气体状态方程 $p=\rho RT$ 计算

$$\beta=\frac{1}{T_e(\text{°C})+273} \quad (1/\mathrm{K}) \tag{3.177}$$

也就是说,对于通常的气体,其体[积]膨胀系数可取为绝对温度的倒数。另外,式(3.177)中的温度多用 **膜温度**(film temperature) $(T_e+T_w)/2$ 来取代 T_e。即使对于液体,很多情况下温度越高其密度

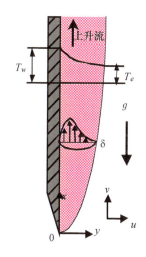

图 3.39 垂直平板自然对流

越小(即 $\beta>0$),不过对于 0℃到 4℃的水是个例外。水在 4℃附近有个密度最大点($\beta=0$ 的点),因而即将冻结的水比周围的水轻,因此,如 3.1.1 节中所提到的那样,结冰是从水的表面开始。本节当中对类似 0℃和 4℃之间的水一样不符合 β 的一般变化规律,因而不能满足线性近似式(3.175)的情况不予考虑。

将浮力项加到边界层动量方程(3.42)的右边,可得到如下的基本控制方程

$$\frac{\partial u}{\partial x}+\frac{\partial v}{\partial y}=0 \tag{3.178}$$

$$u\frac{\partial u}{\partial x}+v\frac{\partial u}{\partial y}=\nu\frac{\partial^2 u}{\partial y^2}+g\beta(T-T_e) \tag{3.179}$$

$$u\frac{\partial T}{\partial x}+v\frac{\partial T}{\partial y}=\alpha\frac{\partial^2 T}{\partial y^2} \tag{3.180}$$

其中,假定与动量方程中惯性项相关的密度变化可以忽略,因而方程两边同时除以 $\rho(T_e)$。这个近似称之为**布辛涅斯克近似(Boussinesq approximation)**,在自然对流解析当中被广泛采用。另外,动量方程式(3.42)中的压力项已因在边界层外缘处应用贝努利方程消去了。即,由于自然对流的边界层外缘速度为零

$$\frac{\mathrm{d}}{\mathrm{d}x}\left(\frac{1}{2}u_e^2+\frac{p}{\rho}+gx\right)=\frac{\mathrm{d}}{\mathrm{d}x}\left(\frac{p}{\rho}+gx\right)=0 \tag{3.181}$$

自然对流中速度的大小由浮力的强弱决定,从浮力项(式(3.179)中的右边第二项)与惯性力项(同式中左边项)之间的平衡关系可估算速度的大小。因此,$g\beta(T_w-T_e)\approx u^2/x$,即 $u\approx\sqrt{g\beta(T_w-T_e)x}$,相应地基于速度 $\sqrt{g\beta(T_w-T_e)x}$ 的雷诺数为 $\sqrt{g\beta(T_w-T_e)x}\,x/\nu$。将其平方得到的无量纲数称为**格拉晓夫数(Grashof number)**,这是自然对流中的重要无量纲参数。

$$Gr_x=\frac{g\beta(T_w-T_e)x^3}{\nu^2}:\text{局部格拉晓夫数} \tag{3.182}$$

对于自然对流,流动是否转捩为湍流,依赖于这个**局部格拉晓夫数(local Grashof number)**或者是其乘以普朗特数后得到的**局部瑞利数(local Rayleigh number)**。

$$Ra_x=Gr_x Pr=\frac{g\beta(T_w-T_e)x^3}{\nu\alpha}:\text{局部瑞利数} \tag{3.183}$$

向湍流的转捩发生在局部瑞利数 $Ra_x=Gr_x Pr\approx 10^9$ 附近的位置。

3.7.2 垂直平板附近的层流自然对流 (laminar natural convection from a vertical flat plate)

当基于平板长度的瑞利数 $Ra_L<10^9$ 时,**垂直平板(vertical flat plate)**附近保持层流边界层状态,前面的控制方程组式(3.178)至式(3.180)可在下面的边界条件下进行求解。

3.7 自然对流换热

$$y=0: u=v=0, \quad T=T_w \tag{3.184a}$$
$$y=\infty: u=0, \quad T=T_e \tag{3.184b}$$

引入下面的参数变换

$$\eta=\frac{y}{x}Gr_x^{1/4}, \quad f(\eta)=\frac{\psi}{\nu Gr_x^{1/4}}, \quad \theta(\eta)=\frac{T-T_e}{T_w-T_e} \tag{3.185}$$

应用这些参数可把偏微分方程式(3.179)及式(3.180)变换成常微分方程,进而可求得相似解。

$$f'''+\frac{3}{4}f''f-\frac{1}{2}(f')^2+\theta=0 \tag{3.186}$$

$$\frac{1}{Pr}\theta''+\frac{3}{4}\theta'f=0 \tag{3.187}$$

这里 f' 或 θ' 上面的撇号"′"表示对 η 的导数。变换后的边界条件为

$$\eta=0: f=f'=0, \quad \theta=1 \tag{3.188a}$$
$$\eta=\infty: f'=0, \quad \theta=0 \tag{3.188b}$$

应用这些边界条件,可对常微分方程式(3.186)和式(3.187)进行数值积分求解。无量纲流函数和无量纲温度一旦确定,各速度分量、壁面摩擦系数及努塞尔数即可算出。

$$u=\frac{\partial \Psi}{\partial y}=\frac{\nu}{x}Gr_x^{1/2}f' \tag{3.189a}$$

$$v=-\frac{\partial \Psi}{\partial x}=-\frac{\nu}{x}Gr_x^{1/4}\left(\frac{3}{4}f-\frac{1}{4}\eta f'\right) \tag{3.189b}$$

$$C_{fx}\equiv\frac{2\tau_w}{\rho g\beta(T_w-T_e)x}=\frac{2f''(0)}{Gr_x^{1/4}} \tag{3.190}$$

$$Nu_x\equiv\frac{q_w x}{(T_w-T_e)k}=-\theta'(0)Gr_x^{1/4} \tag{3.191}$$

经过一系列数值积分求得的速度及温度分布示于图 3.40。当格拉晓夫数一定时,随着普朗特数变小边界层变厚。表 3.3 给出了局部摩擦系数和局部努塞尔数的结果。实际应用当中,可用适用于普朗特数从零到无穷大且有足够近似精度的 LeFevre 公式。

$$Nu_x=0.60Ra_x^{1/4}\left(\frac{Pr}{1+2.005\sqrt{Pr}+2.033Pr}\right)^{1/4}: 等壁温 \tag{3.192}$$

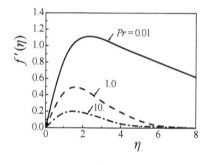

(a) 速度分布

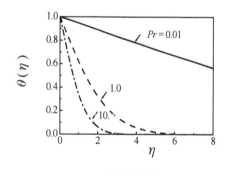

(b) 温度分布

图 3.40 垂直平板上的自然对流

表 3.3 普朗特数的影响

Pr	$C_{fx}Gr_x^{1/4}/2$	$Nu_x/Gr_x^{1/4}$
0.5	1.008	0.312
1	0.908	0.401
2	0.808	0.507
10	0.593	0.827

对等温平板的热流密度沿其长度 L 作积分,可得平均努塞尔数。

$$\overline{Nu_L}\equiv\frac{\bar{h}L}{k}=\frac{\int_0^L q_w \mathrm{d}x}{(T_w-T_e)k}=0.80Ra_L^{1/4}\left(\frac{Pr}{1+2.005\sqrt{Pr}+2.033Pr}\right)^{1/4} \tag{3.193}$$

也可用下面更简单的表达式估算

$$\overline{Nu_L} \approx 0.59 Ra_L^{1/4} \quad (10^4 < Ra_L < 10^9, Pr > 0.7): 等壁温 \tag{3.194}$$

以上考虑的是等壁温条件,但对于壁温按照指数函数变化的情况,应用同样的参数变化方法,也可求得相似解。另外,对自然对流流场,如图 3.41 所示,由于变轻的高温流体上升,其结果常常形成一个越靠近流体上部周围温度较高的稳定层。不仅仅是壁温的变化,包括这种**温度分层**(thermal stratification)效果也考虑在内的边界条件可按下式处理。

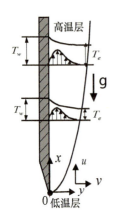

图 3.41 温度层化的自然对流

$$T_w(x) = T_e(x) + Cx^{m_T} \tag{3.195a}$$

$$T_e(x) = T_{ref} + \frac{m_s}{m_T}(T_w - T_e) = T_{ref} + \left(\frac{m_s C}{m_T}\right)x^{m_T} \tag{3.195b}$$

此处 T_{ref} 为一定的参考温度。温度分层参数 m_s 表示了温度分层的程度,当周围温度一定(没有分层)时,其值为零。最基本工况,即壁温及周围流体温度都一定时对应于 $m_s = m_T = 0$。另外,因为只有 $dT_e/dx \geq 0$ 时加热平板周围才会呈现热稳定,从而边界层近似成立,所以这里我们只关注 $m_s \geq 0$ 的情况。图 3.42 示出了 m_T 取正和取负时壁面温度与周围流体温度的变化情况。对于这样一般的边界条件,有如下众所周知的近似解。

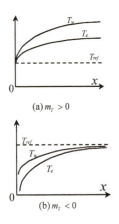

图 3.42 壁温与周围流体温度变化

$$Nu_x = \frac{0.508\left(1 + \frac{5m_T + 10m_s}{3}\right)^{1/2} Pr^{1/2}}{\left(0.952\left(1 + \frac{3}{5}m_T\right) + \left(1 + \frac{5m_T + 10m_s}{3}\right) Pr\right)^{1/4}} Gr_x^{1/4} \tag{3.196}$$

这个近似解与精确解的比较示于表 3.4 和表 3.5 中,可见两者较符合。

由式(3.196)可知,由于 $q_w \propto Gr_x^{1/4}(T_w - T_e)/x \propto x^{(5m_T - 1)/4}$,等热流密度的壁面条件对应于 $m_T = 1/5$ 的情况,于是式(3.196)变为

$$Nu_x = \frac{0.546\left(1 + \frac{5}{2}m_s\right)^{1/2} Pr^{1/2}}{\left(0.800 + \left(1 + \frac{5}{2}m_s\right) Pr\right)^{1/4}} Gr_x^{1/4} \tag{3.197a}$$

两边乘以 $Nu_x^{1/4}$ 并整理得

$$Nu_x = \frac{0.616\left(1 + \frac{5}{2}m_s\right)^{2/5} Pr^{2/5}}{\left(0.800 + \left(1 + \frac{5}{2}m_s\right) Pr\right)^{1/5}} \left(\frac{g\beta q_w x^4}{\nu^2 k}\right)^{1/5} \tag{3.197b}$$

尤其是,在等热流密度壁面条件下温度分层可忽略时

$$Nu_x = \frac{0.616 Pr^{2/5}}{(0.800 + Pr)^{1/5}} \left(\frac{g\beta q_w x^4}{\nu^2 k}\right)^{1/5}: 等热流密度壁面 \tag{3.198a}$$

此式与藤井(Fujii)基于相似解整理出来下式非常接近。

表 3.4 垂直平板附近的 $Nu_x/Gr_x^{1/4}$(等壁温)

Pr	精确解	式(3.196)
0.1	0.164	0.159
1.0	0.401	0.430
10	0.827	0.883
100	1.550	1.603

表 3.5 垂直平板附近的 $Nu_x/Gr_x^{1/4}$ ($Pr=1, m_s=0$)

m_T	精确解	式(3.196)
0.5	0.520	0.520
0.2	0.456	0.471
0	0.401	0.430
−0.2	0.326	0.375

$$Nu_x = \frac{0.631 Pr^{2/5}}{(Pr+0.9\sqrt{Pr}+0.4)^{1/5}}\left(\frac{g\beta q_w x^4}{\nu^2 k}\right)^{1/5}:\text{等热流密度壁面}$$
(3.198b)

3.7.3 垂直平板附近的湍流自然对流（turbulent natural convection from a vertical flat plate）

Eckert-Jackson 考虑等温加热的**垂直平板**(vertical flat plate)产生的**湍流自然对流**(turbulent natural convection)，得到以下近似解

$$Nu_x = \frac{0.040\,Pr^{1/5}}{(1+2.023\,Pr^{-2/3})^{2/5}} Gr_x^{2/5} \quad (10^9 < Ra_x < 10^{12}) \quad (3.199)$$

上式与空气和水的自然对流实验结果符合很好。作为普朗特数适用范围宽且与实验结果符合较好的简洁经验关联式，下式较为常见

$$Nu_x = 0.13\,Ra_x^{1/3} \quad (10^9 < Ra_x < 10^{12}) \quad (3.200)$$

这里 $Ra_x = g\beta(T_w - T_e)x^3/\alpha\nu$，于是

$$h = 0.13 k \left\{\frac{g\beta(T_w - T_e)}{\alpha\nu}\right\}^{1/3} \quad (3.201)$$

上式表明，垂直平板上的湍流自然对流传热系数与位置 x 没有关系而是定值。实际上，如图 3.43(a)所示，在垂直加热平板的前端($0 \leqslant Ra_x \leqslant 10^9$)首先形成层流边界层，再往高处边界层发生波动进而转捩到湍流状态。

丘吉尔(Churchill)和朱(Chu)总结了大量的等温垂直平板和**水平圆柱**(horizontal circular cylinder)周围从层流域到湍流域自然对流的实验数据，提出了如下适用于广泛瑞利数范围的经验关系式

$$\overline{Nu}_L = \left(0.825 + \frac{0.387\,Ra_L^{1/6}}{\{1+(0.492/Pr)^{9/16}\}^{8/27}}\right)^2:\text{垂直平板} \quad (3.202a)$$

$$\overline{Nu}_d = \left(0.60 + \frac{0.387\,Ra_d^{1/6}}{\{1+(0.559/Pr)^{9/16}\}^{8/27}}\right)^2:\text{水平圆柱} \quad (3.202b)$$

流体物性值均基于膜温度 $(T_w + T_e)/2$ 来选取。

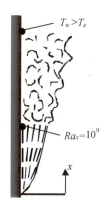

(a) 垂直平板

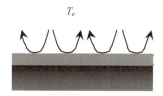

(b) 向上加热

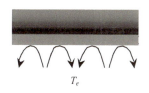

(c) 向下冷却

图 3.43 湍流自然对流

3.7.4 自然对流的经验关系式 (empirical correlations for natural convection)

1. 向上加热面及向下冷却面

对于向上加热面，以及在数学上与之等价的向下冷却面来说，如图 3.43(b)和(c)所示，流体离开壁面的同时周围的新鲜流体会马上补充过来，周而复始。湍流自然对流经验关系式(3.201)不仅适用于等温垂直平面，也适用于像这样的**向上加热面**(upper surface of heated plate)和**向下冷却面**(lower surface of cooled plate)，甚至是等温水平圆柱、水平棱柱周围的湍流自然对流换热的估算。对于向上加热面和

向下冷却面的湍流自然对流,还有如下采用修正系数的精度更高的关联式。

$$h = 0.15k\left\{\frac{g\beta(T_w - T_e)}{\alpha\nu}\right\}^{1/3}:\text{向上加热面及向下冷却面(湍流)}$$

$$(10^7 < Ra_L < 10^{12}) \tag{3.203}$$

另外,对向上加热面及向下冷却面层流自然对流来说,采用如下关联式

$$\frac{\bar{h}L'}{k} = 0.54\, Ra_{L'}^{1/4}:\text{向上加热面及向下冷却面(层流)}$$

$$(10^4 < Ra_{L'} < 10^7) \tag{3.204}$$

这里的特征尺寸 L' 取所研究平板的周长除以面积,物性值均基于膜温度 $(T_w + T_e)/2$ 来选取。

2. 倾斜平板、向下加热面及向上冷却面

如图 3.44(a)所示,对于与垂直面成 ϕ 角的**倾斜加热平板**(inclined heated plate),其上表面与下表面边界层发展的形貌有显著的不同。首先,考虑**向下加热面**(lower surface of heated plate)以及与其在数学上等价的倾角为 ϕ 的**向上冷却面**(upper surface of cooled plate)。在这种面上边界层沿着平板表面发展,因为与倾斜面平行的重力加速度分量为 $g\cos\phi$,所以把关于垂直平板情况的相关关联式(例如式(3.194))中定义瑞利数的 g 替换成 $g\cos\phi$ 即可应用。但是,这种估算方法只适用于满足边界层近似的成立条件的 $0 \leq \phi \leq 60°$ 这一范围。图 3.44(b)和(c)中示意的向下加热面和向上冷却面,即倾角 $\phi = 90°$ 时的情况,可用下面的经验关系式。

$$\frac{\bar{h}L'}{k} = 0.27\, Ra_{L'}^{1/4}:\text{向下加热面和向上冷却面(层流)}$$

$$(10^5 < Ra_{L'} < 10^{10}) \tag{3.205}$$

此外,考虑加热倾斜板的上面以及在数学上等价的倾角为 ϕ 的向下冷却面。与板面平行的重力加速度分量为 $g\cos\phi$,沿着板的流速分量逐渐降低。但是,如图 3.44(a)所示,垂直向上作用的浮力会使流体从壁面剥离,其上方周围的低温流体补给进来,形成边界层的反复更新。这种流体的三维掺混效果在多数情况下能够弥补由于沿板流动的速度分量降低所致的传热性能下降。

3. 水平流体层

对于**水平流体层**(horizontal fluid layer)上面为高温下面为低温的(温度分层)情况,密度小的流体在密度大的流体的上面,自然对流不能发生,因此热量通过热传导从上面向下面传递。此时,基于上下两面间隔 L 的努塞尔数为

$$Nu_L = \frac{hL}{k} = \frac{k\left(\dfrac{T_h - T_l}{L}\right)L}{(T_h - T_l)k} = 1 \tag{3.206}$$

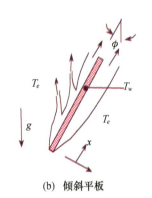

(b) 倾斜平板

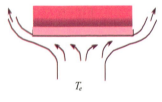

(b) 向下加热

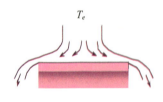

(c) 向上冷却

图 3.44 倾斜面及水平面的自然对流

另外，对于下面高温上面低温的情况（倒置层），以 L 和上下面温差定义的瑞利数 $Ra_L = g\beta(T_h - T_l)L^3/\nu\alpha$ 大于1708时，如图3.45所示，可观察到流体上升和下降运动形成的蜂窝状格包，称之为 贝纳尔格包(Benard cells)。在3.1.1节中所列举的碗中酱汤的翻滚现象与贝纳尔格包有同样的模样。瑞利数进一步增大至 5×10^4 以上时，贝纳尔格包破碎，变成湍流状态。像垂直平板上或向上加热面上的湍流自然对流一样，努塞尔数与瑞利数的1/3次方成正比，传热系数与上下面的间隔 L 无关，由下式表达。

$$h = 0.069k\left\{\frac{g\beta(T_w - T_e)}{\alpha\nu}\right\}^{1/3}Pr^{0.074}：水平流体层（湍流）$$
$$(10^5 < Ra_L < 10^9,\quad 0.02 < Pr < 9000) \tag{3.207}$$

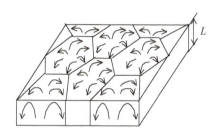

图3.45　贝纳尔格包

4. 垂直平行平板

如图3.46所示，壁温 T_w 比周围流体温度 T_e 高的 垂直平行平板(vertical parallel plates)之间产生的自然对流，因与烟囱效果或者翅片列的放热现象相关联而受到关注。现在令平板间隔为 S、板长（高）为 L，针对 S/L 远小于1和远大于1两种情形，该流动有两种渐近解。当 $S/L \ll 1$ 形成浮力与黏性力达到平衡的充分发展流动，此时

$$\frac{\bar{h}L}{k} = \frac{1}{24}Ra_S \quad 或者\quad \frac{\bar{h}S}{k} = \frac{1}{24}Ra_S\frac{S}{L} \tag{3.208}$$

另外，当 $S/L \gg 1$ 时，从单独放置的垂直平板上的层流自然对流表达式(3.194)可知

$$\frac{\bar{h}L}{k} = 0.59\,Ra_L^{1/4} \quad 或者\quad \frac{\bar{h}S}{k} = 0.59\left(Ra_S\frac{S}{L}\right)^{1/4} \tag{3.209}$$

巴科恩(BarCohen)和罗森诺(Rohsenow)把上面两种渐近解连接起来，得到了对于任意 S/L 值的情况都有高精度近似解的下式。

$$\frac{\bar{h}S}{k} = \left(\left(\frac{1}{24}Ra_S\frac{S}{L}\right)^{-2} + \left\{0.59\left(Ra_S\frac{S}{L}\right)^{1/4}\right\}^{-2}\right)^{-1/2}$$
$$\approx \left(576\left(Ra_S\frac{S}{L}\right)^{-2} + 2.87\left(Ra_S\frac{S}{L}\right)^{-1/2}\right)^{-1/2} \tag{3.210}$$

如图3.47所示，具有一定横向幅度 W 的垂直翅片列，考虑其放热量的最大值对应于一个最佳的翅片间距 S_{opt}。如果翅片厚度可忽略，那么翅片列数等于 W/S，翅片列的放热量与单位深度相当。

$$\dot{Q} = 2L\bar{h}(T_w - T_e)\left(\frac{W}{S}\right) \tag{3.211}$$

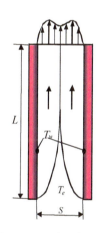

图3.46　垂直平行平板

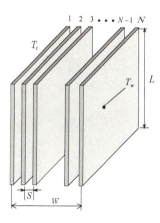

图3.47　垂直翅片列

相应地,满足 $\dot{Q}$ 为最大值的条件为

$$\frac{\partial \dot{Q}}{\partial S} \propto \frac{\partial}{\partial S}\left(\frac{\bar{h}}{S}\right) = 0 \tag{3.212}$$

把式(3.210)代入并对 S 求解,可得最佳翅片间距 S_{opt}。

$$S_{opt} = 2.71 \frac{L}{Ra_L^{1/4}} \tag{3.213}$$

即,翅片间隔进一步变窄(虽然翅片列的全表面积增大),黏性阻力的增大使得 $\bar{h}$ 会降低,另一方面,翅片间隔加大(虽然 $\bar{h}$ 会增大),翅片列总表面积会减小,因此两种情况都使 $\dot{Q}$ 变小。

【例题 3.6】 ✶✶✶✶✶✶✶✶✶✶✶✶✶✶✶✶✶✶✶✶✶

为了进行有效的放热,在发热体侧面(幅宽为 20 cm)垂直布置多个纵 10 cm、横 5 cm 薄板形成的垂直翅片列。周围温度取 20℃,翅片列保持均匀温度 80℃,翅片列之间的流动可近似为等壁温条件下的垂直平板列间的流动。试求最佳翅片间距以及此时从翅片列放出的总热量。已知空气物性为 $v = 2 \times 10^{-5}$ m²/s,$k = 0.03$ W/(m·K),$Pr = 0.7$,重力加速度 $g = 9.8$ m/s²。

【解答】 首先求出瑞利数,

$$Ra_L = \frac{g\beta(T_w - T_e)L^3}{\nu^2} Pr$$

$$= \frac{9.8 \times \left(\frac{1}{50+273}\right) \times 60 \times 0.1^3}{(2 \times 10^{-5})^2} \times 0.7 = 3.19 \times 10^6 \quad (\text{ex 3.13})$$

根据式(3.213)得

$$S_{opt} = 2.71 \frac{L}{Ra_L^{1/4}} = 2.71 \times \frac{0.1}{(3.19 \times 10^6)^{1/4}} = 0.0064 \text{(m)} = 6.4 \text{(mm)} \tag{ex 3.14}$$

$$Ra_S(S/L) = Ra_L(S/L)^4 = 3.19 \times 10^6 \times (0.0064/0.1)^4 = 53.5 \tag{ex 3.15}$$

将其代入式(3.210)得

$$\bar{h} = \frac{k}{S}\left(576\left(Ra_S \frac{S}{L}\right)^{-2} + 2.87\left(Ra_S \frac{S}{L}\right)^{-1/2}\right)^{-1/2}$$

$$= \frac{0.03}{0.0064} \times \left(\frac{576}{53.5^2} + \frac{2.87}{53.5^{1/2}}\right)^{-1/2} = 6.08 \text{(W/(m}^2 \cdot \text{K))} \tag{ex 3.16}$$

平板数为 0.2 m/0.0064 m ≈ 31,由式(3.211)可求出总热量

$$\dot{Q} = 2L\bar{h}(T_w - T_e)\left(\frac{W}{S}\right) \times 0.05$$

$$= 2 \times 0.1 \times 6.08 \times 60 \times 31 \times 0.05 = 113 \text{(W)} \tag{ex 3.17}$$

✶✶✶✶✶✶✶✶✶✶✶✶✶✶✶✶✶✶✶✶✶

第 3 章 练 习 题

===== **练习题** =====================

【3.1】 静止流体中水平放置的无限大平板在 $t=0$ 时刻突然以一定速度 u_w 运动,这一问题即是众所周知的斯托克斯第一问题(Stokes' first problem)。试证明,此时纳维-斯托克斯方程式(3.28)可简化为

$$\frac{\partial u}{\partial t}=\nu\frac{\partial^2 u}{\partial y^2}$$

注意到该微分方程式与一维非定常半无限大固体内热传导方程式相类似,试描画出时刻变化的速度分布的概貌。

【3.2】 Consider a circular duct flow with constant wall temperature and constant properties. Calculate the average Nusselt number for $L^*=(L/d)/Pe_d=0.01$, using Equation (3.108a).

【3.3】 试比较等温平板水平放置在均匀流动的层流水中和相同流速下的空气中时其壁面摩擦及换热系数之区别。已知水的物性值为 $\mu=7\times10^{-4}\,\text{Pa}\cdot\text{s}, v=7\times10^{-7}\,\text{m}^2/\text{s}, k=0.6\,\text{W/(m}\cdot\text{K)}, Pr=5$;空气的物性值为 $\mu=2\times10^{-5}\,\text{Pa}\cdot\text{s}, \nu=2\times10^{-5}\,\text{m}^2/\text{s}, k=0.024\,\text{W/(m}\cdot\text{K)}$, $Pr=0.7$。

【3.4】 Air at 20℃ moves at 3 m/s in parallel over a 3 m long flat plate. The plate has a 1 m long unheated starting section (at 20℃), upstream of the heated isothermal section at 100℃. Estimate the local heat transfer coefficient and heat flux at a distance of 1.5 m from the leading edge. The thermophysical properties of the air are $Pr=0.7$, $\nu=2\times10^{-5}\,\text{m}^2/\text{s}, \rho=1\,\text{kg/m}^3$ and $c_p=1\,\text{kJ/(kg}\cdot\text{K)}$.

【3.5】 如(3.152)式所表明的,一般来说,与湍流边界层速度分布相关的壁面函数有如下表达形式。

$$\frac{u}{(\tau_w/\rho)^{1/2}}=f\left(\frac{(\tau_w/\rho)^{1/2}y}{\nu}\right)$$

这里如果假定 f 不是对数函数,而是幂函数

$$\frac{u}{(\tau_w/\rho)^{1/2}}\propto\left(\frac{(\tau_w/\rho)^{1/2}y}{\nu}\right)^n$$

为了使此式与布拉修斯公式(3.155a)相一致,试推导出此时 $n=1/7$。

【3.6】 Turbulent air flows through a pipe of inner diameter 10 cm. Use the logarithmic law with $(\kappa,B)=(0.41,5.0)$ to find the wall shear stress, τ_w, when the local mean velocity at $y=1$ cm (above the wall surface) is 19 m/s. The kinematic viscosity and density of the air are $2\times10^{-5}\,\text{m}^2/\text{s}$ and $1\,\text{kg/m}^3$, respectively.

【3.7】 有一边长为1 m且温度保持为200℃的正方形平板,温度为20℃的空气以50 m/s的流速从平板上水平流过。已知转捩雷诺数为$Re_{x_{tr}}=3.2\times10^5$,试计算平均换热系数,算出平板单面的放热量,并与假设湍流转捩点为平板前缘时的估算值作比较。已知空气普朗特数为0.7,运动学黏性取2×10^{-5} m²/s,密度为1 kg/m³,定压比热为1 kJ/(kg·K)。

【3.8】 Water at 20℃ enters a long circular tube of inside diameter 2 cm at a uniform velocity 2 m/s. Electrical heating within the tube wall provides a uniform heat flux, 200 kW/m², from the inner wall surface to the flowing water. Evaluate the bulk mean temperature and wall temperature at a distance of 1 m from the inlet. The thermophysical properties of the water are $Pr=5$, $\nu=7\times10^{-7}$ m²/s, $\rho=1000$ kg/m³ and $c_p=4.2$ kJ/(kg·K).

【3.9】 在流速为10 m/s、温度为25℃的均匀空气来流中,与流动方向垂直放置一直径2 cm的长圆柱。当圆柱表面温度为125℃时,试求轴向长度1 m的圆柱向周围气流的放热量。这里忽略自然对流的影响。已知空气物性值为定值,普朗特数为0.7,运动学黏性为2×10^{-5} m²/s,密度为1 kg/m³,定压比热为1 kJ/(kg·K)。

【3.10】 Air flows through a heating duct of outer diameter 0.5 m, such that the temperature of its outer surface is maintained at 45℃. This horizontal duct is exposed to air at 15℃. Find the heat loss from the duct per meter of length. The properties are: $Pr=0.7$, $\nu=2\times10^{-5}$ m²/s, $\rho=1$ kg/m³, $c_p=1$ kJ(kg·K), $g=9.8$ m/s², $\beta=0.0033$/K.

【答案】

3.1 精确解 $u^*(\eta)=u/u_w$,利用 $\eta=y/\sqrt{\nu t}$ 进行变量变换,方程 $u^{*''}+(1/2)\eta u^{*'}=0$ 利用 $u^*(0)=1$, $u^*(\infty)=0$ 条件求解,$u=u_w(1-\mathrm{erf}(y/2\sqrt{\nu t}))$

3.2 7.52

3.3 水中比空气中壁面摩擦大187倍、传热系数大257倍。

3.4 4.16 W/(m²·K),333 W/m²(注:$Re_L=2.25\times10^5<5\times10^5$,层流)

3.5 由 $(\tau_w/\rho u^2)^{(n+1)/2}\propto(\nu/uy)^n$ 得 $2n/(n+1)=1/4$

3.6 0.90 Pa (式(3.152))

3.7 109 W/(m²·K),19.6 kW,22.2 kW

3.8 24.8℃,49.1℃ (式(3.157a))

3.9 515 W/m (式(3.167))

3.10 192 W/m (式(3.202b))或者 209 W/m (式(3.201))

第3章　参考文献

[1] 日本機械学会,伝熱工学資料,改訂第4版,(1986),日本機械学会.

[2] 甲藤好郎,伝熱概論,(1965),養賢堂.

[3] 庄司正弘,伝熱工学,(1995),東京大学出版会.

[4] Bejan, A., Convection heat transfer, (1984), John Wiley & Sons.

[5] Incropera, F. P., DeWitte, D. P., Introduction to heat transfer, (1985), McGraw-Hill.

[6] Nakayama, A., PC-aided numerical heat transfer and convective flow, (1995), CRC Press.

[7] Schlichting, H., Boundary layer theory, (1951), McGraw-Hill.

[8] White, F. M., Viscous fluid flow, (1974), McGraw-Hill.

第 4 章

辐 射 传 热

Radiative Heat Transfer

4.1 辐射传热的基本过程（fundamentals of radiative heat transfer）

4.1.1 传热的三种方式——传导、对流、辐射（three modes of heat transfer: conduction, convection and radiation）

辐射传热（radiative heat transfer）与我们此前所学习的**热传导**（conductive heat transfer）或**对流传热**（convective heat transfer）等相比，不仅传输形式不同，其**传递**（transfer）热量的**机理**（mechanism）本身也是不同的。思考一下第 1 章概论中曾介绍的来自木材燃烧的热量传递。若手放在火焰的上方，瞬间便会热得难以忍受。这主要是由于手被高温的燃烧气体通过对流传热所加热。与此相对，若用手握住一端燃烧着的木棒的另一端仅会感到微热。这手感受到的是通过木棒的热传导所进行的热量传递。一个人如果站在如图 4.1 所示的位置上时，是感受不到因直接接触上升的燃烧气体而使身体或手感到暖热的对流传热的，同样也感受不到来自炭火及火焰的通过空气传导而来的热。然而，在火的附近会感到温暖。正在燃烧的大规模火灾现场附近甚至会感觉热得无法靠近。此时手或者身体感受到另外一种传热方式——**辐射传热**（radiative heat transfer）传递来的热量。

图 4.1 来自木材燃烧的热辐射的加热

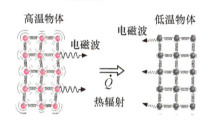

图 4.2 基于绝对温度而振动的原子或分子所发射的辐射

4.1.2 何谓辐射（what is radiation?）

如图 4.2 所示，所有物体都是由**分子**（molecule）或**原子**（atom）构成的，这些分子或原子基于物体的**绝对温度**（absolute temperature）而剧烈地运动着。伴随着这种运动物体**放射**（emission）出各种**波长**（wavelength）的**电磁波**（electromagnetic wave）。图 4.3 中根据电磁波的波长 $\lambda(\mu m)$ 和**频率**（frequency）$v(Hz)$，还有**波数**（wave number）(cm^{-1}) 这三个参数对电磁波进行了分类。若光速为 $c(m/s)$，则 $v = c/\lambda$。此处的分类边界并非很明确，只是一个大致的标准。**可见光**（visible light）的波长范围是，波长由短到长依次为紫色（violet）、蓝色（blue）、绿色（green）、黄色（yellow）、橙色（orange）和红色（red）。这里值得注意的是，并不是电磁波本身带有颜色，只不过是各种不同波长的电磁波映入眼帘时，我们用不同颜色来区分而已。比紫色光波长短的射线依次为**紫外线**（ultraviolet radiation）、X 射线（X-rays）和 γ 射线（γ-rays）。另外，比红色光波长长的射线依次为**红外线**（infrared radiation）、

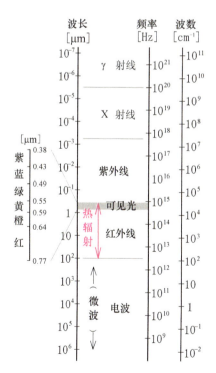

图 4.3 基于波长、频率、波数的电磁波分类[1]

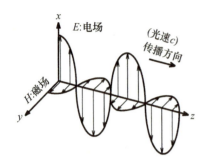

图 4.4 电磁波(辐射)的传播过程

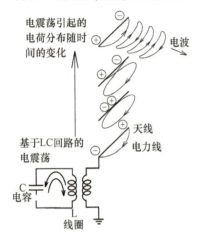

图 4.5 电波的发射机理[2]

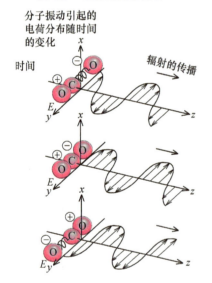

图 4.6 辐射的发射机理(模型图)

表 4.1 传热形式和传热机理

形 态	机 理
热传导	传导传热
对流传热(强迫,自然)	
辐射传热	辐射传热(电磁波)

微波(microwave)和无线电波(radio wave)。所谓的辐射(radiation)就是这些电磁波的总称,其中能够以热或光的形式检测到的波长范围称为热辐射(thermal radiation)。如图4.3所示,热辐射是指波长由可见光至100 μm范围的辐射。即,如果手被这个波长范围的热辐射(电磁波)照射则会感到暖热。

如图4.4模型图所示,这些电磁波在 x 平面诱发电场(electric field)(电场 E 变大)同时在 y 平面诱发磁场(magnetic field)(磁场 H 变大)。这种电场和磁场彼此相互感应,电磁波都以光速(speed of light)向与之直交的 z 方向传播(propagation)。

*4.1.3 辐射的放射机理 (emission mechanism of radiation)

物体发出可见光、红外线或者无线电波的机理,可以用由正极(+)和负极(−)组成的电偶极子(electric dipole)来解释。如图4.5所示,在电容器C与线圈L组成的电路中,因线圈持有的惯性而反复产生电振荡(electric oscillation)。这些振荡信号传到天线,天线上的电流或电荷分布(distribution of electric charge)就会发生变化,电荷移动导致电力线(line of electric force)扭曲,封闭的电力线作为电波离开天线。同样,如图4.6所示,分子(图4.6中假设是二氧化碳分子)或原子振动时,其内部的电荷分布是根据时间而变动的,我们可以将其假想为电偶极子或天线。因此,与振动模式(mode of vibration)匹配的频率(或波长的辐射)被放射出来。反之,若这一频率的辐射入射分子或原子时将被吸收。这种电荷分布的时间变化不仅在振荡运动(vibration motion)中可以产生,在分子或原子的旋转运动(rotational motion)中也可以产生。

微波炉(microwavable oven)加热物体所利用的原理就是,把频率为2.45 GHz的微波(波长约为12.2 cm)射至被加热物体上,利用接近这一频率的水分子的旋转运动吸收此微波来输送能量从而加热被加热物体。

4.1.4 导热和辐射的传热机理 (heat transfer mechanisms of conduction and radiation)

在图4.1所示的薪火的例子中,首先火焰或炭火内部的分子运动形式的热能(内能)转变为电磁波(辐射),这些放射出来的电磁波经空间传递到达人体或者手的表面,然后再次转变成分子运动形式的热能(内能),至此完成了一个完整的传热过程,这个过程不断重复。即,手或者身体表面的温度不断上升,使人感觉到温暖。由此可知,辐射传热是不需要固体或者空气一类传热介质(media)的,即便在真空(vacuum)中也可通过电磁波(辐射)传递热量,因此其传热机理(heat transfer mechanism)是不同于需要传热介质的热传导或对流传热的。如表4.1所示,传热方式分为热传导、对流传热(强迫对流和自然对流)和辐射传热。如果从传热机理出发对传热进行分类,则只有热传导和辐射传热两种,对流传热只是热传导的一种变种,其传热机理是热量依靠传热介质内部的温度梯度进行传递,因此包含在热传导中。

4.1.5 辐射的反射、吸收和透过 (reflection, absorption and transmission of radiation)

在辐射传热中,能量通过辐射(电磁波)传递。如图4.7所示,当辐射**入射**(incident)一个物体表面时,一部分被**反射**(reflection),一部分被**吸收**(absorption),其余部分则**透过**(transmission)物体。物体因吸收这部分辐射能而温度升高。另外,即使热辐射强度很高,若完全被反射或者完全透过,物体的温度也不会上升。

被物体反射、吸收或透过物体的能量与入射辐射能之比分别称为物体的**反射率**(reflectivity) ρ、**吸收率**(absorptivity) α、**透过率**(transmissivity) τ。根据能量守恒定律,如式(4.1)所示,三者之和为1。

$$\rho + \alpha + \tau = 1 \qquad (4.1)$$

物体**不透明**(opaque)时,$\tau = 0$,反射率和吸收率之间有下列关系。

$$\rho + \alpha = 1 \quad 或 \quad \alpha = 1 - \rho \qquad (4.2)$$

由此可见,对于不透明物体,如果能测得入射辐射能和反射辐射能,根据式(4.2),即可求得物体的吸收率。然而,即使入射辐射像一根光线一样,由于物体表面粗糙不平,辐射也会被反射向所有方向(如图4.8所示)。其中,任意方向的反射均相等时,称之为**漫反射**(diffusion reflection)。如图4.8所示,对某个粗糙度的粗糙表面,在长波辐射时可视为**平滑面**(smooth surface),引起**镜面反射**(specular reflection);同样的表面,对短波辐射来说则是粗糙表面,引起漫反射。

另外,对于金属物体,由于辐射在物体表面附近(只有几个原子的厚度)就被吸收,因此可视之为几何表面,反射率和吸收率只依存于其表面性质,温度也只考虑表面温度即可。但是,如果是陶瓷等物体时,辐射会达到距表面较深的地方,这一点需要注意。

4.2 黑体辐射 (blackbody radiation)

通常,我们的眼睛能够感知的光(电磁波)是图4.3中所示的可见光范围。能很好地吸收这些光的表面称为"黑色",相反,很好地反射这些光的表面称为"白色"。与之相对,辐射传热中所谓的"黑"是指将图4.3中所示的所有波长的电磁波完全吸收的一种理想的(假想的)表面。

例如,如图4.9所示,用双手形成一个有一个开口的空腔。在图4.9(a)中,因开口较大,可以看到内部的(手掌的)颜色和皱纹,也就是通过开口进入空腔的光线被其内部表面反射,重新通过开口到达眼睛而被感知。但是,在图4.9(b)中,因开口与空腔内部相比小很多,从开口处就只能看到"黑"。

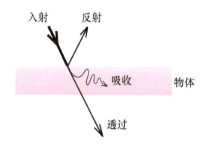

图4.7 辐射的反射、吸收和透过

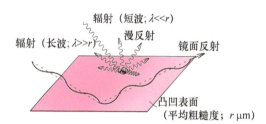

图4.8 某一粗糙度($r\,\mu m$)表面上入射辐射波长($\lambda\,\mu m$)不同导致的反射的差别

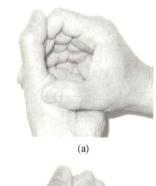

(a)

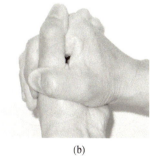

(b)

图4.9 用双手模拟的黑体表面

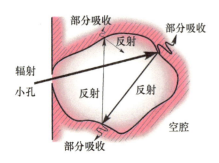

图 4.10 由小口入射的辐射的衰减过程

其原因如下：如图 4.10 的黑体模型图所示，对由不透明的（$\rho+\alpha=1$）物体表面形成的空腔，从很小的开口处入射的光，待其重新到达开口处之前，在被内部表面反复反射和吸收的过程中，已经几乎完全被吸收。即，可以看成从开口处入射的光几乎完全被吸收，也就是可见光领域所说的"黑"。此外，这样的分析不仅适用于可见光，也同样适用于所有波长范围的光。

因此，在辐射传热领域，把可以吸收全波长入射辐射（电磁波）的理想物体或表面比喻成"黑"，称为黑体（black body）或黑体表面（black surface）。特别是，如果仅限于在辐射传热中非常重要的可感到温暖的电磁波（热辐射）而言的话，图 4.9(b) 中所示的看起来是黑色的开口断面，可以看做完全吸收波长范围从可见光到约 100 μm 的热辐射的黑体表面（black surface）。当然，这样的黑体表面 $\alpha=1$。

4.2.1 普朗克定律（Planck's law）

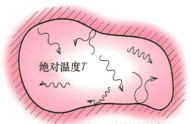

图 4.11 热平衡状态下的封闭空间内的辐射

考虑图 4.11 所示的由绝对温度（absolute temperature）T(K) 的表面围成的密闭空间（enclosure）。此时，如 4.1.2 节所述，全波长的辐射（电磁波）向所有方向上发射，但因空间内部的温度是恒定的，即处于热平衡（thermal equilibrium）状态，其发射与吸收的能量相等，任何方向上都不存在净热量的传递。尝试在这个密闭的空间开一个小到不会破坏这种热平衡的小开口，并把向外部发射的辐射通过棱镜（prism）或者衍射光栅（grating）进行分光（spectrum）（如图 4.12 所示）。把各波长对应的辐射强度称为单色辐射力（spectral emissive power），其大小并非仅依赖于波长。从理论上推导出单色辐射力对波长分布的是普朗克（Max Planck）。

根据这一理论，从绝对温度为 T 的黑体发射的微小波长范围为 $\lambda \sim \lambda + d\lambda$ 的单色辐射力 $E_{b\lambda}$ (W/(m²·μm)) 可由下式表示。

$$E_{b\lambda} = \frac{C_1}{\lambda^5 [\exp(C_2/\lambda T) - 1]} \qquad (4.3)$$

称为普朗克定律（Planck's law）。此处 C_1 和 C_2 分别称为第一辐射常数（the first radiation constant）和第二辐射常数（the second radiation constant）。若把 $C_1 (= 2\pi h c_0^2 = 3.742 \times 10^8$ W·μm⁴/m²$)$，$C_2 (= hc_0/k = 1.439 \times 10^4$ μm·K$)$ 分别带入上式，则有下式

$$E_{b\lambda} = \frac{2\pi h c_0^2}{\lambda^5 [\exp(hc_0/\lambda kT) - 1]} \qquad (4.4)$$

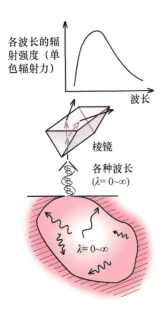

图 4.12 来自热平衡状态下封闭空间的辐射的分光

这里，$h (= 6.6256 \times 10^{-34}$ J·s$)$ 是普朗克常数（Planck constant），$k (= 1.3805 \times 10^{-23}$ J/K$)$ 是玻尔兹曼常数（Boltzmann constant），$c_0 (= 2.998 \times 10^8$ m/s$)$ 则是真空中的光速。式(4.4)所示的单色辐射力 $E_{b\lambda}$ 与波长之间的关系，即普朗克分布（Planck distribution）随绝对温度 T 的变化如图 4.13 所示。

这里值得注意的是，考虑辐射问题时一定要用到绝对温度，其单位是开尔文（Kelvin；K）。任何温度的黑体，其单色辐射力随着波长的增加而连续变化，先增大然后减小。但是，波长固定不变时，单色辐射力随着温度的升高而单调增大。此外，随着温度上升，波长短的辐射（电磁波）被更多地放射出来。

一般将物体加热了的情况下,当温度低于大约 530℃(≈800 K)时因不发射可见光,即使在黑暗中也无法看到红热的光。但是超过这个温度后,从图 4.13 中也可以看出,将发射可见光范围中波长较长的光,因此,如图 4.14 所示首先出现暗红色光带,然后,随着温度的上升,波长较短的可见光被发射出来(如图 4.13 所示),因此如图 4.14 所示物体表面渐次会变成红色、橙色和黄色光。随着温度不断上升,将出现全部可见光的混合辐射,此时会出现白色光带。可见通过颜色可以掌握加热了的物体的温度,光学高温计正是利用了这一原理(如图 4.14 所示)。

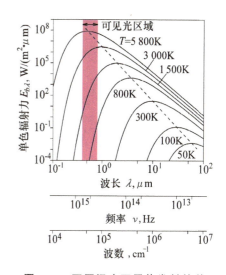

图 4.13 不同温度下黑体发射的单色辐射力(普朗克分布)

*4.2.2 普朗克定律的导出 (derivation of Planck's law)

表示单色辐射力**波长分布**(spectral distribution)的(4.3)式推导过程如下。这段内容有一定难度,忽略不学直接进入下面的 4.2.3 节也无妨。

1. 辐射能量的最小单位

分子、原子或电子从高能量 E_i 状态向低能量 E_j 状态转移时,发射频率为 ν 的光,且有 $E_i - E_j = h\nu$,这里,h 是普朗克常数。现在就 $h\nu$ 仔细思考一下。如果要测定发射辐射的分子或原子(**振子**(oscillator)或电偶极子)所持有的能量 ε 和持续持有该能量的时间 τ,测定值中定会伴随不确定量 $\Delta\varepsilon$ 和 $\Delta\tau$,且二者之积不会小于普朗克常数 h,即 $\Delta\varepsilon\Delta\tau \geq h$。这就是**海森堡不确定性原理**(Heisenberg's uncertainty principle)。测量振子持有能量所需时间至少要经过一个波长时间(周期),即 $1/\nu$ 秒。因此,至少 $\Delta\tau \approx 1/\nu$。由此可知 $\Delta\varepsilon \geq h\nu$。换句话说,能量交换(吸收,辐射)时的能量最小单位可用 $h\nu$ 表示。

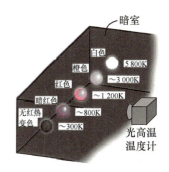

图 4.14 暗室内温度不同引起的红热状态的差异

2. 振动子的能量吸收及**能级**(energy level)

持有 $h\nu$ 能量的辐射像粒子一样入射处于**基态**(ground state)的分子或原子(振子),并被吸收时,该分子持有的能量(能级)仅增大 $h\nu$。因此,如图 4.15 所示,因为入射能量个会小于 $h\nu$,所以分子或原子(振子)的能级是不连续的,取 $h\nu$ 的整数倍**离散**(discrete)值。

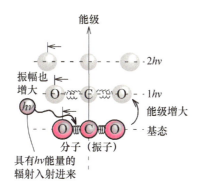

图 4.15 最小能量 $h\nu$ 的吸收和能级

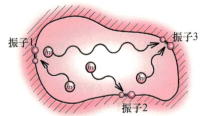

图 4.16　空腔内振子间的最小能量 $h\nu$ 的吸收与发射

发射和吸收辐射的振子有3个,能量$h\nu$有4个的时候,4个$h\nu$粒子在振子间相互传递保持热平衡

表 4.2　4 个最小能量 $h\nu$ 分配给 3 个振子时的组合

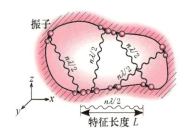

图 4.17　振子间存在驻波的条件

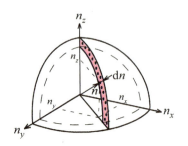

满足 $n \leqslant \sqrt{n_x^2+n_y^2+n_z^2} \leqslant n+\mathrm{d}n$ 的点其总数在 $n \to \infty$ 时,等于 n 和 $n+\mathrm{d}n$ 间的球壳体积。

图 4.18　坐标 n_x, n_y, n_z 内满足驻波存在条件的振子数

3. 频率的振子在封闭黑体空间里持有的平均能量

绝对温度 T 的腔体内壁表面存在无数振子(原子或分子)。假设,如图 4.16 所示,振子有 3 个,频率 ν 的最小能量 $h\nu$ 有 4 个。每个振子的能级要么处于基态,要么 $3h\nu$, $2h\nu$ 随机地变化。4 个 $h\nu$ 粒子和 3 个振子的组合,如表 4.2 所示,有 15 种组合方式。可见,一个振子拥有 4 个 $h\nu$ 粒子的几率为 1/15,拥有 3 个 $h\nu$ 粒的几率为 2/15,依次类推。若无数个振子和 $h\nu$ 粒子组合时,一个振子拥有 m 个 $h\nu$ 粒子的几率与 $\exp(-m \cdot h\nu/kT)$ 成正比。可见,一个振子要持有很多能量是很难的。因此,基于能级是离散性的,热平衡状态下这些振子平均所能拥有的能量 $\bar\varepsilon$ 利用各能级的总和可如下求得。

$$\bar\varepsilon = \frac{\sum_{m=0}^{\infty} m \cdot h\nu \cdot \mathrm{e}^{(-m \cdot h\nu/kT)}}{\sum_{m=0}^{\infty} \mathrm{e}^{(-m \cdot h\nu/kT)}} \tag{4.5}$$

若令 $x=\exp(-h\nu/kT)$,根据 $1+x+x^2+\cdots=1/(1-x)$, $1+2x+3x^2+\cdots=1/(1-x)^2$,可得:

$$\bar\varepsilon = \frac{h\nu}{\mathrm{e}^{(h\nu/kT)}-1} \tag{4.6}$$

4. 持有平均能量 $\bar\varepsilon$ 的振子的数量密度

如图 4.17 所示,一个振子若要吸收另一个振子发射的能量,两个振子必须是辐射作为波时的驻波的**波节**(node)。其条件是,若任意形状空腔的特征长度为 L(空间容积为 L^3),则 $n=2L/\lambda$ (n 为整数)。若把 n 的 x, y, z 分量用 n_x, n_y, n_z 表示,满足上述条件的振子的数量 $\Delta N(\nu)$ 则可作为满足 $n^2=n_x^2+n_y^2+n_z^2$ 的组合 (n_x, n_y, n_z) 数求得。假设这个 n 的数值很大,如图 4.18 所示,则这个数恰好等于以 n_x, n_y, n_z 为坐标的内外半径分别为 n 和 $n+\mathrm{d}n$ 的球壳体积。因为 n_x, n_y, n_z 是正整数,所以应是整个壳体积的 1/8。另外,图 4.4 所示的电磁波中,电场 E 有两种,即要么与 y 轴平行,要么与 x 轴平行。因此,微小球壳内含有振子的总数 $\Delta N(\nu)$ 可表示如下。

$$\Delta N(\nu) = 2 \cdot \frac{1}{8} \cdot 4\pi n^2 \mathrm{d}n = \pi \left(\frac{2L\nu}{c}\right)^2 \mathrm{d}\left(\frac{2L\nu}{c}\right) = \frac{8\pi L^3}{c^3}\nu^2 \mathrm{d}\nu \tag{4.7}$$

这里使用了 $\lambda=c/\nu$。另外,通过除以空间容积 L^3,振子数量密度 $n_o(\nu) \mathrm{d}\nu$ 可表示成下式。

$$n_o(\nu)\mathrm{d}\nu = \frac{\Delta N(\nu)}{L^3} = \frac{8\pi}{c^3}\nu^2\mathrm{d}\nu \tag{4.8}$$

5. 普朗克定律

频率 ν 和 $\nu+\mathrm{d}\nu$ 之间存在的驻波数量密度和在其两端的单个振子的平均能量 $\bar\varepsilon$ 的积,等于平衡状态下绝对温度 T 的空腔内发射的频率 ν 和 $\nu+\mathrm{d}\nu$ 之间的单色辐射力,这就是(4.4)式的普朗克定律。(4.4)式利用了 $\mathrm{d}\lambda=-(c_o/\nu^2)\mathrm{d}\nu$ 及 $E_{b\lambda}\mathrm{d}\lambda=n_o(\nu)\mathrm{d}\nu \cdot \bar\varepsilon$。

4.2.3 维恩位移定律 (Wien's displacement law)

在图 4.13 中,发射出最大单色辐射力的波长 $\lambda_{\max}$,随着温度的升高向短波长一侧移动。$\lambda_{\max}(\mu m)$ 和 $T(K)$ 之间的关系,可通过(4.3)式的 $E_{b\lambda}$ 对 λ 求导数并使其等于零而求得。

$$\left(5-\frac{C_2}{\lambda_{\max}T}\right)e^{\frac{C_2}{\lambda_{\max}T}}-5=0 \tag{4.9}$$

解此方程式可得如下结果。

$$\frac{C_2}{\lambda_{\max}T}=4.965\,114 \tag{4.10}$$

因此,由 $C_2=0.014\,386\,8\,\text{m}\cdot\text{K}$ 可得,

$$\lambda_{\max}T=2\,897\,\mu m\cdot K \tag{4.11}$$

称之为维恩位移定律(Wien's displacement law)。这一变化在图 4.13 中用虚线表示。

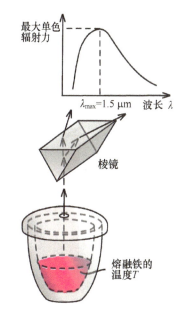

图 4.19 利用维恩位移定律测量温度

【例题 4.1】 ************************

把熔融了的铁放入绝热的熔炉里,上面用一个开有很小孔的盖子盖上。通过小孔,如图 4.19 所示,测定单色辐射力光谱分布时,在波长 $1.5\,\mu m$ 处辐射力达到最大值。求熔融铁的温度。这里假定棱镜的透过性与波长无关。

【解答】 假设熔融铁、熔炉及盖子的温度相同,那么在盖子上开的小孔就可视为此温度的黑体面。根据维恩位移定律即可求得熔融铁的温度。

$$\lambda_{\max}T=1.5\,\mu m \times T=2\,897(\mu m\cdot K) \tag{ex 4.1}$$

$$\therefore T=1\,931\,K \tag{ex 4.2}$$

****

4.2.4 斯忒藩-玻尔兹曼定律 (Stefan-Boltzmann's law)

图 4.13 和式 (4.4) 中的单色辐射力 $E_{b\lambda}$,是对应每单位波长的由黑体发射的能量。在全波长范围内对单色辐射力积分可得到如图 4.20 所示的由绝对温度 T 的黑体发射出的全部能量,即**全辐射力**(total emissive power)E_b(W/m^2),其方程如下(参考例题 4.2)。

$$E_b=\int_0^\infty E_{b\lambda}d\lambda=\int_0^\infty \frac{C_1}{\lambda^5[\exp(C_2/\lambda T)-1]}d\lambda=\sigma T^4 \tag{4.12}$$

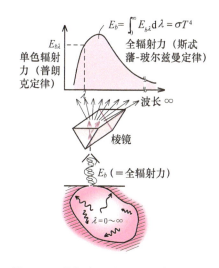

图 4.20 普朗克定律和斯忒藩-玻尔兹曼定律

称此为**斯忒藩-玻尔兹曼定律**(Stefan-Boltzmann's law)。该式表明:从绝对温度 T 的黑体里每单位面积发射出的辐射能,即热通量,是与其绝对温度的 4 次方成正比的。将前述的 C_1 或 C_2 物理常数代入该式,可得到**斯忒藩-玻尔兹曼常数**(Stefan-Boltzmann constant)σ 的值为 $5.67\times10^{-8}\,W/(m^2\cdot K^4)$。

【例题 4.2】 ************************

用普朗克定律推导斯忒藩-玻尔兹曼定律。

【解答】 对波长 λ＝0～∞ 的单色辐射力 $E_{b\lambda}$ 积分，得

$$E_b = \int_0^\infty E_{b\lambda} d\lambda = \int_0^\infty \frac{C_1}{\lambda^5 [\exp(C_2/\lambda T) - 1]} d\lambda \quad (\text{ex } 4.3)$$

把 $\xi = C_2/\lambda T$ 代入上式，得

$$E_b = \frac{C_1 T^4}{C_2^4} \int_0^\infty \frac{\xi^3}{e^\xi - 1} d\xi \quad (\text{ex } 4.4)$$

此定积分的值如下

$$6 \times \left(1 + \frac{1}{2^4} + \frac{1}{3^4} + \cdots\right) = 6 \times \frac{\pi^4}{90} = \frac{\pi^4}{15} \quad (\text{ex } 4.5)$$

因此，全波长发射出的全辐射力可表达如下

$$E_b = \frac{\pi^4}{15} \frac{C_1}{C_2^4} T^4 = \frac{2}{15} \frac{\pi^5 k^4}{c_0^2 h^3} T^4 = \sigma T^4 \quad (\text{ex } 4.6)$$

****

4.2.5 黑体辐射比率 (fraction of blackbody emissive power)

斯忒藩-玻尔兹曼定律表示由温度 T 的黑体里所发射的所有波长的全辐射能量。与此相对，比如想求从太阳到地球的全辐射能量中可见光的辐射能所占百分比，则利用下式所示的**黑体辐射比率**(fraction of blackbody emissive power)比较方便。

$$F_{\lambda_1 - \lambda_2}(T) = \frac{\int_{\lambda_1}^{\lambda_2} E_{b\lambda} d\lambda}{\int_0^\infty E_{b\lambda} d\lambda} = \frac{1}{\sigma T^4} \int_{\lambda_1}^{\lambda_2} E_{b\lambda} d\lambda \quad (4.13)$$

图 4.21 黑体辐射比率

如图 4.21 所示，这里 $F_{\lambda_1 - \lambda_2}$ 是全辐射力 σT^4 中波长 λ_1 到 λ_2 **波段**(spectral band)中的电磁波所发射出的辐射能所占之比例。

此外，如下式所示，黑体的单色辐射力 $E_{b\lambda}$(式(4.3))除以 T^5 所得之函数仅是波长与温度之积的函数。

$$\frac{E_{b\lambda}}{T^5} = \frac{C_1}{(\lambda T)^5 [\exp(C_2/\lambda T) - 1]} \quad (4.14)$$

若以 $E_{b\lambda}/T^5$ (W/(m²·K⁵μm))为纵轴、以 λT 为横轴建立坐标，如图 4.22 所示，则所有温度下的单色辐射力（普朗克定律）都可用一条曲线表示。因此，根据式(4.14)，所有黑体温度下波长 $\lambda_1 - \lambda_2$ 波段的黑体辐射比率由下式求得。

$$F_{\lambda_1 - \lambda_2}(T) = F_{\lambda_1 T - \lambda_2 T}$$
$$= \frac{1}{\sigma} \left[\int_0^{\lambda_2 T} \frac{E_{b\lambda}}{T^5} d(\lambda T) - \int_0^{\lambda_1 T} \frac{E_{b\lambda}}{T^5} d(\lambda T) \right] = F_{0-\lambda_2 T} - F_{0-\lambda_1 T} \quad (4.15)$$

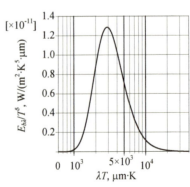

图 4.22 基于 $E_{b\lambda}/T^5$ 和 λT 的一般曲线

4.3 真实表面的辐射特性

另外,对于任意绝对温度 T 及波长 λ,波段 $0\sim\lambda T$ 所发射的辐射能所占比率可如图 4.23 所示求得(此图的使用方法参考例题 4.3)。表 4.3 表示黑体辐射比率的数值。

【例题 4.3】 ************************

设太阳温度为 5 800 K,近似把太阳表面视为黑体时,可见光即波长 $0.38\sim 0.77\ \mu m$ 区间的辐射能占太阳发射出的总辐射能的百分之几?

【解答】 波长 $0\sim 0.38\ \mu m$ 区间的辐射能比率根据

$$\lambda_1 T = 0.38\ \mu m \times 5\ 800\ K = 2\ 204\ \mu m \cdot K \qquad (ex\ 4.7)$$

由图 4.23 可知约为 10%。另外,波长 $0\sim 0.77\ \mu m$ 区间的辐射能比率由

$$\lambda_2 T = 0.77\ \mu m \times 5\ 800\ K = 4\ 466\ \mu m \cdot K \qquad (ex\ 4.8)$$

根据图 4.23 可知约为 55%。因此,可见光即波长 $0.38\sim 0.77\ \mu m$ 区间的辐射能占太阳发射出的总辐射能之比为二者之差(55% − 10%),即约为 45%。

****

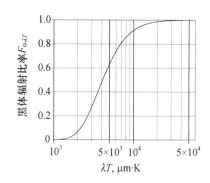

图 4.23 波长范围 $0\sim\lambda T$ 的黑体辐射比率

表 4.3 黑体辐射比率的数值[3]

$\lambda T\ (\mu m \cdot K)$	$F_{0-\lambda T}$
1 000	0.000 32
2 000	0.066 73
3 000	0.273 23
4 000	0.480 87
5 000	0.633 73
6 000	0.737 79
7 000	0.808 08
8 000	0.856 25
9 000	0.889 99
10 000	0.914 16
20 000	0.985 54
30 000	0.995 28
40 000	0.997 91
50 000	0.998 89

4.3 真实表面的辐射特性 (radiation properties of real surfaces)

4.3.1 放射率和基尔霍夫定律 (emissivity and Kirchhoff's law)

普朗克定律给出了从黑体发射出的单色辐射力。然而,从实际存在的物体或其表面即**真实表面**(real surfaces)发射出的辐射波长分布如图 4.24 所示,未必符合图 4.13 所示的普朗克定律。绝对温度 T 的真实表面的单色辐射力 $E_\lambda(\lambda, T)$,如图 4.24 所示,相对波长是任意分布的。因此,为了方便起见,定义相同绝对温度 T 时,从真实表面发射出的单色辐射力与从黑体放射出的单色辐射力 $E_{b\lambda}(\lambda, T)$ 之比为 ε_λ,如式(4.16)所示。这里 ε_λ 称为**单色发射率**(spectral emissivity)。

$$\varepsilon_\lambda = \frac{E_\lambda(\lambda, T)}{E_{b\lambda}(\lambda, T)} \qquad (4.16)$$

首先,我们分析一下这个发射率应该取什么样的值。如图 4.25 所示,假设在一个大的封闭空腔里有一个具有真实表面的小物体。设在波长 λ 时小物体的吸收率和发射率分别为 α_λ、ε_λ,若空腔内部处于绝对温度 T 的热平衡状态,则小物体吸收的波长 λ 的辐射能 $\alpha_\lambda E_{b\lambda}(\lambda, T)$ 与发射的波长 λ 的辐射能 $E_\lambda = \varepsilon_\lambda E_{b\lambda}(\lambda, T)$ 相同。即

$$\alpha_\lambda E_{b\lambda}(\lambda, T) = E_\lambda(\lambda, T) = \varepsilon_\lambda E_{b\lambda}(\lambda, T) \qquad (4.17)$$

$$\alpha_\lambda = \varepsilon_\lambda \qquad (4.18)$$

这个定律称为**基尔霍夫定律**(Kirchhoff's law)。基尔霍夫定律的含义是,某个物体吸收波长 λ 的辐射能量越多,发射出的波长 λ 的能量

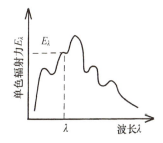

图 4.24 真实表面的单色辐射力分布

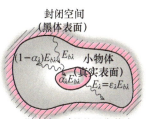

图 4.25 置于密闭黑体空间内的真实表面的热平衡

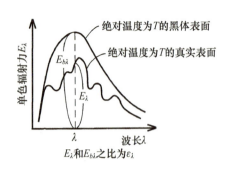

图 4.26 温度 T 时真实表面和黑体表面的单色辐射力之比(＝发射率)

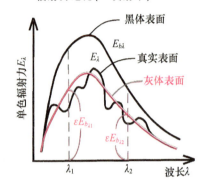

图 4.27 黑体表面、真实表面和灰体表面

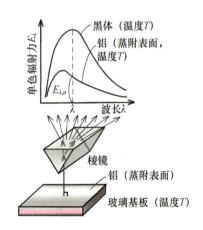

图 4.28 铝蒸附表面的单色法向发射率

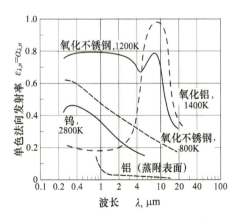

图 4.29 各种金属及其氧化表面的单色法向发射率[4]

也就越多。另外,由 4.1.5 节可知,吸收率的值在 0～1 范围内,因而其发射率也是处于 0～1 范围内。更为重要的是,黑体的吸收率是 1,因而其发射率也是 1。即,黑体是所处温度下的完全辐射体(perfect emitter)。因此,在图 4.24 中若将相同温度下的黑体的单色辐射力也一并画上可得图 4.26,可见在任何波长下,实际表面的单色辐射力要比黑体的小。各波长下的二者之比(实际表面的单色辐射力与黑体单色辐射力之比,译者注)就是单色发射率 ε_λ。

4.3.2 黑体、灰体和非灰体(blackbody, gray body and nongray body)

把黑体的单色辐射力在波长 0～∞ 范围积分可得斯忒藩-玻尔兹曼定律的 σT^4。但是,因实际表面的单色发射率 ε_λ 是依赖于波长的,若不是已知任何波长下的 ε_λ,则不能将实际表面的单色发射率对波长进行积分。因此,如图 4.27 所示,假设实际表面的发射率相对波长是近似一定的。像这种发射率不依赖于波长的物体被称为灰体(gray body)或灰表面(gray surface)。这样,发射率就可以移到积分外侧,灰体辐射能可表示成

$$E = \int_0^\infty E_\lambda \mathrm{d}\lambda = \int_0^\infty \varepsilon_\lambda E_{b\lambda} \mathrm{d}\lambda = \varepsilon \int_0^\infty E_{b\lambda} \mathrm{d}\lambda = \varepsilon\sigma T^4 \tag{4.19}$$

此外,一般把发射率依赖于波长的实际表面称为非灰体(nongray body)或非灰表面(nongray surface)。

4.3.3 真实表面的发射率(emissivity of real surfaces)

如图 4.28 所示,在玻璃基板上附着铝蒸气制作一面镜子(铝蒸附表面),并将其加热到一定的温度,通过描绘从镜子表面向垂直方向(normal direction)发射出的各个波长的辐射强度与从相同温度的黑体里发射出的各个波长的辐射强度之比,可以计算出垂直方向的发射率,即单色法向发射率(spectral normal emissivity)$\varepsilon_{\lambda,n}$。图 4.29 给出了铝蒸附表面的单色法向发射率。另外,图 4.29 还给出了不锈钢和用于灯丝的钨等金属的单色垂直发射率。通常金属一类的良导体,随着波长的增加发射率变小。图 4.29 中还给出了这些金属表面被氧化状态下的单色法向发射率。可见,即便是同一金属,光泽表面和被氧化表面的发射率是有很大区别的,这一点需要加以注意。另外,如图 4.30 所示,瓷砖和石膏等非金属面的单色法向发射率,在可见光及 1～2 μm 的近红外区域较小,但是波长超过 3 μm 或 5 μm 时变大,其值可高达 0.8 以上。基尔霍夫定律指出单色发射率等于单色吸收率。由此可见,白色瓷砖在可见光区域不吸收光,接近所谓的"白"。然而在长波区域(红外线)吸收率很高,接近"黑"。

图 4.31 表示,把研磨好的铂加热到图中所示的温度,然后在不同的发射角(emission angle)下获得的波长 2 μm 时的辐射强度与黑体的辐射强度之比,即定向光谱发射率(directional spectral emissivity)$\varepsilon_{\lambda,\theta}$ 的理论值与实测值。如图 4.31 所示,对金属等良导体,从垂直方向到大致 50° 或 60° 左右的发射率基本可视为一定。超过此角度后,发射

率先增大，但是角度接近水平方向时则迅速减小。另外，如图 4.32 模式图中所比较的那样，对不良导体（非金属），垂直方向到大约 70° 左右的发射率基本可视为相同，但是超过此角度后发射率仍然迅速变小。

由此可见，实际表面的发射率既要如图 4.29 和图 4.30 所示依赖于波长，又要如图 4.31 和图 4.32 所示依赖于辐射角度。

4.3.4 真实表面的全发射率、全吸收率、全反射率和半球发射率（total and hemispherical emissivity, total absorptivity and total reflectivity of real surfaces）

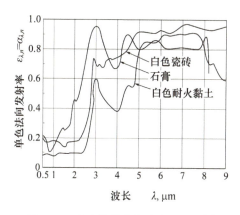

图 4.30 非金属的单色法向发射率[5]

如同 4.3.3 节中所指出的，实际表面的发射率、吸收率和反射率是受波长及放射角度（或入射角度）影响的，因此要想计算出精确的辐射传热是很难的。在工业领域，多数情况是只要一定精度下的估算值即可，因此会经常利用波长或角度的平均值。此时，与称关于某波长 λ 的物理量为**单色**（spectral）相对应，把对全波长范围（$\lambda=0\sim\infty$）取平均或积分的物理量称为**全**（total）。因此，若设**单色发射率**（spectral emissivity）为 ε_λ，那么**全发射率**（total emissivity）ε 可由下式求得。

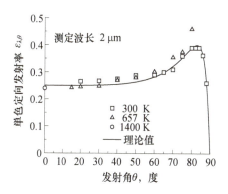

图 4.31 研磨过的铂表面的单色定向发射率

$$\varepsilon = \frac{\int_0^\infty E_\lambda(T_s)\mathrm{d}\lambda}{\int_0^\infty E_{b\lambda}(T_s)\mathrm{d}\lambda} = \frac{\int_0^\infty \varepsilon_\lambda(T_s)E_{b\lambda}(T_s)\mathrm{d}\lambda}{\sigma T_s^4} = \varepsilon(T_s) \qquad (4.20)$$

这意味着在图 4.27 中使 $E_\lambda(T_s)$ 和横轴围成的面积等于红线和横轴围成的面积的发射率。即，发射出与实际表面相同能量的灰体的发射率。可见波长平均化是很方便的，但是如例题 4.4 中指出，需要注意其值受表面温度 T_s 的影响。

【例题 4.4】 ★★★★★★★★★★★★★★★★★

求单色发射率 $\varepsilon_\lambda=0(\lambda\leqslant 3\mu m)$，$1(3\mu m\leqslant\lambda)$ 的实际表面在表面温度 T_s 为 1800 K 以及 500 K 时的全发射率。其中，单色发射率不受温度影响。

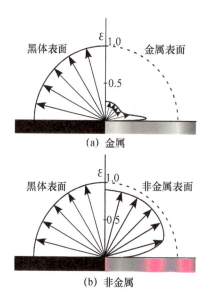

图 4.32 金属及非金属的单色定向发射率

【解答】 由图 4.23 黑体辐射比率图可知，1800 K 的黑体所发射出的辐射中波长 λ 为 $3\mu m$ 以上的辐射能量占 32%，因该波长范围的单色发射率为 1，故其全发射率是 0.32。而 500 K 时，黑体辐射中波长 λ 为 $3\mu m$ 以上的辐射能量占 99%，因此全发射率为 0.99。由此可知，即便单色发射率与温度无关，全发射率也会因表面温度不同而不同。

★★★★★★★★★★★★★★★★★★★★★★

同理，波长λ的辐射入射实际表面时，设吸收能量与入射能量的比为**单色吸收率**(spectral absorptivity)α_λ，并将其在全波长范围的平均值称为**全吸收率**(total absorptivity)α。若设波长λ的入射辐射能量为$E_{\lambda,i}$，则全吸收率可由下式求得。

$$\alpha = \frac{\int_0^\infty \alpha_\lambda E_{\lambda,i}\mathrm{d}\lambda}{\int_0^\infty E_{\lambda,i}\mathrm{d}\lambda} = \alpha(E_{\lambda,i}) \qquad (4.21)$$

例如，如图4.33所示，表面温度为T_s的实际表面的吸收率是$\alpha_\lambda = 0(\lambda \leqslant \lambda_c), 1(\lambda_c \leqslant \lambda)$，当入射辐射是$E_{\lambda,i} = E_{b\lambda}(\lambda \leqslant \lambda_c), 0(\lambda_c \leqslant \lambda)$时，**全吸收率**(total absorptivity)α为0。因此，**全反射率**(total reflectivity)ρ将为1。由此可见，全吸收率依赖于入射辐射的波长分布。而且，总反射率ρ也依赖于入射辐射的波长分布。

此外，辐射是从实际表面向半球状的所有方向发射的，因此本应需要**半球发射率**(hemispherical emissivity)ε_h，但是实际上，图4.29和4.30所示的法线方向的**法向发射率**(normal emissivity)ε_n的数据比较多。另外，如图4.23和图4.32所示，不管是金属还是非金属，法线方向开始前后70°左右的**定向发射率**(directional emissivity)ε_θ基本不变，因此常常会用ε_n代替ε_h。

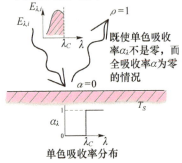

图4.33 单色吸收率α_λ和全吸收率α

4.4 辐射换热基础 (fundamentals of radiative heat exchange)

4.4.1 平行表面间的辐射换热 (radiative heat exchange between parallel surfaces)

现在考虑一下图4.34所示的两个平行放置的无限平板间的辐射换热。假设平板1被燃气炉加热并保持温度为T_h，而平板2被水冷却并保持温度为T_c。设隔着真空空间相对的表面为黑体面，其温度分别为T_{w1}和T_{w2}。从黑体面1的单位面积发射出的**辐射能**(radiant energy)为σT_{w1}^4，其被黑体面2完全吸收。同样从黑体面2发射出的辐射能为σT_{w2}^4并完全被黑体面1吸收。因此，**净辐射热流密度**(net radiation flux)$q(\mathrm{W/m})^2$可用二者之差求得如下。

$$q = \sigma T_{w1}^4 - \sigma T_{w2}^4 \qquad (4.22)$$

在定常状态下，这个净辐射热流密度等于各平板内基于热传导产生的热流密度。

$$q = \frac{k_1(T_h - T_{w1})}{d_1} = \sigma(T_{w1}^4 - T_{w2}^4) = \frac{k_2(T_{w2} - T_c)}{d_2} \qquad (4.23)$$

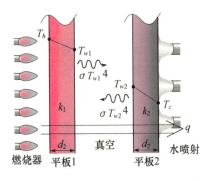

图4.34 二维无限平板间的辐射换热

下面考虑如图4.35所示的两个有限面积的黑体圆板。此时从黑体面1的任意一个微小面积$\mathrm{d}A_1$发射同等强度的**半球状**(hemispherical)辐射。其中，只有发射到**立体角**(solid angle)Ω（sr：**球面度**(steradian)）的**固体锥**(solid cone)内的辐射才能抵达黑体面2。可见，记述有限面积圆板间的辐射传热仅(4.22)式是不够的。于是，引入两个概念，即4.4.2节中定义的**辐射强度**(radiation intensity)——单位立体角

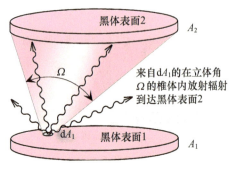

图4.35 有限黑体圆板间的辐射换热

的辐射能,以及 4.4.3 节中定义的 角系数(view factor)——半球状发射的辐射中能抵达对方表面的比例。据此可以处理有限面积的两个平面间的辐射传热问题。

4.4.2 辐射强度(radiation intensity)

来自微小面积的辐射始终成半球状向外发射。于是,如图 4.36 所示,假设从微小面积 dA,通过半球的一部分即微小立体角 dΩ,向 天顶角(zenithal angle,polar angle)θ、方位角(azimuthal angle)φ 的方向发射的全辐射能量为 e。此时 dA 在发射方向上的微小 投影面积(projected area)是 d$A\cos\theta$,因此单位面积、单位时间、单位立体角发射的能量即 辐射强度(radiation intensity)I(W/(m²·sr)) 可定义如下。

$$I=\frac{e}{\mathrm{d}A\cos\theta\mathrm{d}\Omega}=\frac{\mathrm{d}^2\dot{Q}}{\mathrm{d}\Omega\mathrm{d}A\cos\theta} \tag{4.24}$$

式中分母包含 2 个微小量,因此用 $e=\mathrm{d}^2\dot{Q}$ 来表述。换句话说,如果知道这个辐射强度,则立体角 dΩ 内发射出的辐射能量

$$\mathrm{d}^2\dot{Q}=I\mathrm{d}A\cos\theta\mathrm{d}\Omega \tag{4.25}$$

任意方向上的辐射强度都相同的表面称为 完全漫发射面(diffusely emitting surface)或 兰贝特面(Lambert surface)。黑体表面及粗糙表面具有这一特性。与此相对,如图 4.32 中所示的辐射强度依赖于发射角度的表面称为 定向发射面(directionally emitting surface)。

首先,就辐射强度相同的完全漫发射面进行分析。如图 4.37 所示,固体内传导来的热流密度 $q=\mathrm{d}\dot{Q}/\mathrm{d}A$ 的热量从黑体面呈半球状发射。这个热流密度 $q=\mathrm{d}\dot{Q}/\mathrm{d}A$ 等于从黑体面呈半球状发射出来的能量 $E(=\sigma T^4;$黑体),即 $E=\mathrm{d}\dot{Q}/\mathrm{d}A$。从而,作为半球一部分的单位立体角 d$\Omega$ 所对应的全辐射能 dE 如下式所示,随天顶角 θ 的增大而变小。

$$\frac{\mathrm{d}E}{\mathrm{d}\Omega}=\frac{\mathrm{d}^2\dot{Q}}{\mathrm{d}A\mathrm{d}\Omega}=I\cos\theta \tag{4.26}$$

即,如图 4.38 所示,从面积 dA 通过相同立体角 dΩ 的辐射能量 dE,随着天顶角 θ 的增大而变小。$\theta=90°$时 dE 等于 0。将此称为 兰贝特余弦定律(Lambert's cosine law)。这是由于尽管辐射强度 I 在半球状上相同,但如图 4.39 所示,其投影面积 d$A\cos\theta$ 随着天顶角 θ 的增大而变小。

其次,就完全漫发射面上的单位立体角的辐射能,即辐射强度 I(W/(m²·sr))和半球状上发射的全辐射能 E(W/m²)(黑体时为 σT^4)的关系进行考察。如图 4.40 所示,以辐射面 dA 为中心,半径为 r 的半球面上有个微小面积 dA'。横线部分是半径 $r\sin\theta$ 圆周上的一部分,其长度是与微小方位角 dφ 的积 $r\sin\theta\mathrm{d}\varphi$。纵线部分是半径 r 的圆周上的一部分,其长度是与微小天顶角 dθ 的积 $r\mathrm{d}\theta$。因此

$$\mathrm{d}A'=(r\sin\theta\mathrm{d}\varphi)(r\mathrm{d}\theta)=r^2\sin\theta\mathrm{d}\theta\mathrm{d}\varphi \tag{4.27}$$

根据图 4.41 所示,立体角的定义如下

$$\mathrm{d}\Omega=\frac{\mathrm{d}A'}{r^2}=\sin\theta\mathrm{d}\theta\mathrm{d}\varphi \tag{4.28}$$

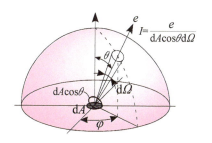

图 4.36 辐射强度的定义

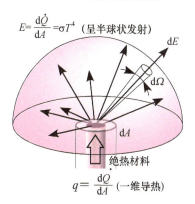

图 4.37 一维导热和辐射的半球状发射

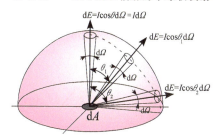

图 4.38 兰贝特余弦定律

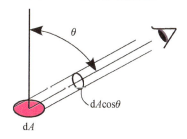

图 4.39 基于天顶角 θ 的投影面积

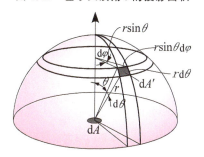

图 4.40 球面上的微小面积 dA'

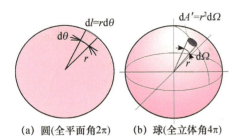

图 4.41 立体角的定义

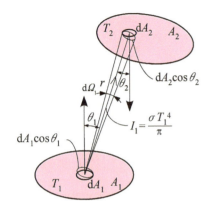

图 4.42 两个表面间的相互关系和立体角

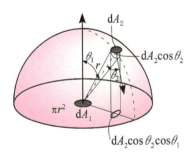

图 4.43 dA_2 的投影面积

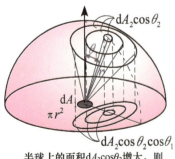

半球上的面积 $dA_2\cos\theta_2$ 增大，则投影面积 $dA_2\cos\theta_2\cos\theta_1$ 也增大。全半球的投影为 πr^2

图 4.44 随立体角的增大投影面积增大

将上式代入式(4.26)并对整个半球面求积分得

$$E = \int_0^{2\pi} I\cos\theta d\Omega = \int_0^{2\pi}\int_0^{\frac{\pi}{2}} I(\varphi,\theta)\sin\theta\cos\theta d\theta d\varphi \qquad (4.29)$$

在此，如果辐射强度 $I(\varphi,\theta)$ 已知，则可以求得积分。另外，对于完全漫反射面，辐射强度 I 不随方向变化，所以(4.29)式可以简单地积分而变成下式。

$$E = \pi I \qquad (4.30)$$

因黑体也是漫发射面，所以可得下式。

$$E_b = \pi I_b \qquad (4.31)$$

换句话说，对于黑体，其辐射强度 I_b 可表示如下。

$$I_b = \frac{E_b}{\pi} = \frac{\sigma T^4}{\pi} \qquad (4.32)$$

4.4.3 物体表面间的角系数（view factor between black surfaces）

现在考虑如图 4.42 所示的水平放置的黑体平板 1（温度 T_1，面积 A_1）和任意方向放置的黑体平板 2（温度 T_2，面积 A_2）之间的传热。从平板 1 的微小面积 dA_1 向天顶角 θ_1 方向辐射的辐射强度是 $I_1(=\sigma T_1^4/\pi)$。因此，辐射到距离 r 处的平板 2 上的微小面积 dA_2 上的辐射能 $d^2\dot{Q}_{1-2}$，基于(4.24)式及立体角的定义 $d\Omega_1 = dA_2\cos\theta_2/r^2$ 可求得如下。

$$d^2\dot{Q}_{1-2} = I_1 dA_1 \cos\theta_1 d\Omega_1 = \sigma T_1^4 dA_1 \frac{dA_2\cos\theta_2\cos\theta_1}{\pi r^2} \qquad (4.33)$$

这里，若考虑以 dA_1 到 dA_2 的距离 r 为半径的半球面，则 $\sigma T_1^4 dA_1$ 是 dA_1 向半球面发射的全辐射能。另外，如图 4.43 所示，$dA_2\cos\theta_2$ 是任意方向放置的 dA_2 面在半径 r 的半球面上的投影面积，而 $dA_2\cos\theta_2\cos\theta_1$ 是 $dA_2\cos\theta_2$ 在含有 dA_1 的平面上的投影面积。这里，如图 4.44 所示，若 $dA_2\cos\theta_2$ 增大则底面的投影面积也增大，发射到全半球面的能量 $\sigma T_1^4 dA_1$ 投影到底面的 πr^2 的面积上。也就是说，(4.33)式中的 $dA_2\cos\theta_2\cos\theta_1/(\pi r^2)$ 意味着从 dA_1 发射出的全辐射量 $\sigma T_1^4 dA_1$ 中与此投影面积比相当的能量抵达 dA_2。

同理，对从 dA_2 到达 dA_1 的辐射能 $d^2\dot{Q}_{2-1}$ 有

$$d^2\dot{Q}_{2-1} = \frac{I_2 dA_2\cos\theta_2 dA_1\cos\theta_1}{r^2} = \frac{\sigma T_2^4\cos\theta_1\cos\theta_2 dA_1 dA_2}{\pi r^2} \qquad (4.34)$$

因此，二者之差便是从 dA_1 到 dA_2 的净辐射能，即

$$d^2\dot{Q}_{12} = d^2\dot{Q}_{1-2} - d^2\dot{Q}_{2-1} = dA_1(\sigma T_1^4 - \sigma T_2^4)\frac{\cos\theta_1\cos\theta_2 dA_2}{\pi r^2} \qquad (4.35)$$

$$= dA_1(\sigma T_1^4 - \sigma T_2^4) dF_{dA_1-dA_2} \qquad (4.36)$$

这里，$dF_{dA_1-dA_2}$ 称为从 dA_1 到 dA_2 的微小平面间的角系数（view factor between elemental surfaces）。其物理意义是从 dA_1 发射出的全能量中抵达 dA_2 的比率。如将该式与黑体无限平板的式(4.22)相比较可见，用绝对温度的 4 次方之差乘以角系数即可得到该式。但是需要注意的是，因式(4.36)中面积是已知的，所以没有用热流密度，而是用热流量 $\dot{Q}$ 来记述的。

关于面积 A_1 和 A_2 的黑体平板间的传热，在 A_1 和 A_2 上对式(4.35)进行积分可得下式。

$$\dot{Q}_{12} = A_1 \sigma (T_1^4 - T_2^4) \left\{ \frac{1}{A_1} \int_{A_1} \int_{A_2} \frac{\cos\theta_1 \cos\theta_2 \, dA_1 dA_2}{\pi r^2} \right\} \quad (4.37)$$

这里

$$F_{12} = \frac{1}{A_1} \int_{A_1} \int_{A_2} \frac{\cos\theta_1 \cos\theta_2 \, dA_1 dA_2}{\pi r^2} \quad (4.38)$$

通常称 F_{12} 为**角系数**或**角关系**(view factor, configuration factor, angle factor, geometrical factor)。其意味着从面积为 A_1 的黑体平板 1 发射出的辐射能量中抵达面积为 A_2 的黑体平板 2 的辐射能量的比率。也就是说，如果知道角系数，两黑体平面间的辐射传热，即从平板 1 到平板 2 的传热量 $\dot{Q}_{12}$ 可表示如下。

$$\dot{Q}_{12} = A_1 \sigma (T_1^4 - T_2^4) F_{12} \quad (4.39)$$

关于各种不同形状不同方位关系的两个面间的角系数可以用各种方法求得，但能够用数式表示的三个例子示于图 4.45、图 4.46、图 4.47。它们分别是面积 A_1 和 A_2 的相互平行的圆板面、长方形面，以及面积 A_1 和 A_2 的呈直角配置的长方形面的角系数 F_{12}。

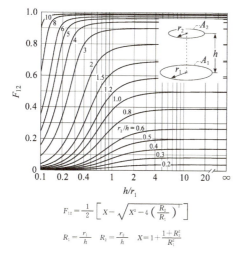

图 4.45　两个平行圆板间的角系数

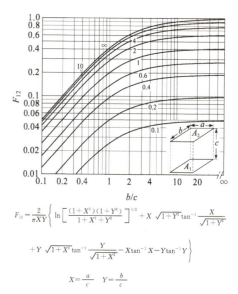

图 4.46　两个平行长方形间的角系数

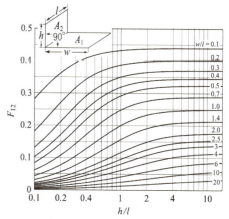

图 4.47　相互垂直的两个长方形间的角系数

【**例题 4.5**】＊＊＊＊＊＊＊＊＊＊＊＊＊＊＊＊＊＊＊＊＊

同心轴上有两张直径为 8 cm 的黑体圆板，以一定的间隔相互平行。求间隔为 2 cm 时的角系数。另外，考虑如何才能使角系数接近于 1。

【**解答**】　因圆板半径 $r_1 = r_2 = 4$ cm，间隔 $h = 2$ cm，所以 $h/r_1 = 0.5$，$r_2/h = 2$。由图 4.45 的线图或公式可知 $F_{12} \approx 0.61$。若要使角系数接近于 1，则缩小圆板间隔，或增大圆板直径长度，即使其接近 4.4.1 节中图 4.34 一样的无限平板。

＊＊＊＊＊＊＊＊＊＊＊＊＊＊＊＊＊＊＊＊＊

式(4.37)的积分无论是对从平板 1 至平板 2 的传热,还是对从平板 2 至平板 1 的传热都是一样的,可如下记述。

$$\dot{Q}_{12} = A_2\sigma(T_1^4 - T_2^4)\left\{\frac{1}{A_2}\int_{A_1}\int_{A_2}\frac{\cos\theta_1\cos\theta_2\,dA_1\,dA_2}{\pi r^2}\right\}$$
$$= A_2\sigma(T_1^4 - T_2^4)F_{21} \tag{4.40}$$

即,由式(4.39)和式(4.40)的右边可得 $A_1F_{12}=A_2F_{21}$。通常在两个表面间下面的**倒易关系**(reciprocity law)成立。

$$A_iF_{ij} = A_jF_{ji} \tag{4.41}$$

此外,从角系数的物理意义上看应有

$$F_{ij} \leqslant 1 \tag{4.42}$$

像平面或凸曲面那样不能辐射到自身的表面,其**自身角系数**(self view factor)是

$$F_{ii} = 0 \tag{4.43}$$

进一步地,在由 n 个面组成的封闭空间里,下面的**总和关系**(summation law)成立。

$$F_{i1} + F_{i2} + F_{i3} + \cdots + F_{in} = 1 \quad (i = 1, 2, \cdots, n) \tag{4.44}$$

另外,角系数的定义以及式(4.40)~式(4.44),即使不是黑体只要是漫反射面就成立。

4.5 黑体表面间以及灰体表面间的辐射传热 (radiative heat transfer between black and/or gray surfaces)

4.5.1 黑体表面构成的封闭空间内的辐射传热 (radiative heat transfer between enclosed multiple black surfaces)

考虑如图 4.48 所示的由 n 个不同温度的黑体表面构成的**封闭空间**(enclosed system)里的辐射传热问题。对构成封闭空间的任意的 i 面(总发射能 E_{bi},面积 A_i)和 j 面(总发射能 E_{bj},面积 A_j),由 i 面向 j 面的辐射换热量 $\dot{Q}_{ij}$ 根据式(4.39)可得

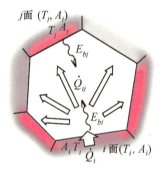

图 4.48 由黑体表面构成的封闭空间内的辐射传热

$$\dot{Q}_{ij} = (E_{bi} - E_{bj})A_iF_{ij} \tag{4.45}$$

因此,如将来自 i 面的辐射所到达的所有 j 面加在一起,则从 i 面向其他所有面发射的辐射交换量 $\dot{Q}_i$ 可求得如下。

$$\dot{Q}_i = \sum_{j=1}^{n}\dot{Q}_{ij} = \sum_{j=1}^{n}(E_{bi} - E_{bj})A_iF_{ij} \quad (i = 1, 2, \cdots, n) \tag{4.46}$$

$$= \sum_{j=1}^{n}E_{bi}A_iF_{ij} - \sum_{j=1}^{n}E_{bj}A_iF_{ij} = E_{bi}A_i\sum_{j=1}^{n}F_{ij} - \sum_{j=1}^{n}E_{bj}A_iF_{ij} \tag{4.47}$$

把(4.44)式、(4.41)式分别代入右边第一项和第二项,则此方程式也可表述如下

$$\dot{Q}_i = E_{bi}A_i - \sum_{j=1}^{n}E_{bj}A_jF_{ji} \quad (i = 1, 2, \cdots, n) \tag{4.48}$$

式(4.48)右边的第一项表示由 i 面发射的总辐射能,第二项表示从全部 n 个表面入射到 i 面并被 i 面所吸收的总辐射能量,因此二者

之差就是 i 面的净辐射换热量 $\dot{Q}_i$。这里，净辐射换热量等于通过 i 面流入封闭空间或者流出封闭空间的热量。

关于 i 面存在净辐射换热量 $\dot{Q}_i$ 和温度 T_i 两个变量，所以由 n 个面构成的整个封闭空间里的变量数有 $2n$ 个。这里，如果给出了所有角系数和 n 个变量的数值，则剩下的 n 个未知数可以通过解基于式 (4.48) 的 n 元一次方程求得。

【例题 4.6】 **********************

如图 4.49 所示，正六方体（边长 1 m）内侧的黑体表面温度 $T_1 = 400\,\mathrm{K}, T_2 = 800\,\mathrm{K}, T_3 = 1200\,\mathrm{K}, T_4 = 500\,\mathrm{K}, T_5 = 600\,\mathrm{K}, T_6 = 600\,\mathrm{K}$，求在温度 T_1 的黑体表面上的净辐射换热量。

【解答】 根据图 4.46 及 4.47 可知，由各面看 T_1 面时的角系数分别为 $F_{21} = 0.2, F_{31} = 0.2, F_{41} = 0.2, F_{51} = 0.2, F_{61} = 0.2$。所有的面积都是 $1\mathrm{m}^2$。因此，根据式 (4.48) 可得

$$Q_1 = \sigma T_1^4 \times 1 - \sigma(T_2^4 + T_3^4 + T_4^4 + T_5^4 + T_6^4) \times 1 \times 0.2 \qquad (\text{ex 9})$$
$$= -30.3\,(\mathrm{kW})$$

即，净辐射换热量为 $-30.3\,\mathrm{kW}$，负号是指向温度 T_1 表面的净流入。

****

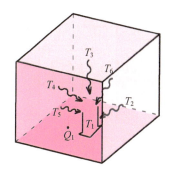

图 4.49　六面体内的辐射传热

4.5.2 灰体表面构成的封闭空间的辐射传热（radiative heat transfer between enclosed multiple gray surfaces）

在由黑体表面构成的封闭空间里，因为入射的辐射全被吸收，所以只要给出各面间的角系数就可以计算辐射换热量。但是，如果是灰体表面，入射辐射的一部分会被反射到其他表面，并且其中的一部分又被反射，伴随着这样的多次反复反射，辐射能被吸收，所以计算辐射换热量比较复杂。为了能够像分析黑体表面构成的封闭空间一样处理灰体表面构成的封闭空间，这里导入如图 4.50 所示的两个概念，投入辐射（irradiation, arriving flux）$G(\mathrm{W/m}^2)$——每单位面积、每单位时间入射到表面的总辐射能量，有效辐射（radiosity, leaving flux）$J(\mathrm{W/m}^2)$——每单位面积、每单位时间离开表面的总辐射能量。灰体表面的有效辐射为表面自身的总辐射能和反射辐射之和，可以表示如下

$$J = \varepsilon E_b + \rho G = \varepsilon E_b + (1-\varepsilon)G \qquad (4.49)$$

因此，若设表面的净辐射换热量为 $\dot{Q}$，面积为 A，则热流密度 $\dot{Q}/A$ 就等于有效辐射和投射辐射之差。

$$\frac{\dot{Q}}{A} = J - G = \varepsilon(E_b - G) \qquad (4.50)$$

或者根据式 (4.49) 求出 G，并代入到式 (4.50)，则求得热流密度如下

$$\frac{\dot{Q}}{A} = \frac{\varepsilon}{1-\varepsilon}(E_b - J) = \frac{(E_b - J)\varepsilon}{1-\varepsilon} \qquad (4.51)$$

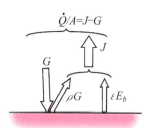

图 4.50　有效辐射和投入辐射

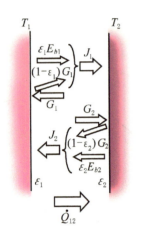

图 4.51 两个无限大灰体平面间的辐射换热

【例题 4.7】 ＊＊＊＊＊＊＊＊＊＊＊＊＊＊＊＊＊＊＊

如图 4.51 所示,两个平行的无限大灰体平面,其温度分别保持为 $T_1=1\,200\,\text{K}$,$T_2=600\,\text{K}$。求发射率分别为 $\varepsilon_1=0.8$,$\varepsilon_2=0.6$ 时,从平面 1 到平面 2 的净辐射热流密度 $\dot{Q}_{12}/A$。

【解答】 设平面 1 和平面 2 的有效辐射、投射辐射分别为 J_1,J_2 及 G_1,G_2。根据式(4.49)可得

$$J_1=\varepsilon_1 E_{b1}+(1-\varepsilon_1)G_1 \qquad J_2=\varepsilon_2 E_{b2}+(1-\varepsilon_2)G_2 \tag{ex 4.10}$$

这里,因 $G_1=J_2$ 以及 $G_2=J_1$,故

$$J_1=\varepsilon_1 E_{b1}+(1-\varepsilon_1)\{\varepsilon_2 E_{b2}+(1-\varepsilon_2)J_1\} \tag{ex 4.11}$$

求关于 J_1 的方程则有

$$\{1-(1-\varepsilon_1)(1-\varepsilon_2)\}J_1=\varepsilon_1 E_{b1}+(1-\varepsilon_1)\varepsilon_2 E_{b2} \tag{ex 4.12}$$

同样,求关于 G_1 的方程则有

$$\{1-(1-\varepsilon_1)(1-\varepsilon_2)\}G_1=\varepsilon_2 E_{b2}+(1-\varepsilon_2)\varepsilon_1 E_{b1} \tag{ex 4.13}$$

因此,净热流密度 $\dot{Q}_{12}/A$ 为

$$\frac{\dot{Q}_{12}}{A}=J_1-G_1=\frac{E_{b1}-E_{b2}}{\dfrac{1}{\varepsilon_1}+\dfrac{1}{\varepsilon_2}-1}=57.5(\text{kW/m}^2) \tag{ex 4.14}$$

＊＊＊＊＊＊＊＊＊＊＊＊＊＊＊＊＊＊＊

接下来考虑如图 4.52 所示的,由不同温度的 n 个表面构成的灰表面封闭空间的传热。假设任意 i 面的有效辐射为 J_i,投射辐射为 G_i,根据式(4.49)可记述如下。

$$J_i=\varepsilon_i E_{bi}+(1-\varepsilon_i)G_i \tag{4.52}$$

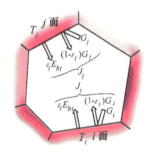

图 4.52 灰体表面构成的封闭空间内的辐射换热

另一方面,若假设 j 面是漫射面,从其表面发出的总辐射能为 $A_j J_j$,其中入射到 i 面的为 $A_j J_j F_{ji}$。通过 $j=1,2,\cdots,n$ 求和,得到入射到 i 面的总辐射能如下。

$$G_i A_i = \sum_{j=1}^{n} A_j F_{ji} J_j \tag{4.53}$$

利用 $A_i F_{ij}=A_j F_{ji}$,则有

$$G_i = \sum_{j=1}^{n} F_{ij} J_j \tag{4.54}$$

代入到式(4.52),求得有效辐射如下

$$J_i = \varepsilon_i E_{bi}+(1-\varepsilon_i)\sum_{j=1}^{n} F_{ij} J_j \tag{4.55}$$

另外,关于 i 面将式(4.55)代入式(4.51),可以求得从 i 面到所有其他的面的辐射换热量 $\dot{Q}_i$ 如下。

$$\dot{Q}_i = \frac{\varepsilon_i}{1-\varepsilon_i}(E_{bi}-J_i)A_i = \varepsilon_i E_{bi} A_i - \varepsilon_i A_i \sum_{j=1}^{n} F_{ij} J_i \quad (4.56)$$

如果使用式(4.56)和式(4.55),和利用式(4.48)表示的黑体封闭空间的情况一样,即只要知道角系数和 n 个变量的值,就可以通过联立方程求得温度或辐射换热量等 n 个未知数。另外,在式(4.56)中,当 $\varepsilon_i=0$ 时,表示完全反射面,当 $\varepsilon_i=1$ 时,则表示黑体表面。但是,必须注意的是当 $\varepsilon_i \neq 1$ 时,上述讨论只适用于漫反射。

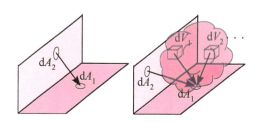

图 4.53 固体表面间和气体的辐射换热

4.6 气体辐射（gaseous radiation）

4.6.1 气体辐射的吸收、发射机理（mechanism of absorption and emission of radiation by gases）

二氧化碳或水蒸气等气体具有吸收及发射辐射能的能力。这里需要注意的是,固体及液体引起的辐射的吸收和发射一般仅在其表面进行,与此相对,气体对辐射的吸收是在其穿过气体的过程中实现的,而且,若计算气体发射出的辐射则必须把任意一处气体发射出的辐射都加起来才行。换句话说,与固体和液体的表面辐射换热相比,气体的辐射换热需要立体地加以考虑(图 4.53)。

此外,虽然固体和液体的发射率、吸收率、透射率的值都依赖于波长,但其呈连续光谱(continuous spectrum)性。而且,对气体来说,以图 4.54 所表示的二氧化碳气体的吸收率为代表,只有特定的波段才产生吸收,具有明显的选择吸收(selective absorption)性。这是因为,如图 4.2 所示,在固体中的原子呈格子状相连振动,存在无数个振动模式,而与之相比,气体中因分子间距大,分子相互之间互不干涉独立振动,而 1 个分子的振动模式是有限的。二氧化碳气体的基本振动为图 4.55 所示的四类,其中(b)和(c)若换个角度考虑的话应为同类故实际上是三类。进一步地,因为对称振动(a)的情况下,分子内的电荷分布不随时间变化,所以与辐射的吸收及发射有关的标准振动为 2 类,其波长分别对应图 4.54 中的 4.3 μm 和 15 μm。在大气压下,气体的厚度较薄时仅此两者较为重要。除此之外,在与三种标准振动相互叠加(superposition)形成的振动模式相对应的波长 1.9 μm 和 2.7 μm 处也发生吸收。另外,实际上,以这些波长为中心存在很多能级差,例如放大 4.3 μm 附近可知其为很多吸收线的集合(如图 4.56 所示)。因此,如图 4.54 所示,形成以各自的波长为中心具有一定宽度的吸收带(absorption band)。在气体中,只有这些波长的辐射入射时才被吸收。反之,当气体的温度升高时,只有这些波长的辐射才可发射。另外,空气中的氮(N_2)和氧(O_2)等对称双原子分子因其只有如图 4.55(a)所示的对称振动,故不存在图 4.56 所示的电荷分布随时间变化,所以它既不吸收热辐射也不发射热辐射。还有,像氦(He)或氩(Ar)这种单原子分子,因为不存在原子间振动,所以它也同样既不吸收热辐射也不发射热辐射。

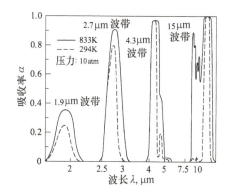

图 4.54 二氧化碳的吸收率

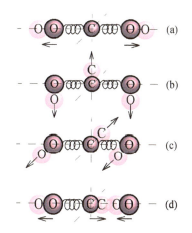

图 4.55 二氧化碳的基本振动模式

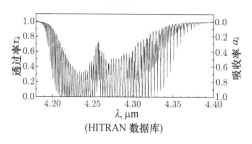

(HITRAN 数据库)

图 4.56 二氧化碳气体 4.3 μm 波带附近的高分辨率吸收率

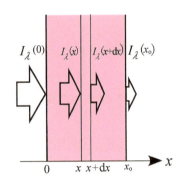

图 4.57 气体引起的辐射衰减

4.6.2 气体层的辐射吸收（比尔定律）（absorption of radiation by gaseous layer; Beer's law）

如图 4.57 所示，本节考察波长 λ、辐射强度 $I_\lambda(0)$ 的单色辐射入射到厚度为 x_0 的气体层时的情况。设任意位置 x 处的辐射强度为 $I_\lambda(x)$，则通过微小厚度 $\mathrm{d}x$ 时减少的辐射强度 $\mathrm{d}I_\lambda(x)$ 与 $I_\lambda(x)$ 和 $\mathrm{d}x$ 成正比。

$$\mathrm{d}I_\lambda = I_\lambda(x+\mathrm{d}x) - I_\lambda(x) = -\kappa_\lambda I_\lambda(x)\mathrm{d}x \tag{4.57}$$

这里，系数 κ_λ 是**单色吸收系数**（spectral absorption coefficient），其单位为 m^{-1}。通过对式（4.57）从 0 到 x_0 求积分，可得穿过厚度 x_0 的气体层后的辐射强度 $I_\lambda(x_0)$

$$\frac{I_\lambda(x_0)}{I_\lambda(0)} = \mathrm{e}^{-\kappa_\lambda x_0} \tag{4.58}$$

此式表明，穿过气体层的辐射强度，随气体层厚度的增加呈指数关系降低。这被称为**比尔定律**（Beer's law）。这里 $\tau_{\lambda 0} = \kappa_\lambda x_0$ 称为**光学厚度**（optical thickness）。这一定律意味着在吸收系数大的情况下，既使几何学厚度 x_0 很薄，光学厚度 $\tau_{\lambda 0}$ 也是很厚的，辐射强度将大幅衰减。

此外，厚度为 x_0 的气体层的吸收率 α_λ 作为吸收能量与入射能量之比，可以定义如下。

$$\alpha_\lambda = \frac{I_\lambda(0) - I_\lambda(x_0)}{I_\lambda(0)} = 1 - \mathrm{e}^{-\kappa_\lambda x_0} \tag{4.59}$$

此时，当 $x_0 \to \infty$ 时，$\alpha_\lambda = 1$ 即变成了黑体。另外，吸收带以外的波长的辐射入射时，既使 $x_0 \to \infty$ 时也仍然是 $\alpha_\lambda = 0$。

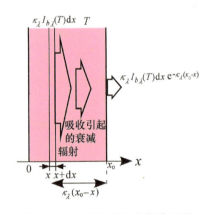

图 4.58 来自温度均匀气体层的辐射

4.6.3 气体辐射及其发射率（emission of radiation from gaseous layer and emissivity）

如图 4.58 所示，本节考察从均匀温度 T、厚度 x_0 的气体层向 x 方向的辐射。由微小厚度 $\mathrm{d}x$ 发射出的波长 λ 的辐射强度 $\mathrm{d}I_\lambda(x)$，与该温度下的黑体辐射强度 $I_{b\lambda}(T)$ 和单色吸收系数 κ_λ 成正比。

$$\mathrm{d}I_\lambda(x) = \kappa_\lambda I_{b\lambda}(T)\mathrm{d}x \tag{4.60}$$

这里之所以在辐射现象中使用吸收系数 κ_λ 作为比例系数，是因为根据基尔霍夫定律，吸收辐射多的物体其发射辐射也多。辐射从气体层内 x 处到经右端 x_0 穿出，通过的光学距离为 $\kappa_\lambda(x_0-x)$，故其如图 4.58 所示衰减。因此，整个气体层向右端发射的辐射强度 $I_\lambda(x_0)$ 可根据下式求出。

$$\begin{aligned}I_\lambda(x_0) &= \int_0^{x_0} \kappa_\lambda I_{b\lambda}(T)\,\mathrm{e}^{-\kappa_\lambda(x_0-x)}\mathrm{d}x \\ &= [I_{b\lambda}(T)\mathrm{e}^{-\kappa_\lambda(x_0-x)}]_0^{x_0} = I_{b\lambda}(T)(1-\mathrm{e}^{-\kappa_\lambda x_0})\end{aligned} \tag{4.61}$$

发射率是从气体层表面向 x 方向发射的辐射强度与黑体辐射强度之比，方程式如下。

$$\varepsilon_\lambda = \frac{I_\lambda(x_o)}{I_{b\lambda}(T)} = 1 - e^{-\kappa_\lambda x_o} \tag{4.62}$$

在所有波长范围内对式(4.61)所示的辐射强度进行积分得

$$I(x_o) = \int_0^\infty I_\lambda(x_o) d\lambda = \int_0^\infty I_{b\lambda}(T)(1 - e^{-\kappa_\lambda x_o}) d\lambda$$

$$= I_b(T) - \int_0^\infty I_{b\lambda}(T) e^{-\kappa_\lambda x_o} d\lambda \tag{4.63}$$

所以,全发射率 $\varepsilon_G(x_o)$ 可表述如下

$$\varepsilon_G(x_o) = \frac{I(x_o)}{I_b(T)} = 1 - \frac{1}{I_b(T)} \int_0^\infty I_{b\lambda}(T) e^{-\kappa_\lambda x_o} d\lambda \tag{4.64}$$

吸收系数与波长无关,即所谓的**灰体气体**(gray gas)的情况下,上述方程可变为

$$\varepsilon_G(x_o) = 1 - e^{-\kappa x_o} \tag{4.65}$$

根据基尔霍夫定律 $\alpha_G(x_o) = \varepsilon_G(x_o)$。另外,因为这些是考虑向 x 方向的辐射传播,所以分别称为**定向发射率**(directional emissivity)、**定向吸收率**(directional absorptivity)。进一步地,把 $\tau_G(x_o) = 1 - \alpha_G(x_o)$ 称作**定向透过率**(directional transmittivity)。

图 4.59 任意形状气体通过微小面积 dA 发射的辐射能

下面,考察图 4.59 所示的,从均匀温度 T 的任意形状的气体发射出的辐射。此时,从气体的任意微小表面 dA 发射的辐射,是从气体的任意方向到达该表面的辐射能之和。现就其中的一个方向 s 进行分析。即,设在气体内部距 dA 间隔 s 的另一气体表面上存在微小面 dA_j,两者分别以顶角 θ 和 θ_j 相互面对。因此,从假想的气体微小表面 dA_j 向 dA 辐射的能量,可根据角系数方程(式 4.37)的思路求得如下。

$$d^2\dot{Q}_{dA_j - dA} = I(s) dA \cos\theta d\Omega_j = E(s) dA \frac{dA_j \cos\theta_j \cos\theta}{\pi s^2} \tag{4.66}$$

如将前述的气体层定向发射率应用到此 s 线上,由 dA 向外部发射的辐射能量根据方程(4.64)则有 $I(s) = \varepsilon_G(s) I_b(T)$,即,$E(s) = \varepsilon_G(s) E_b(T)$。另外,设热流密度 $E = d\dot{Q}/dA$,则

$$dE = d\left(\frac{d\dot{Q}}{dA}\right) = \varepsilon_G(s) E_b(T) \frac{dA_j \cos\theta_j \cos\theta}{\pi s^2} \tag{4.67}$$

如图 4.60 所示,若气体是半径为 R 的半球体且 dA 位于其中心位置。此时因为 $s = R, \cos\theta_j = 1, dA_j = 2\pi R^2 \sin\theta d\theta$,则

$$dE = \varepsilon_G(R) E_b(T) 2\sin\theta\cos\theta d\theta \tag{4.68}$$

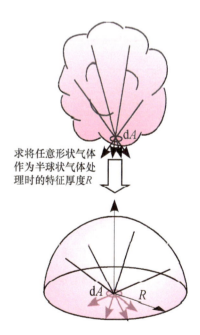

图 4.60 任意形状气体的特征尺寸 R

对整个半球进行积分,则 $E(R) = \varepsilon_G(R) E_b(T)$。即,在考虑从半球状的气体向位于其中心的 dA 发射的辐射能时,可以使用以半径 R 为特征厚度的定向发射率 $\varepsilon_G(R)$。换句话说,如果估算出将任意形状的气体转换成半球状的气体时的特征尺寸——半径 R,利用以其作为特征厚度的定向发射率,就可以算出由气体发射出的辐射能。

这里考虑一下吸收系数 κ_λ 较小时的特征厚度 R 的估算方法。如图 4.60 所示,把任意形状的气体看做特征厚度为 R 的半球状,若 $\kappa_\lambda \to 0$,则因 $\varepsilon_G(R) = 1 - e^{-\kappa_\lambda R} \approx \kappa_\lambda R$,有

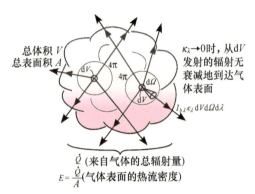

图 4.61 吸收系数 $k_\lambda \to 0$ 时气体的特征厚度 $R=4V/A$

表 4.4 各种气体形状下的特征厚度

气体形状	表面位置	有效厚度 $R[k_\lambda s \to 0]$
球(直径 d)	球面	$2/3d$
无限圆柱(直径 d)	圆周面	d
半无限圆柱(直径 d)	底面中心	d
	底面	$0.81d$
立方体(边长 L)	所有表面,单面	$2/3l$

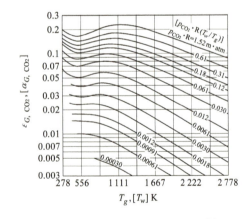

图 4.62 二氧化碳的定向发射率[8]

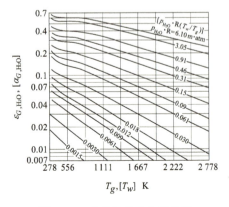

图 4.63 水蒸气的定向发射率

$$E(R) = \varepsilon_G(R)E_b(T) = R\int_0^\infty E_{b\lambda}(T)\kappa_\lambda d\lambda \quad (4.69)$$

另一方面,如图 4.61 所示,从体积 V、总表面积 A 的气体内部的微小体积 dV 向立体角 $d\Omega$ 的任意方向发射的辐射能根据式(4.60)为 $d^3\dot{Q}=I_{b\lambda}(T)\kappa_\lambda dV d\Omega d\lambda$。这里,若 $\kappa_\lambda \to 0$,则来自各个 dV 的放射辐射将无衰减地到达表面,所以可以简单地对总体积 V 及总立体角 4π 进行积分。从而,由气体的总表面放出的总辐射能 $\dot{Q}$ 可以表示如下

$$\dot{Q} = 4\pi V\int_0^\infty I_{b\lambda}(T)\kappa_\lambda d\lambda = 4V\int_0^\infty E_{b\lambda}(T)\kappa_\lambda d\lambda \quad (4.70)$$

另外,热流密度 $E=\dot{Q}/A$ 可表示如下

$$E = \frac{\dot{Q}}{A} = \frac{4V}{A}\int_0^\infty E_{b\lambda}(T)\kappa_\lambda d\lambda \quad (4.71)$$

因此,比较方程式(4.69)和式(4.71),可知

$$R = \frac{4V}{A} \quad (4.72)$$

表 4.4 表示假定吸收系数较小时各种气体形状的特征厚度 R。此假定在多数工业应用场合是有效的。

另外,当 κ_λ 较大时,近似地以 $R=0.9\times 4V/A$ 来求特征厚度。

4.6.4 实际气体的发射率和吸收率(emittance and absorptance of real gases)

气体的发射率及吸收率,依赖于吸收系数、波长选择性(吸收带)、气体的厚度、与辐射的吸收或发射相关的气体的浓度(分压)。进一步地,吸收率还依赖于入射辐射的波长特性,发射率还依赖气体的温度,比较复杂。因此,可以利用霍特尔(H. C. Hottel)等人得到的图 4.62(二氧化碳气体)和图 4.63(水蒸气)一样的线图。即,针对各种气体,整理成以分压 P_{CO_2},P_{H_2O} 和辐射通过的距离 R 的乘积为参数,以气体的温度为横轴,以定向发射率 ε_G(定向吸收率 a_G)为纵轴的线图加以利用。另外,对二氧化碳气体和水蒸气的混合气体,因为其吸收带的波长有一部分重合,所以进行了以下修正。

$$\varepsilon_G = \varepsilon_{G,CO_2} + \varepsilon_{G,H_2O} - \Delta\varepsilon_G = C_{CO_2}\cdot\varepsilon_{G,CO_2} + C_{H_2O}\cdot\varepsilon_{G,H_2O} - \Delta\varepsilon_G \quad (4.73)$$

这里,C_{CO_2},C_{H_2O},$\Delta\varepsilon_G$ 的值在图 4.64、图 4.65、图 4.66 中以线图的形式表示。

4.6.5 含实际气体的辐射传热(radiative heat exchange including real gases)

如果根据图 4.62~图 4.66 的线图获知定向发射率和定向吸收率,那么对实际气体被封闭在 4.5 节所示的由黑体表面或灰体表面围成的封闭空间里的情况,也可以通过考虑有效辐射或投射辐射,以及气体吸收和气体发射的能量,给出基本方程。

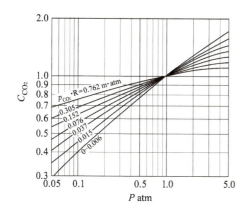

图 4.64 对二氧化碳气体定向发射率的总压 p 的修正系数

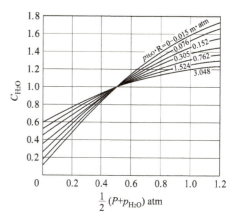

图 4.65 对水蒸气定向发射率的总压 p 和分压 p_{H_2O} 的修正系数

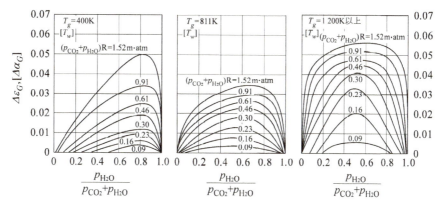

图 4.66 二氧化碳和水蒸气共存时的修正值

===== 练习题 =====

【4.1】 宇宙服的表面是白色的。该表面的单色发射率是 $\varepsilon_\lambda = 0.2$ ($\lambda \leq 1.5\,\mu m$), 0.8 ($1.5\,\mu m \leq \lambda$) 时,其表面温度是多少?从太阳入射的辐射热流密度(太阳常数)为 $1.37\,kW/m^2$。假定,辐射垂直入射,宇宙服背面绝热,宇宙空间的温度为 $3\,K$。

【4.2】 用热电偶(7.6.1 小节)测量火焰的温度,其检测温度为 $1\,300\,K$。若火焰和热电偶间的换热系数为 $250\,W/(m^2 \cdot K)$,那么火焰本身的温度是多少?假设火焰的辐射可忽略不计,热电偶的总发射率为 $\varepsilon = 0.8$,周围壁面为 $300\,K$ 的黑体。

【4.3】 Calculate the ground surface temperature under an condition of atmospheric temperature of 5℃ on a windy night without clouds. Assume that the convective heat transfer coefficient is $10\,W/(m^2 \cdot K)$, the directional emissivity of the atmosphere including CO_2 and H_2O is 0.6, the ground surface is black, and the back side is insulated. Furthermore, the gas temperature for the gaseous radiation is kept at the atmospheric temperature, and the temperature of the space is $3\,K$.

【4.4】 真空保温瓶,采用将密闭的不锈钢制的环状套管内做成真空的绝热方法。现有内径 50 mm、外径 56 mm、长度 250 mm 的真空保温瓶,求其内壁温度为 100℃,外壁温度为 20℃ 时的热损失。此时,设相互面对的环状套管壁面的发射率为 0.15。另外,比较其与内外径相同、不锈钢壁厚 3 mm 时的热损失。设此不锈钢的导热系数为 43 W/(m² · K)。

【4.5】 In a rectangular heating-furnace 5 m long by 2 m wide by 1 m high, the side black-surface temperatures of the areas of 1 m × 5 m, and 1 m × 2 m are, respectively, 1 000 K and 800 K. The top surface is insulated, and the bottom black-surface temperature is 600 K. Calculate the radiation flux at the bottom surface.

【4.6】 Consider two black infinite parallel plates that are separated by a vacuum space. The one plate with an emissivity of 0.8 is kept at a temperature of 1 000 K, and the other with an emissivity of 0.6 is at 500 K. Now, an aluminum plate with an emissivity of 0.1 is installed between them. How much is the radiation flux decreased?

【答案】

4.1　253 K

4.2　1 818 K

4.3　269 K(−4℃)

4.4　3.71 W(真空保温瓶),47.7 kW(不锈钢管)

4.5　153 kW

4.6　27.7 kW(插入前),2.54 kW(插入后)

第 4 章　参考文献

[1] 国立天文台编,理科年表,(2000).

[2] 和田正信,放射の物理,(1985),共立出版.

[3] R. Siegel and J. R. Howell, Thermal Radiation Heat Transfer, 3rd Ed., (1992), Taylor & Francis.

[4] F. P. Incropera and D. P. Dewitt, Fundamentals of Heat and Mass Transfer, 2nd Ed., (1985), John Wiley & Sons.

[5] W. Z. Seiber, Technical Physics, 22(1941), pp. 130.

[6] D. J. Price, Proceeding of Physical Society (London), Series A, Vol. 142, No. 847, (1947), pp. 466.

[7] 円山重直,光エネルギー工学,養賢堂,(2004)

[8] H. C. Hottel and J. D. Keller, Transaction of ASME, 63(1941), pp. 297.

第 5 章

相 变 传 热

Heat Transfer with Phase Change

5.1 相变和传热 (phase change and heat transfer)

物质的状态在固体、液体和气体间发生变化时称为**相变**(phase change)。如图 5.1 所示,各个状态间的相变分别称为:**沸腾**(boiling)、**蒸发**(evaporation)、**凝结**(condensation)、**熔解**(melting)、**凝固**(solidification)、**升华**(sublimation),凝华。一般来说,从液体变到气体的相变叫蒸发,在液体中**伴随气泡生成**(generation of bubble)的相变叫**沸腾**(boiling)。传热学中从自由液面向气体的相变称为**蒸发传热**(evaporation heat transfer),多和沸腾加以区别对待。

物质在发生相变时,伴随着吸热或放热过程。图 5.1 中的红色箭头表示对物质进行加热,黑色箭头表示冷却,分别表示相变的方向。这种伴随着相变的传热的特征是,其通过比通常温度变化时所伴随的热量变化——**显热**(sensible heat)大得多的**潜热**(latent heat)来传递热量,因此在小温差下就可以实现热量的大量传递。

图 5.1 中所示的种种相变现象,在我们的日常生活中都可以亲身感受得到。例如,水壶或锅中的沸腾现象,衣物的干燥等的蒸发都是液体向气体的相变。云及降雨,眼镜和窗户玻璃上的雾,充满冷饮的玻璃杯外表面的水滴等是自然界中发生的具有代表性的凝结现象。冰箱中的水被凝固成冰,我们将其放入口中融化从而感受到冷。升华的代表实例是干冰,二氧化碳从固体向气体相变时伴随着潜热的传递。

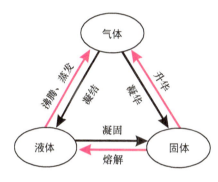

图 5.1 物质的相变

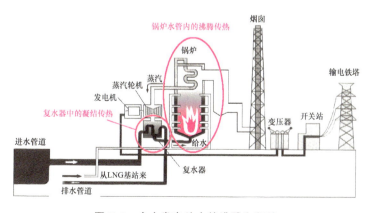

图 5.2 火力发电站中的沸腾和凝结
(东北电力(株)提供)

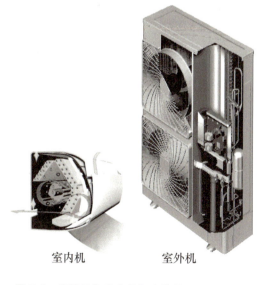

图 5.3 空调机的室内机和室外机
室内机(制冷时:蒸发器
制热时:冷凝器)
室外机(制冷时:冷凝器
制热时:蒸发器)
(大金工业株式会社提供)

在相变传热中,利用得最多的传热方式是沸腾和凝结。例如,如图 5.2 所示的火力发电站,锅炉中的水在管内沸腾,在冷凝器中凝结。

在如图 5.3 所示的空调机(air conditioner)中,安装有蒸发器和冷凝器,通过制冷剂(refrigerant)的沸腾和凝结进行传热。制热运转和制冷运转时,室内机和室外机的作用相反。在制冷时,室内机作为蒸发器吸热,室外机作为冷凝器向环境中放热,从而使室内得以保持舒适的温度。

热管(heat pipe)是利用气液相变现象进行热量输运的装置。其工作原理如图 5.4 所示,在管内封装的工质在蒸发段吸收外部的热量蒸发,蒸汽通过管中部到达凝结段凝结放出热量。由于在小温差下能传输大量的热量,因此已经开发出了多种适用于宇航及电子器件等场合使用的热管。最近,在笔记本电脑的 CPU 冷却中,热管也得到了应用。关于热管,在第 7 章中将进行详细说明。

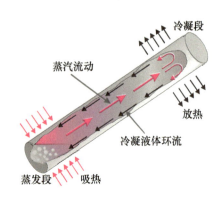

图 5.4 热管的工作原理

其他方面,如在金属的淬火、工业锅炉、电子器件冷却、沸水反应堆、超导磁体的冷却等多方面都运用了沸腾传热。在某些型号的喷墨打印机中,利用快速加热时产生的气泡使得墨水从喷嘴中喷出,这也是利用了沸腾现象的一种执行装置。

沸腾和凝结传热的特征是,与其他传热形式相比,气液相变传热具有许多优越的传热性能。大气压下水的沸腾传热系数可以达到 $10^4 \sim 10^5$ W/(m² · K)之大。此外,由于伴随有气泡产生,沸腾现象很复杂,从理论上解释还比较困难,还有许多不清楚的地方。换热系数的计算,不得不依赖于实验关联式和经验公式。沸腾传热的换热系数预测很困难,有时候其计算误差可达 $1.5 \sim 2$ 倍。不过,由于其具有良好的换热特性,和其他的传热形式相组合时,沸腾很少成为主要热阻。另外,大气压下水蒸气的凝结换热系数同沸腾换热系数一样也较大,在 10^5 W/(m² · K)左右。

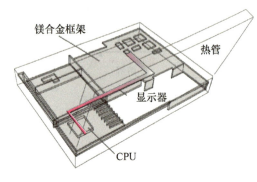

图 5.5 热管应用的例子(笔记本电脑)

在本章中,从对相变传热的理解很重要的相变基础入手,对沸腾和凝结的特征机理、换热系数的计算方法等进行讲解。此外,对溶解、凝固和升华等也进行简要叙述。

5.2 相变热力学 (thermodynamics for phase change)

5.2.1 物质的相和相平衡 (phase of substance and phase equilibrium)

一般来说,物质存在固、液、气三态。在这三个状态之中,有两个以上状态共存时,存在界面(interface)将不同的相(phase)分隔。固、液、气三态分别称为固相(solid phase)、液相(liquid phase)和气相(vapor phase)。二相共存的情况下,有固液、固气、气液三种组合存在。在二相共存状态下,从一种相变化到另外一种相的状态变化称为相变(phase change)。因此有固液相变、固气相变、气液相变等。

5.2 相变热力学

金属的永磁性和强磁性,常导和超导,氦I和氦II(超流氦)等也是用以区别物质状态的相,这些和传热没有太多的直接关系,此处不涉及。

如果对气液共存系统两相的界面进行微观的考察,可以发现物质的分子既从气相进入液相,同时也有从液相进入气相,如图5.6所示。如果将单位时间内,单位面积气液界面处,从气相进入液相的分子数定义为N_c,从液相进入气相的分子数定义为N_e,当$N_c > N_e$时,其过程为凝结,相反地,当$N_c < N_e$时,其过程为蒸发。当$N_c = N_e$时,双方的分子数相等,即是两相处于**相平衡**(phase equilibrium)状态。

如同在热力学中所讲述的,根据**吉布斯相定律**(Gibbs's phase rule),在纯物质系统中,有两种相时,**强度量**(intensive property)的自由度为1,若压力被确定则相应的温度也可以确定。气液共存时,该温度为**饱和温度**(saturation temperature),固液共存时为**熔解温度**(melting temperature)或者**凝固温度**(solidification temperature),固气共存时为**升华温度**(sublimation temperature)。

在温度和压力一定的系统中,因不可逆变化**吉布斯自由能**(Gibbs free energy)

$$g = h - Ts \tag{5.1}$$

减少。这里,h和s分别为比焓(J/kg)和比熵(J/(kg·K))。因此,在稳定平衡态中,吉布斯自由能达到最小值。即

$$dg = dh - Tds = 0 \tag{5.2}$$

在稳定的气液两相平衡态即气液相平衡时有下式成立。

$$g_l(p, T) = g_v(p, T) \tag{5.3}$$

利用此关系,可以推导出**克拉珀龙-克劳修斯方程**(Clapeyron-Clausius equation)。(详细推导过程请参考《热力学》一书)

$$\frac{dp}{dT_{sat}} = \frac{\rho_l \rho_v L_{lv}}{T_{sat}(\rho_l - \rho_v)} \tag{5.4}$$

其中,L_{lv}为汽化潜热(J/kg),T_{sat}为饱和温度(K),ρ_v、ρ_l分别为气体和液体的密度(kg/m³)。该式给出了压力和饱和温度间的关系,即饱和**蒸汽压曲线**(vapor pressure curve)的斜率dp/dT_{sat}可以通过饱和温度、汽化潜热及气液的密度进行计算。对固液及固气相变,式(5.4)也同样成立。

对式(5.4)进行积分可以得到蒸汽压曲线。图5.7所示为主要的纯物质的蒸汽压曲线,表5.1所示为大气压下的饱和温度和汽化潜热的值。

5.2.2 过热度和过冷度(degrees of superheating and subcooling)

如果以气液相变为例,气液平衡态的相变是在系统的压力所对应的饱和温度处发生的。但是,实际的沸腾和凝结并不是在一样的温度场下发生的,在垂直于传热面方向上的温度分布如图5.8所示。气液界面的温度可作为饱和温度看待,而传热面上的温度则不是饱和温度,

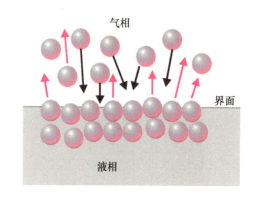

图5.6 气液界面上的分子运动

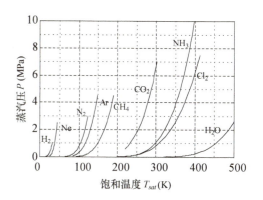

图5.7 各种物质的蒸汽压曲线

表5.1 主要物质在大气压下的饱和温度和汽化潜热

物质	饱和温度 T_{sat} (K)	汽化潜热 L_{lv} (kJ/kg)
氦	4.22	20.42
氢	20.39	451.47
氮	77.35	198.64
氧	90.18	211.99
甲烷	111.63	510.43
FC-14	145.11	134.42
HFC-23	191.08	295.28
丙烷	231.51	433.37
氨	239.87	1369.4
HFC-134a	246.97	216.39
异丁烷	261.36	367.06
水	373.15	2256.9

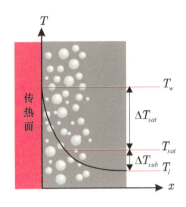

(a) 沸腾情况下

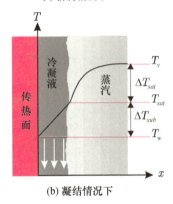

(b) 凝结情况下

图 5.8 过冷度和过热度

表 5.2 相变传热中所使用的各种温度

液体温度：T_l
蒸发温度：T_v
饱和温度：T_{sat}
传热面温度：T_w
＜沸腾情况下＞
过热度：$\Delta T_{sat} = T_w - T_{sat}$
过冷度：$\Delta T_{sub} = T_{sat} - T_l$
＜凝结情况下＞
过热度：$\Delta T_{sat} = T_v - T_{sat}$
过冷度：$\Delta T_{sub} = T_{sat} - T_w$

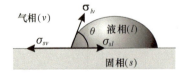

图 5.9 作用于液滴的表面张力和接触角

液体及蒸汽的温度也未必和饱和温度一样。即，沸腾时，传热面温度和附近液体的温度处于比饱和温度高的**过热**(superheating)**状态**，凝结时的温度处于比饱和温度低的**过冷**(subcooling)**状态**。

沸腾时，传热面温度 T_w 和饱和温度 T_{sat} 的差称为**过热度**(degree of superheating)，饱和温度 T_{sat} 和液体温度 T_l 的差称为**过冷度**(degree of subcooling)。分别由下式表示。

过热度： $\Delta T_{sat} = T_w - T_{sat}$ (5.5)

过冷度： $\Delta T_{sub} = T_{sat} - T_l$ (5.6)

如在后面所述，沸腾传热中的换热系数不是通过传热面温度和液体温度的差，而是通过过热度来定义的。因此，在采用沸腾换热系数来计算热流密度时，其温差必须使用过热度。

对于凝结时的过热度和过冷度，采用下式进行定义。

过热度： $\Delta T_{sat} = T_v - T_{sat}$ (5.7)

过冷度： $\Delta T_{sub} = T_{sat} - T_w$ (5.8)

这里 T_v 为蒸汽温度。同样，凝结的换热系数也不是通过蒸汽温度和传热面温度之差，而是通过过冷度来定义的。

相变传热中所使用的各种温度如表 5.2 所示。

5.2.3 表面张力 (surface tension)

相变发生时气液界面未必是平面，多数情况下形成曲面。例如，沸腾时气泡接近于球形，窗户玻璃附着的凝结液滴呈现半球状。对于具有如此曲面形状的气液界面，必须考虑**表面张力**(surface tension)的作用。表面张力的量纲为[力/距离]或者[功/面积]，其意义为将表面拉伸单位长度所需要的力，或者将表面扩展单位面积所需要的自由能。液滴或者气泡呈现为球形是由于在表面张力的作用下，表面积欲尽量保持最小的结果。

表面张力在固体表面及固液界面处也存在。严格地说，气液、固气、固液表面处均有张力存在，应该称为**界面张力**(interfacial tension)。图 5.9 表示液滴放置在固体表面上时界面张力的平衡关系。气液、固气及固液界面处作用的界面张力分别为 σ_{lv}，σ_{sv} 及 σ_{sl}(N/m)，在水平方向上的力平衡由下式表示。

$$\sigma_{sv} = \sigma_{sl} + \sigma_{lv}\cos\theta \quad (5.9)$$

此式称为**杨氏方程**(Young's equation)。这里 θ 为**接触角**(contact angle)，是从液体侧所测量的固体表面和气液界面形成的夹角。杨氏公式也可以从热力学的吉布斯自由能的概念中导出。通常，σ_{lv} 称为液体的表面张力，多简单地记为 σ。在本书中除非特别说明，也采用 σ 表示。

表面张力与**润湿**(wetting)的问题密切相关，容易润湿固体表面的液体的接触角小，不易润湿的液体接触角大。润湿大致可分为图 5.10 所示的扩张润湿(spreading wetting)、附着润湿(adhesional wetting)、浸渍润湿(immersion wetting)。对应于各种润湿方式，单位面积的扩张功 W_s，附着功 W_a 以及浸润功 W_i(J/m²)分别为：

5.2 相变热力学

扩张润湿：$\quad W_s = \sigma_{sv} - \sigma_{sl} - \sigma \quad$ (5.10)

附着润湿：$\quad W_a = \sigma_{sv} + \sigma - \sigma_{sl} \quad$ (5.11)

浸渍润湿：$\quad W_i = \sigma_{sv} - \sigma_{sl} \quad$ (5.12)

当 $W_s > 0, W_a > 0, W_i > 0$ 时发生润湿现象。

润湿对相变传热有很大的影响，比如在凝结时，润湿性的差异会导致凝结液形成滴状或者形成膜状，对传热特性影响很大。

在液体中存在气泡时，气泡的内外侧由于表面张力的作用而产生了压力差。如气泡半径为 r，压力差 Δp 可根据**拉普拉斯方程**(Laplace's equation)给出

$$\Delta p = p_v - p_l = \frac{2\sigma}{r} \quad (5.13)$$

这里，σ 为表面张力(N/m)。即，为使气泡内的压力大于液体侧的压力以及气泡因液体蒸发而生长，则周围液体和气泡内部蒸汽需达到气泡内部压力所对应的饱和温度。

如图 5.11 所示，过热液体中存在一半径为 r 的气泡，试求气泡内部的蒸汽温度比液体侧的压力所对应的饱和温度高多少。从式(5.4)可以得到气泡内外压力差 Δp 所对应的过热度 ΔT_{sat} 为

$$\Delta T_{sat} = \frac{(\rho_l - \rho_v) T_{sat}}{\rho_l \rho_v L_{lv}} \Delta p \quad (5.14)$$

将上式代入式(5.13)，并考虑 $\rho_l \gg \rho_v$，有

$$\Delta T_{sat} = \frac{(\rho_l - \rho_v) T_{sat}}{\rho_l \rho_v L_{lv}} \cdot \frac{2\sigma}{r} \approx \frac{2\sigma T_{sat}}{\rho_v L_{lv} r} \quad (5.15)$$

根据此式可见，气泡半径越小，需要的过热度越大。若将式(5.15)变为求解的形式，则

$$r = \frac{2\sigma T_{sat}}{\rho_v L_{lv} \Delta T_{sat}} \quad (5.16)$$

式(5.16)计算得到的 r 称为**临界半径**(critical radius)。给定 ΔT_{sat} 时，临界半径以下的气泡变得不稳定，难以存在。

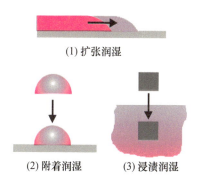

图 5.10 润湿的分类

图 5.11 过热液体中的气泡

【例题 5.1】 ************************

试计算在大气压下的水中，半径为 $10\,\mu m$ 气泡存在时的过热度。其中，大气压下的汽化潜热为 $2\,256.9\,kJ/kg$，饱和蒸汽的密度为 $0.597\,7\,kg/m^3$，表面张力为 $58.93\,mN/m$。

【解答】 考虑大气压下水的饱和温度为 $100\,℃ = 373.15\,K$，式(5.15)最右边的公式中代入给定数据得

$$\Delta T_{sat} = \frac{2\sigma T_{sat}}{\rho_v L_{lv} r} = \frac{2 \times (58.93 \times 10^{-3}) \times 373.15}{0.597\,7 \times (2\,256.9 \times 10^3) \times (10 \times 10^{-6})} = 3.26 \,(K)$$

(ex 5.1)

****

表 5.3 沸腾的分类

① 根据流动形态分类	池沸腾
	流动沸腾
② 根据液体温度分类	饱和沸腾
	过冷沸腾
③ 根据沸腾状态分类	核态沸腾
	过渡沸腾
	膜态沸腾

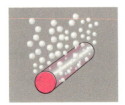

(a) 池沸腾

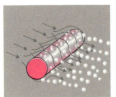

(b) 强制流动沸腾

图 5.12 根据流动形态分类

(a) 饱和沸腾　(b) 过冷沸腾

图 5.13 根据液体温度分类

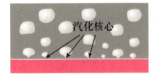

(a) 核态沸腾

(b) 膜态沸腾

图 5.14 根据沸腾状态分类

5.3 沸腾换热的特征(characteristic of boiling heat transfer)

5.3.1 沸腾的分类 (classification of boiling)

沸腾现象可以根据液体的流动形态、液体温度和沸腾的状态等进行分类,如表 5.3 所示。

① 是根据对于发生沸腾的传热面,周围的流体是静止或者是强制性的流动进行分类(如图 5.12 所示)。锅或者水壶中的沸腾为池沸腾(pool boiling),锅炉的蒸发管或者家用快速热水器等则会产生流动沸腾(flow boiling)。池沸腾也称为自然对流沸腾(natural convective boiling),流动沸腾也可称为强制对流沸腾(forced convective boiling)或者强制流动沸腾(forced flow boiling)。

② 是根据周围液体的温度进行分类,温度达到系统压力所对应的饱和温度时称为饱和沸腾(saturated boiling),比饱和温度低,存在过冷(subcooling) 状态的情况时称为过冷沸腾(subcooling boiling)(如图 5.13 所示)。过冷度(degree of subcooling)根据式(5.6)所定义,是表示过冷状态程度的参数。在过冷沸腾时,沸腾现象仅仅在传热面表面出现,称为表面沸腾(surface boiling)。在饱和沸腾时,产生的气泡可以从传热面上脱离、上升直到液面;而在过冷沸腾时,气泡在传热面附近则凝结消失。水壶放置于火上,立即就发出声音就是气泡破灭时所产生的。

③ 是根据沸腾的状态进行分类的。在以传热面上的小划痕等处为核心(nuclei)周期性地产生气泡的沸腾称为核态沸腾(nucleate boiling);当传热面被蒸汽膜所覆盖,通过蒸汽膜而产生蒸发的沸腾称为膜态沸腾(film boiling)(如图 5.14 所示)。核态沸腾和膜态沸腾之间的沸腾称为过渡沸腾(transition boiling)。

根据①②③的组合,可以更为细致地对沸腾现象进行描述。例如,水壶中的水在沸腾时,液体温度低时发生过冷核态池沸腾,水烧开时发生饱和核态池沸腾。另外,家用的快速热水器中发生的是过冷流动核态沸腾。

5.3.2 沸腾曲线 (boiling curve)

首先根据图 5.15 所示的沸腾曲线(boiling curve)对沸腾现象进行简要说明。沸腾曲线是日本东北大学的拔山在世界上首先阐明的。图 5.15 的纵坐标为热流密度 q,横坐标为过热度 ΔT_{sat}。所对应的沸腾现象的形态如图(a)~(f)所示。根据沸腾时对传热面加热的方式不同得到的沸腾曲线也有所不同。即,如图 5.16 所示,通过流体加热来控制传热面温度或者通过对加热器通以电流来控制热流密度的方式进行加热,其沸腾曲线的特点是不同的。这里首先就采用控制热流密度的加热方式时沸腾曲线的特点进行说明。

缓慢增加热流密度,直到开始产生气泡(incipience of boiling)前,传热主要是依靠自然对流(图 5.15 中 AC 段)。在 C 点沸腾开始(如图 5.15 中照片(a)所示),由于沸腾比自然对流有更高的换热系数,过热度开始减小直至 D 点。一旦开始产生气泡,即使热流密度下降,直到 B 点沸腾都不会停止。BF 区间称为核态沸腾区(nucleate boiling region),

气泡在传热面上以小的划痕等为核心的 汽泡核(bubble nuclei)上产生。过热度不大的 BE 区间称为 孤立气泡区(region of isolated bubble)(如图 5.15 中照片(b)所示),由于气泡不断地独立长大,脱离,对液体产生扰动作用。EF 区间(如图 5.15 中照片(c)所示)为 干涉区(region of interference),随着热流密度的增加,汽化核心(nucleation site)数量也随之增加,所产生的气泡相互间产生了干涉,相邻的汽化核心处产生的气泡在脱离后 聚合(bubble coalescence)。

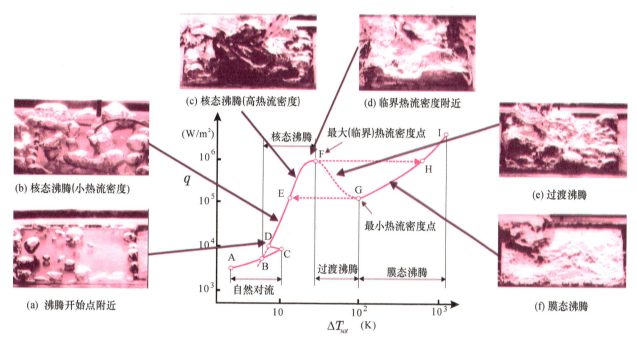

图 5.15 沸腾曲线和沸腾的状态
照片为在水平向上的铜传热面上的水沸腾(照片提供者 森英夫(九州大学))

若进一步增加热流密度,由大量的汽化核心处喷出的蒸汽形成 蒸汽柱(vapor column)。当达此状态后,伴随着蒸发的向上运动的蒸汽流对向传热面补给的液体产生了妨碍,最后在 F 点达到最大热流密度(如图 5.15 中照片(d)所示),短时间内传热面完全干涸,传热面的温度急剧上升,并向 H 点过渡。此现象称为 过渡沸腾(transition of boiling)。如果 H 点的温度高于传热面材料的熔点温度,则会产生烧毁现象,此种过渡沸腾称为 烧毁(burnout)。F 点称为 临界热流密度点(critical heat flux point, CHF point)或者 烧毁点(burnout point),在实际应用中对于给定伴随着沸腾现象的各种换热器的传热面热负荷上限是非常重要的。图 5.17 为通电加热的铂丝在烧毁瞬间的情景。

H 点的沸腾状态称为 膜态沸腾(film boiling),在传热面和液体之间形成了蒸汽膜,传热面的热传递由通过蒸汽膜的热传导控制。由于蒸汽的导热系数比液体的导热系数小得多,维持相同的热流密度则需要非常大的温差。因此在热流密度控制的加热方式中,传热面的温度就会急剧上升。在膜态沸腾状态下,若进一步增加热流密度,会达到传热面发红程度的高温,此时辐射传热的作用也大为增加。相反地,从 I

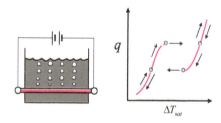

(a) 控制热流密度加热(电加热)

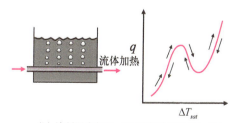

(b) 控制温度加热(通过高温流体的加热)

图 5.16 加热方式和沸腾曲线的差别

图 5.17 烧毁的瞬间
（照片提供者　井上利明（久留米工大））

点逐渐缓慢降低热流密度即使通过 H 点,膜态沸腾状态也可以一直维持,直到 G 点。G 点称为最小热流密度点(minimum heat flux point),MHF 点。若进一步降低热流密度,膜态沸腾将向核态沸腾过渡（GE 区间）。因此,在核态沸腾和膜态沸腾之间的过渡中存在沸腾曲线在升高热流密度和降低热流密度时经历路径不同的滞后(hysteresis)。

沸腾曲线的滞后现象最早是由 Nukiyama(拔山)所发现的。他在对铂丝进行通电加热时获得了沸腾曲线,不过,当时用点划线连接 FG 区间预测了曲线的特性。FG 区间称为过渡沸腾区域(transition boiling region)。过渡沸腾区域是非常不稳定的沸腾区域。在热流密度控制的加热方式(图 5.16(a))中,很难获得稳定的过渡沸腾状态。在温度控制的加热方式(图 5.16(b))中或者金属的淬火(quenching)等的过渡状态中可以观察到过渡沸腾现象。过渡沸腾区域的沸腾传热机理,可以考虑核态沸腾和膜态沸腾在时间和空间上的混合存在,但还有许多未知的东西。

5.3.3　影响沸腾传热的主要因素（dominant parameters influencing boiling heat transfer）

影响沸腾传热的因素有多种,可分为来源于液体侧的和来源于传热面侧的。液体侧的主要因素是过冷度、系统压力、流动速度、重力加速度等。另外,传热面侧的主要影响因素为传热面的热物性、表面粗糙度等。这些因素的影响效果如图 5.18 所示。红线为作为基准的饱和池沸腾曲线,各种因素影响下的沸腾曲线的变化方向如箭头所示。

首先是过冷度的影响。过冷度增大,沸腾开始的过热度也随之变大,临界热流密度也增加,在膜态沸腾区的换热系数也随之增加。主流液体的流动速度和重力加速度同过冷度有同样的影响效果。

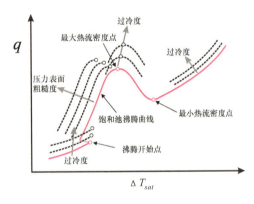

图 5.18　影响沸腾传热的主要因素的影响效果

增加系统压力,表面张力变小,气泡直径变小,同时沸腾开始的过热度也减小。因此相同过热度下汽化核心数量增加,核态沸腾的换热系数增加。另外临界热流密度也随压力一起增加,在临界点压力的 1/3 左右达到最大值。

其次,传热面上的微小划痕和空穴起到汽化核心作用。传热面的表面粗糙度与气泡核的形成有很大的关系。一般来说,在核态沸腾中,表面较粗糙的传热效果较好。另外,在膜态沸腾中,表面粗糙度不影响传热特性。

5.4　核态沸腾（nucleate boiling）

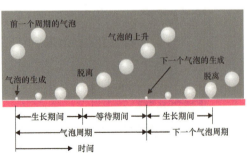

图 5.19　气泡的产生、生长、脱离周期

*5.4.1　气泡的生长与脱离（bubble formation and departure）

由于核态沸腾是在传热面上以微小划痕等为核心产生气泡的沸腾形式,因此,其传热机理与气泡的运动密切相关。如图 5.19 所示,在核态沸腾中,间隔着休止期间气泡反复地发生、生长和脱离。这称为气泡周期(bubbling cycle)。

1. 核态沸腾发生的条件(onset of nucleate boiling)

沸腾发生,必须首先在汽化核心上产生气泡,成核分为在过热液体中产生和在固体表面(或者和其他液体的界面)产生的情况。前者称为**均相成核**(homogeneous nucleation),后者称为**非均相成核**(heterogeneous nucleation)。减压时和快速加热时,在液体中的沸腾和突沸现象等,属于均相成核,其比非均相成核需要更高的过热度。另一方面,在通常的核态沸腾中,气泡的产生属于不均相成核,在传热面上的微小划痕或被称为**空穴**(cavity)的凹处成为汽化核心。

现考虑如图 5.20 所示的开口半径为 r_c 的锥形空穴中气泡的生长情况。为使气泡生长,气泡内部的蒸汽温度 T_v 必须满足由式(5.15)得到的下式。

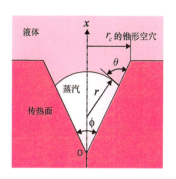

图 5.20 圆锥空穴内的气泡核

$$T_v \geqslant T_{sat} + \frac{2\sigma T_{sat}}{\rho_v L_{lv} r_c} \tag{5.17}$$

在传热面上有各种尺寸的空穴存在,在给定的过热度下,并不是所有的空穴都会产生气泡,产生气泡的空穴称为**活性空穴**(active cavity)。那么,对于给定的传热面过热度,什么样的尺寸范围内的空穴会被激活?我们根据图 5.21 推导一下核态沸腾开始的条件。

假定传热面附近的液体在高度方向上满足下式所示的线性温度分布。

$$T_l = T_{sat} + \Delta T_{sat}\left(1 - \frac{x}{\delta}\right) \tag{5.18}$$

其中,δ 为**过热液体层**(superheated liquid layer)的厚度,根据其和热流密度 q 的关系,得到下式

$$\delta = \frac{k_l \Delta T_{sat}}{q} \tag{5.19}$$

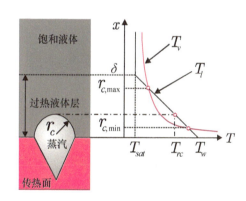

图 5.21 核态沸腾开始的条件

其中 k_l 为液体的导热系数(W/(m·K))。式(5.19)可改写为

$$q = \frac{k_l}{\delta}\Delta T_{sat} = h\Delta T_{sat} \tag{5.20}$$

其意味着未沸腾的传热面,以过热度 ΔT_{sat} 和换热系数 h 被冷却。

为了维持半径为 r_c 的气泡,至少在图 5.21 的气泡顶部 $x = r_c$ 处满足 $T_l = T_v$,则根据式(5.17)、式(5.18)及式(5.19)可以得到

$$r_c^2 - \frac{k_l \Delta T_{sat}}{q}r_c + \frac{2\sigma k_l T_{sat}}{\rho_v L_{lv} q} \leqslant 0 \tag{5.21}$$

求解上式可以得到 r_c 的范围

$$(r_c)_{\min}^{\max} = \frac{k_l \Delta T_{sat}}{2q}\left[1 \pm \sqrt{1 - \frac{8\sigma T_{sat} q}{\rho_v L_{lv} k_l \Delta T_{sat}^2}}\right] \tag{5.22}$$

这里,max 和 min 分别对应于式中的加减号。给定过热度 ΔT_{sat},大小处于 $r_{c,\min}$ 和 $r_{c,\max}$ 之间的空穴有可能成为气泡核心。

因式(5.22)根号中的值必须为正或者为零,确定活性核范围的过热度和热流密度的关系为

$$\Delta T_{sat} = \sqrt{\frac{8\sigma T_{sat}q}{\rho_v L_{tv} k_l}} \tag{5.23}$$

此时 r_c 的值由下式得到

$$r_c = \frac{k_l \Delta T_{sat}}{2q} = \frac{\delta}{2} \tag{5.24}$$

即,过热液体层厚度 δ 的 1/2 大小的汽化核心首先被激活。

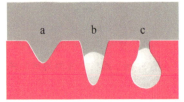

图 5.22 空穴的形状和其内部的蒸汽

图 5.23 用于热交换器的高性能沸腾传热面的结构
((株)日立制作所提供)

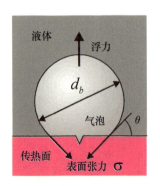

图 5.24 气泡受力分析

【例题 5.2】 ✱✱✱✱✱✱✱✱✱✱✱✱✱✱✱✱✱✱✱✱✱✱

对大气压下的水以 $30\,\mathrm{kW/m^2}$ 的热流密度进行加热,当过热度为 3.5 K 时,试求此时的活化汽化核心的数量范围。

其中,大气压下的汽化潜热为 $2256.9\,\mathrm{kJ/kg}$,饱和蒸汽密度为 $0.5977\,\mathrm{kg/m^3}$,表面张力为 $58.93\,\mathrm{mN/m}$,液体的导热系数为 $0.6778\,\mathrm{W/(m \cdot K)}$。

【解答】 将相关的数值代入式(5.22)可得

$$(r_c)_{\min}^{\max} = \frac{k_l \Delta T_{sat}}{2q}\left[1 \pm \sqrt{1 - \frac{8\sigma T_{sat}q}{\rho_v L_{tv} k_l \Delta T_{sat}^2}}\right]$$

$$= \frac{0.6778 \times 3.5}{2 \times (30 \times 10^3)}\left[1 \pm \sqrt{1 - \frac{8 \times (58.93 \times 10^{-3}) \times 373.15 \times (30 \times 10^3)}{0.5977 \times (2256.9 \times 10^3) \times 0.6778 \times (3.5)^2}}\right]$$

$$= \begin{cases} 68.29 \times 10^{-6}\,(\mathrm{m}) \\ 10.79 \times 10^{-6}\,(\mathrm{m}) \end{cases} \tag{ex5.2}$$

因此,汽化核心的范围在 $10.79 \leqslant r_c \leqslant 68.29\,(\mu\mathrm{m})$ 之间。

✱✱✱✱✱✱✱✱✱✱✱✱✱✱✱✱✱✱✱✱✱✱

实际传热面上的空穴并非图 5.20 所示的圆锥状,而是非常复杂的形状。当液体进入空穴时,部分空气或者其他气体被封闭在空穴中。在沸腾初期,这些气体就成为汽泡核心,随着沸腾的进行,空穴内的气体会完全被蒸汽所替代。在这里考虑如图 5.22 所示的三种形状的空穴。尽管与传热面的润湿性有关系,一般情况下,a 所示的大开口角空穴,当注入液体时,其内部的空气被完全排除,因此活化比较困难,初期沸腾需要比较大的过热度。b 所示的空穴在沸腾一旦停止时,随着温度的下降,其内部的蒸汽会被凝结,再次活化时仍然需要很大的过热度。c 所示的空穴在沸腾停止时,内部的蒸汽很难被凝结,再次沸腾所需要的过热度较小,是一种比较稳定的理想空穴形状。c 所示的空穴称为**内角空穴**(re-entrant cavity)。现在实用化的高性能沸腾传热面(图 5.23)中,就有人工制作的内角空穴结构。

2. 气泡脱离直径(bubble diameter at departure)

气泡生长到一定大小程度时,就会从传热面上脱离。在气泡生长速度较小的情况下,可以认为图 5.24 所示的气泡所受的浮力和传热面的表面张力处于平衡状态。弗里兹(Fritz)在假定气泡的接触角在脱离前均不发生变化的条件下，根据实验数据整理出了有关脱离直径的如下关系式：

$$d_b = 0.0209\theta\sqrt{\frac{\sigma}{g(\rho_l-\rho_v)}} \tag{5.25}$$

另外

$$Bo^{1/2} = 0.0209\theta \tag{5.26}$$

参数 Bo 为**邦德数**(Bond number)，为表示浮力和表面张力之比的无量纲数，其定义如下。

$$Bo = \frac{d_b^2 g(\rho_l-\rho_v)}{\sigma} \tag{5.27}$$

其中 θ 是接触角，在式(5.26)中的单位是度(deg)。通常，沸腾气泡的情况下，作为平均值取 $\theta = 50°$。

关于气泡脱离直径的关系式，除了弗里兹(Fritz)外，也有很多研究者提出了相应的关系式。这里给出 Cole 关系式

$$Bo^{1/2} = 0.04 Ja \tag{5.28}$$

其中 Ja 是**雅各布数**(Jakob number)，由下式计算，

$$Ja = \frac{\rho_l c_{pl} \Delta T_{sat}}{\rho_v L_{lv}} \tag{5.29}$$

c_{pl} 为液体的定压比热(J/(kg·K))。

3. 气泡的脱离周期(time period of bubble departure)

如图 5.19 所示，气泡周期是由气泡的产生、生长和脱离所组成的**生长期间**(growth period)和到下一次气泡产生为止的**等待期间**(waiting period)所组成的。气泡的等待期间是指因气泡脱离造成温度较低液体补充进来，过热液体层的温度恢复到气泡产生前状态所需要的时间。生长期间定义为 t_g，等待期间定义为 t_w。气泡的脱离周期为

$$t_b = \frac{1}{f} = t_w + t_g \tag{5.30}$$

这里 f 是**气泡的脱离频率**(frequency of bubble departure)。雅各布(Jakob)给出了核态沸腾气泡的脱离频率和脱离直径之间的关系

$$d_b f = 常数 \tag{5.31}$$

针对 f 和 d_b 之间的关系，雅各布(Jakob)之外的许多研究者也给出了经验关系式。比如，Zuber 在假定气泡的上升速度一定的条件下，导出了下列的关系式

$$d_b f = 0.59\left[\frac{\sigma g(\rho_l-\rho_v)}{\rho_l^2}\right]^{1/4} \tag{5.32}$$

【例题 5.3】*********************

试求大气压下水在过热度为 15K 情况下沸腾时的气泡脱离直径和脱离频率。脱离直径和脱离频率采用式(5.28)和式(5.32)进行计算。

【解答】 计算所使用的大气压下水的物性如下。

$\rho_l = 958.3 \, \text{kg/m}^3, \rho_v = 0.5977 \, \text{kg/m}^3, L_{lv} = 2256.9 \, \text{kJ/kg},$
$c_{pl} = 4.217 \, \text{kJ/(kg·K)}, \sigma = 58.93 \, \text{mN/m}$

根据式(5.29)计算雅各布数

$$Ja = \frac{\rho_l c_{pl} \Delta T_{sat}}{\rho_v L_{lv}} = \frac{958.3 \times (4.217 \times 10^3) \times 15}{0.5977 \times (2256.9 \times 10^3)} = 44.94 \quad (\text{ex } 5.3)$$

因此,根据式(5.28)得

$$Bo = (0.04 \times 44.94)^2 = 3.233 \quad (\text{ex } 5.4)$$

由式(5.27)可以计算得到脱离直径

$$d_b = \left[\frac{\sigma Bo}{g(\rho_l - \rho_v)}\right]^{1/2} = \left[\frac{(58.93 \times 10^{-3}) \times 3.233}{9.807 \times (958.3 - 0.5977)}\right]^{1/2}$$
$$= 4.313 \times 10^{-3} \, (\text{m}) = 4.313 \, (\text{mm}) \quad (\text{ex } 5.5)$$

根据式(5.32)计算脱离频率

$$f = \frac{0.59}{d_b} \left[\frac{\sigma g(\rho_l - \rho_v)}{\rho_l^2}\right]^{1/4}$$
$$= \frac{0.59}{(4.313 \times 10^{-3})} \left[\frac{(58.93 \times 10^{-3}) \times 9.807 \times (958.3 - 0.5977)}{(958.3)^2}\right]^{1/4}$$
$$= 21.43 \, (\text{s}^{-1}) \quad (\text{ex } 5.6)$$

****

5.4.2 核态沸腾传热机理 (mechanism of nucleate boiling heat transfer)

核态沸腾和其他的传热形态相比,其换热系数要大很多。作为这种良好传热的机理,人们提出了多种传热机制。大致可以分为以下3种。

(a) 气泡扰动机制 (bubble agitation)
(b) 显热输运机制 (sensible heat transport)
(c) 微液膜蒸发机制 (microlayer evaporation)

这些传热机理如图 5.25 所示。

图(a)是,伴随着气泡的生长、脱离和上升汽化核心周围的过热液体层受到挤压和搅拌,因而得到传热强化的模型,它是很多传热关系式的基础。后面所述的 Rohsenow 关系式也是根据这个模型进行建立的。

在图(b)的模型中,因气泡的生长和脱离,向周围挤压出去和气泡体积相等的液体,进一步地在气泡脱离传热面上升时,过热液体随其一起,导致向上运动,周围的低温液体流向汽化核心附近,因此完成大量的热量输送。Forster-Greif 提出了这个和气泡扰动类似的模型,并将其命名为气液交换机制 (vapor liquid exchange) 模型。

图(c)也称为潜热输运机制 (latent heat transport)。在此模型中,是通过存在于传热面上生长的气泡底部的薄液膜的蒸发进行热量输送。这个薄液膜也称为微液膜 (microlayer),其厚度大概估计为 1~10 μm 左右。由于此液膜表面为饱和温度,下部为传热面的温度,通过

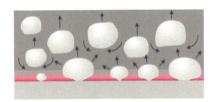

(a) 气泡扰动机制

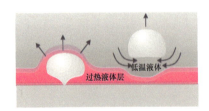

(b) 显热输运机制

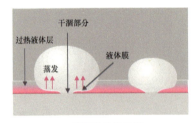

(c) 微液膜蒸发机制

图 5.25 核态沸腾的传热机制

液膜内的热传导可以传递大量的热量。一般认为在低热流密度条件下的核态沸腾传热机制为(a)或(b)，在高热流密度下的传热机制为(c)。

5.4.3 核态沸腾的关联式 (correlation of nucleate boiling heat transfer)

核态沸腾的传热特性一般可以整理为如下的形式

$$q = C' \Delta T_{sat}^m \tag{5.33}$$

这里 q 为热流密度，C' 和 m 为常数，换热系数定义为

$$h = \frac{q}{\Delta T_{sat}} \tag{5.34}$$

式(5.33)可以改写为如下形式

$$h = C q^n \tag{5.35}$$

基于式(5.33)和(5.35)的比较，可得 $C = (C')^{1/m}$ 和 $n = (m-1)/m$。一般来说，$n = 0.6 \sim 0.8$。常数 C 与流体的热物性、传热面的表面特性及润湿性等有关。

许多研究者提出了式(5.35)形式的关联式，这里仅介绍广泛使用的几个有代表性的关联式。需要注意的是在以下的关联式中换热系数 h 是以过热度 ΔT_{sat} 定义的。即，即使在过冷沸腾的情况下，也不使用传热面和主流流体之间的温度差，而是必须使用过热度。

<u>Kutateladze 式</u>

$$\frac{h l_a}{k_l} = 7.0 \times 10^{-4} \cdot Pr_l^{0.35} \cdot \left(\frac{q l_a}{\rho_v L_{lv} \nu_l}\right)^{0.7} \left(\frac{p l_a}{\sigma}\right)^{0.7} \tag{5.36}$$

这里，h 为换热系数(W/(m²·K))，L_{lv} 为汽化潜热(J/kg)，p 为系统压力(Pa)，Pr_l 为液体的普朗特数(—)，ρ_l 为液体密度(kg/m³)，ρ_v 为蒸汽密度(kg/m³)，k_l 为液体的导热系数(W/(m·K))，ν_l 为液体的动力黏度(m²/s)，σ 为表面张力(N/m)。l_a 为**拉普拉斯系数** (Laplace coefficient)，或者称为**毛细管常数**(capillary constant)，定义如下。

$$l_a = \sqrt{\frac{\sigma}{g(\rho_l - \rho_v)}} \tag{5.37}$$

l_a 的量纲为长度，其大小与脱离传热面的气泡的直径数量级相近。因此，式(5.36)左边可以看做是努塞尔数。作为参考，利用 Kutateladze 式计算得到的 $q - \Delta T_{sat}$ 关系和实验值的比较示于图 5.26。

<u>Rohsenow 式</u>

$$\frac{h l_a}{k_l} = \frac{Pr_l^{-0.7}}{C_{sf}} \left(\frac{q l_a}{\rho_v \nu_l L_{lv}}\right)^{0.67} \left(\frac{\rho_v}{\rho_l}\right)^{0.67} \tag{5.38}$$

C_{sf} 是根据液体和传热面的组合而确定的系数，如表 5.4 所示，$C_{sf} = 0.0025 \sim 0.015$。其他的符号和 Kutateladze 式相同。

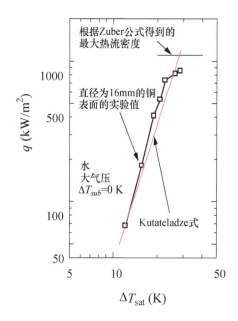

图 5.26 核态沸腾传热特性

表 5.4 Rohsenow 式的系数

液体与传热面的组合	C_{sf}
水—镍	0.006
水—铂	0.013
水—铜	0.013
水—黄铜	0.0060
水—不锈钢	0.014
苯—铬	0.010
乙醇—铬	0.0027
戊烷—铬	0.015
异丙醇—铜	0.0025
丁醇—铜	0.0030

【例题 5.4】 ✳✳✳✳✳✳✳✳✳✳✳✳✳✳✳✳✳✳✳✳✳

试用 Kutateladze 式求出以 $250\,\text{kW/m}^2$ 的热流密度对大气压下的饱和水进行加热时的过热度和换热系数。

【解答】 除了在例题 5.3 中所使用的物性参数外,新的必要参数为以下 3 个。$k_l = 0.6778\,\text{W/(m·K)}, \nu_l = 0.2944 \times 10^{-6}\,\text{m}^2/\text{s}, Pr_l = 1.756$。

首先,根据式(5.37)计算出拉普拉斯系数

$$l_a = \sqrt{\frac{\sigma}{g(\rho_l - \rho_v)}} = \sqrt{\frac{58.93 \times 10^{-3}}{9.807 \times (958.3 - 0.5977)}} = 2.505 \times 10^{-3}\,(\text{m}) \tag{ex 5.7}$$

根据式(5.36),换热系数为

$$\begin{aligned}
h &= 7.0 \times 10^{-4} \cdot Pr_l^{0.35} \cdot \left(\frac{q l_a}{\rho_v L_{lv} \nu_l}\right)^{0.7} \left(\frac{p l_a}{\sigma}\right)^{0.7} \cdot \frac{k_l}{l_a} \\
&= 7.0 \times 10^{-4} \times 1.756^{0.35} \cdot \left(\frac{250 \times 10^3 \times 2.505 \times 10^{-3}}{0.5977 \times 2256.9 \times 10^3 \times 0.2944 \times 10^{-6}}\right)^{0.7} \\
&\quad \times \left(\frac{101.325 \times 10^3 \times 2.505 \times 10^{-3}}{58.93 \times 10^{-3}}\right)^{0.7} \times \frac{0.6778}{2.505 \times 10^{-3}} \\
&= 1.398 \times 10^4\,(\text{W/(m}^2\cdot\text{K)})
\end{aligned} \tag{ex 5.8}$$

过热度为

$$\Delta T_{sat} = \frac{q}{h} = \frac{250 \times 10^3}{1.398 \times 10^4} = 17.88\,(\text{K}) \tag{ex 5.9}$$

【例题 5.5】 ✳✳✳✳✳✳✳✳✳✳✳✳✳✳✳✳✳✳✳✳✳

Calculate the heat flux and the heat transfer coefficient for pool boiling of saturated water at 10 K in degree of superheating under atmospheric pressure. Use the Rohsenow's correlation and the surface material is stainless steel.

【解答】 The thermophysical properties and the Laplace coefficient are the same as in example 5.4. Substituting $q = h \cdot \Delta T_{sat}$ into the right-hand-side of equation (5.38),

$$\frac{h l_a}{k_l} = \frac{Pr_l^{-0.7}}{C_{sf}} \left(\frac{h \Delta T_{sat} l_a}{\rho_v \nu_l L_{lv}}\right)^{0.67} \left(\frac{\rho_v}{\rho_l}\right)^{0.67} \tag{ex 5.10}$$

Solving above equation for h, the heat transfer coefficient is obtained as below.

$$\begin{aligned}
h &= \left[\frac{k_f Pr_l^{-0.7}}{l_a C_{sf}}\left(\frac{\Delta T_{sat} l_a}{\rho_l \nu_l L_{lv}}\right)^{0.67}\right]^{1/0.33} \\
&= \left[\frac{0.6778 \times 1.756^{-0.7}}{2.505 \times 10^{-3} \times 0.014} \cdot \left(\frac{10 \times 2.505 \times 10^{-3}}{958.3 \times 2256.9 \times 10^3 \times 0.2944 \times 10^{-6}}\right)^{0.67}\right]^{1/0.33} \\
&= 3.357 \times 10^3\,(\text{W/(m}^2\cdot\text{K)})
\end{aligned} \tag{ex 5.11}$$

The heat flux is

$$q = h \Delta T_{sat} = 3.357 \times 10^3 \times 10 = 3.357 \times 10^4\,(\text{W/m}^2) = 33.57\,(\text{kW/m}^2) \tag{ex 5.12}$$

✳✳✳✳✳✳✳✳✳✳✳✳✳✳✳✳✳✳✳✳✳

5.5 池沸腾的临界热流密度(critical heat flux in pool boiling)

由于核态沸腾是传热面上产生气泡而形成的沸腾形式,为维持核态沸腾状态气泡脱离传热面后,必须由低温液体补充。在高热流密度区域,蒸发与向传热面的液体补充之间失去平衡时,就发生了向膜态沸腾的迁移。如 5.3.2 节所述,临界热流密度是利用沸腾传热器件的热负荷上限,在实际应用上非常重要。特别是有关对临界热流密度的预测,直到今日许多研究仍在进行。这里给出基于流体力学非稳定性模型的 Zuber 关系式。

$$q_c = 0.131 \rho_v L_{lv} \left[\frac{\sigma g (\rho_l - \rho_v)}{\rho_v^2} \right]^{1/4} \quad (5.39)$$

作为参考,在表 5.5 中给出了根据 Zuber 关系式所计算的大气压下各种流体的临界热流密度。可以看出,水的临界热流密度与其他流体相比较大,而氦的临界热流密度却非常小。对于氦而言,在临界热流密度时的传热面过热度在 1K 以下。

临界热流密度的值随着过冷度、传热面的材料和性质、系统压力、重力加速度等变化。图 5.27 表示压力对水的池沸腾临界热流密度值影响的效果。临界热流密度最大值出现的压力为临界压力(22.12 MPa)的 1/3 左右。

【例题 5.6】 **********************
试运用 Zuber 关系式求大气压下水的临界热流密度。

【解答】 利用例题 5.3 中的物性值进行计算。根据式(5.39)

$$q_c = 0.131 \rho_v L_{lv} \left[\frac{\sigma g (\rho_l - \rho_v)}{\rho_v^2} \right]^{1/4}$$

$$= 0.131 \times 0.5977 \times 2256.9 \times 10^3$$

$$\times \left[\frac{58.93 \times 10^{-3} \times 9.807 \times (958.3 - 0.5977)}{0.5977^2} \right]^{1/4}$$

$$= 1.109 \times 10^6 (\text{W/m}^2) = 1109 (\text{kW/m}^2) \quad (\text{ex } 5.13)$$

在图 5.26 中画出了以上的值。

****

表 5.5 各种流体的临界热流密度

流体	临界热流密度 (kW/m²)
氦	6.353
氮	161.7
甲烷	245.9
氨	657.4
CFC-12	212.6
HFC-134a	244.3
水	1109

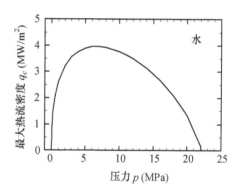

图 5.27 池沸腾的临界热流密度随压力的变化(根据 Zuber 的关系式计算)

5.6 膜态沸腾 (film boiling)

当传热面达到高温后固体表面完全被蒸汽覆盖,在传热面和液体间形成了连续的**蒸汽膜**(vapor film)。在膜态沸腾状态下,热量主要从固体表面通过蒸汽膜的导热向气液界面传递,蒸发在气液界面发生。由于蒸汽的导热系数远小于液体的导热系数,因此在蒸汽膜内会产生很大的温差。但是,实验表明在实际的膜态沸腾中,气液界面处于不稳定的波动状态,膜态沸腾中也会出现间歇性的固液接触。同时,高温状态下的辐射传热影响也不可忽视。

与核态沸腾相比,膜态沸腾的理论研究相对容易,例如,以 Brom-

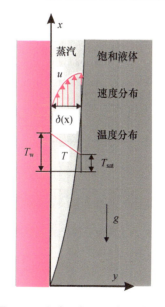

图 5.28 竖直平板层流自然对流膜态沸腾的理论模型

ley 理论为代表的理论研究,到目前为止对竖直平板及水平圆柱周围的自然对流或者强迫对流膜态沸腾仍然采用抛面法或者数值计算求解。在此,以相对容易求解的竖直平板层流自然对流膜态沸腾的换热系数为例进行说明。图 5.28 所示为分析求解的理论模型。为了求解方便,作以下假设。

(1) 壁面温度 T_w 在竖直方向上一致,并且气液界面上的温度为饱和温度 T_{sat}。

(2) 蒸汽膜内的流动状态为层流,因蒸汽流动产生的黏性力和浮力相平衡,忽略相对较小的惯性力。

(3) 来自传热面的热量由蒸汽膜的导热传递至气液界面,并且完全用于蒸发。因此蒸汽膜内温度呈现线性分布。

(4) 气液界面光滑,忽略其曲率的存在。同时不受剪切力的作用,蒸汽的横向速度梯度为零。

现在不考虑辐射传热的影响,仅考虑蒸汽膜的导热求出其换热系数 h_∞。关于辐射传热影响的分析在后面叙述。

基于以上的假设,描述该问题的蒸汽膜内流动的基本方程和边界条件如下。

$$\frac{d^2 u}{dy^2} = -\frac{g(\rho_l - \rho_v)}{\mu_v} \tag{5.40}$$

$$y = 0: u = 0 \tag{5.41}$$

$$y = \delta: \frac{du}{dy} = 0 \tag{5.42}$$

对式(5.40)进行两次积分,并应用式(5.41)和式(5.42),得到如下的蒸汽膜内速度分布。

$$u(y) = \frac{g(\rho_l - \rho_v)\delta^2}{\mu_v}\left[\frac{y}{\delta} - \frac{1}{2}\left(\frac{y}{\delta}\right)^2\right] \tag{5.43}$$

若传热面上单位长度的蒸汽流量为 $\dot{m}_v$(kg/(m·s)),则

$$\dot{m}_v = \int_0^\delta \rho_v u(y) dy = \frac{g\rho_v(\rho_l - \rho_v)\delta^3}{3\mu_v} \tag{5.44}$$

这里考虑图 5.29 所示的在竖直方向上 dx 区间内气液界面上的质量平衡。由于在 dx 区间上有 qdx 的热量进入气液界面,这些热量全部用于蒸发质量流量为 $d\dot{m}_v$ 的蒸汽,因此有如下关系成立。

$$qdx = L_{lv}d\dot{m}_v \tag{5.45}$$

根据假设(3)可以得到,

$$q = \frac{k_v \Delta T_{sat}}{\delta} \tag{5.46}$$

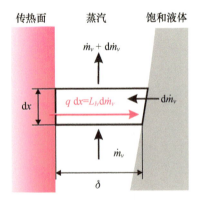

图 5.29 气液界面上的质量平衡

由式(5.44)、式(5.45)及式(5.46)可以导出如下的微分方程。

$$\delta^3 d\delta = \frac{k_v \mu_v \Delta T_{sat}}{g\rho_v(\rho_l - \rho_v)L_{lv}} \cdot dx \tag{5.47}$$

在 $x = 0 \rightarrow x$,$\delta: 0 \rightarrow \delta$ 的区间进行积分,可以得到竖直方向 x 处的蒸汽膜厚度。

5.6 膜态沸腾

$$\delta = \left[\frac{4k_v\mu_v\Delta T_{sat}x}{g\rho_v(\rho_l-\rho_v)L_{lv}}\right]^{1/4} \tag{5.48}$$

因此，局部换热系数 $h_{\infty,x}$ 为

$$h_{\infty,x} = \frac{k_v}{\delta} = \left[\frac{g\rho_v(\rho_l-\rho_v)k_v^3 L_{lv}}{4\mu_v\Delta T_{sat}x}\right]^{1/4} \tag{5.49}$$

考虑到壁面温度相同，高度为 l 的平均换热系数 $\bar{h}_\infty$ 为

$$\bar{h}_\infty = \frac{1}{l}\int_0^l h_{\infty,x}\,\mathrm{d}x = \frac{4}{3}[h_{\infty,x}]_{x=l} \tag{5.50}$$

Bromley 用包含过热蒸汽显热的修正汽化潜热 L'_{lv} 代替汽化潜热 L_{lv}，最后给出平均换热系数如下。

$$\bar{h}_\infty = 0.943\left[\frac{g\rho_v(\rho_l-\rho_v)k_v^3 L'_{lv}}{\mu_v\Delta T_{sat}l}\right]^{1/4} \tag{5.51}$$

其中，

$$\frac{L'_{lv}}{L_{lv}} = 1 + \frac{c_{pv}\Delta T_{sat}}{2L_{lv}} \tag{5.52}$$

对于水平圆柱体周围的膜态沸腾，采用极坐标运用同样的分析方法可以从理论上求得换热系数。

另外，对于水平向上表面，有著名的 Berenson 蒸汽膜单元模型理论解析，由于超出了本书的介绍范围，这里省略其推导过程。

综上所述，层流自然对流膜态沸腾传热的理论和半理论式可以归纳如下。其中的常数和特征尺寸见表 5.6。

$$\frac{\bar{h}_\infty l}{k_v} = C\left(\frac{Gr^*}{S_p^*}\right)^{1/4} \tag{5.53}$$

$$Gr^* = \frac{g\rho_v(\rho_l-\rho_v)l^3}{\mu_v^2} \tag{5.54}$$

$$S_p^* = \frac{c_{pv}\Delta T_{sat}}{L'_{lv}Pr_v} \tag{5.55}$$

表 5.6 式(5.33)的系数及特征尺寸

形　状	C	特征尺寸 l
竖直壁面	0.667～0.943	壁面高度
水平向上平面	0.425	$\sqrt{\dfrac{\sigma}{g(\rho_l-\rho_v)}}$ 拉普拉斯常数
水平圆柱	0.62	圆柱直径

这里 h_∞ 是仅仅考虑蒸汽膜的导热所得到的换热系数。但上式中蒸汽的物性是根据蒸汽膜温度 $(T_w+T_{sat})/2$ 计算的。

当高度 l 较大时，由式(5.51)计算得到的换热系数比实际值小很多。这是由于实际的膜态沸腾中，从传热面下端生长的蒸汽膜在上部变得很不稳定，会形成波状界面。同时，实际的水平圆柱周围的膜态沸腾如图 5.30 所示，沿着轴向方向，以一定的间隔，气泡周期性地生长和脱离。在蒸汽流动不是层流或者边界层近似不成立时，就不能使用式(5.53)。

图 5.30　水平细丝周围的膜态沸腾
流体：CFC-11，压力：0.7 MPa
热流密度：0.56 MW/m²
铂金丝：直径 0.3 mm
(照片提供者　井上利明(久留米工大))

下面，对辐射换热的影响进行讨论。根据式(5.44)，蒸汽流量与蒸汽膜厚度的3次方成正比。而换热系数与蒸汽膜厚度成反比，换句话说，换热系数与蒸汽流量的1/3次方成反比。考虑到蒸汽流量与总的换热系数 h_t 应该成一定的比例，Bromley 提出了如下的关系式。

$$h_t = \bar{h}_{co}\left(\frac{h_{co}}{h_t}\right)^{1/3} + h_r \tag{5.56}$$

这里 h_r 是式(5.58)所定义的有效辐射换热系数。式(5.56)是关于 h_t 的超越方程，使用不方便。在 $(h_r/\bar{h}_{co})$ 较小的情况下，可以近似使用如下关系式。

$$h_t = \bar{h}_{co} + \frac{3}{4} h_r \tag{5.57}$$

h_r 由下式进行计算。

$$h_r = \frac{\varepsilon \sigma (T_w^4 - T_{sat}^4)}{T_w - T_{sat}} \tag{5.58}$$

这里 σ 是斯忒藩-玻尔兹曼常数，ε 是传热面的发射率。图 5.31 是 Bromley 的饱和液氮膜态沸腾的实验数据和式(5.56)相比较的情况。

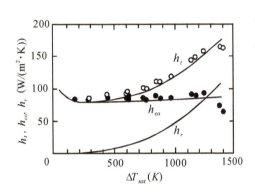

图 5.31　水平圆柱周围的膜态沸腾特性
（大气压下饱和液氮的膜态沸腾）

【例题 5.7】＊＊＊＊＊＊＊＊＊＊＊＊＊＊＊＊＊＊＊

大气压下饱和水中直径为 2 mm 的水平圆柱上发生膜态沸腾。试求传热面温度为 800℃时的换热系数。其中，考虑辐射的影响，传热面的发射率为 0.73。

【解答】　首先准备计算所必需的物性数据。液体的物性数据使用大气压下的饱和液体的数据。

$\rho_l = 958.3\,\text{kg/m}^3$，$L_{lv} = 2\,256.9\,\text{kJ/kg}$

另外，蒸汽的物性数据使用汽膜温度 $(T_w + T_{sat})/2 = (800 + 100)/2 = 450℃$ 时的值。

$\rho_v = 0.3039\,\text{kg/m}^3$，$c_{pv} = 2.099\,\text{kJ/(kg·K)}$，$k_v = 60.69\,\text{mW/(m·K)}$，$\mu_v = 26.52\,\mu\text{Pa·s}$，$Pr_v = 0.9173$

由式(5.54)知

$$Gr^* = \frac{g\rho_v(\rho_l - \rho_v)l^3}{\mu_v^2} = \frac{9.806 \times 0.3039 \times (958.3 - 0.3039) \times (2 \times 10^{-3})^3}{(26.52 \times 10^{-6})^2}$$
$$= 3.248 \times 10^4 \tag{ex 5.14}$$

根据式(5.52)的修正潜热为

$$L'_{lv} = L_{lv} + \frac{c_{pv}\Delta T_{sat}}{2} = 2\,256.9 + \frac{2.099 \times 700}{2} = 2\,992\,(\text{kJ/kg}) \tag{ex 5.15}$$

由式(5.55)得

$$S_p^* = \frac{c_{pv}\Delta T_{sat}}{L'_{lv} Pr_v} = \frac{2.099 \times 700}{2\,992 \times 0.9173} = 0.535\,3 \tag{ex 5.16}$$

由于传热面是圆柱体，根据表 5.6 得到 $C = 0.62$，并代入式(5.53)，得

$$\bar{h}_\infty = C\frac{k_v}{l}\left(\frac{Gr^*}{S_p^*}\right)^{1/4} = 0.62 \times \frac{60.69 \times 10^{-3}}{2 \times 10^{-3}} \times \left(\frac{3.248 \times 10^4}{0.5353}\right)^{1/4}$$
$$= 295.3(\text{W}/(\text{m}^2 \cdot \text{K})) \tag{ex 5.17}$$

其次，考虑辐射传热的影响。根据式(5.58)，有

$$h_r = \frac{\varepsilon\sigma(T_w^4 - T_{sat}^4)}{T_w - T_{sat}} = \frac{0.73 \times 5.67 \times 10^{-8} \times (1073.15^4 - 373.15^4)}{800 - 100}$$
$$= 77.28(\text{W}/(\text{m}^2 \cdot \text{K})) \tag{ex 5.18}$$

这里，必须注意分子上的 T_w，T_{sat} 是使用绝对温度的。总的换热系数根据式(5.57)求得如下。

$$h_t = \bar{h}_\infty + \frac{3}{4}h_r = 295.3 + \frac{3}{4} \times 77.28 = 353.3(\text{W}/(\text{m}^2 \cdot \text{K}))$$
$$\tag{ex 5.19}$$

另外，如果认为 h_r/h_∞ 不是很小，将上面得到的值作为第一近似值，代入式(5.56)右边的 h_t 项，计算得

$$h_t = \bar{h}_\infty\left(\frac{h_\infty}{h_t}\right)^{1/3} + h_r = 295.3 \times \left(\frac{295.3}{353.3}\right)^{1/3} + 77.28$$
$$= 355.4(\text{W}/(\text{m}^2 \cdot \text{K})) \tag{ex 5.20}$$

将此值再次代入到式(5.56)右边反复计算，直到该值不再变化为止，最后得到 $h_t = 355.0\ \text{W}/(\text{m}^2 \cdot \text{K})$。因此对实际应用来说，此条件下即使使用式(5.57)也没有问题。

****

5.7 流动沸腾 (flow boiling)

流动沸腾大致可以分为**外部流动沸腾**(external boiling flow)和**内部流动沸腾**(internal boiling flow)。其中在各种工业过程中频繁出现的流动沸腾以锅炉蒸发管中的**管内沸腾**(flow boiling in tube)为代表。管内沸腾是蒸汽和液体相混合的**气液两相流动**(two-phase flow)，根据管内横截面的气液两相的比例、流速、流动方向和重力方向等的不同，会出现各种**流动形态**(flow pattern)。根据流动形态的不同，管内的压降和传热机理也有所差异，把握管内流动呈现出的流动形态对换热系数的推算是极为重要的。

5.7.1 气液两相流动形态 (two-phase flow pattern)

管内沸腾中，随着蒸发的进行在流动方向上气液混比会发生变化，相应地流动形态也发生变化。这里分别以竖直上升流和水平流对管内沸腾的主要流动形态进行说明。

1. 竖直上升流的流动形态 (flow patterns in vertical upflow)

图 5.32 所示为竖直上升流的 4 种主要流动形态。

（1）**泡状流**(bubbly flow) 与管径相比小直径的气泡分散在液相中流动的流动形态。这种流动形态从核态沸腾开始时出现。

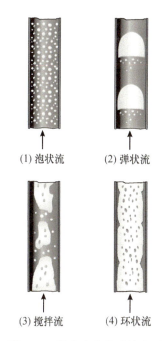

(1) 泡状流　(2) 弹状流

(3) 搅拌流　(4) 环状流

图 5.32 竖直上升流动的流型

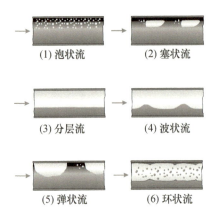

图 5.33　水平流动的形态

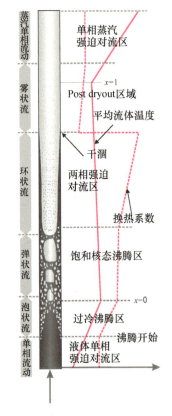

图 5.34　竖直向上管道的沸腾形态

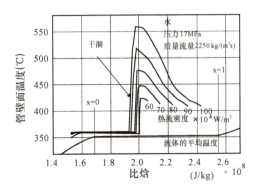

图 5.35　蒸发管道内的壁温分布的例子
（Herkenrath[7]的测量结果）

（2）**弹状流**(slug flow)　也称为**塞状流**(plug flow)。在竖直上升流中管壁上产生的气泡向管中心聚集，一些气泡合并形成了占据整个管横截面样的子弹状**气塞**(vapor plug)。这种气塞和含有小气泡的**液塞**(liquid slug)交替地流动。

（3）**搅拌流**(churn flow)　在液体流量较大的情况下，气塞发生变形，液塞内卷入许多气泡，形成伴随有脉动的流动。

（4）**环状流**(annular flow)　气相流量变大后，液相在壁面形成环状液膜，气相在中心处流动。在液相流量较大时，形成中心处的气相伴随着许多液滴的**环雾状流**(drop-annular flow)。

2. 水平流的流动形态（flow patterns in horizontal flow）

水平流的情况下，由于流动方向和重力的作用方向不同，气相偏向管道的上侧流动，与竖直上升流相比会出现更多的流动形态。主要的流动形态如图 5.33 所示。

（1）泡状流　与竖直上升流相比，除了气泡在偏向管道顶部流动外，其余均相同。

（2）塞状流　与竖直上升流的弹状流相对应。气塞在偏向管道上部流动。

（3）**分层流**(stratified flow)　在总流量较小的情况下，气相和液相上下分离流动。此时的气液界面比较平滑。

（4）**波状流**(wavy flow)　当气相流量增大后，气液界面变得不稳定，呈波状。但是，波峰仍然达不到管道的顶部。

（5）弹状流　在波状流的基础上进一步增大气相流量，波峰达到管道的顶部，液体塞满管道。气液界面变得混乱，接近于竖直上升流的搅拌流。

（6）环状流　同竖直上升流一样，但液膜在管道底部厚，在管道顶部薄。

5.7.2　管内沸腾传热（flow boiling heat transfer in tube）

对于管内沸腾系统，在实际应用上常常将热流密度作为加热条件给定，而必须推测壁面温度沿着流动方向的变化。对壁面温度分布的推测，首先必须推测出换热系数的分布，过冷液体流入管内，变成过热蒸汽流出，其间沿着流动方向上流动形态及传热机理均发生变化，换热系数的推算不像池沸腾那样简单。详细可参考相关的专业书[6]，这里以竖直上升流为例对管内流动沸腾传热的特征进行说明。

图 5.34 为流动形态、传热机理、换热系数和流体平均温度沿着高度方向上的分布。另外，作为参考在图 5.35 中给出了一例竖直向上蒸发管的壁面温度分布的测量结果。横轴的焓值是一个与管入口的距离成正比的量。对于流动沸腾换热系数的推算需要分成若干区域并分别使用与之相应的传热关系式进行计算。(a) 单相液体强制对流区域，(b) 过冷核态沸腾传热区域，(c) 饱和核态沸腾传热区域，(d) 两相强制对流区域，(e) 弥散流区域，(f) 单相蒸汽强制对流区域。图中 x 表示根据流体平均焓得到的干度（quality），在 $x=0\sim1$ 的范围内流体平

均温度逐渐下降,是由于压力损失引起的饱和温度降低的缘故。一般情况下气液两相流动的压降比单相流动的压降大。

由管入口处进入的过冷状态的液体,通过单相液体强制对流传热被加热,在某个高度处管内壁面出现过冷核态沸腾。从核态沸腾开始到进入饱和沸腾的流动形态为泡状流。进入饱和核态沸腾区域后,干度随之增加,流动形态变成弹状流。若干度进一步增加,流动形态变为环状流或者环雾状流。此时由于传热通过管内壁传热面上形成的液膜实现,随着蒸发的进行,液膜的厚度逐渐减小因而换热系数随之增加。其后液膜出现破裂,最终完全消失。此现象称为干涸(dryout),在此之前的热流密度即是流动沸腾的临界热流密度。此时的干度称为临界干度(critical quality)。

干涸发生时,由于壁面和蒸汽直接接触,换热系数急剧减小,壁面温度迅速升高。从图 5.35 可以看出,根据热流密度大小的不同,壁面温度升高的范围在 70~200℃ 之间。干涸发生后的流动形态称为雾状流(mist flow),在管中央部分液滴呈雾状流动。此区域称为干涸后区域(post dryout region),在此区域内如果液滴完全蒸发,则进入单相蒸汽强制流动区域。

在热流密度很大的情况下出现临界热流密度的原因不是干涸,而是从核态沸腾向膜态沸腾的迁移。这个现象称为 DNB(departure from nucleate boiling)。DNB 情况下的临界干度也比干涸情况下的小。热流密度非常大的情况下,即使过冷状态也会发生 DNB。当 DNB 发生时,出现管壁面被蒸汽膜所覆盖,在管中央流动的液体,被称为逆环状流(inverted annular flow)的流动形态。

水平流的传热机理基本上和竖直上升流相同,但因重力的影响管上部出现干涸,管底部处于润湿状态时,沿着管圆周方向上的换热系数的分布变化非常大。

5.8 凝结换热 (heat transfer with condensation)

5.8.1 凝结的分类和机理 (classification and mechanism of condensation)

如同在 5.1 节和 5.2 节中关于相变的介绍那样,所谓凝结(condensation)是指在一定压力下的气体的温度比与该压力相对应的饱和温度低时,气体向液体发生相变的现象。

在传热学中,通常研究在饱和温度以下的低温固体表面上的凝结现象时,根据凝结相形成后在传热面上流动的形态可以将凝结分为两大类。一类是如图 5.36 及图 5.37 所示,凝结的液体在冷却固体表面上形成连续的液膜,称为膜状凝结(film-wise condensation),另一类是如图 5.38 及图 5.39 所示,凝结液体在固体表面上形成液滴,称为滴状凝结(drop-wise condensation)。根据不同类型凝结现象发生的区域的大小,有时必须作为两种形态混合存在的凝结状态来对待,称为混合凝结(mixed condensation)。

图 5.36　膜状凝结

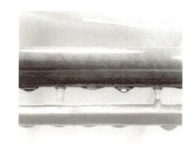

图 5.37　水平冷却管壁面的膜状凝结
(照片提供:小山繁(九州大学))

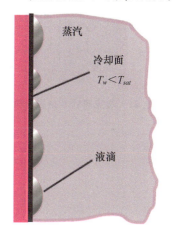

图 5.38　滴状凝结

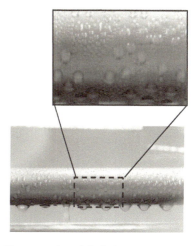

图 5.39　水平冷却管表面的滴状凝结
(照片提供:小山繁(九州大学))

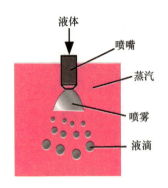

图 5.40 直接接触凝结

另外,蒸汽和饱和温度以下的液体直接接触时所发生的凝结现象称为**直接接触凝结**(direct contact condensation)(图 5.40)。

相对于在固体表面等冷却面上发生的凝结现象(表面凝结)而言,云或者雾等在空气中发生的凝结称为空间凝结。进一步地,对于空间凝结,分为以空气中的尘埃等异物质为核心发生凝结的**非均匀凝结**(heterogeneous condensation)和没有异物质核心因**自成核**(spontaneous nucleation)发生凝结的**均匀凝结**(homogeneous condensation)。以上分类的归纳示于表 5.7。

表 5.7 凝结的分类

凝结发生的场所			
表面凝结		空间凝结	
凝结液的形态		凝结核生成的形态	
膜状凝结	滴状凝结	均匀凝结	非均匀凝结

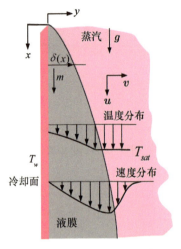

图 5.41 层流膜状凝结的物理模型

5.8.2 层流膜状凝结理论 (theory of laminar film-wise condensation)

如图 5.41 所示,在饱和蒸汽中放置有竖直冷却平板,考虑凝结液膜从冷却平板上端开始在冷却面上连续生成的理想状态。液膜在重力的作用下从冷却面的上端生成流下。因此,液膜的厚度 δ 从冷却面上端开始逐渐变大。另外这里假定液膜厚度、温度、流速等沿着冷却面的水平方向,也就是图的深度方向上无变化。

如图 5.41 所示,从冷却面上端垂直向下为 x 轴,垂直于冷却面的方向为 y 轴。凝结气体(蒸汽)为饱和状态(饱和温度为 T_s),并以均匀速度 u_∞ 垂直向下流动。x 及 y 方向上的速度分别用 u 和 v 表示,角标 l 表示液膜,v 表示蒸汽。

此时,质量、动量和能量守恒定律表述如下。

质量守恒:$\dfrac{\partial u_i}{\partial x}+\dfrac{\partial v_i}{\partial y}=0 \qquad i=l,v$ (5.59)

动量守恒:$u_i\dfrac{\partial u_i}{\partial x}+v_i\dfrac{\partial u_i}{\partial y}=\nu_i\dfrac{\partial^2 u_i}{\partial y^2}+C \qquad i=l,v$ (5.60)

$$C=\begin{cases} 0 & i=v \\ g\dfrac{(\rho_l-\rho_v)}{\rho_l} & i=l \end{cases}$$ (5.61)

能量守恒:

(液膜) $\quad u_l\dfrac{\partial T_l}{\partial x}+v_l\dfrac{\partial T_l}{\partial y}=\alpha_l\dfrac{\partial^2 T_l}{\partial y^2}$ (5.62)

(蒸汽) $\quad T=T_{sat}=$ 常数 (5.63)

在气液界面(凝结液膜表面)上,液膜温度 T_l 等于饱和温度 T_{sat}。此外,假设气液界面上液膜的流速 u_l 和蒸汽的流速 u_v 相等(假设无滑移),边界条件如下所示。

$$y = \delta: T_l = T_{sat}, \quad u_l = u_v \tag{5.64}$$

进一步地,根据气液界面处剪切力的平衡条件,得

$$y = \delta: \mu_l \frac{\partial u_l}{\partial y} = \mu_v \frac{\partial u_v}{\partial y} \tag{5.65}$$

其次,考虑气液界面处质量流入与流出的平衡关系。如图 5.42 所示,考虑包含有气液界面的大小为 $\mathrm{d}\delta \times \mathrm{d}x$,深度方向为单位长度的微元体。经过微元体各面流入与流出微元体的质量平衡关系为

$$\rho_v u_v \mathrm{d}\delta + \rho_l v_l \mathrm{d}x - \rho_v v_v \mathrm{d}x - \rho_l u_l \mathrm{d}\delta = 0 \tag{5.66}$$

因此,

$$\rho_l v_l - \rho_l u_l \frac{\mathrm{d}\delta}{\mathrm{d}x} = \rho_v v_v - \rho_v u_v \frac{\mathrm{d}\delta}{\mathrm{d}x} \tag{5.67}$$

此外,冷却面上的速度及温度条件为

$$y = 0: u_l = 0, \quad v_l = 0, \quad T_l = T_w \tag{5.68}$$

蒸汽均匀流动的情况: $\quad y = \infty: u_v = u_\infty \tag{5.69}$

蒸汽静止的情况: $\quad y = \infty: u_v = 0 \tag{5.70}$

以偏微分方程组式(5.59)~式(5.63)为基本方程,在式(5.64)~式(5.70)给定的边界条件下对其求解。根据其结果,可以得到液膜层及在其上面形成的蒸汽流边界层的温度及速度分布。

对于这种的液膜内和蒸汽中的双层边界层问题,引入相似变量将微分方程转化为常微分方程进行数值求解,或者采用剖面法等近似分析解方法进行求解。

对于饱和蒸汽静止的情况,由于液膜和蒸汽界面的摩擦力的影响,液膜流速变小,液膜变厚,从而热阻增加,换热系数下降。但是,在液体的普朗特数较大时,这个影响几乎可以忽略,而像液体金属等普朗特数非常小,液膜和蒸汽的界面摩擦力的影响就会很明显地体现出来。

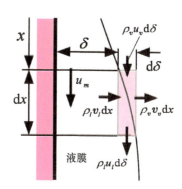

图 5.42 气液界面处的质量平衡

5.8.3 努塞尔理论解析(Nusselt's analysis)

努塞尔(W. Nusselt)针对 5.8.2 节中所述的竖直冷却面上饱和蒸汽凝结,在假定凝结液膜周围的饱和蒸汽静止($u_\infty = v_v = 0$)以使问题简化的条件下,进行了理论分析。在该分析中,努塞尔进一步假定凝结液膜向下流动的速度非常小,液膜内的惯性力和界面的剪切力可以忽略不计。这个努塞尔的理论分析被称为**努塞尔液膜理论**(Nusselt's liquid-film theory),基本思路和 5.6 节所叙述的膜沸腾分析方法相同。

根据以上的假设及认为 $\rho_v \ll \rho_l$,液膜的运动方程式(5.60)及式(5.61)简化如下。

$$\frac{\partial^2 u_l}{\partial y^2} = -\frac{g}{\nu_l} \tag{5.71}$$

此时,液膜流动的边界条件为

$$y = 0: u_l = 0 \tag{5.72}$$

$$y = \delta: \mu_l \frac{\partial u_l}{\partial y} = 0 \tag{5.73}$$

对式(5.71)积分可以得到以下的液膜流速关系式。

$$u_l = -\frac{g}{\nu_l}\left(\frac{y^2}{2} - \delta y\right) \tag{5.74}$$

因此,液膜内水平截面(液膜厚度为 δ)内的平均速度 u_m 由下式表示。

$$u_m = \frac{1}{\delta}\int_0^\delta u_l \mathrm{d}y = \frac{g\delta^2}{3\nu_l} \tag{5.75}$$

另外,液膜的能量方程式(5.62)因其对流项可以忽略,简化如下。

$$\frac{\partial^2 T_l}{\partial y^2} = 0 \tag{5.76}$$

其边界条件为

$$\begin{aligned} y &= 0: T_l = T_w \\ y &= \delta: T_l = T_{sat} \end{aligned} \tag{5.77}$$

对式(5.76)进行积分,得到液膜内的温度分布如下所示。

$$T_l = (T_{sat} - T_w)\frac{y}{\delta} + T_w \tag{5.78}$$

在努塞尔的分析解中,首先,将液膜内的流速分布、温度分布表示成 x 横截面上液膜厚度 δ 的函数。其次,为了求得 x 横截面上液膜厚度 $\delta(x)$,需要考虑凝结的热平衡。

如图 5.43 所示,考虑液膜从 x 到 $x+\mathrm{d}x$,长度为 $\mathrm{d}x$ 的区间内的能量平衡。定义单位质量的凝结潜热为 L_{lv},若液膜厚度 δ 处的平均流速为 u_m,则相当于液膜流量 $u_m\delta$ 的凝结潜热 $\dot{Q}(\delta)$ 可表示为

$$\dot{Q}(\delta) = L_{lv}\rho_l u_m \delta = L_{lv}\frac{\rho_l g \delta^2}{3\nu_l}\delta = \frac{\rho_l L_{lv} g \delta^3}{3\nu_l} \tag{5.79}$$

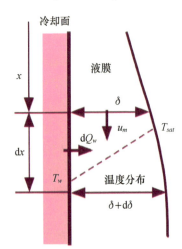

图 5.43 凝结潜热的热平衡

因此,液膜厚度 δ 的微小变化所导致的凝结潜热的变化 $\mathrm{d}\dot{Q}$ 为

$$\mathrm{d}\dot{Q} = \dot{Q}(\delta+d\delta) - \dot{Q}(\delta) = \frac{\rho_l g L_{lv}}{3\nu_l}[(\delta+d\delta)^3 - \delta^3] = \frac{\rho_l g L_{lv}}{\nu_l}\delta^2 \mathrm{d}\delta \tag{5.80}$$

5.8 凝结换热

这里,忽略了上式最右边关于 dδ 的 2 次以上的项。另一方面,上式所表示的凝结潜热的变化 $d\dot{Q}$ 是图 5.43 中所示区间 dx 内凝结的蒸汽的潜热,等于从液膜传到冷却面的热量 $d\dot{Q}_w$。若液膜内的温度分布为线性分布,则

$$d\dot{Q}_w = -k_l \frac{\partial T}{\partial y}\bigg|_{y=0} dx = -k_l \frac{T_{sat}-T_w}{\delta} dx \tag{5.81}$$

考虑 $d\dot{Q}_w + d\dot{Q} = 0$ 由式(5.80)和式(5.81)得

$$k_l \frac{T_{sat}-T_w}{\delta} dx = \frac{\rho_l g L_{lv}}{\nu_l} \delta^2 d\delta \tag{5.82}$$

对式(5.82)在边界条件 $x=0$: $\delta=0$ 的条件下进行积分,得到液膜厚度 δ 如下。

$$\delta = \left[\frac{4k_l \nu_l (T_{sat}-T_w)x}{\rho_l g L_{lv}}\right]^{1/4} \tag{5.83}$$

将此处求得的液膜厚度 δ 代入到式(5.74)和式(5.78)中,可以得到液膜内的流速分布和温度分布。进一步地,基于液膜内的温度分布为线性分布,壁面和液膜之间的局部换热系数 h_x 定义如下。

$$d\dot{Q}_w = h_x(T_{sat}-T_w)dx = k_l \frac{T_{sat}-T_w}{\delta} dx \tag{5.84}$$

因此,局部换热系数为 $h_x = \frac{k_l}{\delta}$,将式(5.83)代入其中得

$$h_x = k_l \left[\frac{\rho_l g L_{lv}}{4k_l \nu_l (T_{sat}-T_w)x}\right]^{1/4} \tag{5.85}$$

图 5.44 所示为大气压下的饱和水蒸气中放置温度为 80℃ 的竖直平板时的局部换热系数 h_x。随着 x 的增加,即随着靠近平板下方,液膜的厚度增加,局部换热系数 h_x 随之减小。

此外,液膜的局部努塞尔数 Nu_x 可由下式给出。

$$Nu_x = \frac{h_x x}{k_l} = \left[\frac{x^4 \rho_l g L_{lv}}{4k_l \nu_l (T_{sat}-T_w)x}\right]^{1/4} = 0.707\left[\frac{gx^3/\nu_l^2 \cdot \nu_l/\alpha}{c_{pl}(T_{sat}-T_w)/L_{lv}}\right]^{1/4}$$

$$= 0.707\left[\frac{Ga_x \cdot Pr_l}{H}\right]^{1/4} \tag{5.86}$$

式(5.86)中的无量纲数分别定义如下。

$$Nu_x = \frac{h_x x}{k_l}, \quad Ga_x = \frac{x^3 g}{\nu_l^2}, \quad Pr_l = \frac{\nu_l}{\alpha}, \quad H = \frac{c_{pl}(T_{sat}-T_w)}{L_{lv}} \tag{5.87}$$

这些无量纲数中的物性值使用由液膜表面温度(蒸汽的饱和温度)和冷却面温度的平均值定义的**膜温度**(film temperature)下的值。式(5.87)中,Ga_x 称为局部**伽利略数**(Galileo number)。另外,H 是与凝结相关的**显热与潜热比**(ratio of sensible and latent heat),表示饱和凝结液被过冷到冷却面温度时,其显热与凝结潜热之比,是不局限于凝结的与相变传热相关的重要概念。

在竖直冷却平板的情况下,对于板长 $x=x_0$ 范围内的平均换热系数 $\bar{h}$,由于温差一定,利用局部换热系数求平均值得到。

$$\bar{h} = \frac{1}{x_0}\int_0^{x_0} h_x dx = \frac{4}{3} h_{x=x_0} \tag{5.88}$$

因此,长度 $x=x_0$ 的竖直冷却平板的平均努塞尔数 Nu_m 为

$$Nu_m = 0.943\left(\frac{Ga_{x=x_0} Pr_l}{H}\right)^{1/4} \tag{5.89}$$

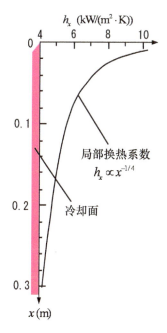

图 5.44 局部换热系数

在膜状凝结中,对于凝结液膜流动,采用由式(5.75)得到的液膜内平均流速 u_m,定义**液膜雷诺数**(film Reynolds number)Re_f 如下。

$$Re_f = \frac{4\delta u_m}{\nu_l} \tag{5.90}$$

一般情况下,$Re_f \leqslant 1\,400$ 时认为液膜流动为层流,然而有报道称即使在 $Re_f \geqslant 30$ 的条件下凝结液膜上也产生了波动。

由努塞尔分析得到的膜状凝结换热系数与实验值相比较,通常小 30% 左右。其原因主要是,① 努塞尔的分析解中忽略了液膜流动的对流项,实际上其影响不可忽视;② 在液膜流中出现细小波动,存在扰动影响;③ 在实际的凝结中,很难实现单纯的膜状凝结,有些情况下是伴随有滴状凝结的**混合凝结**(mixed condensation)。根据式(5.79)和式(5.90)得

$$\dot{Q} = L_{lv} \rho_l \frac{\nu_l}{4} Re_f \tag{5.91}$$

这里 $\dot{Q}$ 表示平板上到 x 位置处的全部换热量。同时,如果 $\dot{Q}$ 用平均换热系数 $\bar{h}$ 表达,有

$$\dot{Q} = x\bar{h}(T_{sat} - T_w) \tag{5.92}$$

由式(5.91)和式(5.92)可以得到

$$Re_f = \frac{4x\bar{h}(T_{sat} - T_w)}{L_{lv}\mu_l} \tag{5.93}$$

用式(5.93)和式(5.89)消去 $(T_{sat} - T_w)$,得到如下的表达式。

$$\frac{\bar{h}(\nu_l^2/g)^{1/3}}{k_l} = 1.47 Re_f^{-1/3} \tag{5.94}$$

上式左边分子上的 $(\nu_l^2/g)^{1/3}$ 项的量纲为长度。ν_l 为液膜的运动黏度,g 表示作用于液膜的力,因此 $(\nu_l^2/g)^{1/3}$ 可以认为是与液膜的厚度相关的物理量。此外,整个左边是和努塞尔数形式相同的无量纲数,称之为**凝结数**(condensation number)。

凝结换热相关的无量纲数如表 5.8 所示。

图 5.41 所示的竖直平板,当和竖直方向呈一定的夹角 ϕ 时(倾斜的情况下),沿着平板方向的重力加速度的分量为 $g\cos\phi$。因此,在式(5.60)和式(5.61)的运动方程中,可以进行 $g \to g\cos\phi$ 的置换。

【例题 5.8】＊＊＊＊＊＊＊＊＊＊＊＊＊＊＊＊＊＊＊＊＊

大气压下的饱和水蒸气,在相对竖直方向倾斜 30° 的平板冷却面上进行膜状凝结(冷却面的温度 $T_w = 20℃$)。试求该情况下,距平板上端 15 cm 处的(1) 液膜厚度 δ,(2) 平均流速 u_m,(3) 局部换热系数 h_x。其中,水的物性值采用液膜温度下的以下数据。

运动黏度:$\nu_l = 0.475 \times 10^{-6}$ m²/s,导热系数:$k_l = 0.652$ W/(m·K),
比热:$c_l = 4.192$ kJ/(kg·K),密度:$\rho_l = 981.9$ kg/m³,
凝结潜热:$L_{lv} = 2\,256.9$ kJ/kg

【解答】 冷却平板和竖直方向呈角度 ϕ 时,如图 5.45 所示,沿着冷却面方向的重力加速度分量为 $g\cos\phi$,根据式(5.74)有

$$u_l = -\frac{g\cos\phi}{\nu_l}\left(\frac{y^2}{2} - \delta y\right) \tag{ex 5.21}$$

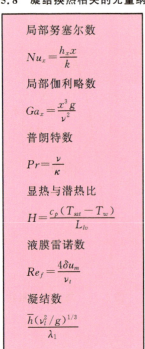

表 5.8 凝结换热相关的无量纲数

局部努塞尔数
$Nu_x = \dfrac{h_x x}{k}$
局部伽利略数
$Ga_x = \dfrac{x^3 g}{\nu^2}$
普朗特数
$Pr = \dfrac{\nu}{\kappa}$
显热与潜热比
$H = \dfrac{c_p(T_{sat} - T_w)}{L_{lv}}$
液膜雷诺数
$Re_f = \dfrac{4\delta u_m}{\nu_l}$
凝结数
$\dfrac{\bar{h}(\nu_l^2/g)^{1/3}}{\lambda_l}$

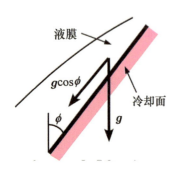

图 5.45 倾斜平板上的重力作用分量

此外,对于 x 横截面的液膜厚度 δ,同样地修正式(5.83)得到

$$\delta = \left[\frac{4k_l\nu_l(T_{sat}-T_w)x}{\rho_l g\cos\phi L_{lv}}\right]^{1/4}$$

$$= \left(\frac{4\times 0.652\times 0.475\times 10^{-6}\times (100-20)\times 0.15}{981.9\times 9.807\times \cos 30\times 2.257\times 10^6}\right)^{1/4}$$

$$= 1.68\times 10^{-4}(\mathrm{m}) \tag{ex 5.22}$$

因此,液膜 x 横截面(液膜厚度 δ)的平均流速 u_m 为

$$u_m = \frac{1}{\delta}\int_0^\delta u_l \mathrm{d}y = \frac{g\cos\phi\delta^2}{3\nu_l} = \frac{9.807\times \cos 30\times (1.68\times 10^{-4})^2}{3\times 0.475\times 10^{-6}}$$

$$= 0.168(\mathrm{m/s}) \tag{ex 5.23}$$

对应于速度 u_m 的液膜雷诺数 Re_f 为

$$Re_f = \frac{4\delta u_m}{\nu_l} = \frac{4\times 1.68\times 10^{-4}\times 0.168}{0.475\times 10^{-6}} = 237.7 < 1\,400 \tag{ex 5.24}$$

因此,液膜流动为层流。

局部换热系数 h_x 为

$$h_x = \frac{k_l}{\delta} = \frac{0.652}{1.68\times 10^{-4}} = 3\,881(\mathrm{W/(m^2\cdot K)}) \tag{ex 5.25}$$

* *

5.8.4 水平圆管表面的膜状凝结 (film-wise condensation on a horizontal cooled tube)

如图 5.46 所示,在水平圆管表面发生膜状凝结,当圆管的曲率较小,沿着圆管表面的距离较短时,可以作为层流液膜对待。如果将前述的努塞尔分析方法用于图 5.46 的水平圆管,质量守恒和动量守恒的方程分别如下。

$$\frac{1}{r_0}\frac{\partial u_l}{\partial \phi} + \frac{\partial v_l}{\partial y} = 0 \tag{5.95}$$

$$\nu_l\frac{\partial^2 u_l}{\partial y^2} + g\sin\phi = 0 \tag{5.96}$$

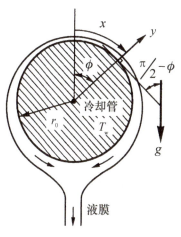

图 5.46 水平圆管表面的膜状凝结

这里 r_0 是圆管半径,ϕ 是从顶部开始的角度。另外,边界条件如下。

$$y = 0: u_l = 0$$

$$y = \delta: \frac{\partial u_l}{\partial y} = 0 \tag{5.97}$$

将式(5.96)在式(5.97)的边界条件下进行积分,得到液膜的平均流速 u_m 及液膜的质量流量 $\dot{m}$ 如下。

$$u_m = \frac{g\delta^2}{3\nu_l}\sin\phi \tag{5.98}$$

$$\dot{m} = \rho_l u_m\delta = \frac{\rho_l g\sin\phi}{3\nu_l}\delta^3 \tag{5.99}$$

因此,求解液膜厚度的微分方程为

$$\frac{k_l}{\delta}(T_{sat}-T_w)r_0\mathrm{d}\phi = \frac{\rho_l g L_{lv}}{3\nu_l}\mathrm{d}(\delta^3\sin\phi) \tag{5.100}$$

这里作 $\delta\sin^{1/3}\phi = t$ 的变量转换,得到

$$k_l(T_{sat}-T_w)r_0\frac{\sin^{1/3}\phi}{t}\mathrm{d}\phi=\frac{\rho_l g L_{lv}}{3\nu_l}\mathrm{d}(t^3) \tag{5.101}$$

$$k_l(T_{sat}-T_w)r_0\int_0^\phi \sin^{1/3}\phi\mathrm{d}\phi=\frac{\rho_l g L_{lv}t^4}{4\nu_l}+C \tag{5.102}$$

由于在管顶部 $\phi=0$ 处，液膜为有限厚度，故式(5.102)中的积分常数 $C=0$。因此，液膜厚度 δ 为

$$\delta=\left[\frac{2k_l\nu_l(T_{sat}-T_w)d}{\rho_l g L_{lv}}\right]^{1/4}\frac{1}{\sin^{1/3}\phi}\left[\int_0^\phi \sin^{1/3}\phi\mathrm{d}\phi\right]^{1/4} \tag{5.103}$$

在上式中 $d(=2r_0)$ 为圆管的直径。

局部换热系数 h_ϕ 为

$$h_\phi=\frac{k_l}{\delta}=\frac{k_l}{d}\left[\frac{2k_l\nu_l(T_{sat}-T_w)}{d^3\rho_l g L_{lv}}\right]^{-1/4}\sin^{1/3}\phi\left[\int_0^\phi \sin^{1/3}\phi\mathrm{d}\phi\right]^{-1/4}$$

$$\tag{5.104}$$

当管壁面温度一定时，各处温差一定，通过对管周围进行积分平均，得到下式所示的平均凝结换热系数 $\bar{h}$ 如下。

$$\bar{h}=\frac{1}{\pi}\int_0^\pi h_\phi \mathrm{d}\phi=0.729\left(\frac{k_l^3\rho_l^2 g L_{lv}}{\mu_l(T_{sat}-T_w)d}\right)^{1/4} \tag{5.105}$$

因此，平均努塞尔数为

$$\overline{Nu}=0.729\left(\frac{Ga Pr_l}{H}\right)^{1/4} \tag{5.106}$$

【例题 5.9】＊＊＊＊＊＊＊＊＊＊＊＊＊＊＊＊＊＊＊

大气压下的饱和水蒸气中水平放置的外径 $d=20\ \mathrm{mm}$ 的冷却管表面温度保持 60℃。假定在管表面发生均匀的膜状凝结，试求平均凝结换热系数 $\bar{h}$。

【解答】 计算时所必需的水的物性值取液膜温度 $T_f=(T_w+T_{sat})/2$ 时的值。由于 $T_f=(T_w+T_{sat})/2=(60+100)/2=80℃$，因此水的密度 $\rho_l=971.8\ \mathrm{kg/m^3}$，黏度 $\mu_l=0.358\times10^{-3}\ \mathrm{Pa\cdot s}$，导热系数 $k_l=0.672\ \mathrm{W/(m\cdot K)}$，凝结潜热 $L_{lv}=2\ 256.9\ \mathrm{kJ/kg}$。

由式(5.105)得到

$$\bar{h}=\frac{1}{\pi}\int_0^\phi h_\phi \mathrm{d}\phi=0.729\left[\frac{k_l^3\rho_l^2 g L_{lv}}{\mu_l(T_{sat}-T_w)d}\right]^{1/4}$$

$$=0.729\times\left[\frac{0.627^3\times971.8^2\times9.807\times2.257\times10^6}{0.358\times10^{-3}\times(100-60)\times0.02}\right]^{1/4}$$

$$=8.89\times10^3\ \mathrm{W/(m^2\cdot K)} \tag{ex 5.26}$$

＊＊＊＊＊＊＊＊＊＊＊＊＊＊＊＊＊＊＊

5.8.5 管束的膜状凝结 (film-wise condensation on a bundle of horizontal cooled tubes)

如图 5.47 所示，在竖直排列的管束表面上发生凝结时，由于上排管表面的凝结液向下流动冲击下面的管表面，产生**淹没**(inundation)效应，越靠近下部的管其表面的液膜厚度越厚，其结果导致换热系数降低。

图 5.47 垂直排列的管束的凝结

现在，假设上排管的凝结液全部是从下面管的顶点处流入的。如果对竖直管束应用努塞尔分析解，第 2 排以下管在管顶部的液膜厚度，可以根据上部管在最下点的流量确定。最上排管的最低点 ($\phi=\pi$) 的流量为

$$\dot{m} = \frac{\rho_l g}{3\nu_l}\left[\frac{3k_l\nu_l(T_{sat}-T_w)d}{2L_{lv}\rho_l g}\right]^{3/4}\left[\frac{4}{3}\int_0^\pi \sin^{1/3}\phi d\phi\right]^{3/4} \quad (5.107)$$

第 2 排管顶部 ($\phi=0$) 的液膜厚度由

$$\delta|_{\phi=0} = \left[\frac{3\nu_l \dot{m}}{g\sin\phi}\right]^{1/3}_{\phi=0} \quad (5.108)$$

给出。上式成为前述的求解液膜厚度方程(式(5.100))的边界条件。将此方法应用于 n 排管时，第 n 排管的凝结量 $\dot{m}_n$ 为

$$\dot{m}_n = \dot{m}_1\left[(n-1)+\frac{\int_0^\phi \sin^{1/3}\phi d\phi}{\int_0^\pi \sin^{1/3}\phi d\phi}\right]^{3/4} \quad (5.109)$$

必须注意这是 n 排管总的凝结量。n 排管束中 1 排的平均凝结量为 $G_1 n^{3/4}/n = G_1 n^{-1/4}$，$n$ 排水平管束整体的平均换热系数 $\bar{h}$ 为

$$\bar{h} = \bar{h}_0 n^{-1/4} = 0.729\left(\frac{k_l^3 \rho_l^2 g L_{lv}}{n\mu_l(T_{sat}-T_w)d}\right)^{1/4} \quad (5.110)$$

此处，$\bar{h}_0$ 为根据式(5.105)所求得的单一圆管的平均换热系数。图 5.48 所示为竖直排列管束的凝结量的计算例。

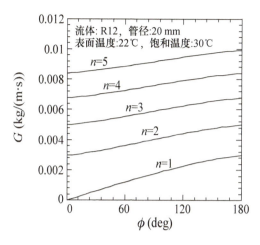

图 5.48 直排管束的凝结量

5.8.6 不凝性气体和凝结气体混合的情况 (condensation of a mixture of non-condensing gas and condensing gas)

对于单一成分的饱和蒸汽，蒸汽压力(vapor pressure) p_v 和全压 p_t 相等，温度为该压力所对应的饱和温度(saturation temperature) T_{sat}。如果在其中放置一温度均匀的固体壁面($T_w < T_{sat}$)，当发生凝结时，凝结液膜表面温度为饱和温度 T_{sat} (见图 5.49)。另一方面，对于混合气体(mixed gas)，当各成分气体的凝结温度相差较大时，例如，空气中的水蒸气发生凝结的情况，凝结气体(condensing gas)(此时为水蒸气)和不凝性气体(non-condensing gas)(此时为空气)混合在一起，如图 5.50 所示，随着凝结的进行，凝结液膜表面上的蒸汽分压逐渐降低，饱和温度也随之降低。

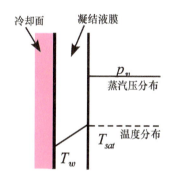

图 5.49 凝结界面上的压力和饱和温度(凝结性气体)

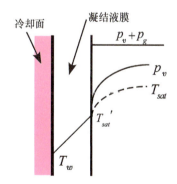

图 5.50 凝结界面上的压力和饱和温度(含有不凝性气体的情况)

如果从气体分子运动的角度来考查，随着凝结的进行，在界面附近会产生蒸汽浓度梯度，以此作为驱动力凝结气体分子扩散到界面处。在存在不凝性气体的情况下，由于凝结气体的扩散，不凝性气体的分子也向界面运动。其结果，随着凝结的进行，不凝性气体分子在界面附近逐渐聚集。由于不凝性气体的聚集，界面附近的可凝性气体分子变得稀薄，同时，一边与不凝性气体分子碰撞，一边到达凝结界面的凝结性气体分子减少。即，① 妨碍可凝性气体的扩散，② 在界面处可凝性气体的分压降低，饱和温度随之降低，③ 据此凝结液膜内的传热驱动力即固体表面温度与气液界面温度之差变小，因此微量不凝性气体的存在会导致凝结传热量的显著降低。

一般来说，不凝性气体的质量比占到可凝性气体的4%左右时，平均换热系数约降低80%。Meisenburg等人根据含有空气的水蒸气在竖直圆管周围凝结的实验给出了以下的平均换热系数的实验关系式。

$$\bar{h} = 0.67\left(\frac{k_l^3 \rho_l^2 g L_{lv}}{\mu_l (T_{sat}-T_w) x_0}\right)^{0.25} G_r^{-0.11} \quad (5.111)$$

其中，$0.001 \leqslant G_r \leqslant 0.04$，$80 \leqslant T_{sat} \leqslant 120°C$，$G_r$是空气（不凝性气体）的质量比。根据Meisenburg等人的关系式所计算的范例如图5.51所示。此时，因液膜为紊流状态，空气的比例增加到约为4%时，其换热系数降低约30%。

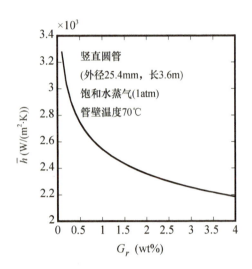

图5.51 含有不凝性气体（空气）的水蒸气在竖直圆管上的凝结换热系数
（根据Meisenburg的实验关系式的计算范例）

5.8.7 滴状凝结（drop-wise condensation）

当凝结液在冷却面上不扩散开来，例如，低温的眼镜外侧及室内窗户玻璃上附着的水滴，凝结液呈滴状分散的情况称为滴状凝结（drop-wise condensation）。滴状凝结时，随着凝结的进行液滴变大，通常，冷却面为竖直的情况（竖直平面或者冷却管）居多，基于液滴的自重与液滴和冷却面间的表面张力的平衡关系液滴保持原来的状态或者向下流动。

此时，由于向下流动的液滴将冷却面上附着的其他液滴抚去一起向下流动，冷却面暴露于蒸汽，其上重新产生液滴，然后流下，此过程不断重复。由于这样的传热面的刷新效果（refreshment of heat transfer surface），滴状凝结时的壁面换热系数变得非常大（见图5.22）。凝结液在冷却面上是形成液膜、还是变成滴状，这与冷却面的材料和表面状态及其凝结物质的组合条件等多种因素有关。即，如5.2.3节所说明的那样，与由这些条件所形成的固、气、液间的界面能的大小，也即润湿性（wettability）有较大关系。

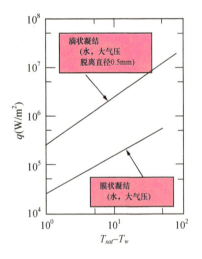

图5.52 不同凝结形态的换热系数的比较

5.8.8 滴状凝结的影响因素（dominant factor to drop-wise condensation）

液滴的各种行为，即其生成、长大、合并、移动及从传热面上的脱落等影响滴状凝结是显而易见的。在表5.9中给出了对这些行为产生影响的因素。由此可见冷却面的表面性状，即前述的润湿性有很大的影响。

表5.9 滴状凝结换热系数的影响因素

物质的种类	蒸汽、凝结面、表面覆盖物或者促进剂、不凝性气体
热学的或者热力学条件	蒸汽温度、蒸汽压力（→饱和温度）、凝结面的表面温度、热流密度、冷却条件、不凝性气体浓度
几何条件	凝结空间的形状及尺寸、凝结面的形状及尺寸、凝结面的方向（外力作用方向）、冷却侧的几何条件
表面条件	粗糙度、覆盖物或者促进剂的厚度，表面能（接触角）、表面的结垢，影响表面的杂质
液滴的作用力	蒸汽速度、影响液滴脱落的外力

为了改善冷却表面的润湿性以实现良好的滴状凝结，以强化凝结换热，有各种各样的表面处理方法被采用[2]。

5.9　熔解、凝固传热(heat transfer with melting and solidification)

伴随着固液相变，即**熔解**(melting)和**凝固**(solidification)的传热，雪或者冰及水的冻结融解等，或者铸造中的熔解金属的凝固等，和沸腾、凝结一样，都是我们身边的，而且也是工业、工程上的重要现象。

图 5.53 所示是制冰工厂中的冰板的制造过程。存满制冰罐低温的水，放置于保持在 $-10℃$ 左右的低温冷冻液中，大约经过 2 天内就可以完全冻结。在制冰过程中，向罐内的水中注入空气除去冻结界面上的气泡，以防止在冰中出现气泡，从而得到透明的冰板。

作为熔解、凝固传热的一例，考虑一下水的冻结问题。在水的冻结现象中，通常，涵盖水的密度发生逆转的温度区域内的 $4℃$ 问题较多，可以考虑密度逆转引起的对流的影响。在此，为了简化问题，所有的物性都不随温度变化，为常物性。以下问题的处理方法不仅仅局限于水，对其他的凝固、熔解问题也都可以适用。

水和冰的界面伴随着潜热的发生及相变的进行而移动。如图 5.54 所示，假定从放置在静止的水中的冷却面开始，冰层的生长呈一维的变化。以垂直于冷却面的方向为 x 轴，某一时刻冰层的厚度为 ξ，在位置 x 处时刻 t 时冰层内及水内的温度分别记为 $T_1(t,x)$，$T_2(t,x)$。

冰层和水层的基本关系式为一维导热方程，可由下式表示。

冰层：　$\dfrac{\partial T_1}{\partial t} = \alpha_1 \dfrac{\partial^2 T_1}{\partial x^2}$ 　　　$(0 < x \leqslant \xi)$ 　　(5.112)

水层：　$\dfrac{\partial T_2}{\partial t} = \alpha_2 \dfrac{\partial^2 T_2}{\partial x^2}$ 　　　$(\xi \leqslant x < \infty)$ 　　(5.113)

在冰水界面位置 $x=\xi$ 处，如果在 dt 时间内固液界面前进的距离为 $d\xi$，此时单位面积的相变潜热为

$$d\dot{Q} = L_{ls} \rho_1 d\xi \tag{5.114}$$

此时，从界面向冰中的传热量为

$$\dot{Q}_1 = k_1 \left(\dfrac{\partial T_1}{\partial x} \right)_{x=\xi} \tag{5.115}$$

而且，从水中向凝固界面的传热量为

$$\dot{Q}_2 = k_2 \left(\dfrac{\partial T_2}{\partial x} \right)_{x=\xi+d\xi} \tag{5.116}$$

考虑界面处的热平衡，有

$$d\dot{Q} = (\dot{Q}_1 - \dot{Q}_2) dt \tag{5.117}$$

因此，将式(5.114)到式(5.116)代入到式(5.117)，得到如下的关系式。

$$k_1 \left(\dfrac{\partial T_1}{\partial x} \right)_{x=\xi} - k_2 \left(\dfrac{\partial T_2}{\partial x} \right)_{x=\xi+d\xi} = \rho_s L_{ls} \dfrac{d\xi}{dt} \tag{5.118}$$

注水（1罐约135kg冷水）

冷却并注入空气（约48小时）

冻结完成

从制冰罐中取出

图 5.53　制冰工厂中的制冰过程
（协助：小樽机船渔业联盟）

另外，边界条件如下所示。

$x=0$：$T_1=T_w$
$x=\xi$：$T_1=T_2=T_m$
$x=\infty$：$T_2=T_\infty$ (5.119)

式(5.112)和式(5.113)的一般解分别为

$$T_1 = C_1 + D_1 \operatorname{erf}\left(\frac{x}{2\sqrt{\alpha_1 t}}\right) \tag{5.120}$$

和

$$T_2 = C_2 + D_2 \operatorname{erf}\left(\frac{x}{2\sqrt{\alpha_2 t}}\right) \tag{5.121}$$

这里 C_1, D_1, C_2, D_2 为常数。

式中的**误差函数**(error function) $\operatorname{erf}(z)$ 定义为

$$\operatorname{erf}(z) = \frac{2}{\sqrt{\pi}} \int_0^z e^{-\beta^2} d\beta \tag{5.122}$$

其值是根据 z 的大小以数表的形式给出。不过，最近也有装入计算机数值计算数据库的。

根据边界条件式(5.119)，界面 $x=\xi$ 处的温度与时间无关，保持一定，为水的冻结温度 T_m。即，在式(5.120)和式(5.121)中，$\operatorname{erf}(\xi/2\sqrt{\alpha t})$ 一定与 t 无关，因此 ζ 作为常数，$\xi=\zeta\sqrt{t}$。

另一方面，误差函数的关系式为

$\operatorname{erf}(0)=0$
$\operatorname{erf}(\infty)=1$
$$\frac{d[\operatorname{erf}(z)]}{dz} = \frac{2}{\sqrt{\pi}} \exp(-z^2) \tag{5.123}$$

将式(5.120)和式(5.121)代入到界面处的能量平衡方程(5.118)和边界条件式(5.119)中，并整理得到以下关系式。

$$\frac{k_1 D_1}{\sqrt{\pi \alpha_1 t}} \exp\left(\frac{-\zeta^2}{4\alpha_1}\right) - \frac{k_2 D_2}{\sqrt{\pi \alpha_2 t}} \exp\left(\frac{-\zeta^2}{4\alpha_2}\right) = \frac{L_{ls} \rho_1 \zeta}{2\sqrt{t}} \tag{5.124}$$

$$C_1 = T_w \tag{5.125}$$

$$C_1 + D_1 \operatorname{erf}\left(\frac{\zeta}{2\sqrt{\alpha_1}}\right) = C_2 + D_2 \operatorname{erf}\left(\frac{\zeta}{2\sqrt{\alpha_2}}\right) = T_m \tag{5.126}$$

$$C_2 + D_2 = T_\infty \tag{5.127}$$

根据这些关系式消去常数 $C_1 \sim D_2$，并作参数变换

$$R = \frac{\zeta}{2\sqrt{\alpha_1}} = \frac{\xi}{2\sqrt{\alpha_1 t}} \tag{5.128}$$

整理得

$$\frac{\exp(-R^2)}{\operatorname{erf}(R)} - \frac{T_\infty - T_m}{T_m - T_w} \frac{k_2}{k_1} \sqrt{\frac{\alpha_1}{\alpha_2}} \frac{\exp(-\alpha_1/\alpha_2 R^2)}{1-\operatorname{erf}(\sqrt{\alpha_1/\alpha_2}R)} = \frac{\sqrt{\pi} R L_{ls}}{c_1(T_m - T_w)} \tag{5.129}$$

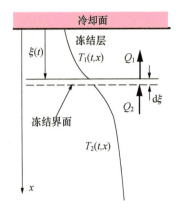

图 5.54 纽曼(Neumann)的解析模型

式(5.129)的右边可表示成

$$\frac{\sqrt{\pi}RL_{ls}}{c_1(T_m-T_w)}=\frac{\sqrt{\pi}R}{\dfrac{c_1(T_m-T_w)}{L_{ls}}}=\frac{\sqrt{\pi}R}{Ste} \tag{5.130}$$

此处式(5.130)中的 Ste 称为**斯忒藩数**(Stefan Number),是表示物质(此处为液体)从初始温度到达相变温度的显热量与相变潜热量之比的无量纲数。

式(5.129)是关于 R 的超越方程,不能获得解析解。有关求解 R 的方法有多种。例如,将方程两边分别看成是关于 R 的方程,取 R 为横轴、纵轴为方程左右两边的值,通过作图求得曲线的交点处的 R,这是所谓图解法;或者采用计算机反复迭代计算而求解等。在下面的例题5.10中,把式(5.129)左边第一项的关于 R 的指数函数和误差函数通过级数展开和近似,将式(5.129)变为关于 R 的高次方程求解,以此为例加以说明。

如果求得 R,由 R 可以求得所有的未定系数,冰的厚度随时间的变化 $\xi(t)$,和冰层、水层内的温度分布如下求得。

$$\xi(t)=2R\sqrt{\alpha_1 t} \tag{5.131}$$

$$T_1(t,x)=T_w+(T_m-T_w)\frac{\mathrm{erf}\left(\dfrac{x}{2\sqrt{\alpha_1 t}}\right)}{\mathrm{erf}(R)} \tag{5.132}$$

$$T_2(t,x)=T_\infty+(T_\infty-T_w)\frac{1-\mathrm{erf}\left(\dfrac{x}{2\sqrt{\alpha_2 t}}\right)}{1-\mathrm{erf}\left(R\sqrt{\dfrac{\alpha_1}{\alpha_2}}\right)} \tag{5.133}$$

这个解最早是由纽曼(F. E. Neumann)得到的,故称为**纽曼解**(Neumann's solution)。[8]

【例题 5.10】 ✲✲✲✲✲✲✲✲✲✲✲✲✲✲✲✲✲✲✲✲✲✲

将10℃的水倒入容器中,容器的底面温度保持在 $T_w=-15$℃进行冷冻时,试求冷却开始($t=0$)30分钟后的冻结厚度 ξ。其中,水和冻结层的热物性采用上述温度的平均值处的值,不考虑水的密度变化而引起的自然对流。

【解答】 将式(5.129)左边第一项的分子分母分别采用级数展开

$$\exp(-R^2)=\sum_{n=0}^{\infty}(-1)^n\frac{R^{2n}}{n!}=1-R^2+\frac{1}{2!}R^4-\frac{1}{3!}R^6+\cdots \tag{ex 5.27}$$

$$\mathrm{erf}(R)=\frac{2}{\sqrt{\pi}}\sum_{n=0}^{\infty}\frac{(-1)^n R^{2n+1}}{n!(2n+1)}=\frac{2}{\sqrt{\pi}}\left(R-\frac{1}{3}R^3+\frac{R^5}{2!\times 5}-\frac{R^7}{3!\times 7}+\cdots\right) \tag{ex 5.28}$$

将式(ex 5.27)和式(ex 5.28)用 R 的二次以下的项近似表示

$$\exp(-R^2) \approx 1 - R^2 \qquad \text{(ex 5.29)}$$

$$\text{erf}(R) \approx \frac{2}{\sqrt{\pi}} R \qquad \text{(ex 5.30)}$$

将以上各式代入式(5.129),整理得到

$$\frac{1-R^2}{\frac{2}{\sqrt{\pi}}R} - A \frac{1 - \alpha_1/\alpha_2 R^2}{1 - \frac{2}{\sqrt{\pi}}\sqrt{\alpha_1/\alpha_2} R} = BR \qquad \text{(ex 5.31)}$$

式中,

$$A = \frac{T_\infty - T_m}{T_m - T_w} \frac{k_2}{k_1} \sqrt{\frac{\alpha_1}{\alpha_2}}, \qquad B = \frac{\sqrt{\pi} L_{ls}}{c_1 (T_m - T_w)} \qquad \text{(ex 5.32)}$$

将式(ex 5.31)整理得到

$$\left(\frac{2}{\sqrt{\pi}} \sqrt{\frac{\alpha_1}{\alpha_2}} + A \frac{k_2}{k_1} \frac{2}{\sqrt{\pi}} + \frac{4}{\pi} B \sqrt{\frac{\alpha_1}{\alpha_2}} \right) R^3 + \left(-1 - \frac{2}{\sqrt{\pi}} B \right) R^2$$

$$+ \left(-\frac{2}{\sqrt{\pi}} \sqrt{\frac{\alpha_1}{\alpha_2}} - A \frac{2}{\sqrt{\pi}} \right) R + 1 = 0 \qquad \text{(ex 5.33)}$$

本题中,物性数据和温度条件如下。

$$\alpha_1 = 1.17 \times 10^{-6} \text{ m}^2/\text{s}, \quad \alpha_2 = 1.37 \times 10^{-7} \text{ m}^2/\text{s}$$
$$k_1 = 2.21 \text{ W/m} \cdot \text{K}, \quad k_2 = 0.576 \text{ W/m} \cdot \text{K}$$
$$L_{ls} = 334.0 \text{ kJ/kg}, \quad c_1 = 2.04 \text{ kJ/kg} \cdot \text{K}$$
$$T_w = -15.0 \text{℃}, \quad T_m = 0.0 \text{℃}, \quad T_\infty = 10.0 \text{℃} \qquad \text{(ex 5.34)}$$

将这些数值代入并考虑 R 为正实数,式(ex 5.33)的解为

$$R = 0.188 \qquad \text{(ex 5.35)}$$

因此,根据式(5.128),冻结层的厚度 ξ 随时间的变化为

$$\xi = 2R \sqrt{\alpha_1 t} = 4.07 \times 10^{-4} \sqrt{t} \qquad \text{(ex 5.36)}$$

冷却开始 30 分钟后的冻结厚度为

$$\xi = 3.98 \times 10^{-4} \sqrt{1\,800} = 1.73 \times 10^{-2} \text{ (m)} \qquad \text{(ex 5.37)}$$

****

如果水的温度恒定在冻结温度 T_m,就没有必要求解水的导热方程,问题就变得相对简单。此时的解称为**斯忒藩解**(Stefan's solution)。

【**例题 5.11**】 ********************

将 0℃ 的水倒入容器,从底面开始冷冻时,试求从 $t=0$ 冷却开始 3 分钟后的冻结厚度 ξ。其中,冻结层的导热系数 k_s 及密度 ρ_s 分别为 $k_s = 2.2 \text{ W/(m} \cdot \text{K)}$, $\rho_s = 917.0 \text{ kg/m}^3$,底面温度 $T_w = -10.0$℃,水的凝固潜热 $L_{ls} = 334.0 \text{ kJ/kg}$。

【解答】 如图 5.55 所示,考虑在时刻 t 时的冻结界面处,经 dt 时间冻结层生长 $d\xi$ 时的热平衡,假定冻结界面温度为 T_m,则

$$dt \frac{T_m - T_w}{\xi} k_s = \rho_s L_{ls} d\xi \qquad (ex\ 5.38)$$

因此,

$$\int_0^t dt \frac{k_s(T_m - T_w)}{\rho_s L_{ls}} = \int_0^\xi \xi d\xi \qquad (ex\ 5.39)$$

整理上式得到

$$\xi = \sqrt{\frac{2k_s(T_m - T_s)t}{\rho_s L_{ls}}} = \sqrt{\frac{2 \times 2.2 \times (0+10.0) \times 180.0}{917.0 \times 334.0 \times 1000}} = 0.005\,(m) \qquad (ex\ 5.40)$$

****

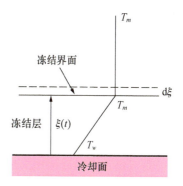

图 5.55 分析模型

在本节中,以关于冰生成的纽曼解为例,讲述了**均相凝固**(homogeneous solidification)。此时基于的一个假定就是,熔解或冷冻进行中,冻结界面总是处于平衡状态的**局部平衡假设**(assumption of local equilibrium)。

另一方面,在水的冻结中,过冷却水快速凝固的情况或者水溶液冻结的情况,以及在合金等的凝固中,冻结层或凝固层不是均相、致密状态,有时会呈现针状冻结层等各种不均质层。不均相凝固和生物体及食品等的冷冻问题相关联,包含各种各样值得探究的内容,由于超出了本书的讲解范围,请参见相关参考书。[9]

5.10 其他的相变和传热 (other phase change and heat transfer)

在相变传热中,还有利用相变时大量的潜热传递来进行热控的,所谓的**烧蚀**(ablation)方法。卫星或者宇宙飞船返回大气层时,由于和大气的摩擦会产生大量的热量,机体表面会达到数千至数万摄氏度的高温。在如此高温条件下,为了保护宇宙飞船及其内部的人员、所搭载的仪器等,在宇宙飞船外部的前端覆盖有合成树脂的膜,利用其熔解、升华的潜热。在 1960 年代,阿波罗宇宙飞船的指令舱返回大气层时,圆锥形的指令舱在火焰的包裹下进入大气层的场面应该从媒体上看过吧。这就是在指令舱底部设置的烧蚀材料的熔解、汽化,在利用潜热吸收周围的发热量的同时,汽化形成的气体也形成了绝热层以阻止向宇宙飞船内部传热(见图 5.56)。

可用于此类目的的物质中,除了可以使用特氟隆和苯酚树脂、石英等之外,还有各向异性的石墨等。在烧蚀的传热过程中,除了通过烧蚀物质的熔解和蒸发,或者**升华**(sublimation)吸热外,还有通过热传导的分散散热、辐射散热,通过烧蚀物质向物体表面边界层内扩散而导致的传热量降低,烧蚀物质和大气的化学反应等同时进行,此类现象的严密描述很困难。

图 5.56 宇宙飞船返回时经由大气层摩擦发热
(提供:JAXA)

===== 练习题 =====================================

【5.1】 Calculate the bubble diameter at departure for water using equation (5.25) when the degree of superheating is 10 K under atmospheric pressure. Assume that the contact angle is 50℃.

【5.2】 以 250 kW/m² 的热流密度加热 10 MPa 的饱和水时,传热面温度和换热系数是多少?试用 Rohsenow 关系式求解。传热面的材料为铜。

【5.3】 Estimate the film boiling heat transfer coefficient for a horizontal surface facing upward at a surface temperature of 500℃. The fluid is saturated water at 10 MPa and the surface emissivity is 0.68.

【5.4】 Saturated steam at 1 atm is exposed to a vertical plate 0.5 m wide at a uniform temperature of 60℃. Estimate the local heat transfer coefficient and condensation volume rate 20 cm from the top end.

【5.5】 Saturated steam at 1 atm condenses on the outer surface of a horizontal tube with an outer diameter of 25 mm and a uniform temperature of 60℃. Determine the required length of the tube in order to obtain a condensation rate of 15 kg/h.

【5.6】 水平放置于 1 个大气压下的饱和水蒸气中的铜管(外径 100 mm,内径 92 mm,长 1 m)的表面温度保持在 94℃。为了保持流经铜管内的冷却水进出口温差为 5℃,试求冷却水的流量。其中,假定铜管的表面温度一定。

【答案】

5.1　2.618 mm
5.2　65.66 kW/(m²·K)
5.3　914.5 W/(m²·K)
5.4　4.852 kW/(m²·K),　1.18×10⁻⁵ m³/s
5.5　0.356 m
5.6　0.904 kg/s

第 5 章　参考文献

[1] 日本機械学会編,沸騰熱伝達と冷却,(1989),日本工業出版.
[2] 日本機械学会,伝熱ハンドブック,(1993),丸善.
[3] 西川·藤田,伝熱工学の進展,Vol.2,核沸騰,(1974),養賢堂.

[4] Van. P. Carey, Liquid-Vapor Phase-Change Phenomena, (1992), Hemisphere Pub. Corp.

[5] 日本機械学会,沸騰熱伝達,(1964),日本機械学会.

[6] J. G. Collier, Convective Boiling and Condensation, (1972), McGraw-Hill

[7] H. Herkenrath 他, Europäishce Atomgemeinschaft, EUR3658d, 1967

[8] H. S. Carslaw and J. C. Jager, "Conduction of Heat in Solid", Oxford University Press, 1959.

[9] K. C. Cheng and N. Seki, "Freezing and Melting Heat Transfer in Engineering: Selected Topics on Ice-Water System and Welding and Casting Process", Hemisphere Publishing Co., 1991.

第 6 章

传　质

Mass Transfer

6.1 混合物与传质 (mixture and mass transfer)

6.1.1 什么是传质 (what is mass transfer?)

物体内部或物体之间如果存在温度差就会发生热移动。同样，混合物(mixture)的情况下，在物质内部存在组分偏差，即浓度(concentration)差就会发生物质移动。这被称为传质(mass transfer)或者物质移动，在化工上经常使用后者。在咖啡中放入的方糖溶解后向周围扩散，芳香剂的香味向房间内扩散，浴池中放入的入浴剂或水中加入的墨水向水中扩散(图 6.1)，向热带鱼的鱼缸内吹入空气维持水槽内水的溶解空气量，通过加湿器使干燥房间内的空气湿度上升，汗湿的衬衫慢慢干了，等等，都是身边与传质有关的实例。在工业过程中，分离(separation)、提取(extraction)、精制(purification)、干燥(drying)等由传质决定其性能的过程非常多。而且，不限于这类化工过程，以机械工程作为对象的机器或过程也有不少必须考虑传质。我们身边的空调，最近，使用多组分的制冷剂(refrigerant)，其室内机、室外机的换热器中发生多组分混合物的沸腾和冷凝。作为大型冷水制造设备使用的吸收式冷冻机(图 6.2)的主要部件——吸收器内，在溴化锂水溶液中吸收水蒸气，相反在再生器内通过沸腾产生水蒸气使水溶液浓缩。在此类多组分混合物相变化过程中，有必要考虑传质对传热性能的影响。另外，用泵经管道输送流体的情况不能称为传质。传质仅仅是指由混合物内存在的浓度差或浓度分布引起的各组分物质的移动。

图 6.1 墨水滴入水中的扩散现象

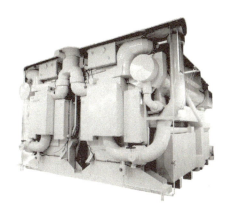

图 6.2 大型吸收式冷冻机

6.1.2 传质物理 (physics of mass transfer)

考虑容器内被隔板隔开的两种不同的等温等压气体的情况。图 6.3 显示了隔板被去除后的变化情况。气体分子高速移动，但很快与别的分子发生碰撞而改变移动方向。其结果,分子移动距离非常短,而且在某一方向上移动的概率与所有方向的移动概率相等。因此,考虑图 6.3 那样去除隔板后的隔断面,单位时间内经该面从左向右通过的分子几乎都是 A,相反从右向左移动的分子都是 B。由此经过一定的时间,图右侧分子 A 的数目和图左侧分子 B 的数目增加,如图 6.3 之下图所示般地变化。但是即使这样的场合,在某个假想面的左侧分子 A 较多,右侧分子 B 较多。因此,单位时间横穿假想面的分子净移动对于 A 是从左向右,对于 B 是从右向左。于是经过足够长的时间后,浓度变成一样,分子的净移动就不存在了。由这样的分子**不规则运动**(random motion)产生的移动被称为**扩散**(diffusion)或者**分子扩散**(molecular diffusion)。在分子水平上分子的存在概率随时间和空间变化,针对某断面考虑具有微小厚度的微元体,经过一定时间间隔进行平均可求得作为宏观量的摩尔分数。这个摩尔分数也就是浓度因地点不同而存在的差异,称为传质的**驱动力**(driving force)。

如 6.1.1 节所述的身边实例那样,液体或固体中均可发生扩散。但是,由于传质强烈依赖于分子间距离及其运动,物质传递速度在气体中最快,在固体中最慢。固体中扩散的重要实例有合金制造等冶金工业、半导体制造过程中的不纯物的扩散等。热电偶是利用不同金属界面产生的热电势进行温度测定的传感器,但会发生由于界面附近的固体扩散而使热电势随时间而变化的问题,在高温条件下进行长时间测量的场合特别需要注意。

分子扩散是与热扩散现象中的热传导相对应的现象,如在后述的 6.2 节所示,其可由与热传导具有相同形式的方程式来表示。另一方面,与对流传热相对应,从固体面向流动流体的物质传递称为**对流传质**(convective mass transfer)。此时,除分子扩散外,流体团引起的传质混合也对对流传质产生影响。

6.1.3 浓度的定义(definition of concentrations)

考虑共由 n 个**化学组分**(species)组成的混合物。设混合物中第 i 种组分的**摩尔浓度**(molar concentration)为 C_i(kmol/m³),**质量浓度**(mass concentration, mass density)为 ρ_i(kg/m³),如表 6.1 所示,这两个量之间存在如下的关系

$$\rho_i = M_i C_i \tag{6.1}$$

这里,M_i 表示分子量(kg/kmol)。混合物整体的摩尔浓度 C(kmol/m³)也就是单位体积的全部分子(摩尔)数,以及密度 ρ(kg/m³),如下式所示分别由各组分的和求得

$$C = \sum_{i=1}^{n} C_i \quad \text{及} \quad \rho = \sum_{i=1}^{n} \rho_i \tag{6.2, 6.3}$$

另一方面,将混合物中各组分的含量定义为组分 i 对全体组分的比率比较容易理解,**摩尔分数**(mole fraction)x_i 可表示为

$$x_i = \frac{C_i}{C} \tag{6.4}$$

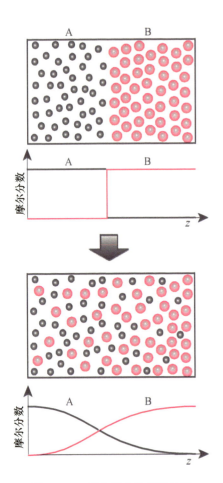

图 6.3 二组分气体的相互扩散

表 6.1 浓度

质量浓度:ρ_i(kg/m³)
摩尔浓度:C_i(kmol/m³)

质量分数(mass fraction)ω_i 可表示为

$$\omega_i = \frac{\rho_i}{\rho} \tag{6.5}$$

质量分数和摩尔分数如表 6.2 所示。

根据式(6.2)及式(6.3),可得

$$\sum_{i=1}^{n} x_i = 1 \quad \text{及} \quad \sum_{i=1}^{n} \omega_i = 1 \tag{6.6}, (6.7)$$

对于理想气体混合物的场合,各成分气体的**分压**(partial pressure)p_i(Pa)所对应的理想气体状态方程是成立的,因此有

$$C_i = \frac{p_i}{R_0 T} \quad \text{及} \quad \rho_i = \frac{p_i}{R_i T} \tag{6.8}, (6.9)$$

这里,$R_0 = 8.314$ kJ/(kmol·K) 为**普适气体常数**(universal gas constant),$R_i(=R_0/M_i)$(kJ/(kg·K))为组分 i 的**气体常数**(gas constant)。设**全压**(total pressure)为 p,根据**道尔顿定律**(Dalton's law),有

$$p = \sum_{i=1}^{n} p_i \tag{6.10}$$

因此,由式(6.4)及式(6.8)可得

$$x_i = \frac{p_i}{p} \tag{6.11}$$

表 6.2 质量分数和摩尔分数

质量分数:$\omega_i = \dfrac{\rho_i}{\rho}$

摩尔分数:$x_i = \dfrac{C_i}{C}$

6.1.4 速度和流率的定义 (definitions of velocities and fluxes)

发生传质时,各成分具有不同的流动速度。设 v_i 为组分 i 的流动速度,与 v_i 垂直的截面单位面积单位时间内通过的组分 i 的摩尔量及质量,即**摩尔通量**(molar flux)$\dot{N}_i$(kmol/(m²·s))及**质量通量**(mass flux)$\dot{n}_i$(kg/(m²·s)),分别由下式来表示

$$\dot{N}_i = C_i v_i \quad \text{及} \quad \dot{n}_i = \rho_i v_i \tag{6.12}, (6.13)$$

因此,可求得全体组分的摩尔通量和质量通量分别为

$$\dot{N} = \sum_{i=1}^{n} C_i v_i \quad \text{及} \quad \dot{n} = \sum_{i=1}^{n} \rho_i v_i \tag{6.14}, (6.15)$$

需要注意的是 $v_i, \dot{N}_i, \dot{N}, \dot{n}_i, \dot{n}$ 全部为局部矢量。用这些量可定义全体组分的平均速度如下

$$V = \frac{\sum_{i=1}^{n} C_i v_i}{\sum_{i=1}^{n} C_i} = \frac{\dot{N}}{C} \quad \text{及} \quad v = \frac{\sum_{i=1}^{n} \rho_i v_i}{\sum_{i=1}^{n} \rho_i} = \frac{\dot{n}}{\rho} \tag{6.16}, (6.17)$$

V (m/s)为**摩尔平均速度**(molar-average velocity),v (m/s)为**质量平均速度**(mass-average velocity)。本章中,该平均速度称为**主体速度**(bulk velocity),整个体系平均以该速度进行整体移动。主体速度在用泵驱动进行物质输送的场合,与平均速度相当。

在物质传递的场合,各组分间的相对运动变得非常重要。各组分相对于平均移动的物质通量可表示为

$$J_i = C_i(v_i - V) \quad \text{及} \quad j_i = \rho_i(v_i - v) \tag{6.18}, (6.19)$$

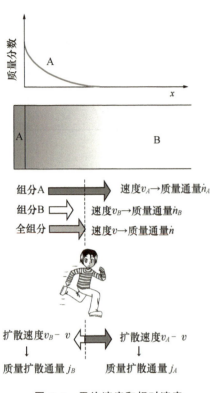

图 6.4 平均速度和相对速度

这里,J_i(kmol/(m²·s))为相对于摩尔平均速度的摩尔通量即**摩尔扩散通量**(molar diffusion flux),j_i(kg/(m²·s))为相对于质量平均速度的质量通量即**质量扩散通量**(mass diffusion flux)。v_i-V 为相对于摩尔平均速度的组分 i 的**扩散速度**(diffusion velocity),v_i-v 为相对于质量平均速度的组分 i 的扩散速度。图 6.4 显示了二组分情况下的速度关系。

由式(6.12)、式(6.16)及式(6.18)可导出下式

$$\dot{N}_i = J_i + x_i \dot{N} \tag{6.20}$$

同样由式(6.13)、式(6.17)及式(6.19)可得

$$\dot{n}_i = j_i + \omega_i \dot{n} \tag{6.21}$$

由式(6.20)和式(6.21)可知(表 6.3),静止坐标系下所观察到的各组分的移动(通量)可表示为混合物平均移动和相对于该平均速度的相对移动即扩散移动的和。另外,从组分 $i=1$ 到 $i=n$ 对式(6.20)求和,可得

$$\sum_{i=1}^{n} J_i = 0 \tag{6.22}$$

同样由式(6.21)可得

$$\sum_{i=1}^{n} j_i = 0 \tag{6.23}$$

表 6.4 概括给出了浓度、速度、物质通量、扩散通量的定义及其相互关系。

表 6.3 扩散通量

> 质量扩散通量:
> $$j_i = \dot{n}_i - \omega_i \dot{n}$$
> 摩尔扩散通量:
> $$J_i = \dot{N}_i - x_i \dot{N}$$

表 6.4 浓度、速度、物质通量、扩散通量的定义及其相互关系

		质量基准	摩尔基准	相互关系
浓度	组分 i	ρ_i[kg/m³]	C_i[kmol/m³]	$\rho_i = M_i C_i$
	总和	$\rho = \sum \rho_i$	$C = \sum C_i$	$\rho = MC$ (平均分子量 $M = \sum x_i M_i$)
浓度分数	组分 i	$\omega_i = \rho_i/\rho$	$x_i = C_i/C$	$\omega_i = \dfrac{x_i M_i}{\sum x_i M_i} = \dfrac{x_i M_i}{M}$ $x_i = \dfrac{\omega_i/M_i}{\sum(\omega_i/M_i)} = \dfrac{M\omega_i}{M_i}$
	总和	$\sum \omega_i = 1$	$\sum x_i = 1$	
运动速度	组分 i	v_i[m/s]	同左	
	平均	$v = \dfrac{\sum \rho_i v_i}{\sum \rho_i}$ $= \sum \omega_i v_i$ $= \dot{n}/\rho$	$V = \dfrac{\sum C_i v_i}{\sum C_i}$ $= \sum x_i v_i$ $= \dfrac{\dot{N}}{C}$	$v - V = \sum v_i(\omega_i - x_i)$ $= \sum \omega_i(v_i - V)$ $= -\sum x_i(v_i - v)$

续表

		质量基准	摩尔基准	相互关系
物质通量	组分 i	$\dot{\boldsymbol{n}}_i = \rho_i v_i \, [\text{kg}/(\text{m}^2 \cdot \text{s})]$	$\dot{\boldsymbol{N}}_i = C_i v_i \, [\text{kmol}/(\text{m}^2 \cdot \text{s})]$	$\dot{\boldsymbol{n}}_i = M_i \dot{\boldsymbol{N}}_i$
	总和	$\dot{\boldsymbol{n}} = \sum \rho_i v_i = \sum \dot{\boldsymbol{n}}_i$	$\dot{\boldsymbol{N}} = \sum C_i v_i = \sum \dot{\boldsymbol{N}}_i$	$\dot{\boldsymbol{n}} = \sum M_i \dot{\boldsymbol{N}}_i$ $\dot{\boldsymbol{N}} = \sum \left(\dfrac{\dot{\boldsymbol{n}}_i}{M_i}\right)$ $\dot{\boldsymbol{n}} = M \dot{\boldsymbol{N}}$
扩散通量	组分 i	$\boldsymbol{j}_i = \rho_i (v_i - v)$ $= \dot{\boldsymbol{n}}_i - \omega_i \dot{\boldsymbol{n}}$ $[\text{kg}/(\text{m}^2 \cdot \text{s})]$	$\boldsymbol{J}_i = C_i (v_i - \boldsymbol{V})$ $= \dot{\boldsymbol{N}}_i - x_i \dot{\boldsymbol{N}}$ $[\text{kmol}/(\text{m}^2 \cdot \text{s})]$	$\dfrac{\boldsymbol{j}_i}{\rho_i} - \dfrac{\boldsymbol{J}_i}{C_i} = \boldsymbol{V} - v$
	总和	$\sum \boldsymbol{j}_i = 0$	$\sum \boldsymbol{J}_i = 0$	

6.2 物质扩散 (diffusion mass transfer)

6.2.1 费克扩散定律 (Fick's law of diffusion)

由于与传质直接相关的量为分子数,用摩尔量进行定义更为直观,并在化工中得到广泛应用。但在机械学方面用质量进行求解的情况比较多,故本书原则上采用质量作为基本单位量进行表述。

在组分 A 和 B 的 2 组分混合物中,组分 A 的扩散可用下式表示

$$\boldsymbol{j}_A = -\rho D_{AB} \nabla \omega_A \tag{6.24}$$

该关系式被称为**费克扩散定律**(Fick's law of diffusion),表明扩散通量与浓度梯度成比例。比例常数 D_{AB} 称为**扩散系数**(diffusion coefficient, mass diffusivity),具有 (m^2/s) 的单位。上述关系式与热传导的傅里叶定律(式(2.1))具有相同的形式,这是由于如 6.1.2 小节所述,物质扩散是基于分子间相互作用所产生的。但是,需要注意的是左边**不是相对于静止坐标而是基于相对速度的扩散通量**。在 z 方向 1 维扩散的情况下,式(6.24)可用下式来表达。

$$\boldsymbol{j}_A = -\rho D_{AB} \frac{\text{d}\omega_A}{\text{d}z} \tag{6.25}$$

另一方面,ρ 为常量的情况下,式(6.24)可改写为

$$\boldsymbol{j}_A = -D_{AB} \nabla \rho_A \tag{6.26}$$

需要注意的是式(6.26)对系统内存在较大温差并由此引起 ρ 发生变化的情况不适用。

在实际问题中,固体表面、气液界面上的物质传递量即相对于静止坐标系的值也是必要的。将式(6.24)代入式(6.21)可得

$$\dot{\boldsymbol{n}}_A = -\rho D_{AB} \nabla \omega_A + \omega_A \dot{\boldsymbol{n}} \tag{6.27}$$

另外,组分 B 的扩散流率与式(6.24)同样,表示如下

$$\boldsymbol{j}_B = -\rho D_{BA} \nabla \omega_B \tag{6.28}$$

费克扩散定律总结于表 6.5。

将式(6.24)及式(6.28)代入式(6.23),并利用由式(6.7)所推导的关系

$$\nabla \omega_A = -\nabla \omega_B \tag{6.29}$$

可知

$$D_{AB} = D_{BA} \tag{6.30}$$

表 6.5 费克扩散定律

$\boldsymbol{j}_A = -\rho D_{AB} \nabla \omega_A$

$\dot{\boldsymbol{n}}_A = -\rho D_{AB} \nabla \omega_A + \omega_A \dot{\boldsymbol{n}}$

$\boldsymbol{J}_A = -C D_{AB} \nabla x_A$

$\dot{\boldsymbol{N}}_A = -C D_{AB} \nabla x_A + x_A \dot{\boldsymbol{N}}$

对于3组分及其以上的混合物,传质与所有组分的浓度梯度存在复杂的关系。但在多数情况下,组分 i 的扩散可利用相对于 i 以外的混合物的 有效扩散系数(effective binary diffusion coefficient) D_{im} (m^2/s),与2组分情况一样进行计算。

6.2.2 扩散系数(diffusion coefficient)

扩散系数是与组分组合相关的 物性值(property),通常受温度、压力和浓度的影响。

气体情况下,扩散系数与浓度的相关性较小,对于理想气体,根据分子运动论,可表示为如下关系。

$$D_{AB} \approx p^{-1} T^{3/2} \tag{6.31}$$

实际气体的扩散系数随温度的增加而增大(参照图6.5)。另一方面,液体情况下扩散系数几乎与压力无关,但随温度增加而增大,而且通常与浓度存在很大的相关性。不过,如表6.6所示,扩散系数的浓度依存性是比较复杂的。虽然尝试着对扩散系数进行理论预测,但在实际物质传递计算时,无论是气体还是液体或固体,均需要使用实验值或者基于实验值的关系式。

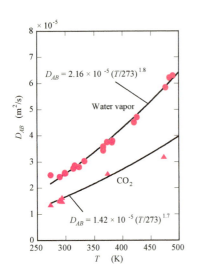

图6.5 1 atm下空气的扩散系数与温度的关系[6]

表6.6 25℃时水溶液的相互扩散系数[3]

(a) 二组分液体 　　　　　　　　　　　　　　　　　　　单位:m^2/s

液体	液体的摩尔分数(%)					
	0	20	40	60	80	100
丙酮	1.28×10^{-9}	0.62×10^{-9}	0.67×10^{-9}	1.13×10^{-9}	2.33×10^{-9}	4.56×10^{-9}
乙醇	1.24×10^{-9}	0.41×10^{-9}	0.42×10^{-9}	0.63×10^{-9}	0.93×10^{-9}	1.13×10^{-9}

(b) 电解质水溶液 　　　　　　　　　　　　　　　　　　　单位:m^2/s

电解质	电解质浓度(mol/L)						
	0	0.05	0.1	0.5	1.0	2.0	3.0
氯化钾	1.994×10^{-9}	1.863×10^{-9}	1.843×10^{-9}	1.835×10^{-9}	1.876×10^{-9}	2.011×10^{-9}	2.110×10^{-9}
氯化钙	1.335×10^{-9}	1.220×10^{-9}	1.110×10^{-9}	1.140×10^{-9}	1.203×10^{-9}	1.307×10^{-9}	1.265×10^{-9}
氯化钠	1.612×10^{-9}	1.506×10^{-9}	1.484×10^{-9}	1.474×10^{-9}	1.483×10^{-9}	1.514×10^{-9}	1.544×10^{-9}
溴化锂	1.377×10^{-9}	1.300×10^{-9}	1.279×10^{-9}	1.328×10^{-9}	1.404×10^{-9}	1.542×10^{-9}	1.650×10^{-9}

6.3 传质控制方程(governing equations of mass transfer)

6.3.1 组分守恒(conservation of species)

第2章和第3章学过的传热解析方法中,重要的考虑方法就是应用于微元体上的能量守恒定律。同样,传质中重要的是各组分的质量守恒即 化学组分的守恒定律(the law of conservation of species)。现在,考虑图6.6所示的2成分A,B混合物所组成的体系中由直角坐标系定义的微元体 $dxdydz$。单位时间内流入该微元体的成分A的质量为 $\dot{n}_{A,x}dydz$, $\dot{n}_{A,y}dxdz$, $\dot{n}_{A,z}dxdy$,流出的质量为

$$\dot{n}_{A,x+\mathrm{d}x}\mathrm{d}y\mathrm{d}z = \left(\dot{n}_{A,x} + \frac{\partial \dot{n}_{A,x}}{\partial x}\mathrm{d}x\right)\mathrm{d}y\mathrm{d}z \tag{6.32}$$

$$\dot{n}_{A,y+\mathrm{d}y}\mathrm{d}x\mathrm{d}z = \left(\dot{n}_{A,y} + \frac{\partial \dot{n}_{A,y}}{\partial y}\mathrm{d}y\right)\mathrm{d}x\mathrm{d}z \tag{6.33}$$

$$\dot{n}_{A,z+\mathrm{d}z}\mathrm{d}x\mathrm{d}y = \left(\dot{n}_{A,z} + \frac{\partial \dot{n}_{A,z}}{\partial z}\mathrm{d}z\right)\mathrm{d}x\mathrm{d}y \tag{6.34}$$

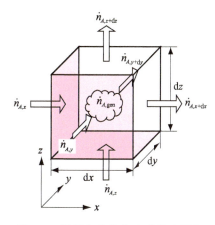

图 6.6 微元体内组分 A 的进出平衡

如果存在通过**均质化学反应**(homogeneous chemical reaction)生成成分 A 的情况，微元体内的生成量为 $\dot{n}_{A,\mathrm{gen}}\mathrm{d}x\mathrm{d}y\mathrm{d}z$。这里，$\dot{n}_{A,\mathrm{gen}}$(kg/(m³·s))为成分 A 在单位时间单位体积内的**生成速度**(production rate)。另外，单位时间内微元体内储存量为 $(\partial \rho_A/\partial t)\mathrm{d}x\mathrm{d}y\mathrm{d}z$。

考虑这些全部的收支平衡，最终可得下式

$$\frac{\partial \rho_A}{\partial t} + \frac{\partial \dot{n}_{A,x}}{\partial x} + \frac{\partial \dot{n}_{A,y}}{\partial y} + \frac{\partial \dot{n}_{A,z}}{\partial z} = \dot{n}_{A,\mathrm{gen}} \tag{6.35}$$

该式为组分 A 的**连续性方程**(equation of continuity)。用矢量可表示为下式

$$\frac{\partial \rho_A}{\partial t} + (\nabla \cdot \dot{\boldsymbol{n}}_A) = \dot{n}_{A,\mathrm{gen}} \tag{6.36}$$

对于组分 B，同样可满足下式

$$\frac{\partial \rho_B}{\partial t} + \frac{\partial \dot{n}_{B,x}}{\partial x} + \frac{\partial \dot{n}_{B,y}}{\partial y} + \frac{\partial \dot{n}_{B,z}}{\partial z} = \dot{n}_{B,\mathrm{gen}} \tag{6.37}$$

对式(6.36)和式(6.37)求和，考虑化学反应各组分生成量总和为0，即

$$\dot{n}_{A,\mathrm{gen}} + \dot{n}_{B,\mathrm{gen}} = 0 \tag{6.38}$$

则可得混合物全体的连续方程如下。

$$\frac{\partial \rho}{\partial t} + \frac{\partial \dot{n}_x}{\partial x} + \frac{\partial \dot{n}_y}{\partial y} + \frac{\partial \dot{n}_z}{\partial z} = 0 \tag{6.39a}$$

或者

$$\frac{\partial \rho}{\partial t} + \frac{\partial (\rho u)}{\partial x} + \frac{\partial (\rho v)}{\partial y} + \frac{\partial (\rho w)}{\partial z} = 0 \tag{6.39b}$$

这里，u,v,w 分别为 x,y,z 方向上的速度矢量。

将式(6.27)带入式(6.35)可得

$$\frac{\partial \rho_A}{\partial t} + \frac{\partial}{\partial x}\left(\omega_A \dot{n}_x - \rho D_{AB}\frac{\partial \omega_A}{\partial x}\right) + \frac{\partial}{\partial y}\left(\omega_A \dot{n}_y - \rho D_{AB}\frac{\partial \omega_A}{\partial y}\right)$$

$$+\frac{\partial}{\partial z}\left(\omega_A \dot{n}_z - \rho D_{AB}\frac{\partial \omega_A}{\partial z}\right) = \dot{n}_{A,\text{gen}} \tag{6.40a}$$

或

$$\frac{\partial \rho_A}{\partial t}+\frac{\partial}{\partial x}\left(\rho_A u - \rho D_{AB}\frac{\partial \omega_A}{\partial x}\right)+\frac{\partial}{\partial y}\left(\rho_A v - \rho D_{AB}\frac{\partial \omega_A}{\partial y}\right)$$
$$+\frac{\partial}{\partial z}\left(\rho_A w - \rho D_{AB}\frac{\partial \omega_A}{\partial z}\right) = \dot{n}_{A,\text{gen}} \tag{6.40b}$$

该式有时也被称为组分 A 的**扩散方程**(diffusion equation)。在 ρ 和 D_{AB} 可被视为常数的情况下，考虑矢量连续方程式(6.39b)，式(6.40b)可改写成如下形式

$$\frac{\partial \rho_A}{\partial t}+\left(u\frac{\partial \rho_A}{\partial x}+v\frac{\partial \rho_A}{\partial y}+w\frac{\partial \rho_A}{\partial z}\right)$$
$$-D_{AB}\left(\frac{\partial^2 \rho_A}{\partial x^2}+\frac{\partial^2 \rho_A}{\partial y^2}+\frac{\partial^2 \rho_A}{\partial z^2}\right) = \dot{n}_{A,\text{gen}} \tag{6.41}$$

进一步地，若没有物质生成且系统整体不运动即系统静止，则上式变为

$$\frac{\partial \rho_A}{\partial t}=D_{AB}\left(\frac{\partial^2 \rho_A}{\partial x^2}+\frac{\partial^2 \rho_A}{\partial y^2}+\frac{\partial^2 \rho_A}{\partial z^2}\right) \tag{6.42}$$

该式被称为**费克第二定律**(Fick's second law of diffusion)。

表 6.7 整理给出了三种坐标系下组分 A 的连续方程。这是组分 A 的守恒定律，在没有物质生成的条件下($\dot{n}_{A,\text{gen}}=0$)，与能量守恒方程式(3.33)、式(3.37)具有相同的形式。

表 6.7 三种坐标系下组分 A 的连续方程(ρ 和 D_{AB} 为常数的情况)

直角坐标系：
$$\frac{\partial \rho_A}{\partial t}+\left(u\frac{\partial \rho_A}{\partial x}+v\frac{\partial \rho_A}{\partial y}+w\frac{\partial \rho_A}{\partial z}\right)-D_{AB}\left(\frac{\partial^2 \rho_A}{\partial x^2}+\frac{\partial^2 \rho_A}{\partial y^2}+\frac{\partial^2 \rho_A}{\partial z^2}\right)=\dot{n}_{A,\text{gen}}$$

圆柱坐标系：
$$\frac{\partial \rho_A}{\partial t}+\left(u\frac{\partial \rho_A}{\partial r}+v\frac{1}{r}\frac{\partial \rho_A}{\partial \theta}+w\frac{\partial \rho_A}{\partial z}\right)-D_{AB}\left[\frac{1}{r}\frac{\partial}{\partial r}\left(r\frac{\partial \rho_A}{\partial r}\right)+\frac{1}{r^2}\frac{\partial^2 \rho_A}{\partial \theta^2}+\frac{\partial^2 \rho_A}{\partial z^2}\right]=\dot{n}_{A,\text{gen}}$$

球坐标系：
$$\frac{\partial \rho_A}{\partial t}+\left(u\frac{\partial \rho_A}{\partial r}+v\frac{1}{r}\frac{\partial \rho_A}{\partial \theta}+w\frac{1}{r\sin\theta}\frac{\partial \rho_A}{\partial \phi}\right)-D_{AB}\left[\frac{1}{r^2}\frac{\partial}{\partial r}\left(r^2\frac{\partial \rho_A}{\partial r}\right)+\frac{1}{r^2\sin\theta}\frac{\partial}{\partial \theta}\left(\sin\theta\frac{\partial \rho_A}{\partial \theta}\right)+\frac{1}{r^2\sin^2\theta}\frac{\partial^2 \rho_A}{\partial \phi^2}\right]=\dot{n}_{A,\text{gen}}$$

6.3.2 边界条件 (boundary conditions)

扩散方程为 2 阶偏微分方程，为了对其进行求解得到浓度分布和传质量，需要给出初始条件和各坐标轴方向上的 2 个边界条件。边界条件的形式，与传热情况相同，可分为如下三类(参照 2.1.4 节)。

最简单的边界条件如下式所示，直接给出界面上的浓度，称为第一类边界条件

$$z=0: x_A = x_{A0} \tag{6.43}$$

一般为了方便地确定边界上的浓度分布而进行方程的求解，对气液界面可考虑为饱和状态的情况，界面浓度可作为压力和温度的函数而得到。气体被吸收至吸收液中，或者水蒸气从水面向空气中扩散等

就属于此类情况(图 6.7)。液体中气体的溶解度比较小的情况下,根据**亨利定律**(Henry's law)气液界面的浓度可由下式来确定。

$$x_A = \frac{p_A}{H_A} \tag{6.44}$$

这里,p_A 为气体中成分 A 的分压,H_A 为**亨利常数**(Henry's constant)(Pa)。

第二类边界条件是给定边界上的质量通量。此时,如图 6.8 所示,边界条件可表示为

$$z=0: j_A = j_{A0} = -\rho D_{AB} \frac{\partial \omega_A}{\partial z}\bigg|_{z=0} \tag{6.45}$$

电加热器与物体相接触时的传热边界条件可用第二类边界条件来表示,但传质情况下预先给定物质通量的情况较少。不过,在边界上没有成分 A 移动的场合,以及轴对称或面对称现象中对称轴上的边界条件可用下式表示(图 6.9)。

$$z=0: j = -\rho D_{AB} \frac{\partial \omega_A}{\partial z}\bigg|_{z=0} = 0 \tag{6.46}$$

由固体通过对流向周围流体传质时,固体面上的边界条件可表示如下(图 6.10)。

$$j_{A0} = h_m (\rho_{A0} - \rho_{A\infty}) \tag{6.47}$$

这里,j_{A0} 为固体表面上成分 A 的质量扩散通量,ρ_{A0} 和 $\rho_{A\infty}$ 分别为固体表面上和主流内组分 A 的质量浓度。h_m 被称为**传质系数**(mass transfer coefficient),是表示对流传质性能的系数,对此将在 6.5 节进行叙述。如式(6.47),边界条件用浓度和质量通量两方面来表示的情况就是第三类边界条件。

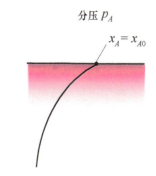

图 6.7 规定表面浓度的边界条件

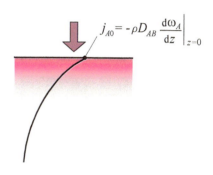

图 6.8 规定表面质量通量的边界条件

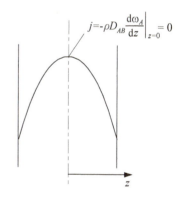

图 6.9 对称边界条件

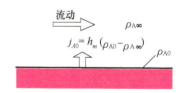

图 6.10 对流情况

6.4 物质扩散举例 (examples of mass diffusion)

6.4.1 静止介质中的稳态扩散 (steady-state diffusion in a stationary medium)

对于 2 组分体系的一维扩散情况,式(6.27)可写成下式

$$\dot{n}_A = -\rho D_{AB} \frac{d\omega_A}{dz} + \omega_A (\dot{n}_A + \dot{n}_B) \tag{6.48}$$

在导出式(6.42)时也采用静止介质的假设,表示无整体运动,这与现在的情况

$$\dot{n} = \dot{n}_A + \dot{n}_B = 0 \tag{6.49}$$

相对应。这时 $\dot{n}_A = j_A$,由式(6.48)和式(6.49)可得

$$\dot{n}_A = -\rho D_{AB} \frac{d\omega_A}{dz} \tag{6.50}$$

1. 固体中的气体扩散(gas diffusion in a solid)

式(6.50)在 $\omega_A \ll 1$ 且 $\dot{n}_B \approx 0$ 的情况时也与式(6.48)近似。稀薄混合气体或稀溶液中,流体的运动与扩散通量相比非常小的情况或固体中的扩散情况均满足该条件。现在,考虑图 6.11 所示的固体 B 中气体

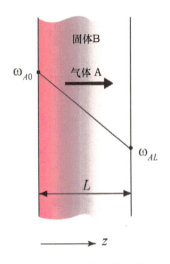

图 6.11 固体中的扩散

A 的扩散。取断面积为 S、厚度为 Δz 的微元体,稳态下成分 A 的质量守恒可用下式表示。

$$S\dot{n}_A|_{z+\Delta z} - S\dot{n}_A|_z = 0 \tag{6.51}$$

由此,可得如下微分方程

$$\frac{d\dot{n}_A}{dz} = 0 \tag{6.52}$$

上式也可通过令式(6.35)中 $\partial \rho_A/\partial t = 0$, $\dot{n}_{A,\text{gen}} = 0$ 推导得到。将式(6.50)代入式(6.52)得

$$\frac{d}{dz}\left(\rho D_{AB} \frac{d\omega_A}{dz}\right) = 0 \tag{6.53}$$

将该式基于边界条件

$$z = 0: \omega_A = \omega_{A0} \tag{6.54}$$

$$z = L: \omega_A = \omega_{AL} \tag{6.55}$$

并假定 $\rho = $ 常数,$D_{AB} = $ 常数进行求解,可求得如下线性浓度分布及扩散通量

$$\omega_A = (\omega_{AL} - \omega_{A0})\frac{z}{L} + \omega_{A0} \tag{6.56}$$

$$\dot{n}_A = -\rho D_{AB} \frac{\omega_{AL} - \omega_{A0}}{L} \tag{6.57}$$

该结果与平板内导热的解具有相同形式。

【例题 6.1】 ✳✳✳✳✳✳✳✳✳✳✳✳✳✳✳✳✳✳✳✳✳

储氢容器中蓄有高压氢气。厚度为 5 mm 的不锈钢壁的内表面上氢气浓度为 2 kg/m³,外表面的氢气浓度可忽略,求氢气的泄露速度(通量)。不锈钢中氢气的扩散系数为 $0.26 \times 10^{-12}\,\text{m}^2/\text{s}$。

【解答】 根据式(6.57)得

$$\dot{n}_A = -\rho D_{AB}\frac{\omega_{AL} - \omega_{A0}}{L} = -D_{AB}\frac{\rho_{AL} - \rho_{A0}}{L}$$

$$= -0.26 \times 10^{-12} \frac{-2}{0.005} = 1.04 \times 10^{-10}\,(\text{kg}/(\text{m}^2 \cdot \text{s})) \quad (\text{ex 6.1})$$

✳✳✳✳✳✳✳✳✳✳✳✳✳✳✳✳✳✳✳✳✳

2. 等摩尔相互扩散(equimolar counterdiffusion)

如图 6.12 所示,考虑两个大容器内装有等温等压理想气体的混合物,且容器通过管路相连的情况。各容器内的浓度分别保持一定值(摩尔分数 $x_{A0} > x_{AL}$),结果从容器 1 向容器 2 发生组分 A 的移动,同时反方向发生组分 B 的移动。这里,用摩尔量来表述该现象。稳定状态时,由静止坐标系来看没有整体气体的移动,故

$$\dot{N} = \dot{N}_A + \dot{N}_B = 0 \tag{6.58}$$

因此,这种情况下与推导式(6.50)一样,可得

$$\dot{N}_A = J_A + x_A \dot{N} = J_A = -CD_{AB}\frac{dx_A}{dz} \tag{6.59}$$

$$\dot{N}_B = J_B + x_B \dot{N} = J_B = -CD_{AB}\frac{dx_B}{dz} \tag{6.60}$$

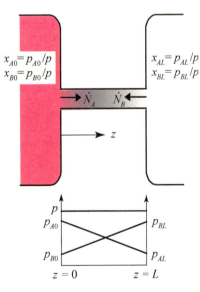

图 6.12 等摩尔相互扩散

将上述二式代入式(6.58),可得

$$\frac{\mathrm{d}x_A}{\mathrm{d}z} = -\frac{\mathrm{d}x_B}{\mathrm{d}z} \tag{6.61}$$

理想气体情况下,设各组分的分压分别为 p_A, p_B,全压为 p,则 $x_A = p_A/p, x_B = p_B/p$,故

$$\frac{\mathrm{d}p_A}{\mathrm{d}z} = -\frac{\mathrm{d}p_B}{\mathrm{d}z} \tag{6.62}$$

该状态称为**等摩尔相互扩散**(equimolar counterdiffusion),摩尔分数和分压在流道内呈直线变化。

下面,假定 D_{AB} = 常数,将式(6.59)从 $z=0$ 到 $z=L$ 进行积分,由于 C 是与 z 无关的常数,故可表示为

$$\dot{N}_A \int_0^L \mathrm{d}z = -CD_{AB} \int_{x_{A0}}^{x_{AL}} \mathrm{d}x_A \tag{6.63}$$

因此,扩散形成的摩尔通量由下式求得

$$\dot{N}_A = CD_{AB}\frac{x_{A0}-x_{AL}}{L} = D_{AB}\frac{C_{A0}-C_{AL}}{L} \tag{6.64}$$

这里,C_{A0} 和 C_{AL} 分别为 $z=0$ 和 $z=L$ 处组分 A 的摩尔浓度。将理想气体状态方程(6.8)代入式(6.64),可得下式

$$\dot{N}_A = \frac{D_{AB}}{R_0 T}\frac{p_{A0}-p_{AL}}{L} \tag{6.65}$$

从而,质量通量可表示为下式

$$\dot{n}_A = \frac{\rho_A}{C_A}\dot{N}_A = M_A\dot{N}_A = \frac{D_{AB}}{R_A T}\frac{p_{A0}-p_{AL}}{L} \tag{6.66}$$

这里,R_A 为组分 A 的气体常数。

若采用质量来表述等摩尔扩散现象,由于 ρ 与 z 有关,不能推导出与式(6.58)~式(6.66)完全相同的式子,故假定为理想气体时采用摩尔量表示较方便,根据对象将摩尔量和质量分开使用较好。

6.4.2 静止气体中的单向扩散 (diffusion through a stagnant gas column)

如图 6.13 所示,考虑圆柱容器内液体 A 向气体 B 中蒸发的情况。系统的压力和温度一定,通过某种方法使液面保持在 $z=0$ 处。而且,假定液体中没有溶解 B。容器开口端 $z=L$ 暴露于缓慢流动的 A 和 B 两种组分的混合气流中,摩尔分数分别为 x_{AL}, x_{BL}。另一方面,由于液面处于气液平衡状态,气体 A 的摩尔分数 x_{A0} 由平衡条件确定。液体 A 蒸发,通过 $x_{A0} > x_{AL}$ 的浓度差向气体 B 中扩散。这种情况也与固体中气体的扩散一样,满足下式

$$\frac{\mathrm{d}\dot{N}_A}{\mathrm{d}z} = 0 \tag{6.67}$$

对于组分 B,也可得到与上式一样的关系式,再考虑气液界面处无 B 的净移动,则

$$\dot{N}_B = 0 \tag{6.68}$$

容器内气体 B 处于静止状态。因此,将 $\dot{N} = \dot{N}_A$ 代入费克定律式(表 6.5 的第 4 式),可得组分 A 的摩尔通量如下。

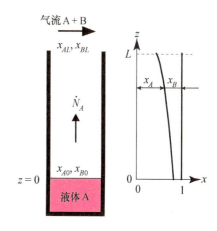

图 6.13 静止气体中的单向扩散

$$\dot{N}_A = -\frac{CD_{AB}}{1-x_A}\frac{dx_A}{dz} \tag{6.69}$$

将式(6.69)代入式(6.67)。理想气体情况下 $C=$ 常数，D_{AB} 也假定为常数，则可得

$$\frac{d}{dz}\left(\frac{1}{1-x_A}\frac{dx_A}{dz}\right)=0 \tag{6.70}$$

对该式进行双重积分，可得

$$-\ln(1-x_A) = A_1 z + A_2 \tag{6.71}$$

积分常数 A_1, A_2 可用与式(6.54)和式(6.55)一样的边界条件确定。最终可求得如下的浓度分布

$$\frac{1-x_A}{1-x_{A0}} = \left(\frac{1-x_{AL}}{1-x_{A0}}\right)^{z/L} \tag{6.72}$$

这里，$1-x_A = x_B$，故可得下式

$$\frac{x_B}{x_{B0}} = \left(\frac{x_{BL}}{x_{B0}}\right)^{z/L} \tag{6.73}$$

求得 $z=0$ 处浓度梯度代入式(6.69)，则液体 A 的蒸发速度可用下式求得。

$$\dot{N}_A = \dot{N}_{A0} = \frac{CD_{AB}}{L}\ln\left(\frac{1-x_{AL}}{1-x_{A0}}\right) \tag{6.74}$$

将式(6.74)代入式(6.64)，并进行比较得

$$\dot{N}_A\big|_{\text{单方向扩散}} = \frac{\ln\left(1+\dfrac{x_{A0}-x_{AL}}{1-x_{A0}}\right)}{x_{A0}-x_{AL}}\dot{N}_A\big|_{\text{等摩尔相互扩散}} \tag{6.75}$$

可见单向扩散的情况下的扩散通量较大。

【例题 6.2】 ✶✶✶✶✶✶✶✶✶✶✶✶✶✶✶✶✶✶✶✶✶✶

细长圆柱容器底部有 1 mm 的水。从水面到容器口的高度为 20 cm，开口附近干燥空气在缓慢流动。求水蒸发完所需要的时间。温度为定值 27℃，由蒸发引起的水面高度变化可忽略。另外，27℃时水蒸气和空气之间的相互扩散系数为 $D_{wa}=2.54\times10^{-5}\,\text{m}^2/\text{s}$，饱和空气的水蒸气分压为 $p_w=3.60\times10^3\,\text{N}/\text{m}^2$。

【解答】 利用(6.74)表示质量通量，则

$$\dot{n}_w = M_w \dot{N}_w = \frac{M_w p D_{wa}}{R_0 T}\ln\left(\frac{1-p_{wL}/p}{1-p_{w0}/p}\right) \tag{ex 6.2}$$

由于全压（大气压）$p=1.013\times10^5\,\text{N}/\text{m}^2$，$R_0=8.314\,\text{J}/(\text{mol}\cdot\text{K})$，$M_w=18.0\,\text{g/mol}$，由上式得

$$\begin{aligned}\dot{n}_w &= \frac{(1.013\times10^5)(2.54\times10^{-5})}{(8.314/18)(300)(0.2)}\ln\frac{1}{1-(0.036/1.013)}\\ &= 3.36\times10^{-3}(\text{g}/(\text{m}^2\cdot\text{s})) = 3.36\times10^{-6}(\text{kg}/(\text{m}^2\cdot\text{s}))\end{aligned} \tag{ex 6.3}$$

将深度为 1 mm 的水换算成 1 m² 面积时的质量为

$$W = 0.001\times1\times997 = 0.997\,(\text{kg/m}^2) \tag{ex 6.4}$$

因此，全部蒸发所需要的时间为

$$t = W/\dot{n}_w = \frac{0.997}{3.36 \times 10^{-6}} = 2.97 \times 10^5 \text{ s} = 82.5(\text{hr}) \quad (\text{ex } 6.5)$$

****

6.4.3 伴随均质化学反应的扩散 (diffusion with homogeneous chemical reactions)

考虑静止液体 B 中溶解有气体 A，且在液体中通过化学反应消耗 A 的情况。如图 6.14 所示的一维系统，在稳态下组分 A 的摩尔数守恒可用下式表示。

$$\frac{d\dot{N}_A}{dz} - \dot{N}_{A,\text{gen}} = 0 \quad (6.76)$$

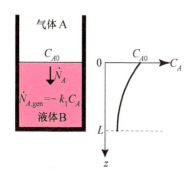

图 6.14 气体向液体的溶解和均质化学反应

一般来说，化学反应多用下式表示

$$\dot{N}_{A,\text{gen}} = -k_0 \quad (6.77)$$

$$\dot{N}_{A,\text{gen}} = -k_1 C_A \quad (6.78)$$

如式(6.77)所示，以一定速度进行的反应为 0 次反应(zeroth-order reaction)，式(6.78)所示的与局部浓度成比例的情况为 1 次反应 (first-order reaction)。现在，考虑发生可用式(6.78)表示的 1 次化学反应 A+B→AB，组分 A 被消耗的情况。假定组分 A 和 AB 的浓度较小，AB 不受 A 和 B 的扩散影响。设 C 和 D_{AB} 为常数，则式(6.76)变为

$$D_{AB}\frac{d^2 C_A}{dz^2} - k_1 C_A = 0 \quad (6.79)$$

该 2 阶线性微分方程的一般解可用下式表示

$$C_A = A_1 e^{mz} + A_2 e^{-mz} \quad (6.80)$$

这里 $m = (k_1/D_{AB})^{1/2}$。图 6.14 中的边界条件可表示为

$$z = 0: C_A = C_{A0} \quad (6.81)$$

$$z = L: \frac{dC_A}{dz} = 0 \quad (6.82)$$

条件式(6.82)表示容器底面没有物质透过。对满足该边界条件的解进行求解，可得下式

$$\frac{C_A}{C_{A0}} = \frac{\cosh m(L-z)}{\cosh mL} \quad (6.83)$$

气液界面上的溶解速度即物质通量可用下式求得

$$\dot{N}_{A0} = -D_{AB}\frac{dC_A}{dz}\Big|_{z=0}$$
$$= -D_{AB}C_{A0}\frac{\sinh m(L-z)}{\cosh mL}(-m)\Big|_{z=0}$$
$$= D_{AB}C_{A0}m\tanh mL \tag{6.84}$$

6.4.4 向下降液膜中的扩散 (diffusion into a falling liquid film)

考虑气体 A 被垂直壁面上下降液膜 B 吸收的情况。液膜内流动为充分发展层流,物质 A 的溶解度较小,故假定液体黏度不发生变化。

液膜内层流的速度分布可用下式表示(参照 5.8.3 节)。

$$v_z = v_{\max}\left[1-\left(\frac{y}{\delta}\right)^2\right] \tag{6.85}$$

这里,液膜表面为 $y=0$。

下面,考虑如图 6.15 所示的高度为 Δz、厚度 Δy、宽度为 1(单位宽度)的微元体,组分 A 的质量平衡可用下式表示

$$\dot{n}_{A,z}\Delta y - \dot{n}_{A,z+\Delta z}\Delta y + \dot{n}_{A,y}\Delta z - \dot{n}_{A,y+\Delta y}\Delta z = 0 \tag{6.86}$$

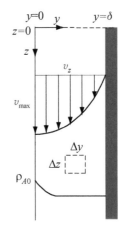

图 6.15 下降液膜对气体的吸收

上式除以 $\Delta y\Delta z$,并假定 $\Delta y\to 0$,$\Delta z\to 0$ 时可得以下的微分方程

$$\frac{\partial \dot{n}_{A,y}}{\partial y} + \frac{\partial \dot{n}_{A,z}}{\partial z} = 0 \tag{6.87}$$

物质 A 由于 z 方向流体的流动而发生运动,可考虑忽略扩散的影响,故 $\dot{n}_{A,z}$ 由式(6.27)可表示如下

$$\dot{n}_{A,z} = -\rho D_{AB}\frac{d\omega_A}{dz} + \omega_A(\dot{n}_{A,z}+\dot{n}_{B,z}) \approx \omega_A(\dot{n}_{A,z}+\dot{n}_{B,z}) \approx \rho_A v_z \tag{6.88}$$

另一方面,在 y 方向上因扩散占主导地位,故 $\dot{n}_{A,y}$ 可表示为

$$\dot{n}_{A,y} = -\rho D_{AB}\frac{d\omega_A}{dy} + \omega_A(\dot{n}_{A,y}+\dot{n}_{B,y}) \approx -\rho D_{AB}\frac{d\omega_A}{dy} \tag{6.89}$$

将式(6.88)和式(6.89)代入式(6.87),则

$$v_z \frac{\partial \rho_A}{\partial z} - \frac{\partial}{\partial y}\left(\rho D_{AB} \frac{d\omega_A}{dy}\right) = 0 \tag{6.90}$$

假定 ρ 和 D_{AB} 为常数,将式(6.85)表示的 v_z 代入上式,最终可得下式。

$$v_{\max}\left[1-\left(\frac{y}{\delta}\right)^2\right]\frac{\partial \rho_A}{\partial z} = D_{AB}\frac{\partial^2 \rho_A}{\partial y^2} \tag{6.91}$$

边界条件为如下的三个

$$z=0:\rho_A=0 \tag{6.92}$$

$$y=0:\rho_A=\rho_{A0} \tag{6.93}$$

$$y=\delta:\frac{\partial \rho_A}{\partial y}=0 \tag{6.94}$$

该问题的解由 Johnstone-Pigford[5] 求得。

如果物质 A 的扩散仅限于界面附近,式(6.91)和边界条件式(6.94)可分别简化为

$$v_{\max}\frac{\partial \rho_A}{\partial z} = D_{AB}\frac{\partial^2 \rho_A}{\partial y^2} \tag{6.95}$$

$$y=\infty:\rho_A=0 \tag{6.96}$$

这种情况下,可得如下的解(参照文献[1])。

$$\frac{\rho_A}{\rho_{A0}} = 1 - \mathrm{erf}\frac{y}{\sqrt{4D_{AB}z/v_{\max}}} \tag{6.97}$$

这里,erf 为误差函数(参照式(2.123))。

6.4.5 非稳态扩散 (transient diffusion)

目前所举的例子均为稳定状态下物质的移动问题,现举例说明浓度分布随时间发生变化的情况。

1. 液体向静止气体中的蒸发(evaporation of liquid into stagnant gas)

如图 6.16 所示,液体 A 蒸发后向无限长圆柱容器中的气体 B 扩散。与 6.4.2 节的情况相同,通过某种方法使液面保持在 $z=0$,系统的压力和温度为定值。假定混合气体为理想气体,D_{AB} 为常数。设 B 在液体中不溶解,与 6.4.1 节的第 2 小节的情况相同,为了使用 $C=$常数这一理想气体的条件,采用摩尔量表示,连续方程可表示如下。

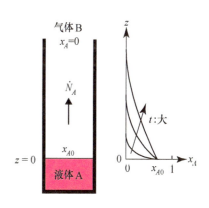

图 6.16 蒸发液体向静止气体中的非稳态扩散

$$\frac{\partial C_A}{\partial t} = -\frac{\partial \dot N_A}{\partial z} = -\frac{\partial}{\partial z}\left(x_A \dot N - CD_{AB}\frac{\partial x_A}{\partial z}\right) \tag{6.98}$$

$$\frac{\partial C_B}{\partial t} = -\frac{\partial \dot N_B}{\partial z} = -\frac{\partial}{\partial z}\left(x_B \dot N - CD_{AB}\frac{\partial x_B}{\partial z}\right) \tag{6.99}$$

将上述二式两边分别相加,由于 $C=$常数,可得

$$\frac{\partial C}{\partial t} = -\frac{\partial \dot N}{\partial z} = -\frac{\partial}{\partial z}(\dot N_A + \dot N_B) = 0 \tag{6.100}$$

因此,$\dot N$ 就仅为时间的函数。由于气液界面上 $\dot N_{B0}=0$,与式(6.70)一样,有

$$\dot N_{A0} = -\frac{CD_{AB}}{1-x_{A0}}\frac{dx_A}{dz}\bigg|_{z=0} \tag{6.101}$$

因此，

$$\dot{N} = \dot{N}_A + \dot{N}_B = \dot{N}_{A0} = -\left.\frac{CD_{AB}}{1-x_{A0}}\frac{dx_A}{dz}\right|_{z=0} \tag{6.102}$$

将该式代入式(6.98)可得下式

$$\frac{\partial x_A}{\partial t} = D_{AB}\frac{\partial^2 x_A}{\partial z^2} + \left(\left.\frac{D_{AB}}{1-x_{A0}}\frac{dx_A}{dz}\right|_{z=0}\right)\frac{\partial x_A}{\partial z} \tag{6.103}$$

初始条件和边界条件为

$$t=0: x_A=0 \tag{6.104}$$

$$z=0: x_A=x_{A0} \tag{6.105}$$

$$z=\infty: x_A=0 \tag{6.106}$$

关于解析解可参照文献[1]。

2. 整体流动可忽略情况下的扩散（diffusion with no bulk motion contribution）

如 6.4.1 节所述，像固体内气体的扩散和稀薄溶液内溶质的扩散那样，浓度非常小（$x_A \ll 1$）的情况下整体流动可忽略，等摩尔相互扩散的情况下整体流动为 0。此时，假定 $C=$ 常数，$D_{AB}=$ 常数，非稳态的质量守恒可用下式表示。

$$\frac{\partial C_A}{\partial t} = D_{AB}\frac{\partial^2 C_A}{\partial z^2} \tag{6.107}$$

上式与一维非稳态导热方程式(2.115)具有相同的形式。将 $t=z/v_{max}$ 代入，则和式(6.95)也具有相同的形式，故可得与式(6.97)一样的解。

6.5 对流传质（convective mass transfer）

6.5.1 传质系数（mass transfer coefficient）

沿着固体表面或者气液界面方向存在流体流动的场合，与传热相同，会出现对流对传质的影响。这种情况下的传质称为**对流传质**（convective mass transfer）。另外，与对流传热一样，通过泵等外力作用产生流动的情况为强制对流，以由浓度差或温度差而产生的密度差为驱动力的流动为自然对流。

如图 6.17 所示，考虑气体 B 沿着浸没在液体 A 中的平板上流动，A 从平板表面向气流传质的情况。气体流动为层流时，从固体表面向流体的传质以及流体内部传质是通过分子扩散进行的。另一方面，湍流情况下，在固体表面附近分子扩散起支配作用，但在离开固体表面足够距离后，则通过流体团混合进行传质，即**涡扩散**（eddy diffusion）起支配作用。不管是哪种情况，传质的驱动力是固体表面处和离开表面足够距离处流体间的浓度差。因此，平板表面的**传质系数**（mass transfer coefficient）h_m（m/s）可通过扩散通量定义如下。

$$j_{A0} = h_m(\rho_{A0} - \rho_{A\infty}) = \rho h_m(\omega_{A0} - \omega_{A\infty}) \tag{6.108}$$

利用质量通量，并由式(6.21)可得

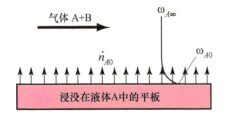

图 6.17 平板表面向气流的对流传质

6.5 对流传质

$$\dot{n}_{A0} - \omega_{A0}(\dot{n}_{A0} + \dot{n}_{B0}) = h_m(\rho_{A0} - \rho_{A\infty}) \tag{6.109}$$

这些式子与费克定律(式(6.25)及式(6.27))相对应,对流的影响比较小时,近似有

$$h_m = \frac{D_{AB}}{\delta} \tag{6.110}$$

这里 δ 表示浓度边界层。严格上讲,需要注意 h_m 本身与质量通量 j_{A0} 及 $\dot{n}_{A0}$ 相关。其原因在于界面横流导致界面附近的速度分布和浓度分布发生变化,质量通量较小的情况下这个影响可忽略。

另外,需要注意的是传质系数也常常由下式定义。

$$\dot{n}_{A0} = h'_m(\rho_{A0} - \rho_{A\infty}) \tag{6.111}$$

此时,由于扩散和主流流动两方面均对 $h'_m(\rho_{A0} - \rho_{A\infty})$ 有影响,浓度和质量通量对 h'_m 的影响更为复杂。对通常遇到的 $\dot{n}_B = 0$ 的情况来说,有如下的关系。

$$h'_m = \frac{h_m}{1 - \omega_{A0}} \tag{6.112}$$

需要注意的是仅在组分 A 为稀薄的场合,即 $\omega_A \ll 1$ 时 $h'_m \approx h_m$ 才成立。

6.5.2 对流传质中的重要参数 (significant parameters in convective mass transfer)

输送现象中表示分子扩散程度的物性值有以下 3 个。

动量扩散:**运动黏度**(kinematic viscosity) $\nu = \mu/\rho$

热扩散:**热扩散率**(thermal diffusivity)或者温度传导率 $\alpha = k/(\rho c_p)$

物质扩散:**扩散系数**(diffusion coefficient, mass diffusivity) D_{AB}

这些量都具有 m^2/s 的单位,相互之间的比值为无量纲数。

$$Pr = \frac{\nu}{\alpha} = \frac{\mu c_p}{k} \tag{6.113}$$

$$Sc = \frac{\nu}{D_{AB}} = \frac{\mu}{\rho D_{AB}} \tag{6.114}$$

$$Le = \frac{\alpha}{D_{AB}} = \frac{k}{\rho c_p D_{AB}} \tag{6.115}$$

Pr 为**普朗特数**(Prandtl number),Sc 为**施密特数**(Scmidt number),Le 为**路易斯数**(Lewis number)。另外,用与式(6.110)两边之比相同形式定义的无量纲数称为**舍伍德数**(Sherwood number),表示分子扩散阻力与对流传质阻力之比。

$$Sh = \frac{h_m L}{D_{AB}} \tag{6.116}$$

这里,L 表示特征尺寸。Sh 与对流换热中的**努塞尔数**(Nusselt number)

$$Nu = \frac{hL}{k} \tag{6.117}$$

相对应,也被称为**传质努塞尔数**(mass-transfer Nusselt number)。

强制对流情况下,如 3.2.5 小节所述,传热可用以下的函数来表示。

$$Nu = f(Re, Pr, 几何形状) \tag{6.118}$$

同样，物体表面的传质可表示为

$$Sh = f(Re, Sc, 几何形状) \tag{6.119}$$

因此，如果几何形状、流动状态及边界条件与传热相同，那么表示传热的关系式中的 h, Nu, Pr 分别用 h_m, Sh, Sc 替代则可表示物质传递。这就是**传热与传质的相似性**(analogy between heat and mass transfer)。该关系如 6.3.1 节所述，是从能量守恒定律与化学组分守恒定律具有同样的形式所导出来的。但是，传质中存在界面横流的影响，传质速度（质量通量）较大的情况下，其效果即吸入和吹出速度的影响则必须考虑。另外，如式(6.112)所示，$\dot{n}_B = 0$ 的情况下 h_m 和 h'_m 具有 $1 - \omega_{A0}$ 倍的差。利用传热和传质的相似理论时，需要十分注意传质系数的定义。另外，关于无量纲数的详细描述，请参照第 8 章。

【例题 6.3】 ＊＊＊＊＊＊＊＊＊＊＊＊＊＊＊＊＊＊＊＊

干燥空气以 0.5 m/s 的速度沿着被水浸湿的长度为 30 cm 的平板流动。平板与空气的温度为 27℃时，求水的蒸发速度（通量）。另外，层流情况下，平板上的平均传质系数，根据文献[2]可用下式求得

$$Sh_L = \frac{h_m L}{D_{AB}} = 0.664 Re_L^{1/2} Sc^{1/3} \quad Re_L < 5 \times 10^5 \tag{ex 6.6}$$

27℃时空气的运动黏度为 $\nu = 1.60 \times 10^{-5} \text{ m}^2/\text{s}$。其他值参照例题 6.2。

【解答】 雷诺数和施密特数分别为

$$Re = \frac{vL}{\nu} = \frac{(0.5)(0.3)}{1.60 \times 10^{-5}} = 9.38 \times 10^3 \tag{ex 6.7}$$

$$Sc = \frac{\nu}{D_{AB}} = \frac{1.60 \times 10^{-5}}{2.54 \times 10^{-5}} = 0.630 \tag{ex 6.8}$$

因此，

$$h_m = 0.664(9.38 \times 10^3)^{1/2}(0.630)^{1/3} \frac{2.54 \times 10^{-5}}{0.3}$$

$$= 4.67 \times 10^{-3} \text{ m/s} \tag{ex 6.9}$$

蒸发速度为

$$\dot{n}_w = \frac{j_w}{1 - \omega_{w0}} = \frac{h_m(\rho_{w0} - \rho_{w\infty})}{1 - \omega_{w0}}$$

$$= \frac{h_m(p_{w0} - p_{w\infty})}{(R_0/M_w)T} \frac{1}{1 - p_{w0}/p}$$

$$= \frac{4.67 \times 10^{-3}(3.6 \times 10^3 - 0)}{(8.314/18) \times 10^3 (300)} \frac{1}{1 - (3.6 \times 10^3/1.013 \times 10^5)}$$

$$= 1.26 \times 10^{-4} \text{ (kg/(m}^2 \cdot \text{s))} \tag{ex 6.10}$$

该值为例题 6.2 中长度为 20 cm 的圆筒底部的蒸发速度的 37.5 倍。

＊＊＊＊＊＊＊＊＊＊＊＊＊＊＊＊＊＊＊＊

6.5 对流传质

【例题 6.4】 ********************

在感温部包上纱布利用毛细现象使其保持湿润状态的温度计(湿球)及普通的干燥状态的温度计(干球)放在气流中,根据它们测定的温度可求得湿度,称为干湿球湿度计(图 6.18)。请说明利用该方法可测得湿度的原理。

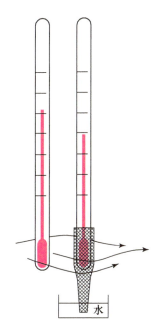

图 6.18 干湿球湿度计

【解答】 湿球中通过对流传热从空气中传递来的热量,在稳定状态下与通过蒸发传递的热量相平衡,从而保持稳定状态。蒸发量 $\dot{n}_w$ 可通过下式求得。

$$\dot{n}_w = \frac{1}{1-\omega_{w0}} j_w = \frac{h_m}{1-\omega_{w0}} (\rho_{w0} - \rho_{wa}) \qquad \text{(ex 6.11)}$$

这里,下标 w 表示水,下标 0 表示纱布表面,下标 a 表示空气。因此,热量平衡可用下式表示。

$$h(T_a - T_0) = L_{lv} \dot{n}_w = \frac{L_{lv} h_m}{1-\omega_{w0}} (\rho_{w0} - \rho_{wa}) \qquad \text{(ex 6.12)}$$

这里,h 为传热系数,L_{lv} 为水的汽化潜热。温度计的感温部可视为圆柱,h 与 h_m 使用关于圆柱周围的强制对流的经验关系式可表示为

$$Nu = \frac{hd}{k_a} = C Re_d^n Pr^{1/3} \qquad \text{(ex 6.13)}$$

$$Sh = \frac{h_m d}{D_{wa}} = C Re_d^n Sc^{1/3} \qquad \text{(ex 6.14)}$$

这里,d 为感温部(圆柱)的直径。因此,通过上述两式可得

$$\frac{h}{h_m} = \frac{k_a}{D_{wa}} \left(\frac{Pr}{Sc}\right)^{1/3} = \frac{k_a}{D_{wa}} \left(\frac{D_{wa}}{\alpha_a}\right)^{1/3} \qquad \text{(ex 6.15)}$$

将该式代入式(ex 6.12)可得下式

$$\frac{\rho_{w0} - \rho_{wa}}{(T_a - T_0)(1-\omega_{w0})} = \frac{k_a}{L_{lv} D_{wa}} \left(\frac{D_{wa}}{\alpha_a}\right)^{1/3} \qquad \text{(ex 6.16)}$$

空气的物性值及水蒸气相对于空气的扩散系数是温度和压力的函

数,上式右边在一定范围内可视为常数。另外,纱布的表面由于是饱和状态,ρ_{w0} 和 ω_{us} 作为温度和压力的函数是已知的,故若测得 T_a 和 T_0 的值,即可求得 ρ_{ua}。因此,以 1 kg 干燥空气所对应的水分质量(kg)所定义的绝对湿度 H(kg/kg)可通过下式求得。

$$H = \frac{\rho_{ua}}{\rho_a} \tag{ex 6.17}$$

****

6.6 热质传递的耦合作用 (coupling effect of heat and mass transfer)

流体如果存在温度梯度,就会发生伴随热移动(热传导)的物质移动(物质热扩散),这就是**索雷特效应**(Soret effect)。相反,如果存在浓度梯度,就会发生伴随物质移动(扩散)的热移动。这是由于相互扩散的分子的比热不同,即**迪富尔效应**(Dufour effect)。正因为如此,严格地说热和物质的移动通常是相互伴随产生。这种相互结合作用通常非常小而可以忽略,但对氢混合气体在某些条件下有时变得非常重要。

===== 练习题 ================

【6.1】 The partial pressure of water in the saturated air is 0.023 atm at 20℃. What are the molar fraction and the mass fraction of the water?

【6.2】 A 2.5-mm-thick plastic membrane is used to separate helium from the gas stream. Under steady state conditions the concentration of helium in the membrane is 0.01 kmol/m³ at the inner surface and negligible at the outer surface, while the diffusion coefficient of helium in the plastic membrane is 1.5×10^{-9} m²/s. What is the diffusion flux?

【6.3】 大水箱中贮存有 20℃ 的乙醇。为了防止内压上升,水箱上部安有一内径 1 cm、长度 50 cm 的管道并向大气开放。水箱内空气的浓度可以忽略,求乙醇的单位时间泄漏量。另外,求此时空气的进入量为多少。设气体为理想气体,乙醇和空气的分子量分别为 46 和 29,气体常数分别为 180 J/(kg·K),287 J/(kg·K)。乙醇和空气的相互扩散系数为 1.20×10^{-5} m²/s。

【6.4】 直径 1mm 的水滴在 1 atm 的干燥空气中以 3.6 m/s 的速度下落。水的表面温度为 20℃,空气温度为 60℃ 时,求水的蒸发速度。假设为准定常状态,液滴周围的传质系数可用下式计算。

$$Sh_d = 2.0 + 0.6 Re_d^{1/2} Sc^{1/3}$$

40℃ 时空气的热物性值为:密度 1.13 kg/m³,运动黏度 17.1 mm²/s,扩散系数 0.290 cm²/s。20℃ 的饱和空气中的水蒸气分压如习题 6.1 所示。

【答案】

6.1　摩尔分数 0.023，　质量分数 0.0144

6.2　6.0×10^{-9} kmol/(m² · s)

6.3　乙醇 1.30×10^{-2} g/hr，　空气 8.17×10^{-3} g/hr

6.4　1.40×10^{-8} kg/s

第6章　参考文献

[1] R. B. Bird, W. E. Stewart, E. N. Lightfoot, Transport Phenomena, (1960), John Wiley & Sons, Inc., New York.

[2] 日本機械学会，伝熱工学資料，改定第4版，(1986)，日本機械学会.

[3] 日本熱物性学会編，熱物性ハンドブック，改定第2版，(2000)，養賢堂.

[4] 日本機械学会，伝熱ハンドブック，(1992)，森北出版.

[5] H. F. Johnstone, R. L. Pigford, Trans. AIChE, Vol. 38, 25 (1942).

[6] N. B. Vargaftik, Handbook of Physical Properties of Liquids and Gases: Pure Substances and Mixtures, 2nd Ed., Hemisphere, New York, 1975.

第 7 章

传热的应用与换热设备

Applications of Heat Transfer and Heat Transfer Equipments

7.1 换热器的基本理论 (fundamentals of heat exchangers)

在我们的身边,可以看到很多高温流体向低温流体传递热量的例子。这里把高温流体与低温流体之间的传热现象称为**热交换**(heat exchange)。用以实现热交换的传热装置称为**换热器**(heat exchanger)。

作为我们身边常见的换热器,可列举出家用空调机的室内机(图 7.1)与室外机、汽车上用的散热器(图 7.2)。这些换热器内的传热介质(空调机内为氟利昂,散热器内为水)是与空气之间进行热交换的,它们的形态对应其传热特点。另外,作为和我们生活紧密相关的换热器,可列举出火力发电站中的锅炉(图 7.3)。在火力发电站,通过燃料燃烧产生的热能通过锅炉传递给水,产生的水蒸气在汽轮机内膨胀做功而输出电力。所以锅炉的传热性能好坏决定了发出的电量和系统的循环性能。

本节将对影响换热器性能的传热现象及其分析方法,以及与传热现象相匹配的换热器形状等问题进行描述。

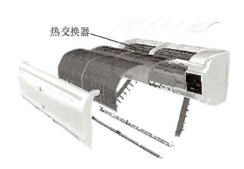

图 7.1 空调内换热器
(三菱电机(株)提供)

7.1.1 总传热系数 (overall heat transfer coefficient)

为了考虑换热器内流体之间的热传递,如图 7.4 所示,假想有个隔板介于两流动的流体之间。此时隔板与高温流体之间、隔板与低温流体之间是对流换热,而隔板内部是以热传导形式传热,作为其结果产生的热流密度在每个部分是相同的。亦即

- 高温流体-隔板间: $q = h_h (T_h - T_{wh})$ (7.1)

- 隔板内: $q = k \dfrac{T_{wh} - T_{wc}}{\delta}$ (7.2)

- 隔板-低温流体间: $q = h_c (T_{wc} - T_c)$ (7.3)

由于以上的热流密度是相等的,故

$$h_h (T_h - T_{wh}) = k \frac{T_{wh} - T_{wc}}{\delta} = h_c (T_{wc} - T_c) \quad (7.4)$$

由此,隔板式换热的高温流体与低温流体之间的传递热可以写成

$$q = \frac{T_h - T_c}{\dfrac{1}{h_h} + \dfrac{\delta}{k} + \dfrac{1}{h_c}} = K(T_h - T_c) \quad (7.5)$$

像这样通过隔板的热传递称为**传热**(heat transmission),此时 K 被称之为**总的传热速率**或**总传热系数**(overall heat transfer coefficient)。

图 7.2 汽车用散热器
(昭和电工(株)提供)

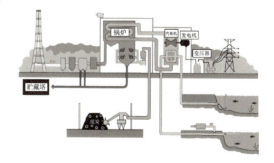

图 7.3 火力发电站(中部电力(株)提供)

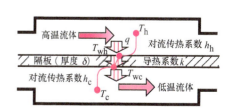

图 7.4 隔板式换热(传热)

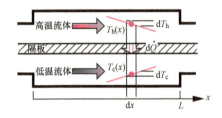

图 7.5 流体间的顺流换热

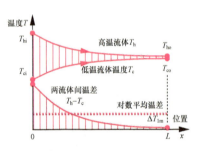

图 7.6 与流体间顺流换热相伴的温度变化

利用总传热系数,如式(7.5)所示,可以从高温流体与低温流体的温度差直接计算出传热量。

7.1.2 基于热交换的流体温度变化(temperature change of fluids due to heat exchange)

隔板式换热过程中高温流体失去热量,而低温流体获取热量,因此各流体沿流动方向上温度是变化的。图 7.5 给出了假设两流体沿同一方向边流动边换热的情况。隔板上任意位置取一微小单元(宽: dx,深度方向为单位长度),则从高温流体向低温流体传递的热量 $d\dot{Q}$ 可以写成下式。

$$d\dot{Q} = K\{T_h(x) - T_c(x)\}dx \tag{7.6}$$

注意微小单元的面积是 dx,高温流体通过 dx 区间时仅仅失去了这部分热量,如果高温流体的混合平均温度变化为 dT_h,且高温流体的质量流量为 $\dot{m}_h$,比热为 c_h,则

$$\dot{m}_h c_h dT_h = -K\{T_h(x) - T_c(x)\}dx \tag{7.7}$$

同样,低温流体通过 dx 区间时获得了相同的热量,假设低温流体的质量流量为 $\dot{m}_c$,比热为 c_c,混合平均温度的变化为 dT_c,则有

$$\dot{m}_c c_c dT_c = K\{T_h(x) - T_c(x)\}dx \tag{7.8}$$

联立以上式子,可以得到关于高温流体与低温流体温度差($T_h - T_c$)的方程如下。

$$dT_h - dT_c = d(T_h - T_c) = -\left(\frac{K}{\dot{m}_h c_h} + \frac{K}{\dot{m}_c c_c}\right)(T_h - T_c)dx \tag{7.9}$$

若热流密度沿 x 方向是一常数[①],则此方程在图 7.5 所示的流道的任何位置上都成立。比如给定高温流体和低温流体的入口温度分别为 T_{hi} 和 T_{ci},可以很简单地求得

$$T_h - T_c = (T_{hi} - T_{ci})\exp\left\{-\left(\frac{K}{\dot{m}_h c_h} + \frac{K}{\dot{m}_c c_c}\right)x\right\} \tag{7.10}$$

从这一结果可知,高温流体与低温流体之间的温度差沿流动方向是呈指数关系递减的。将此式代入式(7.7)和式(7.8),可以分别得到高温流体和低温流体的平均温度沿流动方向的变化。图 7.6 给出了高温流体与低温流体之间的温度差,以及高温流体、低温流体各自的温度变化示意曲线。

---

① 热流密度是由高温流体与隔板间对流换热、低温流体与隔板间的对流换热,以及隔板内的导热来决定的,即使隔板的厚度一样,材质也相同,沿流动方向的热流密度也是变化的,严格来讲不是一个常数。然而在实际换热器应用场合,为了提高热流密度(传热系数),往往都是湍流对流换热,实现湍流换热过程的助走区间很短,并且经常遇到有复杂形状的流动通道,为了简便计算常把热流密度近似为常数处理。

7.1 换热器的基本理论

另一方面,如图 7.7 所示,我们也可以考虑高温流体和低温流体逆向流动时的热交换情况,此时,若注意到坐标方向以及流体的流动方向,与前述同样可以写出高温流体与低温流体的温度变化关系式。

$$\dot{m}_h c_h \mathrm{d}T_h = -K(T_h - T_c)\mathrm{d}x \tag{7.11}$$
$$\dot{m}_c c_c \mathrm{d}T_c = -K(T_h - T_c)\mathrm{d}x \tag{7.12}$$

联立以上两式,可以得到关于两流体间温差的方程

$$\mathrm{d}T_h - \mathrm{d}T_c = \mathrm{d}(T_h - T_c) = -\left(\frac{K}{\dot{m}_h c_h} - \frac{K}{\dot{m}_c c_c}\right)(T_h - T_c)\mathrm{d}x \tag{7.13}$$

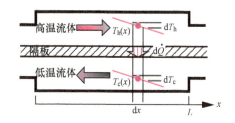

图 7.7 流体间的逆流换热

假设通过隔板的热流密度是一常数,若高温流体的入口温度为 T_{hi},低温流体的出口温度为 T_{co},则两流体之间的温度差为

$$T_h - T_c = (T_{hi} - T_{ci})\exp\left\{-\left(\frac{K}{\dot{m}_h c_h} - \frac{K}{\dot{m}_c c_c}\right)x\right\} \tag{7.14}$$

上式代入式(7.11)、式(7.12)即可得到高温流体、低温流体的温度变化(图 7.8)。由该式可以看出,高温流体与低温流体逆向流动换热时,两流体间的温度差依高、低温流体的质量流量与其比热之乘积的大小而变,沿 x 方向可能增大,也可能减少。

7.1.3 对数平均温差 (logarithmic-mean temperature difference)

高温流体与低温流体之间进行换热时,两流体之间的温度差是与位置有关的函数,因此通过对这个温度差从流体通道入口到出口进行积分,可以计算总换热量 $\dot{Q}$。即,若假设通道入口到出口的距离为 L,高温流体与低温流体在同向流动时,

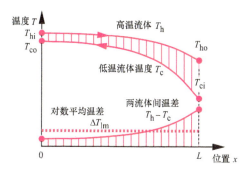

图 7.8 与流体间逆流换热相伴的温度变化

$$\dot{Q} = \int_0^L K(T_h - T_c)\mathrm{d}x = \frac{K(T_{hi} - T_{ci})\left[1 - \exp\left\{-\left(\frac{K}{\dot{m}_h c_h} + \frac{K}{\dot{m}_c c_c}\right)L\right\}\right]}{\left(\frac{K}{\dot{m}_h c_h} + \frac{K}{\dot{m}_c c_c}\right)}$$

$$= K\frac{(T_{hi} - T_{ci}) - (T_{ho} - T_{co})}{\ln\frac{(T_{hi} - T_{ci})}{(T_{ho} - T_{co})}}L \tag{7.15}$$

高温流体与低温流体逆向流动时,

$$\dot{Q} = K\frac{(T_{hi} - T_{co}) - (T_{ho} - T_{ci})}{\ln\frac{(T_{hi} - T_{co})}{(T_{ho} - T_{ci})}}L \tag{7.16}$$

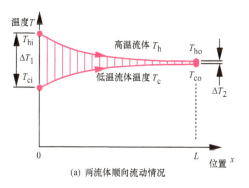

(a) 两流体顺向流动情况

以上的总换热量,若用图 7.6、图 7.8 中虚线所示的假想平均温度差 ΔT_{lm} 来表示,可写为

$$\dot{Q} = K\Delta T_{lm} A \tag{7.17}$$

注意到由于通道的纵深方向是单位长度,这里的 L 实际上相当于换热器面积 A。这里,若用图 7.9 中的温度差 ΔT_1,ΔT_2 来表示 ΔT_{lm},则无论两流体的流动方向如何,均可写为

$$\Delta T_{lm} = \frac{\Delta T_1 - \Delta T_2}{\ln\frac{\Delta T_1}{\Delta T_2}} \tag{7.18}$$

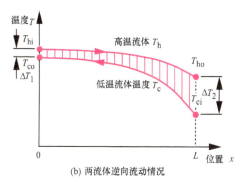

(b) 两流体逆向流动情况

图 7.9 对数平均温差下的温度差 ΔT_1,ΔT_2

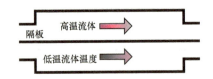
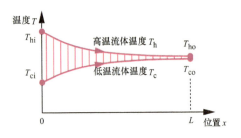

图 7.10　顺流式换热器

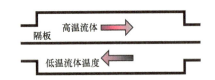
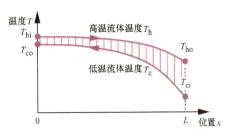

图 7.11　逆流式换热器

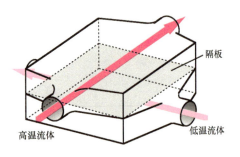

图 7.12　错流式换热器

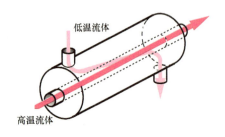

图 7.13　套管式换热器

这一平均温度差被称为**对数平均温度差**（logarithmic-mean temperature difference）。通过利用对数平均温差，将随位置变化的高温流体与低温流体之间的温度差用一个温度差来处理，大大方便了换热计算。

7.1.4　实际换热器及其特点（practical heat exchangers and their features）

在实际应用中，两流体间换热的最简单装置，就是直接应用如前所述之概念的换热器。这种利用中间隔板实现换热的换热器称为**隔板式换热器**（surface heat exchangers）。实际应用的换热器中绝大部分都是这种隔板式换热器。这样可以把高温流体与低温流体明确地区分开来，基本上可以完全防止两流体混合。同时，通过改变隔板的形状比较容易获得较高的传热系数和较大的传热面积也是隔板换热器比较普及的理由。

隔板式换热器根据其传热学特征可以分为三类：图 7.10 所示的高温流体与低温流体流动方向相同的**顺流式换热器**（parallel-flow heat exchangers）、图 7.11 所示的高温流体与低温流体逆向流动的**逆流式换热器**（counter-flow heat exchangers），以及图 7.12 所示的两流体交叉流动的**错流式换热器**（cross-flow heat exchangers）。

通过比较图 7.10 所示的顺流式换热器内流体的温度变化与图 7.11 所示的逆流式换热器内流体的温度变化可知，在顺流式换热器中尤其是在换热器的入口处附近，与逆流式换热器相比高低温流体的温度差较大，因此同等换热量时顺流换热器需要的传热面积就可以少些。然而，对顺流式换热器，原理上高温流体的温度不可能低于低温流体的温度，因此如后面所述，对于提高换热器的温度交换性能，逆流式换热器比较适用。另一方面，由于机器配置的需要，当高温流体与低温流体需要交叉流动时，会采用错流式换热器。对错流式换热器，高温流体与低温流体都是通过在垂直流体流动方向上的各位置与不同换热经历的流体进行换热的，因此，流体的温度变化及其传热特性介于顺流式换热器与逆流式换热器中间。另外，错流式换热器有因存在横向隔板使流体沿流动方向横向不混合的情况，以及流体沿流路的横向上自由混合的情况，因此换热特性是变化的。

实际场合应用的换热器按其形式和构造可以分以下几类：

(a)　**套管式换热器**（double-tube type heat exchangers）（图 7.13）

通过内管与外管形成的二重管，实现流体的流动和换热，是一种最简单形式的换热器，在传热学上分成顺流式和逆流式换热器两种。

(b)　**板式换热器**（plate type heat exchangers）（图 7.14）

由多块板罗列堆积成层状，各板之间的间隙内交替流动着高温流体和低温流体进行换热的换热器。也有的板式换热器利用挤压成型的板，在堆积成层时自动地组成两流体的流动通道。通过改变板的流路设置，可以得到传热学上的顺流式、逆流式以及错流式换热器中的任何一种。

（c）管壳式换热器（shell-and-tube type heat exchangers）（图 7.15）

将多根管状流道（水管（tube））放到一个圆筒状的容器（shell）内，使流过管状流道内与管外（圆筒内）的流体进行换热。通过改变管子的根数及管子之间的连接方法，可以比较容易改变传热面积，同时，圆筒内可以通过加设折流板（baffle）以及通过改变缺口的位置、形状比较容易改变圆筒侧流体的流动方向。因此，此类换热器设计自由度比较高，加上构造简单，制造容易，同时也由于管状通道耐压性好，在大型换热器或锅炉等设备中经常被使用。通过改变管子的配置可以实现具有错流式与顺流式或错流式与逆流式中间传热学性质的换热器。

（d）横向肋片式换热器（cross-fin type heat exchangers）（图 7.16）

管（束）构成的流道周围设置有很多肋片的换热器，主要用于流过管内的液体，和流过管周围的气体的热交换。由于一般情况下，气体的导热系数比液体的导热系数低，因此为了增加气体侧的传热面积而增设了管外的肋片。这种形式的换热器常用在空调机、汽车散热器上，一般表现出错流式换热器的传热学特征。

（e）紧凑式换热器（compact heat exchangers）（图 7.17）

所谓紧凑式换热器，是指 1 m³ 的换热器体积内传热面积超过 500～1 000 m² 的换热器。为了实现这种高度紧凑的换热器，需要集积有极高密度的肋片（多数情况下是由金属制成的薄板折成很窄细的波纹肋片），在平行平板状的通道内有高温流体和低温流体相互流动进行换热。换热器的特征在于设置有微小间隙的肋片，所以被称为紧凑式换热器。狭义上的紧凑式换热器是指两流体通道内设有肋片，经常用于气体与气体间的热交换的换热器。在传热学的特征上，很多场合下表现出错流式换热器的特征。

除以上介绍的隔板式换热器之外，实际应用中也有其他形式的换热器。比如，一个有代表性的是蓄热式换热器（regenerative heat exchangers）（图 7.18），另一个有代表性的是直接接触式换热器（direct-contact heat exchangers）（图 7.19）。蓄热式换热器是指，高温流体与低温流体交替地流过多孔换热器本体（matrix），利用本体的热容量实现高温流体向低温流体传递热能的装置。高温流体与低温流体的交替流动可以通过流路的切换装置实现，但更多的情况下是通过配置高温流体与低温流体平行流过能够旋转的多孔体实现的（图 7.20）。像这种蓄热式换热器常被称为回转再生式换热器。火力发电站等用的空气预热器（通过排气加热锅炉吸入的空气的装置）就是利用了蓄热式换热器。

另一方面，直接接触式换热器是水与空气等不混合的流体之间进行直接接触的换热装置，常见的有建筑物上空调机的冷却塔。在这种换热器中，高温流体与低温流体之间由于没有隔板的存在，因此没有热阻，原理上这种换热器有很好的换热效果，但在实际应用中，

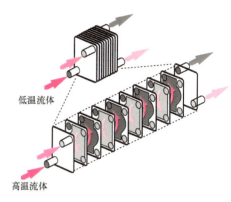

图 7.14　板式换热器

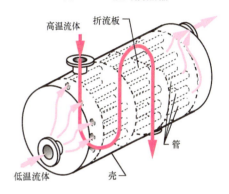

图 7.15　管壳式换热器

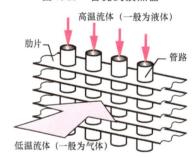

图 7.16　横向肋片式换热器

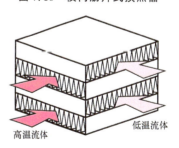

图 7.17　紧凑式换热器

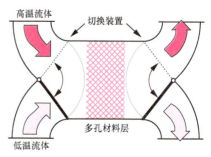

图 7.18　蓄热式换热器

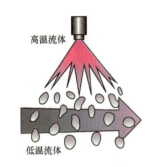

图 7.19 直接接触式换热器

流体之间的相对流动难以控制,一些方法正在研究之中,比如让水在填充材料上流下,而让空气在水流之间流动等等。另外,这种换热器无法避免高温流体与低温流体的少量混合,因此其推广应用受到一定的限制。

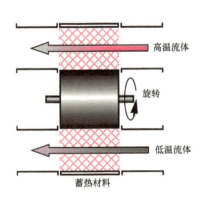

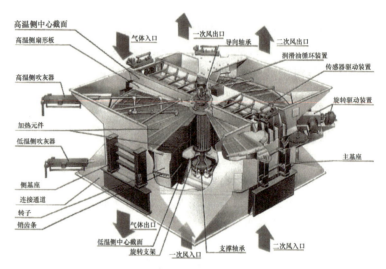

图 7.20 回转再生式换热器(照片由阿尔斯通电力公司提供)

图 7.21 空调用冷却塔
(荏原信华机械公司提供)

7.2 换热器的设计方法 (design of heat exchangers)

换热器在各种各样的地方被采用,其中大多数为了追求在尽可能小的空间内实现高的换热性能和换温性能,而对流体流动方式、换热器的结构等进行了精心设计。在此,以隔板式换热器为例,对其热力设计方法进行概述。

7.2.1 换热器的性能 (characteristics of heat exchangers)

换热器是把高温流体所携带的热量释放给低温流体的一种装置,换热器的性能可从两个角度评价。

(1) 能够从高温流体向低温流体传递多少热量?(换热性能)
(2) 能够使高温流体与低温流体的温度变化多少?(换温性能)

对于前者的性能评价,求出高温流体与低温流体之间的换热量即可,亦即,若隔板的总传热系数为 K,面积为 A,两流体的对数平均温差为 ΔT_{lm},那么顺流或逆流式换热器的换热量 $\dot{Q}$ 就可以用式(7.17)表示。

$$\dot{Q} = K \Delta T_{lm} A \tag{7.17}$$

即,顺流式或逆流式换热器的传热性能取决于

- 通过隔板的总传热系数 K
- 有效传热面积 A
- 高温流体与低温流体的对数平均温差 ΔT_{lm}

其中对数平均温差是由两流体的进、出口温度决定的,可见换温性能也影响到换热性能。

另一方面,在对换热器的换温性能进行评价时,无论是高温流体还是低温流体的温度变化都常常使用用两流体间的最大温差(高温流体的入口温度和低温流体的入口温度差)进行相对化处理的相对值。

$$\phi_h = \frac{T_{hi} - T_{ho}}{T_{hi} - T_{ci}}$$
$$\phi_c = \frac{T_{co} - T_{ci}}{T_{hi} - T_{ci}} \tag{7.19}$$

这一值称为**温度效率**(temperature effectiveness)。冷热流体的温度效率,对顺流式换热器可以根据式(7.10)写为

$$\phi_h = \frac{1 - \exp(-N_h(1 + R_h))}{1 + R_h}$$
$$\phi_c = R_h \phi_h = R_h \frac{1 - \exp(-N_h(1 + R_h))}{1 + R_h} \tag{7.20}$$

而逆流式换热器可以根据式(7.14)写为

$$\phi_h = \frac{1 - \exp(-N_h(1 - R_h))}{1 - R_h \exp(-N_h(1 - R_h))}$$
$$\phi_c = R_h \frac{1 - \exp(-N_h(1 - R_h))}{1 - R_h \exp(-N_h(1 - R_h))} \tag{7.21}$$

当高温流体与低温流体的热容量流量(质量流量与比热的乘积)相等时有

$$\phi_h = \phi_c = \frac{N_h}{1 + N_h} \tag{7.22}$$

其中 N_h 和 R_h 分别定义为

$$N_h = \frac{KA}{\dot{m}_h c_h} \tag{7.23}$$

$$R_h = \frac{\dot{m}_h c_h}{\dot{m}_c c_c} \tag{7.24}$$

前者表示相对于高温流体的热容量流量隔板换热的好坏程度,称之为**传热单元数**(Number of Heat Transfer Unit,NTU)。后者表示高温流体与低温流体的热容量流量比。[①] 通过以上分析顺流式、逆流式换热器的换温性能可以由以下参数来决定。

---

① 一般来说,高温流体与低温流体的热容量流量中,大者用角标 max,小者用角标 min 表示。评价温度效率时常常使用如下定义的传热单元数和热容量流量比:

$$N = \frac{KA}{(\dot{m}c)_{\min}} \qquad R = \frac{(\dot{m}c)_{\min}}{(\dot{m}c)_{\max}}$$

这时需要注意在式(7.20)和式(7.21)中的 ϕ_h, ϕ_c 的定义要根据高温流体和低温流体流量的不同做相应的改变。

- 传热单元数 N_h
- 热容量流量比 R_h

错流式换热器、管壳式换热器等，除顺流、逆流式换热器以外的换热器性能也可以用相同方法进行评价。不过，此时式（7.17）与式（7.20）～式（7.22）必须加以改动。原因在于，这些换热器的高温流体与低温流体间的平均温差，严格意义上不能用如图7.9、式（7.18）那样描述的对数平均温差来表示。然而，考虑到利用高温流体、低温流体的进出口温度差得到的对数平均温度差概念在实际应用中非常简便，除顺流式、逆流式换热器采用之外，其他换热器也借用了此概念，通过考虑流体的流动方式，经常使用一个修正流动方向上平均温差变化的系数 Ψ 来计算实际的平均温差。亦即，顺流式、逆流式以外隔板式换热器的高温流体与低温流体的平均温度差可以用下式计算。

$$\Delta T_m = \Psi \Delta T_{lm} \tag{7.25}$$

这里对数平均温差 ΔT_{lm} 采用了逆流式换热器的对数平均温差定义

$$\Delta T_{lm} = \frac{(T_{hi}-T_{co})-(T_{ho}-T_{ci})}{\ln\dfrac{(T_{hi}-T_{co})}{(T_{ho}-T_{ci})}} \tag{7.26}$$

修正系数 Ψ 可以通过对各种条件下的错流式换热器，管壳式换热器进行求解得到，并以线图形式提供。图7.22 就是一个例子。利用修正系数，顺流式、逆流式以外的隔板式换热器的换热性能可以写为

$$\dot{Q} = \Psi K \Delta T_{lm} A \tag{7.27}$$

换温性能 R_h 不为1时，有

$$\phi_h = \frac{1-\exp(-\Psi N_h(1-R_h))}{1-R_h\exp(-\Psi N_h(1-R_h))}$$
$$\phi_c = R_h \frac{1-\exp(-\Psi N_h(1-R_h))}{1-R_h\exp(-\Psi N_h(1-R_h))} \tag{7.28}$$

R_h 为1时，有

$$\phi_h = \phi_c = \frac{\Psi N_h}{1+\Psi N_h} \tag{7.29}$$

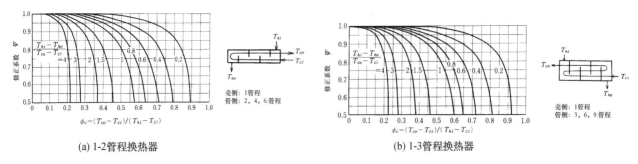

(a) 1-2管程换热器 (b) 1-3管程换热器

图7.22 对数平均温差的修正系数 $\overline{\Psi}$

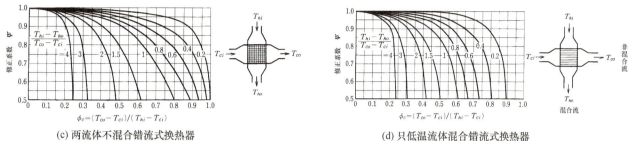

(c) 两流体不混合错流式换热器

(d) 只低温流体混合错流式换热器

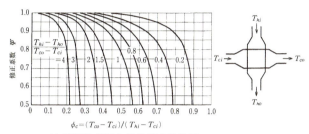

(e) 两流体都混合的错流式换热器

图 7.22 对数平均温差的修正系数 Ψ（续）

7.2.2 换热器设计 (heat exchanger design)

在设计具有所希望之性能的隔板式换热器时，使用上述关系式根据给定条件确定下列支配换热性能的众因素中之未知者即可。

- 隔板的总传热系数 K
- 传热面积 A
- 高温流体与低温流体的对数平均温差 ΔT_{lm}
- 传热单元数 N_h
- 热容量流量比 R_h
- 对数平均温差的修正系数 Ψ

不过由于这些因素相互之间并非独立的，因此实际上往往需要反复计算来调整一些参数。比如，对换热器换热性能与换温性能两方面都有影响的总传热系数，除了与材料及其厚度有关外，也与高温流体、低温流体的物性参数，以及由流体流速支配的传热系数有关。对传热系数的计算，虽然可以参考第 3 章所描述的有关强迫对流换热系数的计算方法，但由于换热器内的流型复杂，其精确计算过于烦琐。因此，常常也利用图 7.23 所示的传热系数估算值进行传热设计。特别是当流体通过换热器的过程中有相变发生时，传热系数与无相变的情况区别很大，一般是采用考虑这种区别的实验式或一些经验值来进行计算。

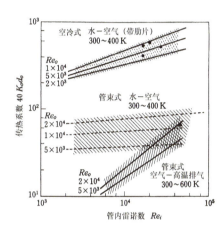

(a) 无相变的气体/气体，气体/液体

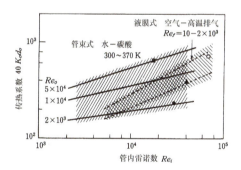

(b) 无相变液体/液体

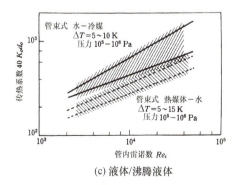

(c) 液体/沸腾液体

图 7.23 总传热系数的经验值，以管外面积为基准，K_o 单位 $W/(m^2 K)$，d_o 管外径（肋根直径）以 m 为单位，管内外管污垢系数皆为 $2 \times 10^{-4} \, m^2 K/W$

【例题 7.1】 ********************

设计一空气预热用换热器，利用温度为 $T_{hi} = 90℃$ 的热排水（质量流量 $\dot{m}_h = 7 \, kg/s$）加热温度为 $T_{ci} = 10℃$ 的空气（质量流量 $\dot{m}_c = $

10 kg/s）。换热器的设计形式如图 7.24 所示，错流式（热水侧：混合，空气侧：不混合），传热面积 $A=34m^2$，隔板的总平均传热系数 $K=500\,W/(m^2K)$，求换热量与两流体的出口温度。

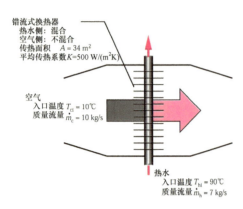

图 7.24 空气预热器的设计

【解答】 首先假设两流体的物性值。从两流体的温度范围可知，热水的比热 $c_h=4\,195\,J/kgK$，空气的比热 $c_c=1\,007\,J/kgK$。因此，热容量流量比 R_h 与传热单元数 N_h 分别为

$$R_h=\frac{\dot{m}_h c_h}{\dot{m}_c c_c}=2.916 \qquad (ex\ 7.1)$$

$$N_h=\frac{KA}{\dot{m}_h c_h}=0.579 \qquad (ex\ 7.2)$$

由此可以通过式（7.28）求得两流体的温度效率，但其中的修正系数 Ψ 必须通过图 7.22(d) 查得。注意到图中使用的参数 $(T_{hi}-T_{ho})/(T_{co}-T_{ci})$ 等于 $1/R_h$（0.343），为与图中曲线相吻合，求得修正系数 Ψ，

$$\Psi=0.85$$
$$\phi_h=0.245$$
$$\phi_c=0.705$$

热排水与空气的出口温度，T_{ho} 和 T_{co} 分别为

$$T_{ho}=T_{hi}-\phi_h(T_{hi}-T_{ci})=70.4(℃) \qquad (ex\ 7.3)$$

$$T_{co}=T_{ci}+\phi_c(T_{hi}-T_{ci})=67.1(℃) \qquad (ex\ 7.4)$$

当两流体的换热视为逆流式换热器时，其对数平均温差 ΔT_{lm} 如下。

$$\Delta T_{lm}=\frac{(T_{hi}-T_{co})-(T_{ho}-T_{ci})}{\ln\left(\dfrac{T_{hi}-T_{co}}{T_{ho}-T_{ci}}\right)}=38.7(K) \qquad (ex\ 7.5)$$

两流体间的换热量 $\dot{Q}$ 为

$$\dot{Q}=\Psi KA\Delta T_{lm}=5.75\times10^5(W) \qquad (ex\ 7.6)$$

这一换热量与下式的由各自流体的焓值变化计算出的结果是一致的。

$$\dot{Q}=\dot{m}_h c_h(T_{hi}-T_{ho})=\dot{m}_c c_c(T_{co}-T_{ci}) \qquad (ex\ 7.7)$$

这样求得的结果如果不是落在所期望的范围内，就需要改变传热面积、总传热系数，或者换热器的形式，然后重复同样的计算。另外，总传热系数（隔板上的对流换热系数）是流体速度的函数，而流体速度取决于流量和流体通道的横截面积，为了使换热器能够实现所设计的总传热系数，选择设计合适的通道截面积是必要的。

****

【例题 7.2】 *********************

设计一换热器，利用温度为 $T_{hi}=400℃$，质量流量 $\dot{m}_h=10\,kg/s$ 的燃气，将质量流量为 $\dot{m}_c=10\,kg/s$ 的锅炉给水使其从 $T_{ci}=20℃$ 加热到 $T_{co}=80℃$。

【解答】 假设燃气与锅炉给水的比热分别为 $c_h=1\,000\,\text{J/kgK}$，$c_c=4\,200\,\text{J/kgK}$。燃气与锅炉给水之间交换的热量应该等于锅炉给水获得的热量，因此

$$\dot{Q}=\dot{m}_c c_c(T_{co}-T_{ci})=2.52\times10^6\,(\text{W}) \qquad (\text{ex 7.8})$$

这一热量也是燃气失去的热量，因此通过换热后燃气的出口温度为

$$T_{ho}=T_{hi}-\frac{\dot{Q}}{\dot{m}_h c_h}=148\,(℃) \qquad (\text{ex 7.9})$$

据此，若换热器采用逆流式，其对数平均温差为 ΔT_{lm}

$$\Delta T_{lm}=\frac{(T_{hi}-T_{co})-(T_{ho}-T_{ci})}{\ln\left(\dfrac{T_{hi}-T_{co}}{T_{ho}-T_{ci}}\right)}=209.54\,(℃) \qquad (\text{ex 7.10})$$

现在若假设换热器的形状为图 7.25 所示的简单逆流式换热器，那么

$$\dot{Q}=K\Delta T_{lm}A \qquad (\text{ex 7.11})$$

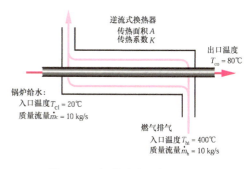

图 7.25 锅炉给水预热器设计
（逆流式换热器情况）

隔板总传热系数 K 与面积 A 的乘积为

$$KA=1.20\times10^4\,(\text{W/K})$$

若假设总传热系数 $K=300\,\text{W/m}^2\text{K}$，则隔板面积为 $A=40\,\text{m}^2$。

或者，将换热器的形式改变成如图 7.26 所示的只有燃气（高温气体）混合的错流式换热器，从图 7.22(d)（注意图中参数中的 h 和 c 应互换）查得修正系数 $\Psi=0.95$，因此

$$\dot{Q}=K\Psi\Delta T_{lm}A \qquad (\text{ex 7.12})$$

从而得到

$$KA=1.27\times10^4\,(\text{W/K})$$

若总传热系数相同 $K=300\,\text{W/m}^2\text{K}$，则隔板面积变为 $A=42.2\,\text{m}^2$。

****

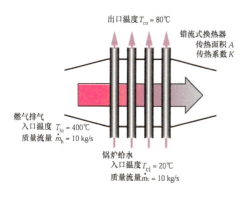

图 7.26 锅炉给水预热器设计
（错流式换热器情况）

对于实际应用的换热器除了换热性能、换温性能之外，高温流体、低温流体的压力损失性能也是非常重要的。之所以如此，是因为对很多换热器基于风机或泵的性能将流体的出入口压差作为流量的函数给出，压力损失增加可能导致流体达不到设计的流量，换热性能随之下降。对换热器的压力损失，若流体通道为简单的板式换热器或管壳式换热器的水管侧等，可以采用常用的压力损失理论计算式来计算。除此之外，和总传热系数一样，常常采用实验式或经验值来计算。

7.2.3 换热器性能的变化 (characteristic change of heat exchangers)

换热器内流动的流体未必是"清洁的",一些杂质堆积在换热器表面的情况还是有的。例如空调用的空气换热器中,经常见到空气中的尘埃堆积,锅炉等伴随有相变过程的换热器,一些杂质也会随气液相变浓缩为 垢(scale) 附着在换热器的表面。这些 污垢(fouling) 会增加换热器隔板的换热热阻,从而使得换热性能、换温性能下降。

由于污垢引起的换热器性能变化是缓慢的,因此预测这一变化通常是困难的。一般情况下,根据换热器内流体的种类及其流动状况预测污垢引起的热阻的最大值,一开始就在计算总传热系数中将其考虑进去。此时,由于污垢引起的热阻增加值称为 污垢系数(fouling factor),考虑了污垢引起的热阻的总传热系数[①]为

$$K = \frac{1}{\frac{1}{h_i} + r_i + \frac{\delta}{k} + r_o + \frac{1}{h_o}} \tag{7.30}$$

其中 r_i 和 r_o 分别是隔板内外表面的污垢系数。若在设计方案中如此考虑污垢带来的影响,由于换热器使用过程的初期没有污垢,则设计方案会低估其换热性能(实际的换热性能在设计的性能之上),这在传热设备的换热器设计中是经常采用的(例如,图7.23所示的总传热系数的估算值就涵盖了污垢系数)。

一些代表性条件下的污垢系数见表7.1和表7.2。不过值得指出的是,污垢系数与流体性质、温度、流速、传热表面材料、表面形态等有关,其变化会很大,这里给出的值仅仅作为参考。

表 7.1 水的污垢系数 ($m^2 K/W$)

加热流体温度	115℃以下		115～205℃	
水温度	50℃以下		50℃以上	
水流速	0.9 m/s以下	0.9 m/s以上	0.9 m/s以下	0.9 m/s以上
蒸馏水	0.000 09	0.000 09	0.000 09	0.000 09
海水	0.000 09	0.000 09	0.000 18	0.000 18
城市用水,井水,湖水	0.000 18	0.000 18	0.000 35	0.000 35
河水	0.000 53	0.000 35	0.000 7	0.000 53
硬水	0.000 53	0.000 53	0.000 9	0.000 9

---

① 圆管的传热面内外表面积变化很大,在这种场合下,选择一个基准表面积下的总传热系数,例如,当以管外表面积 A_o 为基准时

$$K_o = \frac{1}{\frac{1}{h_i}\frac{A_o}{A_i} + r_i \frac{A_o}{A_i} + r_w + r_o + \frac{1}{h_o}}$$

式中 r_w 为隔板内侧增加的导热热阻。

表 7.2　各种液体的污垢系数（m² K/W）

流　体	污垢系数	流　体	污垢系数
排气或蒸气		液体	
机器排气	0.001 8	液体制冷剂	0.000 18
蒸气(不含油)	0.000 09	工业用有机热媒体	0.000 18
废蒸气(含油)	0.000 18	燃料油	0.000 9
制冷剂蒸气(含油)	0.000 35	机器润滑油	0.000 18
压缩空气	0.000 35	燃油	0.000 7
天然气	0.000 18	植物油	0.000 53

7.3　设备的冷却 (cooling of equipments)

7.3.1　热设计的必要性 (necessity of thermal design)

机器的冷却问题在电力、通讯器械领域很早就存在，而且在宇宙空间仪器领域也是历史久远。一般来说电器产品的额定功率多数情况下取决于电阻或绝缘体的耐热性，即某个具体的容许温度，为了保护电器元件进行热设计是必要的。

最近以计算机为主的电子仪器领域中，半导体芯片(semiconductor chip)的冷却问题变得重要起来。随着芯片性能的提高，芯片的发热量也在增加，而且随着机器的薄型化、小型化散热面积也在减少，发热的热流密度急剧上升。因此，不采取任何的冷却措施，芯片的温度会超出容许值。据说一般情况下，半导体芯片温度每增加 2℃，芯片的不良率就增加 10%[1]。除此之外，计算机的传热性能与其使用寿命、信息处理性能甚至降低产品的价格紧密相关。本节中，以电子仪器的冷却(cooling of electronic equipments)为代表阐述机器冷却问题。

7.3.2　热阻 (thermal resistance)

电子仪器内的半导体芯片，通常情况下不能直接使用，而是如图 7.27 所示将其收纳在一个被称为组件(package)的容器内，通过印刷配线基板(printed circuit board)，半导体芯片及其基板将引线(lead)连接在一起。为了散掉这一组件的热量，使用电子仪器领域称为热沉(heat sink)的一种散热元件。为了描述包括组件与热沉的传热性能，经常用第 2 章说明的热阻(thermal resistance)概念。

1. 热阻的定义

针对两点之间的传热量 $\dot{Q}$(W)，当它们之间的温差为 ΔT(K) 时，一般情况下 $\dot{Q}$ 与 ΔT 之间存在一个比例关系，下式表达的关系式成立。

$$\Delta T = R\dot{Q} \qquad (7.31)$$

式中，若把温差(ΔT)置换为电位差(ΔV)，传热量($\dot{Q}$)置换为电流(I)，就变成类似于电路中的欧姆定律。即，R 相当于电阻，因此所谓热阻即可理解为传递热量的难易程度。利用热阻的概念，在线性关系式

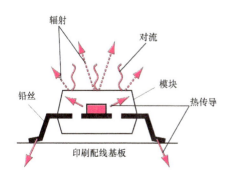

图 7.27　组件内芯片发热与散热形式

成立的范围内,电器电路中的串联、并联法则对于热阻同样也是适用的。

2. 热阻的分类

如图 7.27 所示,从组件的热释放有热传导、对流、辐射三种形式,因此对应的热阻有热传导热阻、对流热阻和辐射热阻。虽然在第 2 章中也已说明了各种热阻的具体形式(参见表 7.3)。然而,对于热阻,除了以上热阻之外,在固体表面间接触部分还存在接触热阻(thermal contact resistance)。这种接触热阻在电子仪器冷却上常常成为关键问题之一。在电子仪器的传热设计中,必须尽量把这一接触热阻降低至最小。图7.28所示的接触表面中,白色区域为空气存在的地方,为了减少接触热阻可以涂抹比空气导热性能好的导热胶或采取中间挟导热薄膜的方法。

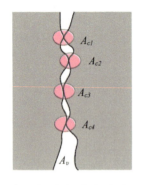

$A_c = A_{c1} + A_{c2} + A_{c3} + A_{c4}$
$A_a = A_c + A_v$

图 7.28 接触表面状态

表 7.3 热阻的种类

传热模式	热 阻 (R)	
(1) 导热 (式(1.1))	$R_{cond} = \dfrac{L}{k \cdot A}$	L:热传导距离(m) k:导热系数(W/(m·K)) A:传热面积(m²)
(2) 对流 (式(1.4))	$R_{conv} = \dfrac{1}{h \cdot A}$	h:换热系数(W/(m²·K)) A:传热面积(m²)
(3) 辐射 (式(1.10))	$R_{rad} = \dfrac{1}{4\varepsilon\sigma F A T_m^3}$	ε:辐射率 σ:斯忒藩-玻尔兹曼常数(W/(m²·K⁴)) F:形状系数 A:表面积(m²) T_m:加热面与周围的平均温度(K)

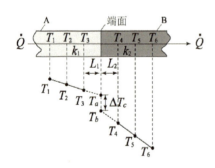

图 7.29 接触热阻的模型[1]

3. 接触热阻

接触热阻的模型可以参见图 7.29,考虑两根棒 A,B 端面相接触,棒的轴向上有定常热流的情况[1],沿图的右侧方向温度是下降的,在接触点处由于接触热阻产生温差 ΔT_c。若传热量是一定的,则有

$$\dot{Q} = k_1 A \frac{T_3 - T_a}{L_1} = k_2 A \frac{T_b - T_4}{L_2} \tag{7.32}$$

若以接触部的等价换热系数 h_c 来描述,则接触热阻为

$$R_c = \frac{1}{(h_c A_a)} \tag{7.33}$$

传热量为

$$\dot{Q} = (T_a - T_b)/R_c \tag{7.34}$$

值得注意的是接触部的面积 A_a 是表观接触面积。

如图7.29所示,面积 A_a 是由金属实际接触的面积 A_c 与空隙部分的面积 A_v 组成。

$$A_a = A_c + A_v \tag{7.35}$$

即,接触界面上的传热有实际接触部分的导热、空隙内的流体导热与辐射。空隙内流体的对流换热,由于空隙厚度 δ_v 非常小,可以忽略不计。

假设接触部分用图 7.30 所示的模型描述,可以看出接触热阻可以表达为两个串联的实际接触部分的导热热阻与空隙部分热阻的并联热阻。

$$\dot{Q} = \frac{T_a - T_b}{\frac{\delta_v}{2k_1 A_c} + \frac{\delta_v}{2k_2 A_c}} + \frac{T_a - T_b}{\frac{\delta_v}{k_f A_v}}$$
$$= h_c A_a (T_a - T_b) \tag{7.36}$$

所以接触部分的总传热系数 h_c 可以表示为

$$h_c = \frac{1}{\delta_v} \left[2 \frac{A_c}{A_a} \frac{k_1 k_2}{(k_1 + k_2)} + \frac{A_v}{A_a} k_f \right] \tag{7.37}$$

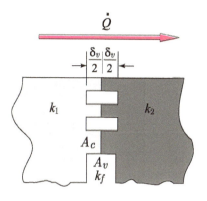

图 7.30 接触部模型

从式(7.37)可以发现,即使空隙内流体的导热系数 k_f 与金属的导热系数 k_1,k_2 相比十分小,若实际接触面积 A_c 与空隙面积 A_v 相比非常小时,A_v/A_a 就会很大,$A_v k_f/A_a$ 的值就未必可以忽略。另外,图 7.30 所示的只是一个概念模型,实际上,δ_v,A_c,A_v 的精确计算是困难的,所以在实际应用中提出了各种各样的模型。[2]

7.3.3 空冷技术 (air-cooling technology)

1. 强制空冷技术的有效性及其界限

用于电子仪器领域的冷却技术从空冷到沸腾冷却有很多技术,但比较经济地应对各种发热水平的、适应范围广的**空冷技术**(air-cooling technology)应用得最为广泛。

固体表面向空气的传热能力取决于空气的流动状态。以空气的自然对流为基础的**自然空冷**(natural air cooling),由于不用送风机既经济、可靠性又高,但因平均风速小至 0.1~0.2 m/s,冷却能力很弱,不适用于高速信息处理装置。通常利用小型风扇得到 1~2 m/s 左右风速的**强制空冷**(forced air cooling)去适用于高速信息处理装置。对大型计算机的冷却有时用到流速超过 5 m/s 的风,不过这种场合下有必要提出应对噪音的措施。

强制空冷时部件表面与空气之间的热阻大约与风速的 0.5 次方成比例地下降,因此,为了降低热阻,需要增加风速,与此同时风机的电力消耗与噪音也会增加,显然强制空冷方式产生了一个界限。所以即使采用强制空冷,也会结合自然空冷,以便把风机的体积降下来,或者减少风机的数量。[1]

2. 降低热阻(reduction of thermal resistance)

如 7.3.2 节中所述,热沉被用于电子元件的放热,热沉的热阻随放热面积的增加或者热沉材料导热系数的增加而降低。所以,热沉一般用铜、铝等高导热系数材料制作。热沉安装于组件或基板表面上是拆装自由的,此时,可以把半导体芯片内部假想为发热源,为了抑制 pn 节(pn-junction)结合部的温度上升,使用焊接或导热树脂胶粘合方法进行联结。有关 pn 节在 7.5.2 节中也有说明。图 7.31 给出了各种形式的热沉。

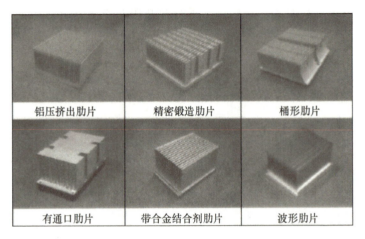

图 7.31 有各种肋片形式的热沉(古河电器工业有限公司提供)

3. 空冷装置的构成

下面介绍空冷装置的构成,如图 7.32 所示,搭载有半导体芯片的组件装载在印刷线路基板上,基板以一定的间距垂直(有时水平)排列。基板由连接器连接,装载在箱体内构成装置。[4] 最一般的冷却方式是强制空冷,在印刷线路板排列的通风道出口或入口处安装风扇给装置内通风。

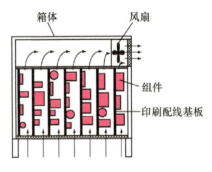

图 7.32 电子装置例子[4]

这里我们考虑一下组件内部的温度上升。本节中半导体芯片的接合部简单地用组件内部结合方式表示。如图 7.33 所示,从风道入口流入的空气温度为(T_{in}),从风道入口开始到第 n 号的组件之间的部件的总发热量合计为$\left(\sum_{i=1}^{n-1}\dot{Q}_i\right)$,因此温度上升 ΔT_{air}。所以装置内空气的温度(T_{air})应是入口温度与装置内温升之和。由于组件放置在这个空气温度之中,因此组件内接合温度(T_j)是空气温度再加上接合部与周围空气的热阻(R_{ja})与来自第 n 个组件的发热量($\dot{Q}_n$)的乘积所表示的温升 ΔT_{ja}。

以上可以用公式表示如下

$$T_j = T_{in} + \Delta T_{air} + \Delta T_{ja} = T_{in} + \frac{\sum_{i=1}^{n-1}\dot{Q}_i}{\dot{m}c_p} + R_{ja}\dot{Q}_n \qquad (7.38)$$

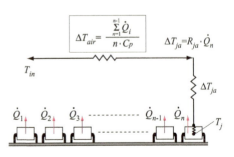

图 7.33 装置内的温度上升

其中,$\dot{m}$ 为空气的质量流量,c_p 为空气的定压比热。所以从式(7.38)可以看出,若增加空气的质量流量,或者通过在组件内安装热沉使热阻 R_{ja} 减少,接合部温度 T_j 就会下降。然而,为了降低接合部的温度 T_j,显然最好还是降低每个元件的发热量 $\dot{Q}_i$。

7.3.4 液体冷却（liquid cooling）

1. 直接冷却与间接冷却（direct cooling and indirect cooling）

电子仪器的液体冷却(liquid cooling)分为发热元件直接浸没于液体中的直接冷却(direct cooling)与使用一种被称为冷板(cold plate)的冷却板实现间接冷却的间接冷却(indirect cooling)。

从传热形态观察各种冷却方式，可以看出相对于把热从发热部件的表面传递给液体的直接冷却，间接冷却从发热部件到冷板传热面主要以导热为主进行热传递，其后由冷却板传热面传递热量至液体。所以，后者增加了从发热表面到液体传热面部分热阻，热量传到液体时的总热阻与前者相比变大了。但直接冷却只能使用电绝缘的液体，而间接冷却可以用水。从表 7.4 可以看出，水的传热性能要比一般电绝缘液体的传热性能好数倍。所以上述的各因素是不同冷却方式表现出的传热系数的差异。除此以外，其综合传热性能也应在考虑可靠性、维护和适用性、经济性等因素的基础上进行比较。目前为止，计算机等设备中比较实用化的主要是间接水冷方式。一般认为间接水冷方式在部件安装、检查、测试，以及冷却系统的管理、运行等方面比直接式更有优越性。

表 7.4 各种冷却方式的传热系数

传热形式	制冷剂介质	传热系数（W/(m²·K)）
自然对流	空气	3～20
	制冷剂	50～200
强迫对流	空气(0.5～20 m/s)	10～200
	制冷剂(0.1～20 m/s)	200～1 000
	水(0.1～5 m/s)	50～5 000
沸腾	制冷剂(池沸腾)	1 000～2 000
	制冷剂(流动沸腾)	1 000～20 000

另外，液体冷却不只是液相状态下的对流冷却，还有利用相变时的汽化潜热进行冷却的沸腾冷却(boiling cooling)。所以液体冷却可以有自然对流、强迫对流、沸腾冷却 3 种方式以及它们的混合方式。从传热系数的角度，具有最大冷却能力的是水的强迫流动沸腾冷却(forced convective boiling cooling)方式。

2. 直接液冷方式（direct liquid cooling）

直接液冷方式是使用绝缘性液体方式，其基本原理如图 7.34 所示。一般该形式是在装置中充满冷却液（绝缘性液体），在液体中浸没安装有电子元件的印刷线路板。为了使液体蒸发成蒸气后再液化回收，排出口前设计了冷凝器，冷凝器可以通过自然空冷、强制空冷或水冷进行放热。此时，为了扩大冷凝器的传热面积常加装肋片，其总体积仅仅增大了冷凝器部分。

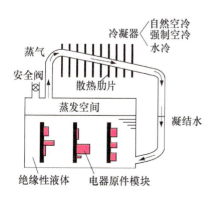

图 7.34 蒸发后液体的回收方式[1]

不过,直接液冷方式因要求组件内的电子部件有绝对好的气密性,使电子仪器的引线安装部分构造变得复杂,而且经济性能也有难点,因此该冷却方式仅限于大型计算机中的一些特殊机种采用。这种方式在铁路电源冷却中有实用化的例子。另外,冷却液体通常使用氟碳烃,大气压下沸点为50℃左右的产品市场有售。

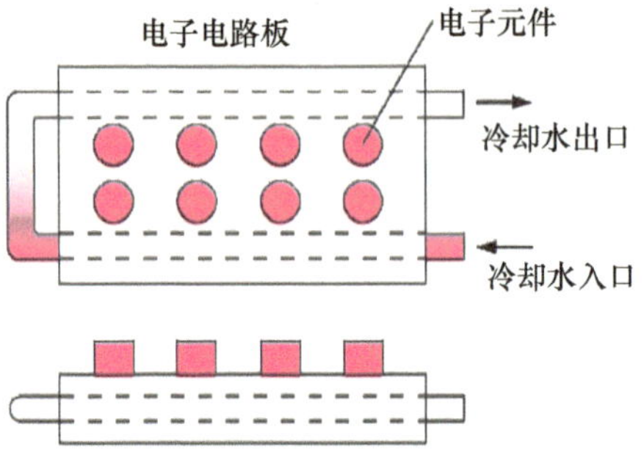

3. 间接液冷方式(indirect liquid cooling)

间接液冷方式的基本形式是冷却板方式,其最大的特点是从电子部件向液体的传热是间接进行的,因此电子部件可以与相互适应性(比如水会引起电子部件短路或腐蚀等,译者注)不好的水一起使用。然而,电子仪器中使用水时要求有高度的气密性,必须采取防止漏水事故的措施。图7.35表示在冷却平板的上面直接安装电子元件的情况。另外,冷却板内的冷却用流体可以不局限于水,低温气体也可以。

图7.35 水冷冷板上直接安装电子元件的例子

7.4 绝热技术(insulation technology)

一直以来绝热保温技术在建筑、航天领域应用发展,但这一技术也应用于作为计算机心脏的半导体世界、储氢等领域。在此我们主要以绝热材料(insulation material)为核心介绍绝热技术(insulation technology)。

7.4.1 绝热材料(insulation material)

1. 塑料与树脂系列绝热材料

一般的仪器中,为了防止热的进入或漏失,大多数情况下不用特殊绝热材料,简单地采用廉价的非金属绝热材料,其中尤其是塑料和树脂制品应用广泛。

表7.5中给出了一些塑料制品的导热系数。如图1.16所示,与金属相比,塑料制品的导热系数的值是低的,但一般情况下在0.1 W/(m·K)以上。如果用这些材料去实现高绝热性能,需要加大其厚度,因仪器的实际安装空间关系,这不是所希望的。

2. 建筑用绝热材料

近年来,高气密住宅建的越来越多,在这一领域各种绝热材料的开发十分令人注目。为了提高建筑物的绝热性能,把传热性能差的一些材料如何有效地搭配组合起来是很重要的。一般情况下,材料密度越低,内部所含不流动的空气层越多,传热性能就越差。亦即,作为比较基准的绝热性能,认为导热系数在0.1 W/(m·K)以下的材料叫做建筑绝热材料。一些主要绝热材料见表7.6,大体可以分为无机材料和有机材料两类。一般经常使用的材料有岩棉、玻璃棉(纤维)、聚氨酯泡沫、脲醛树脂泡沫、纤维棉等。

代表性绝热材料的说明见表7.7。表中及图7.36所示的纤维素纤维是从生态角度考虑的纯天然绝热材料,这种材料的主要原料是纸浆,而再回收利用的报纸中有80%可以作为纸浆来使用。

表7.5 塑料或胶的导热系数(20℃时的值)

物 质	导热系数 (W/(m·K))
有机玻璃	0.17~0.25
聚乙烯	0.33~0.50
聚丙烯(PP)	0.125
聚酰胺树脂(6尼龙)	0.25
多氯乙烯	0.13~0.29
聚苯乙烯	0.10~0.14
ABS树脂	0.19~0.36
氟树脂PTFE	0.25
环氧树脂	0.3
硅酮树脂	0.15~0.17
天然橡胶	0.13
聚氨酯甲酸脂橡胶	0.12~0.18
硅橡胶	0.2

表7.6 主要建筑用保温材料的导热系数

	名 称	导热系数 (W/(m·K))
无机物质	岩 棉	0.03~0.05
	玻璃纤维棉	0.03~0.045
	陶瓷纤维	0.05~0.2
有机物质	硬质聚酯泡沫	0.021~0.024
	聚乙烯泡沫	0.03~0.045
	脲醛树脂泡沫	0.035
	纤维素纤维	0.03
	纤维板	0.03
	木 材	0.1~0.14

表 7.7 代表性绝热材料的说明

种　类	说　明
岩棉	把岩石或矿物高温溶解,通过压缩空气或离心力吹成棉絮状
玻璃纤维棉	把玻璃溶解,使其经细孔流出制成纤维状物,再通过黏合剂做成圆筒状或板状
脲醛树脂泡沫	把含有独立气泡的液态塑料注入壁体内然后固定化
硬质聚氨酯泡沫	聚氨酯形成的发泡绝热材料,作为发泡剂常常使用非氟类的环戊烷
纤维素纤维	以报纸废纸等木质纤维(木材的纤维)为主要原料制成的松散棉状的纯天然绝热材料
陶瓷纤维	把高岭土(alumina)与氧化硅(SiO_2)等高纯度原料电溶解后,通过高压空气吹丝后形成的纤维化材料

图 7.36　纤维棉
(日本纤维棉绝热施工协会提供)

另外,陶瓷纤维由于兼有绝热性好及耐温性好的特点,常作为高温耐火绝热材料来使用。然而,尽管它的导热系数在 200℃ 时为 0.05 W/(m·K),由于有辐射换热,在高温下纤维间的辐射传热正比于绝对温度的 4 次方急剧增加而使材料绝热性能恶化,例如在 1000℃ 时就变成了 0.2 W/(m·K)。不过这种现象在多孔介质或纤维系列绝热材料中可以说是普遍存在的。

7.4.2　绝热技术(Insulation technology)

1. 真空绝热(vacuum insulation)

家电中采用真空绝热。例如通过采用真空绝热提高了冰箱本体的绝热性能,为节能做出巨大贡献。

一般所说的真空状态,可以根据其压力范围进行划分,如表 7.8 所示。在暖水壶中,为了提高绝热性能,将内外不锈钢胆板之间做成高真空状态。这是因为据说若压力达 10^{-2} Pa 以上时,则绝热性能下降。例如若使用高真空二重管,与缠绕绝热性硬质聚氨酯泡沫相比,1/4 的厚度就可得到同等的绝热性能。

然而,即使真空度为 0.1~200 Pa 的中度真空状态,通过开发绝热材料的 芯材(core material),其可以应用在绝热性能高的冰箱等上。例如,使用袋状绝热材料的场合,即使袋内做成了真空状态,由于袋内是空的会被压瘪,因此,若在袋内插入绝热粉末或纤维材料构成的芯材,其绝热性能与袋形状就会保持下来。这里用到了将粉末或纤维的平均间隔降至真空中残余空气的平均自由程以下,从而降低气体的导热系数的原理。

表 7.8　压力范围与真空区分(JIS)

真空度划分	压力范围
低真空	10^5~10^2 Pa
中真空	10^2~10^{-1} Pa
高真空	10^{-1}~10^{-5} Pa
超高真空	10^{-5}~10^{-8} Pa
极高真空	10^{-8} Pa 以下

2. 多层绝热技术(multi-layer insulation technology)

在宇宙中,面向阳光直射的部分超过 150℃,阴影部分达 -100℃,因此需要使用一些特殊绝热技术。

人造卫星上,如图 7.37 所示表面贴着金色材料,基本上都是 多层绝热材料(Multi-Layer Insulation,MLI)。MLI 的使用是为了降低机器与宇宙空间或者机器间的辐射传热,薄膜材料是使用耐热性好的 聚酰亚胺(Polyimid)黄色高分子薄膜,在薄膜上有铝的蒸气附着层(镀膜),图7.37中红线围起的部分实际上是金色的。MLI实际上是铝的蒸气镀膜与塑料制的网交错堆积而成的,通常为10层左右。提高把辐射率很小的铝蒸气镀膜在尽可能降低膜间热传导的同时叠加起来,可以很显著地提高绝热效果。MLI的绝热性能理论上讲与薄膜的层数成正比,但在现实中由于存在通过网等的导热,在一定层数以上导热将起到主导作用,因此在该层数以上即使增加层数也不会改善绝热性能。

   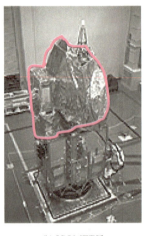   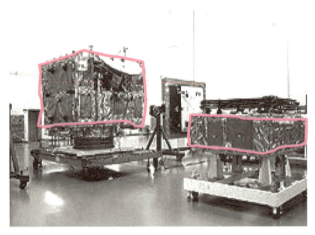

(a) [ADEOS]　　　　　(b) [COMETS]　　　　　(c) [ESTVII]

这些卫星的外侧部分涂有热防护层

图7.37　多层绝热技术的使用状况(宇宙航空研究开发机构提供)

7.5　其他传热装置 (other heat transport devices)

7.5.1　热管 (heat pipe)

1. 热管的工作原理

热管(heat pipe)是一种可以在小温差下传输大量热量的传热元件。作为热管单体,其单位重量、单位体积的**输热系数**(thermal conductance)(表7.3表示的热阻的倒数)即使与铜、铝等相比也非常大。这一特征由以下的工作原理得到。

标准的热管如图7.38所示,被称为**液芯**(wick)的多孔物质(金属网、金属褶皱)贴在内壁,排除容器内的的不凝气体,然后充填并封存适量的**工作介质**(working fluid)。吸收外部热量的部分称为**蒸发段**(evaporator section),向外放热的部分称为**冷凝段**(condenser section),中间的部分称为**绝热段**(adiabatic section)。在蒸发段,外部热量加热芯内的工作介质使其蒸发,蒸气通过很小的压力差沿管中央通道到达冷凝段凝结成液体,此时释放潜热,向热管外面的热沉进行放热。芯内的液体通过芯的**毛细力**(capillary force)作用返回到蒸发段,之后重复同样的过程。在图7.38的原理图中,蒸发段是在上方,冷凝段在下方,这一位置芯内液体的流动与重力相反,如果热管的倾角加大,毛细力与重力达到平衡状态,则液体不能回流,热管也就不能工作。

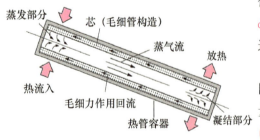

图7.38　热管的基本构造[1]

所以使用有芯构造的热管需要注意倾角的限制。相反,蒸发段在下方,冷凝段在上方时液体的回流有重力的帮助,可促进热管的工作。另外,为了构造上的简单化有时去掉内芯,只靠重力实现热管的工作。在图 7.39 所示的直立情况下,液体的回流效率最高,这一形式的热管称为**热虹吸管**(thermo siphon)。

像这样热管在运行时,由于液体的汽化潜热很大,蒸气流动的流动阻力很小,可以把大量的热量从很小温差的一端传送到另一端。因此,热管可以说是一种与铜等固体导热材料相比有效导热系数非常大的传热元件。

内芯的几何结构,如图 7.40 所示,除了金属网结构以外,还有**沟槽结构**(groove structure)或多种组合式的结构[1]。有内芯的热管在没有重力的情况下也可以运行,所以在航天等微重力环境领域热管的特点就会发挥出来。实际上,热管在航天设备上主要用于传热控制仪器。

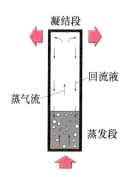

图 7.39 热虹吸管

2. 热管的输送限制

虽然热管是一种等价导热系数非常大的传热元件,但是由于它是利用液体的流动进行传热的,因此若有阻碍流体流动的因素,就会出现热输送能力的限制。这些限制包括以下几种情况。

- **毛细限制**(capillary limitation)

蒸发段的加热量增加时,由于毛细的限制返回到蒸发段的流体不足,就会使增发段的内芯蒸干,很多有内芯型的热管都是由于这一现象限制了其传热能力。

- **音速限制**(sonic limitation)

蒸发段的出口蒸气达到音速时,若再增加加热量蒸气速度也不会增加因而限制了其传热能力。

- **卷吸限制**(entrainment limitation)

蒸气流与芯内液体的相对速度越大,介质液体的一部分可能会被吹散吸入蒸气流,使得返回到蒸发段的液体量不足,这样也会产生传热能力的限制。

- **沸腾限制**(boiling limitation)

由于核沸腾的临界,蒸发段一部分管段被蒸气覆盖,造成局部的烧干现象,这也会限制其传热能力。

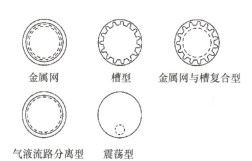

图 7.40 各种形式的液芯结构[1]

7.5.2 帕尔特元件的应用(application of Peltier element)

1. 帕尔特元件的工作原理(operating principal of Peltier element)

如图 7.41 所示,**帕尔特元件**(Peltier element)是由 n 型和 p 型半导体通过金属连接起来的元件。按图示的方向加上直流电压后,电流从 n 型向 p 型流动,在 n 型半导体处与电流逆向、在 p 型半导体处与电流同向发生热量的移动,图上端的金属部分就变成了吸热源,下面的金属部分就变成了放热源。如果在高温侧把移动的热量释放,则可连续

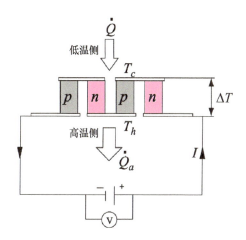

图 7.41 帕尔特元件的原理[2]

地实现从低温侧向高温侧的吸热。这就是电子的制冷循环(refrigerator cycle)或电子的热泵(heat pump)。这种现象称之为热电效应(thermoelectric effect)或者帕尔特效应(Peltier effect)。高温侧放出的热量等于吸热量与运行中消耗电能产生的热量之和,这与机械式热泵相同。

现在,在图 7.41 中,若帕尔特元件低温侧加载热负荷,高温侧设有肋片一类的散热器,则根据帕尔特效应,若单位时间吸收的热量为 $\dot{Q}_a$(W),低温侧的温度为 T_c(K),电流为 I(A),则有

$$\dot{Q}_a = (\alpha_p - \alpha_n) T_c \times I \tag{7.39}$$

这里,α_p,α_n 分别是 p 型、n 型帕尔特元件的赛贝克系数(Seebeck coefficient)。

然而,实际上吸收的热量由于元件本身产生的焦耳热以及从高温侧向低温侧的导热效应而减少。即,若帕尔特元件的电阻为 $R(\Omega)$,焦耳热则为

$$\dot{Q}_R = I^2 R \tag{7.40}$$

由导热引起的热损失为

$$\dot{Q}_K = (K_1 + K_2) \cdot (T_h - T_c) \tag{7.41}$$

净吸热量 $\dot{Q}$ 为

$$\dot{Q} = \dot{Q}_a - \frac{1}{2}\dot{Q}_R - \dot{Q}_K \tag{7.42}$$

其中,$(K_1 + K_2)$ 是高温侧温度 T_h 与低温侧温度 T_c 之间的传热系数,K_1 是元件本身的,K_2 是空气的。

2. 帕尔特元件的特征(characteristics of Peltier element)

帕尔特元件有其优点和缺点,优点可以列举如下。
(1) 构造简单、小型重量轻。
(2) 无振动、无噪音、无摩擦。
(3) 通过改变电流的大小就可以很容易地连续调节制冷和加热。
(4) 易于维护、检查和整理。

另一方面,缺点可以说有以下几点。
(1) 与机械式制冷机相比,传递的热量及其效率随温差的增加会急剧恶化。
(2) 材料昂贵,难以加工。

因此,尽管有这些缺点,但由于有上述优点,所以还是被应用于如表 7.9 所示的一些特殊用途。

表 7.9 帕尔特原件的用途[1]

	研究用	产业用	家庭用
几 W	激光器二极管,红外线传感器等冷却	电子恒温槽、ITV 照相机的冷却	电子冷却枕
10 W～	微波发生器的冷却	电子器件冷却	携带式冰箱
100 W～		计算机冷却	电子冷却器

【例题 7.3】 ********************

电压 5 V、电流 3 A 的电流过流帕尔特元件,若从低温侧吸收 20 W 的热量,然后在高温侧释放,则最低需要将多少瓦的热量从高温侧释放到周围环境? 其中,由高温侧向低温侧的导热引起的热损失可以忽略。

【解答】 首先,根据式(7.40),元件自身发出的焦耳热为

$\dot{Q}_R = IV = 15(\text{W})$

最低要将 $\dot{Q} = 15 + 20 = 35(\text{W})$ 的热量释放给周围环境(大气)。所以在使用帕尔特元件时,必须要想到采用什么方法释放高温侧的热量。

****

7.5.3 其他最新换热技术 (other state-of-the-art heat exchange technologies)

1. 振荡热管

一般的热管内液体的回流是靠毛细力,所谓的毛细力驱动型热管。这种热管在小直径化后,最大传热量主要是由于卷吸限制而急速下降,如何克服该问题成为研究课题。因此,作为小管径热管的替代品,振荡热管(oscillating capillary heat pipe)正在被开发。一般来说振荡热管的形状如图 7.42 所示呈蛇行形状,故有时也被称为蛇行管热管。尽管称为振荡式热管,并不是指强迫振动流动,实际上是利用了封入蛇行管环路内的两相流体的自激振荡流动或者自激励脉动循环流动。研究报告表明,利用这种振荡实现传热,其传热量、实际效率都比毛细力驱动式热管高出数倍。[5]

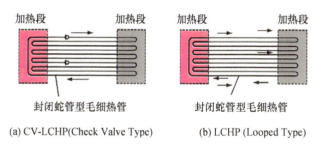

(a) CV-LCHP(Check Valve Type)　　(b) LCHP (Looped Type)

图 7.42　振荡式热管的例子[5]

2. 微通道换热技术(heat exchange techniques using micro-channels)

在半导体芯片的背面切挖微米尺度的沟槽,使冷却介质在沟槽内流动的微槽道(micro-channel)冷却方法最初是由 Tuckerman[6] 等人提出的。该方法的特点是可以大幅降低半导体冷却中成为瓶颈的冷却部分的接触热阻,提高冷却性能。另外,由于并非像浸没式冷却(immersion cooling)那样芯片自身浸没在冷却介质内,因此其仪器的安全可靠性会提高。此后,尽管关于利用微槽道实现半导体冷却的换热技术进行了各种各样的研究,但目前为止达到实用水平的还很少。作为实际利用微槽道技术的例子,有高密度激光二极管阵列(laser diode array, LDA)冷却。图 7.43 表示用 7 mm×10 mm 的水冷式微槽道的热沉冷却及 1 mm×4 mm 的 LDA 的示例。LDA 的发热量为 500×10^4 W/m^2,热沉采用硅(导热系数 150 W/(m·K))制作,流水的矩形槽道为 100 μm×400 μm。

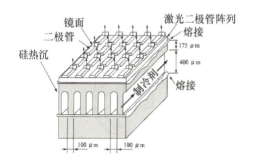

图 7.43　激光二极管阵列的构造[7]

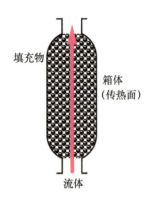

图 7.44 填充层

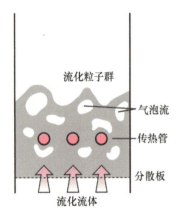

图 7.45 流化床(狭义流化床)

图 7.46 填充物
(左：拉希格圈 右：带状)

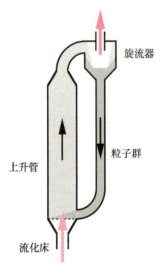

图 7.47 循环流化床

7.5.4 填充层与流化层 (packed beds and fluidized beds)

把换热系数像气体一样低的流体，通过高效率搅拌或混合以得到较高的换热系数，为此可以利用流体与固体颗粒群的相互作用。在此类设备中，如果固体颗粒群固定且不因流体的流动而移动的称为**填充层**(packed beds)（图 7.44），如果粒子群由于与流体的相互作用而移动了的称为**流化层**或**流化床**(fluidized beds)（图 7.45）。在此类设备中，固体颗粒群的作用有：

（1）粒子间隙的复杂流道形状与粒子间的相互运动增大流体搅拌、混合、紊乱的效果。

（2）粒子的存在导致的表面积增加，与通过粒子导热的综合效果所带来的肋片效果。

（3）当流体是辐射透明的情况下，具有辐射的放射体或吸收体的作用，特别是在流化层中。

（4）基于与流体相对运动的粒子的热容量的热传输效果。

这些都是充分利用了粒子群具有较大比表面积（单位体积内的表面积）的特点。

填充层具有流体的搅拌能力高，且基本上不需要维护的特点，在作为传热设备的反应塔等化工机械领域经常被利用。此时，粒子群的热容量、导热系数显得不那么重要，倒是降低粒子群间流体流动的压力损失变得更为重要，因此固体颗粒群不采用填充状态下孔隙率小的球体，而是采用有复杂形状的环状小物体拉希格圈(Raschig ring)或鞍型小物体(Berl saddle)等（图 7.46）。

另外，流化床因具有良好的传热特性，在更广的范围应用，特别是固体颗粒直接发热的煤燃烧器，或使用催化剂颗粒下的反应器等方面得到应用。流化层分成两种，若与粒子群相互作用的流体的速度小于粒子的**终端速度**(terminal velocity：u_t)（作用于粒子上的流体阻力与粒子自身重量恰好相等时的速度），宏观上粒子群会停留在设备内，称为狭义流化床（图 7.45），而当主要部位的流体速度略高于粒子的终端速度时，粒子与流体一起上升，在主要部位的出口处粒子与流体分离，分离后的粒子再返回最下方，称为循环流化床（图 7.47）。不管是哪种流化床，其固体颗粒与流体的混合物，都是被作为与使粒子群流动起来的流体不同的有特殊性质的流体来处理。

在狭义的流化床中，颗粒群放在金属网等透气性较好的底板上面，被从下面流入的流体（多数为气体）吹起，此时，**分散板** (distributor)的下部与流化床上部之间有压力差，此压力差与没放颗粒时的压力差（＝流化床的压力损失）之差，有如图 7.48 所示的振荡特点。

即，当流化床吹入流体的速度较小时，随速度的增加压力损失是单调增加的，但超过某一速度后，压力损失不随流体速度变化，是一定值。这一速度称为**流化开始速度**(minimum fluidization velocity：u_{mf})。此时颗粒群由于流体的作用处于浮游流化的状态。通常流化床在这一状态以上的速度下运行。

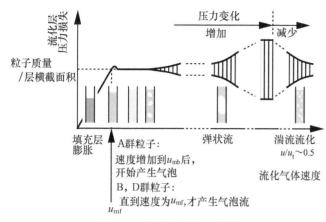

图 7.48　流动分子的分类[8]

图 7.48 给出了固体颗粒群的流化状态随流体速度变化的示意图。

（1）在达到流化开始速度之前流动的颗粒基本上只是均匀膨胀（孔隙度增加）。

（2）在流化开始速度以上，层内开始产生气泡，与此同时，可以发现流化层内的压力损失开始随时间变化。

（3）进一步增加流速后气泡发生的频率也随之增加。

（4）接下来颗粒相全体会达至断续产生大气泡（弹状流）之状态。

（5）再增加流速，流动的颗粒与流体变为复杂的混合状态。如果超出了图示的范围，再进一步提高流体速度使之超过粒子的终端速度，则粒子将被吹走。在流化开始前后颗粒相内气泡的发生状况与粒径、粒子与流体间的密度差关系甚大，对这一状况进行整理后，得到了如图 7.49 所示有名的 Geldart 分类图。

Geldart 分类是将流化的状态描述在颗粒与流体的密度差、粒子直径的图上。图 7.49 中 A 区的粒子为流化开始后首先粒子均匀膨胀，随后产生气泡。B 区和 D 区的粒子在流化的开始前后，颗粒群中产生气泡。C 区分类的颗粒表示，随气体流速的增加突然达至弹状流，流态化很困难。

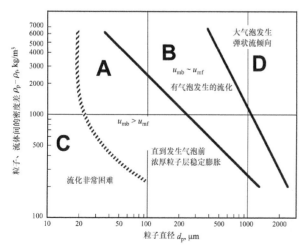

图 7.49　流动粒子的分类[8]

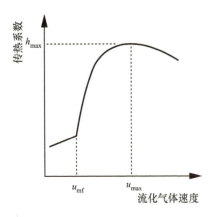

图 7.50 流化层与层内固体壁面间的传热

一般情况下,流化层与层内固体壁面间的传热,如图 7.50 所示,在流态化开始后,传热系数急剧增加,达到极大值后,慢慢地开始减少。这是因为颗粒的运动在流态化开始后迅速加剧,与此相伴粒子对流体的搅拌作用,传热效果显著增加,若再进一步增加流体的速度,颗粒之间的孔隙度增加,单位体积的这种搅拌与传热的效果将被削弱。

7.6 温度与热的测量(measurements of heat and temperature)

对于目前为止所描述的换热器的运行控制、性能评价,或者掌握其问题点以便改善性能等,都有必要对换热器内部的温度分布以及热传递进行测量。在此,对热工学经常利用的温度测量、热量测量、流体流速测量的工具及方法进行介绍。

7.6.1 温度测量 (temperature measurement)

一般来说,测温的仪器即温度计有很多种类,根据其各自的特点而选择使用。这里针对一些有代表性的温度计的测温原理、特点,以使用上的注意事项进行叙述。

1. 棒状玻璃温度计(glass thermometer)

在日常生活中,常用到棒状玻璃温度计(图 7.51)。液囊内储存有煤油、水银等液体,将其体积随温度的变化,通过玻璃毛细管扩大地表示出来。历史上,棒状温度计是最早的、实际应用的、也较方便的一种温度计,但由于测温部分(储液囊)很难做得更小,不适合于空间高分辨率的温度测量,另外对温度变化的响应速度慢,基本上都是用肉眼看读取温度,测量结果也不能转换为电信号输出等原因,在热工学领域只限于温度的监测等使用。

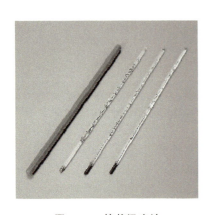

图 7.51 棒状温度计

2. 热电偶(thermocouple)

若把两种不同金属的一端连接起来,在金属的开放端可检测出来与接触部温度有关的**热电势**(thermoelectromotive force)。这一现象称为**赛贝克热电效应**(Seebeck effect)。赛贝克效应随不同的金属组合而不同,比如针对金属铂的值可整理为表 7.10。热电偶就是基于校正过的热电势与接触部温度的对应关系,通过测量热电势获得接触部温度的一种温度计。热电势电压越大测量越容易,但实际应用中,考虑到热电偶所用金属的纯度和组成成分易于高精度地保持温度与热电势的单调关系,以及价格不过于昂贵等因素,热电偶的常用组合有铜-康铜(铜镍合金)、镍铬(镍和铬的合金)-铝镍(镍和铝、锰、硅的合金)、铂-铑铂等。

实际测温用的热电偶,如图 7.52 所示,有两个接线部(叫做"接点"),测温就是测量各接点的温度差所对应的热电势。这是为了避免因在测量电路(多数场合用铜线)的接点,产生与测温点温度无关系的新的热电势,从而增大测量误差。[①] 这样热电偶的一个接点用做测温用接点,另一个接点保持在基准温度,则可以测量测温点的实际温度。一般情况下,温度基准采用冰水(约0℃),基准温度点的接点称为"冷接点",与之对应的温度测量用的接点称为"热接点"。

热电偶的测温部分限定在两种金属的接合点,原理上即使接点小到只有几个分子大小也不会失去测温功能,因此热电偶适合于高空间分辨率下的测温,以及要求快速温度响应情况下的测温。然而,热电偶的热电势与温度的关系,对组成热电偶的金属成分以及分子排列方式等较为敏感,为了进行精密的温度测量,根据情况有必要校正这种关系。另外,由于热电偶是金属线制作的,在金属制的换热器内设置温度测点时,有必要进行电绝缘。常温附近的温度测量中,有时采用带有珐琅聚氨基甲酸酯的绝缘涂层的热电偶,不过更一般的是使用如图7.53所示铠装的热电偶。值得注意的是铠装热电偶由于附加了保护管测温点变大了,温度响应特性也会下降。

3. 电阻式温度计(resistance thermometer)

在电器式测量温度的温度计中,与热电偶同样常被使用的是电阻式温度计。顾名思义,电阻式温度计就是预先检定导体(测温电阻)的电阻与温度的关系,通过测量测温电阻的电阻值得到温度的温度计。有各种各样的材料被用做测温电阻,但对精密温度测量常用材料性质比较稳定的铂,对简单的温度测量,常用电阻随温度变化较大的陶瓷半导体(热敏电阻)。

虽电阻式温度计作为电器式测温方法与热电偶类似,但由于测温电阻采用一种材料,可以比较容易地保持精度,也不需要冷接点的基准温度,因此适合于高精度的温度测量。然而,在高精度温度计测量中,需要注意为了得到测温电阻的电阻所通之电流引起的发热会产生误差。

另一方面,电阻式温度计这一弱点也可以反过来被利用。这就是把电加热器当做测温电阻来使用的方法。在实验研究传热现象或评价换热器性能时经常使用电加热器。若预先将这一加热器电阻与温度的关系进行校正,通过测量流过加热器的电流及其两端的电压,和电阻式温度计同样,可以获得加热器的温度。在这一方法中,只可能测得加热器的平均温度,但当加热器很小或者加热器的周围现象比较均匀一致时,就可以不用设置其他形式的温度计而很方便地测出温度。实际上,这种兼有加热器功能的温度计在测量流体速度的热线风速仪(参见7.6.3节的第2小节)中已被使用,第5章所述的沸腾曲线实验也利用了该原理。

4. 辐射式温度计(radiation thermometer)

物体只要不是绝对温度零度就会自发地放射电磁波(辐射),这在

表7.10 各种金属的热电势[9]
(铂基准,单位 mV)

金属	温度	
	−100℃	+100℃
锌	−0.33	+0.76
铝	−0.06	+0.42
镍铝[1]	+1.29	−1.29
锑		+4.89
铟		+0.69
镉	−0.31	+0.90
钾	+0.78	
金	−0.39	+0.78
银	−0.39	+0.74
镍铬[2]	−2.20	+2.81
硅	+37.17	−41.56
锗	−26.62	+33.90
钴		−1.33
康铜[3]	+2.98	−3.51
黄铜[4]		+0.60
汞		−0.60
锡	−0.12	+0.42
18−8 不锈钢		+0.44
铋	+7.54	−7.34
钽	−0.10	−0.33
钨	−0.15	+1.12
碳		+0.70
铁	−1.84	+1.89
钢	−0.37	+0.76
钠	+0.29	
铅	−0.13	+0.44
镍铬合金[5]		+1.14
镍	+1.22	−1.48
钯	+0.48	−0.57
铅锡合金[6]		+0.46
铜锰镍合金[7]		+0.61
镁	−0.09	+0.44
铑	−0.34	+0.70

1:94Ni+3Al+2Mn+1Si 2:10Cr+90Ni 3:60Cu+40Ni 4:70Cu+30Zn 5:80Ni+20Cr 6:50Sn+50Pb 7:84Cu+4Ni+12Mn

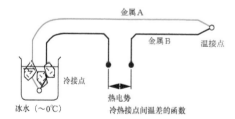

图 7.52 热电偶温度测量

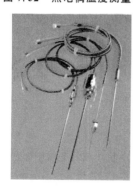

图 7.53 系列热电偶
(助川电器工业有限公司提供)

[①] 即使图7.52的接线中,在连接测量热电势的毫伏表的两个接点也产生热电势,但因两个接点的金属对组成相同,如果两者的温度相同,则其热电势互相抵消,对测量结果没有影响。这一点不仅是与毫伏表的连接点,就是构成热电偶的金属线在中间接入不同种类金属线的情况一样,只要两个连接点的温度相同,不同种类金属的存在就又会影响测量结果。这一点有时也称为"中间金属法则"。

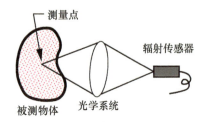

图 7.54 辐射温度计原理

图 7.55 热红外成像仪装置
（日本 NEC Avio 公司提供）

图 7.56 差热分析仪
（岛津制作所提供）

图 7.57 热流密度传感器
（日本传感技术公司提供）

第 4 章已叙述了。这一辐射强度与物体的温度直接相关,通过测量辐射强度可以获得物体的温度。基于这一原理制作的温度计,即辐射式温度计(图 7.54)也被广泛地应用。辐射式温度计,是利用了物体自发放射出去的辐射,不需要为了测量温度而附加任何元件给被测物体,没有因元件的热容量造成的温度响应滞后,因此适合于一些处于复杂传热场所,要求快速温度响应的被测物体的温度测量,但表面辐射率、外来辐射的推算、物体表面的反射向传感器的入射等是主要误差来源。利用辐射温度计的这一特长,红外辐射式温度计常作为热红外成像仪(thermography)(图 7.55)被使用,即通过对测定位置进行光学的、电子的扫描,可以一次将被测物体的表面温度分布以图像形式给出。

7.6.2 热量与热流密度的测量 (measurements of heat and heat flux)

在热工领域中,一个与温度同等重要的物理量或测定对象,就是物体所保有的热量或者说流入流出物体的热量(＝传热量)。物体所保有的热量,根据比热的定义可以明确地表示为

$$\Delta Q = mc\Delta T \tag{7.43}$$

所以通过测量物体的温度,基于某个给定的温度基准,即可获得物体所保有的热量。另外,如果测得单位时间内物体的温度变化,流入流出物体的热量也可通过式(7.43)计算。这一原理被称为热计量(calorimetry),基于这一原理不仅可以实现实验室水平的热量、热流密度的测量,差热分析仪(Differential Thermal Analysis, DTA)（图 7.56)中也使用的该原理。即若同时加热试验材料和参考材料,通过对比两种材料的温度差,即可获得与材料的相变、结晶、化学反应等伴随的热量输入输出。

另一方面,因这一方法是依据试料的整体温度变化测量热量变化,还不能对换热系统中局部传热量进行测量。因此,作为其他方法常用的有利用物体内的导热,即利用傅里叶定律的热流密度测量。如第 2 章所述,物体中通过导热传递的热流密度与温差的关系为

$$q = k\frac{\Delta T}{\delta} \tag{7.44}$$

即傅里叶定律。所以如果知道被测物体内两点的温度差和距离,以及导热系数,即可获得局部的热流密度。利用这一原理的能方便地贴到被测物体上的热流密度传感器已在市场上出售(图 7.57)。这一热流密度传感器,用热电偶测量厚度与导热系数均已知的玻璃或者高分子薄膜的表里面的温度差,比如可以用于测量发生对流换热的物体表面的热流密度。对这种传感器,为了把贴加传感器给物体表面的传热带来的影响控制在最小范围,采用了非常薄的薄膜。与此同时,由于膜的内外温差很小,为了提高测量精度,对热流密度传感器的内外温差测量常采用将热电偶串联从而把热电势叠加起来进行测量的热电堆(thermopile)。

7.6.3 流体速度测量 (measurement of fluid velocity)

在有对流换热的传热系统中,常常需要测量流体的速度。若已知流体的体积流量或质量流量通道内流体的平均速度就比较容易计算得

到。作为测量流体体积流量的仪表，**孔板式流量计**(orifice meter)（图 7.58）、**文丘里管式流量计**(Venturi-meter)（图 7.59）、**浮子式流量计**(rotameter)（图 7.60）等广泛被采用。对于液体也可用容器盛装流体，通过测量其质量变化求得质量流量。然而，换热器中有时需要测量流体的局部速度分布，因此有必要用到一些测量局部速度的速度仪。

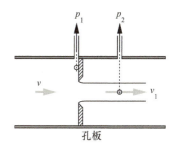

图 7.58 孔板式流量计

1. 毕托管(Pitot tube)

作为测量流体局部速度的速度计，大家最为熟知的应是如图 7.61 所示的毕托管。毕托管测量流体的全压和静压，根据它们的差（动压）可以求得流体的速度。可以方便地进行流速测量是它的特长。不过值得注意的是测量时需要在流体中插入毕托管，其引起的流场变化有时不可忽略，但用导管把流体的压力引到压力计上，当测量变化的速度时会受到限制。

2. 热线风速仪(hot-wire velocimeter)

如图 7.62 所示，作为比毕托管能更详细地测量流体局部速度而被广泛应用的仪器有热线风速仪。热线风速仪是通过在流体中设置一段金属细线（或膜），然后通电加热，根据电阻式温度计（参见 7.6.1 节的第 3 小节）的原理测得其温度，进而求得细线的传热系数后，通过传热系数与流速的对应关系计算得到流速。如图 7.62 所示，测量流速选用的细线（热线探针）是直径为数十微米，长度在 10 mm 以内的铂丝或者钨丝，通过线柱拉直固定[①]，测量基本上与细线垂直方向的流体速度。利用这一特点，在同一个测点上布置几个有不同角度的热线，即可以一次同时测得二维或者三维的速度矢量，这样的热线探针也已市场化。

热线风速仪因探针细线的热容量小，对流速变化的情况也可比较快速响应。然而，3.5.2 节中所述的为了能够测量湍流的变动成分，需要测量更高变动频率的速度变化，对此可使用通过调整加热功率使热线温度保持一定从而求得热线表面的传热系数即流体流速的**定温度型热线风速仪**(Constant Temperature Anemometer，CTA)。

3. 激光多普勒测速仪与粒子图像测速仪（Laser-Doppler Velocimetry：LDV and Particle Image Velocimetry：PIV）

上述的毕托管、热线风速仪都需要在流体内插入传感器，因此对于像传热学领域中非常重要的物体壁面附近边界层内的流体速度一类，空间上变化很大，容易受到外界干扰的速度分布进行测量是比较困难的。因此，使用光学非接触式方法测量流体速度的激光多普勒速度仪、粒子图像测速仪等的应用越来越多。

如图 7.63 所示，激光多普勒测速仪是使用光学系统的光学速度仪，测量在两束激光交叉点形成的激光束面内的与激光束垂直方向的速度矢量。流体中的微小杂质粒子（**种状颗粒**(seed particles)）通过激

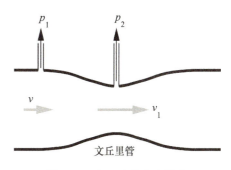

图 7.59 文丘里管式流量计

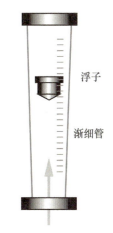

图 7.60 浮子式流量计

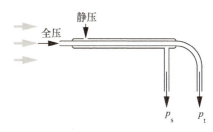

图 7.61 毕托管

图 7.62 热线风速仪探针

---

① 因细线构成的探针易于破损，流体中混入固体颗粒类的情况不能使用。对此类情况，使用在石英等的楔状表面贴金属薄膜形式的探针。测量原理与由细线构成的探针相同。

光的交叉点时,对每束激光带来的散射会出现多普勒频移效应,即产生与微粒相对速度有关的激光频率变化。通过一次观察,可用两束散射光的多普勒频移的频率测量接受振幅改变的光(光外差)。这一振幅改变的波频数与粒子的速度直接相关,通过读取波频数即可测得流速。正如原理所述,由于激光多普勒测速仪可用于非接触式高空间分辨率(测试体积通常为约 1 mm³ 的旋转椭圆体)测量,因此不仅有快速测速的优点,而且通过光学方法可以实现三维速度矢量的测量,但因流体中必须含有散射光的微粒,故对有些流体颗粒的掺入以及其是否能与流体速度相同可能成为问题。

与激光多普勒测速仪测量原理一样,把激光替代为超声波的测速仪器叫做**超声波测速仪(Acoustic Doppler Velocimetry,ADV)**,在市场上也有销售。超声波与激光相比频率低,传播速度也慢,虽然信号处理相对容易,但测量的空间分辨率要比激光多普勒测速仪低。

另外,粒子图像测速仪也是一种测定流体速度分布的速度仪,其原理如图 7.64 所示。对分散在流体中的颗粒的位置图像,在很短的时间间隔内摄影 2 次,通过每个粒子的运动轨迹可以得到颗粒的速度分布。这种测速仪的特点是通过非接触的摄影成像可以一次得到二维的速度分布,适合有复杂流场的速度分布测量,但与激光多普勒测速仪一样存在向流体中混入颗粒及其与流体的同步性问题。另外,当流场过于复杂时,2 次摄影图像之间的颗粒与位置的相关性变低,测量的速度分布精度也会因此变低。

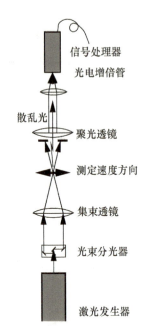

图 7.63　LDV 的基本光学系统

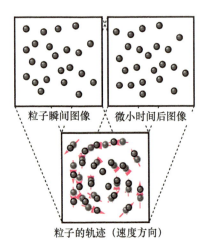

图 7.64　PIV 的原理

===== 练习题 =====================

【7.1】 隔板式换热器的一侧通道内为空气,另一侧通道内为水,空气侧的平均换热系数为 30 W/(m²·K),水侧的平均换热系数为 200 W/(m²·K),隔板材料是铝(导热系数 $k=200$ W/(m·K)),板厚 4 mm,求隔板的总传热系数。

【7.2】 Derive the logarithmic-mean temperature difference for a counter-flow heat exchanger with a ratio of heat capacity flow rates $R_h = 1$, when the high-temperature fluid enters at T_{hi} and the low temperature fluid leaves at T_{co}.

【7.3】 Hot gas at a rate of 2 kg/s with specific heat of 1200 J/(kg·K) is used to heat cold water continuously in an adiabatic heat exchanger. The gas enters the heat exchanger at 500 ℃ and leaves at 150 ℃. The water enters at 20 ℃ and leaves at 60 ℃. The overall heat transfer coefficient at the heat transfer surface is 50 W/(m²·K). Calculate the heat transfer area of the heat exchanger for:

(a) parallel flow, and

(b) counter flow.

第 7 章 练 习 题

【7.4】 用流量为 2 m³/s 的燃气（比热 1200 J/(kg·K)，密度 0.8 kg/m³）冷却流量为 3 m³/s 的空气流（比热 1000 J/(kg·K)，密度 1 kg/m³）冷却后排掉。燃气与空气流的初始温度分别为 500℃ 和 20℃，为了保证冷却，使用总传热系数为 40 W/(m²·K)、传热面积为 40 m² 的逆流式换热器。求冷却后燃气的温度。

【答案】

7.1　26.1 W/(m²·K)

7.2　$\Delta T_{lm} = T_{hi} - T_{co}$

7.3　(a) 72.1 m²

　　(b) 66.1 m²

7.4　263.4℃

第 7 章 参考文献

[1] 小木曽,電子回路の熱設計,工業調査会（1989）.

[2] Kraus, A. D. and Bar-Cohen, A., Thermal Analysis and Control of Electronic Equipment, McGraw-Hill (1983), 199-214.

[3] 木村,2nd 熱設計・熱対策シンポジウム,日本能率協会（2002），A6-2-5.

[4] 石塚,電子機器の設計 基礎と実際,丸善（2003）.

[5] 日本機械学会「マイクロチャネル内の流動と熱伝達」研究分科会成果報告書(2001-4)，91-129.

[6] Tuckerman, D. B. and Pease, R. F., IEEE Elec. Dev. Let., Vol. EDL-2 (1981), 126.

[7] L. J. Missaggia et al, IEEE J. Quantum Electron, Vol. 25 (1989), 988.

[8] J. R. Howard (ed.), Fluidized Beds - Combustion and Applications -, App. Sci. Pub. (1983), 3-7.

[9] 東京大文台編纂「理科年表」,丸善（1981）.

第8章

传热问题的模型化与设计

Modeling and Design of Heat Transfer Problem

8.1 传热现象的尺度效应（scale effect in heat transfer phenomena）

为了表述不依赖于流体种类及对象物体大小的物理现象，人们采用了**相似准则**（similarity law）和**无量纲数**（dimensionless number）。而这些无量纲数和那些以无量纲数表示的传热关联式已经成为热流体机器设计中的重要方法。为了既能利用那些以无量纲数表示的传热关联式，又能理解关联式中无量纲数的物理意义，弄清表示物理量的量纲并理解其物理意义是十分必要的。对无量纲数的表述见8.2节。

在作为研究对象的物理现象若其**尺度**（scale）差异较大，则不同尺度支配的物理现象不同。因此，以无量纲数表示的传热关联式也是存在适用范围的。例如，如图8.1所示，当大型鱼游动时，鱼是凭借向后推动流体或旋涡而产生惯性力前进的。另一方面，精子等在水中像蛇一样，依靠摆动鞭毛，凭借黏性产生的摩擦力游动。体长1m的鱼在水中以1m/s的速度游动时，因雷诺数 Re 为 $1.2×10^6$，故鱼的运动受水的惯性力和压力阻力控制，黏性所产生的阻力很小。另一方面，体长 $5\,\mu m$ 的精子在水中以 $10\,\mu m/s$ 的速度游动时，其雷诺数是 $5.8×10^{-5}$，如果换算成大型鱼的尺度，则精子相当于是在 $5×10^{10}$ 倍黏度的流体中运动。如果精子欲采用和大型鱼同样的原理运动，所产生的能量损失将大到使其不能前进。

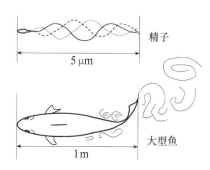

图8.1 精子与大型鱼的游动形态

如第3章所述，可以采用 Re 和 Nu 来表述流体与物体间的热传递。考虑流速减小，Re 逐渐趋于0时这一极限情况，此时的传热为导热系数为 k 的静止流体中球的热传导。因此，如图8.2所示，考虑一个温度为 T、直径为 d 的球和一个包围着这个球的温度为 T_0、直径为 d_0 的球壳。这个球面和球壳之间所通过的传热量由下式表示。

$$\dot{Q}=\frac{2\pi k(T-T_0)}{1/d-1/d_0} \tag{8.1}$$

这里，考虑 $d_0\to\infty$ 的极限情况。如果定义努塞尔数 Nu 为传热量除以球的表面积 A 和流体的导热系数 k 以及 d 为代表长度的温度梯度 $(T-T_0)/d$ 的无量纲数，则有努塞尔数

$$Nu\equiv\frac{\dot{Q}}{kA(T-T_0)/d}=2 \tag{8.2}$$

为一常数。

根据努塞尔数的定义，式(8.2)即为 $h=2k/d$。即，球的传热系数是随着直径 d 的减小而增大。表8.1表示，当球的直径变化时，置于流速为 $u=1\,m/s$ 空气流中球的传热系数 $h=\dot{Q}/[A(T-T_0)]$。

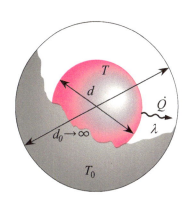

图8.2 从直径为 d 的球到直径为 d_0 的球壳的导热

表 8.1　流速 1 m/s 空气流中直径为 d 的球的传热系数 h（单位：$W/(m^2 k)$）

d	1 cm	1 mm	100 μm	10 μm	1 μm
Re	632	63.2	6.32	0.632	0.0632
Nu	9.42	4.35	2.74	2.19	2.09
h	24.8	115	723	5.8×10^3	5.5×10^4

将表 8.1 与第 1 章的图 1.19 相比较可见,直径为 100 μm 的球的传热系数已达到与水沸腾时相当的传热系数值。由此可知若细微化物体的结构可大幅提高传热性能。在被认为今后会更加迅速发展的 微机电系统(microelectromechanical systems, MEMS)中,为了理解这种传热现象,必须考虑因为尺度的微小化而引起的传热模式的变化。

机械工程方面的研究人员和技术人员在对待物理现象的时候,仅仅通过改变现有机器的尺寸有时未必能得到最佳的设计。这时,正确理解反映了传热现象本质的无量纲数是十分必要的。进一步地,在传热机器的设计中,理解如何将物理现象模型化,即简单化,以及理解使用什么样的无量纲关联式是非常重要的。关于传热现象的模型化将在 8.3 节中涉及。

8.2　无量纲数及其物理意义 (dimensionless numbers and their physical meaning)

8.2.1　量纲分析 (dimensional analysis)

如前所述,自然现象通常是以各种物理量之间的关系来表述的。虽然,物理量是以第 1 章中叙述的各种单位的组合来表示,但是自然现象却不依赖于人类所制定的单位制。即,不管用哪种单位制其描述都必须一致。换句话说,所有的自然法则,都可以用相关物理量组合构成的几个相互之间独立的无量纲物理量或者 无量纲数 (dimensionless number) 之间的关系来描述。

当我们了解了与现象相关的物理量后,假设用那些物理量的幂指数乘积可以表示相关物理量之间的全部组合,这就是 指数法 (method of indices)。根据指数法,对必要的无量纲数的推导称之为 量纲分析 (dimensional analysis),与此相关的 π 定理 (Pai theorem) 众所周知。

π 定理：如果存在至少 m 个相关联的物理量,且表示这些物理量所必需的基本单位的数目为 n,则有 $(m-n)$ 个相互独立的无量纲物理量。

在 3.4 所提到,以沿平板的层流热传递为例,通过指数法和 π 定理求取相互关联的无量纲数。热传递的大小(传热系数 h)除了与主流速度 u_∞、加热平板的位置 x 有关之外,也因流体的黏度 μ、密度 ρ、比热 c、传热系数 k 等物理性质的不同而有所不同。即,位置 x 处的传热系数 h_x 由

$$h_x = f(u_\infty, x, \mu, \rho, c, k) \tag{8.3}$$

来表示。而这一函数关系用指数法表示,则为

$$[h_s]^{n1} [u_\infty]^{n2} [x]^{n3} [\mu]^{n4} [\rho]^{n5} [c]^{n6} [k]^{n7} = [1]^0 \tag{8.4}$$

这里,温度、时间、长度、质量、传热的量纲分别为 Θ,T,L,M,Q,而式(8.4)以量纲表述,则有

$$\left[\frac{Q}{L^2T\Theta}\right]^{n_1}\left[\frac{L}{T}\right]^{n_2}[L]^{n_3}\left[\frac{M}{LT}\right]^{n_4}\left[\frac{M}{L^3}\right]^{n_5}\left[\frac{Q}{M\Theta}\right]^{n_6}\left[\frac{Q}{LT\Theta}\right]^{n_7}=[1]^0 \tag{8.5}$$

对这些量纲进行整理,得到以下 5 个联立方程式。

Q 的指数: $n_1+n_6+n_7=0$ (8.6a)

L 的指数: $-2n_1+n_2+n_3-n_4-3n_5-n_7=0$ (8.6b)

T 的指数: $-n_1-n_2-n_4-n_7=0$ (8.6c)

Θ 的指数: $-n_1-n_6-n_7=0$ (8.6d)

M 的指数: $n_4+n_5-n_6=0$ (8.6e)

因为式(8.6a)与式(8.6b)是同一式,所以式(8.6)相互独立的式子个数为 4 个。而相互关联的物理量为 7 个,那么根据 π 定理应存在 3 个(=7 个-4 个)相互独立的无量纲数。选择这三个无量纲数的指数为 n_1,n_3 和 n_6(选择方法任意)。于是,式(8.6)中的其他 4 个指数表示如下。

$n_2=n_3-n_1$ (8.7a)

$n_4=n_1+n_6-n_7$ (8.7b)

$n_5=n_3-n_1$ (8.7c)

$n_7=-n_1-n_6$ (8.7d)

由此,整理式(8.4)有

$$\left[\frac{h_x\mu}{u_\infty\rho k}\right]^{n_1}\left[\frac{u_\infty x\rho}{\mu}\right]^{n_3}\left[\frac{\mu c}{k}\right]^{n_6}=[1]^0 \tag{8.8}$$

上式中,方程左边表示的三个无量纲数分别是

$$\pi_1=\frac{h_x\mu}{u_\infty\rho k},\quad \pi_2=\frac{u_\infty x\rho}{\mu}=\frac{u_\infty x}{\nu},\quad \pi_3=\frac{\mu c}{k}=\frac{\mu/\rho}{k/\rho c}=\frac{\nu}{\alpha} \tag{8.9}$$

而用 Nu,Re,Pr 数来表示则有

$$\pi_1=\frac{Nu}{Re},\quad \pi_2=Re,\quad \pi_3=Pr \tag{8.10}$$

因此,式(8.4)的关系即为

$$f(Nu_x,Re_x,Pr)=0 \quad 或者 \quad Nu_x=f(Re_x,Pr) \tag{8.11}$$

这里,$f(\ )$ 表示 $(\ )$ 内的变量存在函数关系。式(8.11)表示的是 Nu 与 Re,Pr 之间的关系,这个结果与 3.2.5 节所述的结果一致。

8.2.2 矢量性量纲分析 (vectorial dimensional analysis)

以上分析是不考虑长度单位的矢量性的,而是全部使用同样的单位[L]来表示长度。可是,空间存在三个方向。如果了解了相互关联的物理量的方向依存性,就能更加详细地进行量纲分析。这种考虑了长度的方向依存性的量纲分析称为矢量性量纲分析。

实际上,上述关于量纲分析的例子也适用于矢量性量纲分析。把矢量 L 在 x,y,z 三个方向上的分量分别用 L_x,L_y,L_z 表示,如果考虑如图 8.3 所示的流动和热流的方向性,则式(8.4)表述如下。

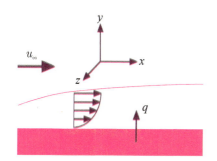

图 8.3 沿加热平板的强制对流层流热传递

$$\left[\frac{Q}{L_xL_zT\Theta}\right]^{n_1}\left[\frac{L_x}{T}\right]^{n_2}[L_x]^{n_3}\left[\frac{ML_y}{L_xL_zT}\right]^{n_4}\left[\frac{M}{L_xL_yL_z}\right]^{n_5}\left[\frac{Q}{M\Theta}\right]^{n_6}\left[\frac{QL_y}{L_xL_zt\Theta}\right]^{n_7}=[1]^0 \tag{8.12}$$

对各个量纲进行整理后得到如下的指数关系

Q 的指数：$n_1+n_6+n_7=0$ (8.13a)

T 的指数：$-n_1-n_2-n_4-n_7=0$ (8.13b)

Θ 的指数：$-n_1+n_6+n_7=0$ (8.13c)

M 的指数：$n_4+n_5-n_6=0$ (8.13d)

L_x 的指数：$-n_1+n_2+n_3-n_4-n_5-n_7=0$ (8.13e)

L_y 的指数：$n_4-n_5+n_7=0$ (8.13f)

L_z 的指数：$-n_1-n_4-n_5-n_7=0$ (8.13g)

由于式(8.13)存在 5 个相互独立的关系式，根据 π 定理，则可求得 2 个(=7 个－5 个)相互独立的无量纲数之间的关系。若将 n_1 和 n_6 视为独立变量，那么从式(8.13)可以得到各指数关系如下。

$$n_2=-\frac{n_1}{2}, \quad n_3=\frac{n_1}{2}, \quad n_4=n_6+\frac{n_1}{2}, \quad n_5=-\frac{n_1}{2}, \quad n_7=-n_1-n_6 \tag{8.14}$$

将这些关系式代入式(8.12)中，整理得

$$\left(\frac{h_x x}{k}\sqrt{\frac{\nu}{u_\infty x}}\right)^{n_1}\left[\frac{\mu c}{k}\right]^{n_6}=[1]^0 \tag{8.15}$$

即，$Nu_x=\sqrt{Re_x}f(Pr)$ (8.16)

与之前的量纲分析结果式(8.11)相比，矢量性量纲分析结果的式(8.16)中 Re 的指数是固定的。这一结果更接近于 3.4 节中分析结果。

此外，上述的量纲分析中，将热量 Q 作为基本单位。众所周知，热量可以用其他基本单位(如质量、长度、时间)来表示的。但是，在关于传热的量纲分析中，传热量是作为独立的基本单位来使用的。这是因为，通常传热不包括机械能向热能转换的过程。这一点，如果不注意考虑的话，会导致错误的结果。

*8.2.3　无量纲数与相似准则 (dimensionless numbers and similarity law)

虽然因所研究的现象过于复杂而不能得到精确的解析解，但是我们可以根据量纲分析来求得这些无量纲数之间的关系，再通过实验来确定无量纲数的指数，从而得到有关的经验公式或关联式。另外，如果知道了无量纲数的关系，就能知道不同条件下的状态。在用与实际不同的尺寸进行模拟实验时，这种无量纲数间的关系给出**相似准则**(similarity law)。矢量性量纲分析在将用偏微分方程表示的现象支配方程转换成常微分方程时也是很有用的。

表 8.2 所示为传热中常用的主要无量纲数。这些无量纲数是以著名科学家的名字命名的。图 8.4 是这些著名科学家的照片。此外，表 8.3 中归纳了与各种传热现象有关的无量纲数。

傅里叶
Jean Baptiste Joseph Fourier
(1768—1830)

毕渥
Jean Baptiste Biot
(1774—1862)

格拉晓夫
Franz Grashof
(1826—1893)

雷诺
Osborne Reynolds
(1842—1912)

图 8.4a　无量纲数上留名的先驱们

8.2 无量纲数及其物理意义

表 8.2 主要的无量纲数

名 称	定 义	意 义
热传导		
毕渥数：Bi	hL/k_s	固体内部单位导热面积上的导热热阻与单位面积上的外部热阻之比
傅里叶数：Fo	$\alpha t/L^2$	用于热传导的一个无量纲数，是非稳态导热计算时确定导热系数的无量纲数
强制对流热传导		
努塞尔数：Nu	hL/λ	是传热系数 h 与特征长度 L 的乘积除以流体热导率 λ 所得的无量纲数
雷诺数：Re	UL/v	在流体运动中惯性力对黏性力比值的无量纲数
普朗特数：Pr	ν/α	流体运动学黏性系数与热扩散率比值的无量纲数
贝克来数：Pe	$Re \cdot Pr$	强制对流雷诺数 Re 与普朗特数 Pr 的乘积
斯坦顿数：St	$Nu/Re \cdot Pr$	强迫对流的一个无量纲数
自然对流热传导		
格拉晓夫数：Gr	$\beta g(\Delta T)L^3/v^2$	自然对流浮力和黏性力之比
瑞利数：Ra	$Gr \cdot Pr$	是在自然对流传热中与传热系数关联的无量纲参数

流体的运动是由惯性力、黏性力、体积力（重力等）的平衡来决定的。体积力中除了基于温度和重力作用的浮力外，还有电磁力、旋转力（科里奥利力），而当流体存在界面时，在界面处还存在表面张力。如图 8.5 所示，无量纲数是用来表示各种作用力之间的相对大小的。热量把温度作为一种势，它的流动就是传热。以导热（以自由电子和声子作为介质的热移动）为基准，讨论传热量相对这个基准之大小（努塞尔数）是一种惯用的手法。对于对流过程中的传热，传热量与流体的运动有关。因此，传热关联式以努塞尔数和与流体运动相关的无量纲数（雷诺数和格拉晓夫数）之间的关系给出。

瑞利
Lord Rayleigh
(1842—1919)

努塞尔
Wilhelm Nusselt
(1882—1957)

普朗特
Ludwig Prandtl
(1875—1953)

图 8.4b 无量纲数上留名的先驱们

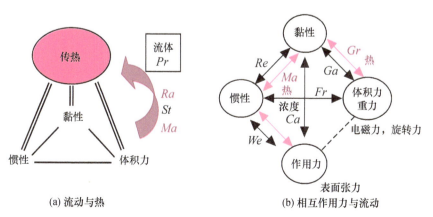

(a) 流动与热   (b) 相互作用力与流动

图 8.5 流场的作用力及流动与热量之间的相互作用

表 8.3 与流体问题相关的无量纲数

名 称	定 义	作用力的比,意义
邦德数:Bo	$(\rho_l-\rho_v)gL^2/\sigma$	重力和表面张力
毛细管数:Ca	$\mu U/\sigma$	黏性力和表面张力
埃克哈德数:E	$U^2/2c_p\Delta T$	动能和焓
弗劳德:Fr	U^2/gL	惯性力和重力
伽利略数:Ga	$Re^2/Fr=gL^3/v^2$	重力和黏性力
格雷茨数:Gz	$RePr(d/x)$	管入口段的流动
雅各布数:Ja	$(\rho_l/\rho_v)c_p\Delta T/h_{fg}$	液体的过热
克努森数:Kn	$l/L=Ma/Re$	气体的稀薄度
路易斯数:Le	$Sc/Pr=\alpha/D$	热传导和物质扩散
马赫数:M	U/a	流速和音速
Ma 数:Ma	$\sigma_T L\Delta T/k\mu$	表面张力驱动力
罗斯弼数:Ro	$U/\omega L$	惯性力和向心力
施密特数:Sc	ν/D	运动量输送和物质扩散
舍伍德数:Sh	$h_D L/D$	物质传达的大小
斯忒藩数:Sf	$c(T_s-T_f)/\Delta L$	相变化和伴随的热传导
斯特劳哈尔数:Sr	$\omega L/U$	流体的运动周期
泰勒数:Ta	$\omega L^2/\nu$	向心力和黏性力
韦伯数:We	$\rho U^2 L/\sigma$	惯性力和表面张力

符号:a—音速,c—比热,c_p—定压比热,d—管径,D—扩散系数,g—重力加速度,h_{fg}—汽化潜热,h_D—物质热传导率,l—平均自由程,L—长度,ΔL—相变化热,t—时间,T—温度,ΔT—温度差,U—速度,x—位置,α—热扩散率,ν—运动黏度,ρ—密度,σ—表面张力,σ_T—表面张力的温度系数,ω—振动周期,s—固体,表面,l—液体,v—蒸气,f—相变化。

8.3 模型化与热设计 (modeling and thermal design)

我们身边存在各种各样的传热现象,为了定量地分析这些传热现象或进行机械设计等,传热学知识是不可或缺的。但是,实际的传热现象受到各种因素的复杂影响,很多情况下采用现有方法对传热现象难以作出准确分析。特别是,设计迄今为止没有制造过的新机器或分析新的热现象,作为初步近似,有时粗略的传热评估是必要的。因此,通过模型对实际的传热现象进行简化,并以实用上可以接受的精度来预测传热现象,即模型化是十分有必要的。

本节通过举例说明实际的传热现象或机械设计(design)中必需的现象模型化及其评估方法。读者可以通过精读几个实例,学习传热现象的模型化及其在实际中的应用。

【例题 8.1】 热电偶的温度测量精度 ＊＊＊＊＊＊＊＊＊＊＊＊＊＊
【题目】

分析进行 7.6.1 节所述的温度测量时的温度、测量精度。即,如图 8.6 所示,拟采用直径 $d=5$ mm 以铬镍铁合金为壳体的铠装热电偶测量管内速度 $v=10$ m/s、温度 $T_0=500$ K 的气流温度。将铠装热电偶垂直于气体流动的方向经由温度 $T_w=350$ K 的管壁插入时,为了将空气温度的测量精度控制在 5 K 以内,需要将热电偶向气体内插入多长?

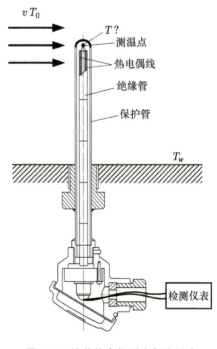

图 8.6 铠装热电偶测定气流温度

8.3 模型化与热设计

【假设与模型化】

(1) 如图 8.7 所示,用放置在流体中的棒的前端温度和流体温度相比有多少差异,来验证对温度测量的精度。

(2) 通道内空气温度均匀分布。

(3) 在如图 8.7 所示的模型中,假定热电偶的温度接点位于铠装的前端,可以忽略圆形棒前端截面的热量传递。

(4) 忽略辐射传热。

(5) 铠装热电偶可以近似看成铬镍铁合金制成的实心圆棒肋片,其物性值不随温度变化。

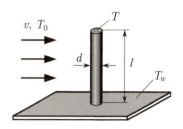

图 8.7 散热片的导热模型

【物性值的估算】

温度 $T_0 = 500\ \text{K}$、压力 $p = 0.1\ \text{MPa}$ 时,空气的物性值可以从文献[2]的物性值表中通过线性插值求得。即,空气的运动黏度 $\nu = 2.10 \times 10^{-5}\ \text{m}^2/\text{s}$,导热系数 $k_a = 2.98 \times 10^{-2}\ \text{W}/(\text{m}\cdot\text{K})$,普朗特数 $Pr = 0.707$。此外,铬镍铁合金的导热系数 $k_i = 12.0\ \text{W}/(\text{m}\cdot\text{K})$。

【分析】

将铠装热电偶的直径作为特征长度,则雷诺数为

$$Re = \frac{vd}{\nu} = 2.38 \times 10^3 \qquad (\text{ex 8.1})$$

圆柱的平均努塞尔数可用 Zukauskas 公式[3]计算。

$$\overline{Nu} = 0.26 Re^{0.6} Pr^{0.37} = 24.3 \qquad (\text{ex 8.2})$$

平均换热系数估算如下

$$\bar{h} = \frac{\overline{Nu} k_a}{d} = 145\ (\text{W}/(\text{m}^2 \cdot \text{K})) \qquad (\text{ex 8.3})$$

如果将铠装热电偶视为前端被绝热了的肋片,则长度为 l 的肋片的前端温度 T 可用下式表示。

$$\frac{T_0 - T}{T_0 - T_w} = \frac{1}{\cosh ml} \qquad (\text{ex 8.4})$$

这里,若将肋片的截面积和周长分别记作 A, P,则有

$$m = \sqrt{\frac{hP}{k_i A}} = \sqrt{\frac{4h}{k_i d}} = 98.3 \qquad (\text{ex 8.5})$$

为了使 $T > 345\ \text{K}$,必须满足

$$\cosh ml > 30 \quad \text{或者} \quad ml > \ln(30 + \sqrt{30^2 - 1}) \qquad (\text{ex 8.6})$$

即,$l > 41.6\ \text{mm}$。

【结果讨论】

(1) 铠装热电偶可视为以铬镍铁合金制成的圆形棒。实际的热电偶是,在铬镍铁合金的中空管中装入绝缘材料以及热电偶线。由于这个热电偶的有效导热系数值比在解析模型里所使用的导热系数值小,因此前端部分的温度更接近于空气温度。

(2) 由于忽略了热电偶前端截面的传热,实际测量的温度变得更接近于空气温度。

(3) 在管壁附近气流温度边界层的影响显著的情况下,有时需要更长的热电偶。

【例题 8.2】 喷气式飞机机翼表面温度的推算 ＊＊＊＊＊＊＊＊

【题目】

直射阳光以 30°的角度照射在以马赫数 0.87、飞行在 1 万米高空的喷气式客机(见图 8.8)上。推算设置在长为 6 米的翼弦(流体流动方向的翼长)中央位置的燃料箱温度。

图 8.8 高空巡航的喷气式客机(全日本航空公司提供)

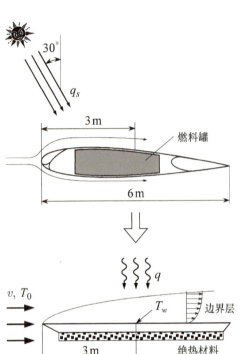

图 8.9 机翼周围的传热模型

【假设与模型化】

(1) 如图 8.9 所示,考虑根据来自太阳的辐射加热与平板的对流冷却之间的热平衡关系来确定机翼翼面上的温度。

(2) 把机翼视为长 6 米的平板,根据流经平板的空气流的对流换热与太阳辐射换热的平衡来确定燃料箱的温度。

(3) 将平板背面视为绝热,忽略平板中沿流体流动方向的热传导。

(4) 因为上层空气的密度小,假定太阳的直射与宇宙空间里的数值(太阳常数)相等,并假定平板对太阳光的吸收系数为 $\alpha=0.5$。

【物性值的计算】

在高度为 10 000 m 的高空,大气温度 $T_0=227$ K,压力 $p=0.0264$ MPa,太阳光的直射热量 $q_s=1.37$ kW/m²[4]。此时,空气的物性值为,音速 $a=302$ m/s,运动黏度 $\nu=3.69\times10^{-5}$ m²/s,导热系数 $k=2.05\times10^{-2}$ W/(m·K),普朗特数 $Pr=0.725$[2]。

【分析】

根据马赫数,喷气机的速度为

$$v=0.87\times a=263(\text{m/s}) \tag{ex 8.7}$$

以到翼弦中央的距离 $x=3$ m 作为特征长度,则雷诺数为

$$Re=\frac{vx}{\nu}=2.14\times10^7 \tag{ex 8.8}$$

此时,流动为湍流,其局部 Nu 数可由 Johnson-Rubesin 公式[2]求得如下

$$Nu=0.0296Pr^{2/3}Re^{4/5}=1.75\times10^4 \tag{ex 8.9}$$

而局部换热系数可估算如下

$$h=\frac{Nu\,k}{x}=120.0(\text{W/(m}^2\cdot\text{K)}) \tag{ex 8.10}$$

另一方面,太阳辐射加热机翼表面的热流密度为

$$q=\alpha q_s\cos\frac{\pi}{6}=593(\text{W/m}^2) \tag{ex 8.11}$$

由于机翼背面绝热,所以空气和机翼表面的温度差为

$$T_w - T_0 = \frac{q}{h} = 4.9 \text{(K)} \tag{ex 8.12}$$

所以,机翼表面温度 $T_w = 231.9$ K。

【结果讨论】

(1) 在本模型中,由于机翼下表面没有受到太阳光的照射,所以并未考虑其传热,因此,燃料箱的实际温度应该是处于空气温度与机翼上表面温度之间。

(2) 由于实际上流体流速沿翼面是变化的,所以用平面近似的本模型只是给出近似的换热系数。

(3) 如果将换热系数的大小与有效辐射热传递率,即式(1.11)相比较,可知来自翼面的放射冷却可以忽略不计。

【例题 8.3】 键盘表面的散热量　**********

【题目】

如图 8.10 所示的笔记本电脑,以其本体及其键盘的自然对流和热辐射两种方式进行散热。本体和键盘的表面积为 $A = 28 \text{ cm} \times 23 \text{ cm}$。测量的表面温度 T_s 平均比其周围空气的温度 $T_\infty = 293$ K 要高出 6 K。此时,从主体和键盘表面散出了多少 W 的热量呢?

【假设与模型化】

(1) 把笔记本电脑的本体和键盘视为一个整体,将其表面视为一个平面,其主要以自然对流和热辐射进行散热。

(2) 如图 8.11 所示,仅考虑发自键盘上表面的散热量,而发自其背面以及侧面的散热量忽略不计。

(3) 键盘上表面的热量传递主要以上表面的自然对流方式进行。

(4) 在辐射传热的计算中,发自液晶显示器的热辐射忽略不计。

【物性值的估算】

膜温度为 $T_m = (T_w + T_\infty)/2 = 296$ K 的空气物性值:普朗特数 $Pr = 0.71$,导热系数 $k = 0.0259$ W/(m·K),运动黏度 $\nu = 1.56 \times 10^{-5}$ m²/s[2]。另外,重力加速度 $g = 9.8$ m/s²,根据式(3.177),体[积]膨胀率 $\beta = 1/T_\infty = 0.00341$ K^{-1}。还有,放射率 $\varepsilon = 0.8$,根据假定(4),设从键盘向周围辐射的形态系数 $F = 1.0$。即,不考虑显示器的影响。

【分析】

为了估算自然对流产生的散热量 $\dot{Q}_{conv}$,需要计算瑞利数和雷诺数。特征长度 L 用平面的面积除以周长计算,$L = 6.3$ cm。因此

$$Ra = \frac{g\beta L^3 \Delta T}{\nu^2} Pr = \frac{9.8 \times 0.00341 \times (0.063)^3 \times 6}{(1.56 \times 10^{-5})^2} \times 0.71 = 1.46 \times 10^5 \tag{ex 8.13}$$

然后,用 3.7.4 节中关于水平平板自然对流换热系数的计算式(3.204)来计算平均努塞尔数有

$$\overline{Nu} = 0.54 Ra^{1/4} = 0.54 \times 19.5 = 10.5 \tag{ex 8.14}$$

图 8.10　笔记本电脑的外观

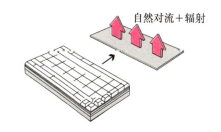

图 8.11　键盘的散热

于是，求得平均换热系数 $\bar{h}$ 如下

$$\bar{h} = \frac{\overline{Nu} \cdot k}{L} = \frac{10.5 \times 0.025\,9}{0.063} = 4.32(\mathrm{W/(m^2 \cdot K)}) \qquad (\mathrm{ex}\ 8.15)$$

因此，

$$\dot{Q}_{conv} = \bar{h}A(T_w - T_\infty) = 4.32 \times 0.23 \times 0.28 \times 6.0 = 1.67(\mathrm{W}) \qquad (\mathrm{ex}\ 8.16)$$

接下来，估算辐射散热量 $\dot{Q}_{rad}$。因为平板的温度 $T_w = 293 + 6 = 299\,\mathrm{K}$ 与周围空间的温度 $T_\infty = 293\,\mathrm{K}$ 差异很小，因此，式(1.11)所示的有效辐射换热系数计算如下。

$$h_r = 4\sigma\varepsilon T_m^3 = 4 \times 5.67 \times 10^{-8} \times 0.8 \times 296^3 = 4.70(\mathrm{W/(m \cdot K)}) \qquad (\mathrm{ex}\ 8.17)$$

因此，辐射产生的传热量可根据以下方程估算。

$$\dot{Q}_{rad} = h_r A(T_w - T_\infty) = 4.70 \times 0.23 \times 0.28 \times 6 = 1.82(\mathrm{W}) \qquad (\mathrm{ex}\ 8.18)$$

【结果讨论】

(1) 这里，虽然采用水平平板的传热关系式做了近似计算，但也有研究[5]指计算来自键盘的换热系数时式(ex 8.14)的系数不是平板的 0.54 而是 0.46，因此，应该将其理解为第一次近似。

(2) 如本例所述，在一般的电子机器的使用环境中，自然对流的散热量和辐射的散热量是同量级的。因而，在自然冷却的情况下，热辐射的影响是不能忽略的。

(3) 实际上，一台笔记本电脑的发热量大约为 50 W，其绝大部分由采用小型风扇的冷却空气带走。因此，来自键盘的放热贡献是比较小的。

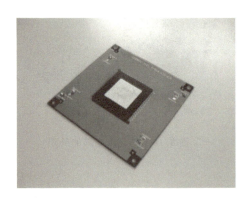

图 8.12 基板上的 LSI 封装示例
（日本机械工程学会 RC181 分科会提供）

【例题 8.4】 LSI 封装表面的温度推算 ＊＊＊＊＊＊＊＊＊

【题目】 如图 8.12 所示，基板上 LSI 封装的发热量为 2 W。封装面大小为 30 mm 的正方形，高度为 5 mm，温度 297 K 的空气流过其上表面，流速为 1 m/s。请推算此时封装表面的温度。

【假设与模型化】

(1) 根据 LSI 封装的发热量和其向气流的对流传热的平衡来计算封装表面的温度。

(2) 如图 8.13 所示，可将封装视为平面，其下表面和侧面没有放热。而且将上表面视为平板。

(3) 假定封装温度均匀。

(4) 忽略辐射传热。

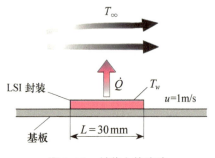

图 8.13 封装上的流动

【物性值的估算】

由于不知道封装表面的温度，所以使用主流温度 297 K 时的空气物性值。空气的导热系数 $k = 2.60 \times 10^{-2}\,\mathrm{W/(m \cdot K)}$，普朗特数 $Pr = 0.71$，空气的运动黏度 $\nu = 1.57 \times 10^{-5}\,\mathrm{m^2/s}$。

【分析】

把封装表面作为平板考虑，采用 3.4.1 节中的平板换热系数计算公式。首先，计算雷诺数 Re_L。

$$Re_L = \frac{uL}{\nu} = \frac{1 \times 0.03}{1.57 \times 10^{-5}} = 1.91 \times 10^3 \qquad (\text{ex } 8.19)$$

由于沿平板流动的临界雷诺数约为 5×10^5，故该流动为层流。因此在此使用特征长度 L 的平均层流换热公式(3.129)。即，平均努塞尔数为

$$\overline{Nu}_L = 0.664 Re_L^{1/2} Pr^{1/3} \qquad (\text{ex } 8.20)$$

将 Re_L 和 Pr 的值代入公式得到 $\overline{Nu}_L = 25.9$，根据 $\bar{h} = \overline{Nu}_L k/L$，平均传热系数为：

$$\bar{h} = 22.4 \, \text{W}/(\text{m}^2 \cdot \text{K}) \qquad (\text{ex } 8.21)$$

由于 $A = 0.0009 \, \text{m}^2$，冷空气至封装表面之间的热阻产生的温升 ΔT 为

$$\Delta T = \frac{\dot{Q}}{A\bar{h}} = \frac{2}{(22.4 \times 0.0009)} = 99 \, (\text{K}) \qquad (\text{ex } 8.22)$$

因环境温度 $T_\infty = 297 \, \text{K}$，故封装表面的温度 T_w 为

$$T_w = 297 + 99 = 396 \, (\text{K}) \qquad (\text{ex } 8.23)$$

【结果讨论】

(1) 实际封装内部，因为表面温度和 LSI 内电路的实际节点温度之间存在几 K 到 10K 的差异，在计算内部节点温度时，需要在求得的结果上加上此部分。

(2) 因为将封装表面近似成二维平板，也需要考虑由此而引入的误差。

(3) 辐射率和形状因子的值也会因封装表面的材质和使用环境而有所不同，对此也需要予以注意。

【例题 8.5】 热线风速仪的温度响应推算 ✳✳✳✳✳✳✳✳✳✳

【题目】

验证 7.6.2 节所述的热线风速仪的速度动态测量特性。如图 8.14 所示，热线风速仪是将极细的线在气流中加热根据其传热量来测量流速的装置。对于气流速度的变化热线的温度响应应该足够快。试推算用热线风速仪来测量速度 $v = 10 \, \text{m/s}$、温度 $T_0 = 300 \, \text{K}$ 的气流变化时的温度响应。其中，热线为直径 $d = 5 \, \mu\text{m}$ 的钨线，被加热到温度 $T_w = 400 \, \text{K}$。

【假设与模型化】

(1) 气流温度突然变化时，用热线的温度变化接近气流的温度变化的值时的温度响应时间来推断响应速度。

(2) 热线长度相对直径而言足够长，由两端热传导产生的热损失可以忽略不计。

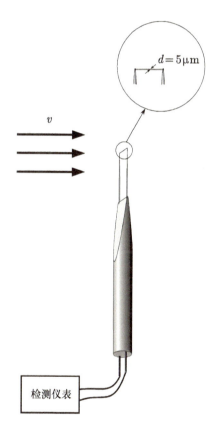

图 8.14 使用热线风速仪的流速测量

【物性计算】

在温度 $T_0=300\,\text{K}$、压力 $p=0.1\,\text{MPa}$ 时空气的物性如下：运动黏度 $\nu=1.58\times10^{-5}\,\text{m}^2/\text{s}$，导热系数 $k_a=2.61\times10^{-2}\,\text{W/(m·K)}$。钨的导热系数 $k_w=165\,\text{W/(m·K)}$，密度 $\rho=1.92\times10^4\,\text{kg/m}^3$，比热 $c=135\,\text{J/(kg·K)}$[2]。

【分析】

以钨丝的直径作为特征长度来计算雷诺数，则

$$Re=\frac{vd}{\nu}=3.16 \tag{ex 8.24}$$

与此雷诺数相对应的圆柱的平均努塞尔数，采用 Collis 公式[3]计算

$$\overline{Nu}=(0.24+0.56Re^{0.45})\left(\frac{T_w+T_0}{2T_0}\right)^{0.17}=1.21 \tag{ex 8.25}$$

平均传热系数估算如下

$$\bar{h}=\frac{\overline{Nu}k_a}{d}=6.31\times10^3\,(\text{W/(m}^2\cdot\text{K})) \tag{ex 8.26}$$

此时毕渥数为

$$Bi=\frac{\bar{h}d}{k_w}=1.91\times10^{-4}\ll1 \tag{ex 8.27}$$

因此，钨丝内部的温度分布可以忽略。

流体温度发生突变时，热线和气流的温度差与气流的温度变化之比值达到 $1/e\approx0.368$ 的时间可以近似作为热线的温度响应时间 τ。这里，$e=2.7183\cdots$ 是自然对数的底，若 A_s 为物体的表面积，V 为物体的体积，根据式(2.114)响应时间为

$$\tau=\frac{\rho Vc}{hA_s}=\frac{\rho cd}{4h}=5.13\times10^{-4}\,(\text{s}) \tag{ex 8.28}$$

即温度响应时间约为 0.5 ms。

【结果讨论】

(1) 对于均匀温度的气流，因流速的变化传热能力会有变化，而实际流速测量中，将此变化当做流速的变化来测量，所以实际的响应时间比本模型的计算结果要长。用此热线测量系统不能测出 1 kHz 以上的速度变化。

(2) 实际热线风速仪的响应特性为几百赫兹。但是，恒温型测量系统也有响应特性为几十千赫的。

(3) 由于热线直径较小而对流传热系数较大，辐射、自然对流和热传导都可以忽略不计。

【例题 8.6】 火力发电站锅炉的传热计算 ★★★★★★★★★★★

【题目】

图 8.15 所示为 LNG（液化天然气）火力发电站的锅炉，试计算燃烧气体和炉壁之间的传热量。炉内燃烧气体的温度 $T_g=1600\,\text{K}$，装有蒸气管的锅炉炉壁温度 $T_w=620\,\text{K}$，壁面的辐射率 $\varepsilon_w=1$，此外，假定天然气为甲烷，在 1 个大气压下与空气按理论混合比进行燃烧。

8.3 模型化与热设计

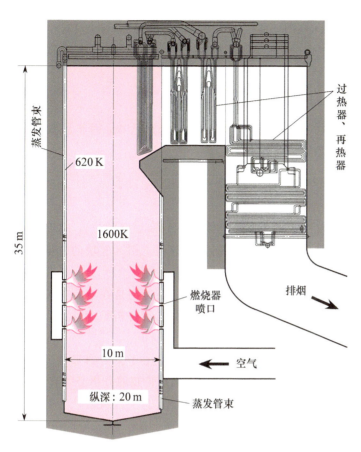

图 8.15 功率 60 万 kW 的 LNG 发电锅炉

【假设与模型化】

(1) 传热仅依靠燃气的辐射进行,对流换热、热传导可以忽略。

(2) 将锅炉模型化成如图 8.16 所示的矩形燃烧炉内,假定炉内的燃气温度和壁面温度都是均匀的。

(3) 因为壁面温度远低于燃气温度,来自壁面的辐射传热可忽略。

(4) 关于燃气的辐射假定可以使用图 4.61～图 4.66 所示霍特尔的定向辐射率。不过,对于水蒸气与二氧化碳的混合气体的修正相对于整体辐射率而言较小,故忽略之。

【物性计算】

甲烷和空气按理论混合比进行燃烧时的化学反应,可表示如下:

$$CH_4 + 2O_2 + 8N_2 = CO_2 + 2H_2O + 8N_2 \tag{ex 8.29}$$

按照气体的摩尔比,反应后的二氧化碳和水蒸气分压分别为 $p_{CO_2}=0.09$ atm, $p_{H_2O}=0.18$ atm。

【分析】

图 8.16 所示的表面积和体积分别为 $A=2500$ m², $V=7000$ m³,由式(4.72)表示的气体的特征长度 R 为

$$R = \frac{4V}{A} = 11.2 \text{(m)} \tag{ex 8.30}$$

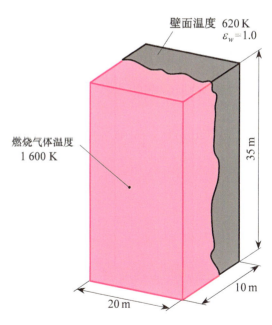

图 8.16 炉内等温烟气的辐射散热模型

此时，$p_{CO_2}R=1.0\,\text{atm}\cdot\text{m}$，$p_{H_2O}R=2.0\,\text{atm}\cdot\text{m}$。当 $T_g=1\,600\,\text{K}$ 时，根据图 4.62、图 4.63，此气块的辐射率为 $\varepsilon_{CO_2}=0.15$，$\varepsilon_{H_2O}=0.30$。另外，根据图 4.64、图 4.65，相对于全压 P 的辐射率的修正系数为 $c_{CO_2}=1$，$c_{H_2O}=1.1$。即燃气块的辐射率为：

$$\varepsilon_g=c_{CO_2}\varepsilon_{CO_2}+c_{H_2O}\varepsilon_{H_2O}=0.48 \tag{ex 8.31}$$

这里，由气体共存带来的混合气体修正量 $\Delta\varepsilon_G$ 因非常小而忽略掉，所以辐射传热量估算如下。

$$\dot{Q}=A(\varepsilon_g\sigma T_g^4-\varepsilon_w\sigma T_w^4)=425\,\text{MW} \tag{ex 8.32}$$

【结果讨论】

（1）炉内气体的温度是不同的。另外，炉壁的位置不同，来自气体的辐射传热量也会有很大差异，因此须注意引入气块的特征长度是第一次近似。

（2）霍特尔的定向辐射率线图 4.63 特别是在水蒸气的高温区域误差非常大。所以为了更准确地推算，必须分析炉内辐射介质的辐射输送方程。

（3）燃烧煤粉或燃烧重油的锅炉中，由于会受到来自烟气以及未完全燃烧碳颗粒产生的强烈辐射，其辐射传热的分析必须有所不同。

（4）在本例中，因来自壁面的辐射小于 5%，可以认为忽略了壁面的辐射的本模型也可以给出良好的近似。

（5）对空气的成分比进行了简化，式(8.29)仅是近似的。

【例题 8.7】 电热水壶加热器表面温度的推算　　********

【题目】

图 8.17 所示的电热水壶规格如下。

容量为 2.2 L，功率为 1 050 W，平均保温功耗为 40 W。

如图 8.18 所示，加热器由不锈钢、铝、云母板三部分叠加而成，其面积 9 500 mm²。推算电热水壶加热器的温度，并验证加热器不发生烧毁现象。

图 8.17　电热水壶

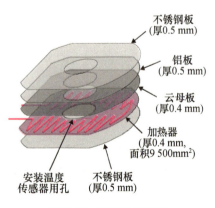

图 8.18　加热器的构造

【假设与模型化】

（1）平均保温功耗可看做电热水壶的热损失，功耗 1 050 W 可以看做加热器传给水的能量。

（2）水的初始温度为 10℃，向水中传热是通过核沸腾。即使水温发生变化，核沸腾换热系数也是不变的。

（3）计算加热器和传热面之间的热阻时，忽略接触热阻。此外，来自电加热器的热量全部向上传递。

【物性计算】

1 个大气压饱和状态下水的物性如下：汽化潜热 $L_{lv}=2\,256.9\,\text{kJ/kg}$，表面张力 $\sigma=58.93\,\text{mN/m}$，饱和蒸汽的密度 $\rho_v=0.597\,7\,\text{kg/m}^3$，饱和液体的密度 $\rho_l=958.3\,\text{kg/m}^3$，饱和液体的定压比热 $c_{pl}=4.217\,\text{kJ/(kg}\cdot\text{K)}$，饱和液体的导热系数 $k_l=0.677\,8\,\text{W/(m}\cdot\text{K)}$，饱和液体的运动黏度 $\nu_l=0.294\,4\times10^{-6}\,\text{m}^2/\text{s}$，饱和液体的普朗特数 $Pr_l=1.756$，电加热器

各个组成部分的导热系数分别为,不锈钢 $k_S=27.0\,\mathrm{W/(m\cdot K)}$,铝 $k_A=235\,\mathrm{W/(m\cdot K)}$,云母 $k_M=0.50\,\mathrm{W/(m\cdot K)}$。

【分析】

首先,圆板型加热器的传热面积为 $0.0095\,\mathrm{m}^2$,热流密度 q 为

$$q=\frac{\dot Q}{A}=\frac{1050}{0.0095}=106.3(\mathrm{kW/m^2}) \qquad (\text{ex 8.33})$$

这里,池沸腾的换热系数使用罗森诺(Rohsenow)公式(5.38)计算。不过,把传热面当做不锈钢时,罗森诺(Rohsenow)公式中的系数 C_{sf} 为 0.014。另外,拉普拉斯系数使用例题 5.4 求得的如下数值。

$$l_a=\sqrt{\frac{\sigma}{g(\rho_l-\rho_v)}}=2.505\times10^{-3}\,\mathrm{m} \qquad (\text{ex 8.34})$$

故,

$$\begin{aligned}h&=\frac{Pr_l^{-0.7}}{C_{sf}}\left(\frac{q l_a}{\rho_v\nu_l L_{lv}}\right)^{0.67}\left(\frac{\rho_v}{\rho_l}\right)^{0.67}\cdot\frac{k_l}{l_a}\\ &=\frac{1.756^{-0.7}}{0.014}\cdot\left(\frac{110.5\times10^3\times2.505\times10^{-3}}{0.5977\times0.2944\times10^{-6}\times2256.9\times10^3}\right)^{0.67}\\ &\quad\times\left(\frac{0.5977}{958.3}\right)^{0.67}\times\frac{0.6778}{2.505\times10^3}\\ &=7.893(\mathrm{kW/(m^2\cdot K)}) \end{aligned} \qquad (\text{ex 8.35})$$

因此,过热度为

$$\Delta T_{sat}=\frac{q}{h}=\frac{110.5}{7.893}=14.00(\mathrm{K}) \qquad (\text{ex 8.36})$$

即推定传热面的温度为 114℃。

其次,考虑传热面和加热器之间的热阻,推定加热器部分的温度。根据图 8.18,加热器上部由厚度为 0.4mm 的云母、0.5mm 的铝以及 0.5mm 的不锈钢叠加构成,因此传热系数为

$$\begin{aligned}K&=\left(\frac{\delta_S}{k_S}+\frac{\delta_A}{k_A}+\frac{\delta_M}{k_M}\right)^{-1}=\left(\frac{0.5}{27.0}+\frac{0.5}{235}+\frac{0.4}{0.5}\right)^{-1}\times10^3\\ &=1219(\mathrm{W/(m^2\cdot K)})\end{aligned} \qquad (\text{ex 8.37})$$

这里,δ_S,δ_A,δ_M 分别表示不锈钢、铝以及云母板的厚度。所以,加热器的温度 T_h 为

$$T_h=T_W+\frac{q}{K}=114+\frac{110.5\times10^3}{1219}=204.7(\text{℃})$$

镍铬电热丝的熔点为 1673℃,在这种水平的温度下不会被烧断。

最后,求一下将水烧开所需要的时间 t。假设电热水壶内装满水,即加入水的质量为 $m=\rho_l V=2.108\,\mathrm{kg}$,则加热时间为

$$\begin{aligned}t&=\frac{m c_{pl}(T_{sat}-T_{ini})}{Q}=\frac{2.108\times4.217\times10^3\times(100-10)}{1050}\\ &=762.0(\mathrm{s})=12.7(\mathrm{min})\end{aligned} \qquad (\text{ex 8.38})$$

【结果讨论】

(1) 由于这里没有考虑接触热阻,加热器的实际温度应是比 204.7℃ 更高的值。

(2) 根据例题 5.5 的结果,在大气压下的临界热流密度为 $1109\,\text{kW/m}^2$,因电热水壶的热流密度仅是其 1/10,不用担心向膜态沸腾的过渡。

(3) 说明书中记载的把水烧开时间为 14 分钟,但这里计算的时间比其短了一些,这是由于计算时没有考虑热水壶自身的热容。

8.4 实际换热器的设计(practical design of heat exchangers)

正如第 7 章所述,换热器的基本性能由换热器的形状与大小、传递热能的高温与低温流体的物性以及流量、温度等条件决定。但是,在实际的换热器的设计中,换热器的大小与形状受到设置场所或与其他机器之间的关系限制。同时,高温与低温流体的流量一般由与换热器配合使用的泵或风机的性能和换热器的压力损失特性之间的相互关系来决定。另外,即使是流体的温度也常常受换热器性能稳定性的影响。即,在实际的换热器设计中,要求以传热系统的思路来考虑问题。在此,通过接近于实际的换热器,介绍构建传热系统的思考方法。

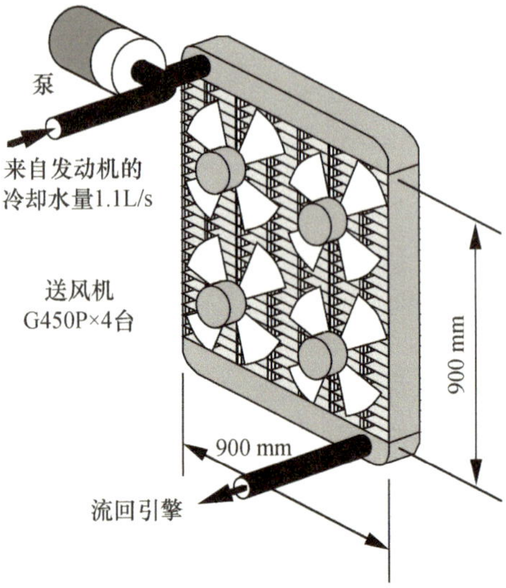

表 8.4 流体的物性值

物 性	冷却水 (下标 h)	空气 (下标 c)
密度 ρ (kg/m³)	980	1.0
比热 c (J/(kg·K))	4200	1000
导热系数 k (W/(m·K))	0.66	0.03
运动黏度 ν (m²/s)	4.39×10^{-7}	2.0×10^{-5}
普朗特数 Pr	2.7	0.7

【例题 8.8】 ✲✲✲✲✲✲✲✲✲✲✲✲✲✲✲✲✲✲✲✲✲✲✲✲

设计一个用于冷却固定式小型柴油发电机引擎的散热器。引擎冷却水的最大散热负荷为 50 kW,空气温度假设在 30℃ 以下。通过泵冷却水在冷却系统中以体积流量 1.1 L/s 循环,要求最高温度控制在 110℃ 以下。基于以上条件设计一个尽可能紧凑的散热器系统。

【设计算例】

本例题除了散热量和冷却水的流量、冷却水与大气的最高温度和最低温度之外,可直接决定散热系统构成要素的限制条件。因此根据这些条件进行散热器的基本设计时,在散热器的形状设定以及与之配合使用的送风机等的选型上需要直觉力和不断摸索。下面的计算结果不过是满足题意的方案之一,不用说,除此之外还有很多的选择方案。另外,本设计算例之目的是为了让读者了解散热系统的基本特性,因此流体物性位按表 8.4 所示,不考虑其对温度的依存性。

1. 确定散热器结构

在由冷却水向空气放热的本散热系统中,与冷却水侧相比,空气侧的对流换热系数低,因此可以想象空气侧的热阻将决定散热系统的性能。于是,假定换热器与汽车常用的散热器一样,是水管外表面套上翅片的管翅式交叉流散热器。对于水管,为减少其对空气流动的妨碍,选用扁平管,对于翅片,使用小间距的平板翅片。

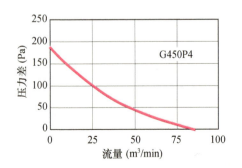

图 8.19 散热系统示意图

图 8.20 送风机性能曲线

流过换热器的空气流量由换热器的压力损失和与之配套的风机性能的相互关系决定。这里作为送风机使用佐藤工业所生产的 4 台 G450P4(直径 450 mm)。此时,换热器的正面的最小尺寸根据风机的大小,取为 900 mm×900 mm。整个散热系统的示意图见图 8.19,送风机的性能曲线见图 8.20。

2. 确定冷却水侧流道形状和计算冷却水侧换热系数

如图 8.21 所示,扁平状水管内部短边长 2 mm,长边长 50 mm,水管壁厚 0.5 mm,管材为黄铜(Cu70·Zn30)。若以间距 100 mm 设置水管,则 900 mm×900 mm 的换热器有 8 个流道,水的体积流量为 $\dot{V}_h = 1.1\,L/s = 1.1 \times 10^{-3}\,m^3/s$,因此,若 u_h 表示水管内冷却水的平均流速,A_h 表示水管的横截面面积($=9.9 \times 10^{-5}\,m^2$),N 为水管数($=8$),则

$$u_h = \frac{\dot{V}_h}{A_h \times N} = 1.39\,(m/s) \quad\text{(ex 8.39)}$$

以水管的水力直径 d_h($=4A_h/P = 3.9 \times 10^{-3}\,m$,$P$ 为水管内壁周长)为特征长度的雷诺数 $Re_{h\,dh}$ 为

$$Re_{h\,dh} = \frac{u_h d_h}{\nu_h} = 1.22 \times 10^4 \quad\text{(ex 8.40)}$$

根据此雷诺数可以判定水管内的流动状态为湍流,水管内的平均对流换热系数使用 Dittus-Boelter 公式

$$Nu_{h\,m} = 0.023 Re_{hdh}^{0.8} Pr_h^{0.4} \quad\text{(ex 8.41)}$$

根据上式计算得 $Nu_{h\,m} = 63.8$,即换热系数 $h_h = 1.09 \times 10^4\,W/(m^2 \cdot K)$。

3. 确定空气侧流道形状和计算空气侧换热系数

同样地确定空气侧传热面形状和计算空气流量与换热系数。在水管与水管之间将宽度与扁平水管长度相同的厚度为 $t = 0.5$ mm 的铜制平板翅片,以 2.5 mm 间隔设置,则,如图 8.22 所示,由翅片与水管构成的空气流道的大小为高 2 mm,宽 97 mm,长 51 mm。若将空气流动的压力损失 Δp_c 考虑成仅仅来源于空气流道的收缩流动和摩擦损失,则相对于空气的体积流量 $\dot{V}_c$ 求得如下。

$$\Delta p_c = \left\{\left(\frac{1}{B}\right)^2 - 1\right\}\frac{1}{2}\rho_c\left(\frac{\dot{V}_c}{A}\right) + \lambda_c \frac{l}{d_c}\frac{1}{2}\rho_c\left(\frac{\dot{V}_c}{BA}\right)^2$$
$$= \frac{\rho_c}{2A^2}\left\{\frac{1}{B^2} - 1 + \lambda_c \frac{l}{d_c B^2}\right\}\dot{V}_c^2 \quad\text{(ex 8.42)}$$

式中,B 表示空气流道畅通系数($=(97\,mm \times 2\,mm)/(100\,mm \times 2.5\,mm) = 0.776$),$A$ 为散热器正面面积($=0.9\,m \times 0.9\,mm$),l 为流道深度($=51$ mm),d_c 为流道的水力直径,λ_c 为空气与流道之间的摩擦系数,假定为 0.3。在风机性能曲线图中添加上式所表示的曲线得到图 8.23(请注意因考虑使用 4 台风机,故每台风机的风量为 $\dot{V}_c$ 的 1/4),两曲线的交点即为风机的工作点,即 $\dot{V}_c = 47 \times 4\,m^3/min = 3.1\,m^3/s$,$\Delta p_c = 50$ Pa。此时,空气流道内的平均流速 $u_c = 4.93$ m/s,以水力直径为特征长度的雷诺数 $Re_{c\,dc} = 966$,以流道长度为特征长度的雷诺数

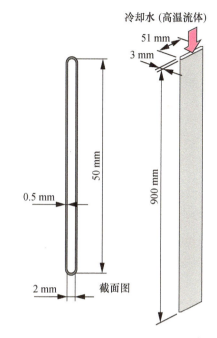

图 8.21 水管形状

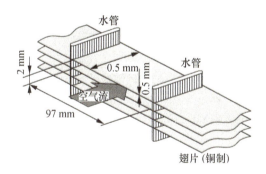

图 8.22 空气侧的流道形状

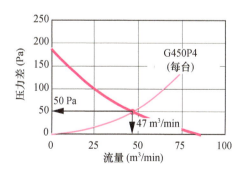

图 8.23 风机的工作点(每一台)

$Re_{cl}=1.26×10^4$,流动状态为层流,故空气流道内平均换热系数用流体外掠过平板层流对流换热公式

$$Nu_{cm}=0.664Re_d^{1/2}Pr_c^{1/3} \tag{ex 8.43}$$

计算得 $Nu_{cm}=66.2$,换热系数 $h_c=38.9\,\text{W}/(\text{m}^2\cdot\text{K})$。

另外,扩大水管之间的翅片面积并非都能增强传热效果。判断这一点的参数是翅片效率,如果把套在水管上的翅片看成是高度为到流道中央 $W=48.5\,\text{mm}$ 的矩形翅片,则

$$\phi=\frac{\tanh u_b}{u_b},\quad u_b=W\sqrt{\frac{h_c}{k_f\dfrac{\delta_f}{2}}} \tag{ex 8.44}$$

由此算得 $\phi=0.772$。其中 k_f 为翅片材料铜的导热系数 $(=390\,\text{W}/(\text{m}\cdot\text{K}))$,$\delta_f$ 为翅片厚度 $(=0.5\,\text{mm})$。因此空气侧当量面积 A_c,由翅片面积 $A_f=32.1\,\text{m}^2$,不包括翅片部分的水管表面积 $A_b=0.68\,\text{m}^2$,求得如下。

$$A_c=\phi A_f+A_b=25.4(\text{m}^2)$$

其为水管内表面积(冷却水侧面积)$A_h=0.74\,\text{m}^2$ 的 34 倍。

4. 传热系数的计算

若水管壁内的传热简单地近似成平板导热,以高温流体侧传热面积为基准的传热系数可用下式计算。

$$K=\frac{1}{\dfrac{1}{h_h}+r_h+\dfrac{\delta_t}{k_t}+r_c\dfrac{A_h}{A_c}+\dfrac{1}{h_c}\dfrac{A_h}{A_c}}=1055\,\text{W}/(\text{m}^2\cdot\text{K}) \tag{ex 8.45}$$

式中,δ_t 为水管壁厚 $(=0.5\,\text{mm})$,k_t 为水管(黄铜)的导热系数 $(=111\,\text{W}/(\text{m}\cdot\text{K}))$,$r_h$ 与 r_c 为高温侧和低温侧的污垢热阻,分别假定为 $1×10^{-4}\,(\text{m}^2\cdot\text{K})/\text{W}$ 和 $2×10^{-4}\,(\text{m}^2\cdot\text{K})/\text{W}$。

5. 管翅式交叉流换热器修正系数的估算

此处设计的散热器为一个管翅式交叉流换热器,为评价其性能必须求得第 7 章中介绍的对数平均温差修正系数,如图 7.22 所示,这个修正系数由高温与低温流体的温度条件等参数来确定,因此需要首先计算这些参数。

散热器的散热量 $\dot{Q}=50\,\text{kW}$,假定大气(低温流体)的进口温度为 $T_{ci}=30\,\text{℃}$,冷却水(高温流体)的进口温度为其上限 $T_{hi}=110\,\text{℃}$,则各自的出口温度求得如下。

$$T_{ho}=T_{hi}-\Delta T_h=T_{hi}-\frac{\dot{Q}}{\rho_h c_h \dot{V}_h}=99.0(\text{℃})$$

$$T_{co}=T_{ci}+\Delta T_c=T_{ci}+\frac{\dot{Q}}{\rho_c c_c \dot{V}_c}=46.1(\text{℃})$$

式中 ΔT_h 和 ΔT_c 为高温流体和低温流体的出入口之间流体温度差,因此

$$\frac{T_{ho}-T_{hi}}{T_{ci}-T_{hi}}=0.14, \quad \frac{T_{ci}-T_{co}}{T_{ho}-T_{hi}}=1.5$$

从图 7.22(d)(使用时,图中表示高温和低温流体的符号需交换过来),求得对数平均温差修正系数 $\Psi=0.98$。

6. 温度校核：确保设计合理性

根据上面的设计结果,确认在最大散热量为 $\dot{Q}=50\,\text{kW}$ 时,高温流体进口温度在设定的上限温度 110℃ 以下。换热器的散热量可由下式计算。

$$\dot{Q}=KA_h\Psi\Delta T_{lm} \tag{ex 8.46}$$

式中对数平均温差 ΔT_{lm} 使用适用于交叉流换热器的公式

$$\Delta T_{lm}=\frac{(T_{hi}-T_{co})-(T_{ho}-T_{ci})}{\ln\frac{(T_{hi}-T_{co})}{(T_{ho}-T_{ci})}}=\frac{\Delta T_h-\Delta T_c}{\ln\frac{(T_{hi}-T_{co})}{(T_{hi}-\Delta T_h-T_{ci})}} \tag{ex 8.47}$$

注意到高温流体与低温流体的进出口温差 ΔT_h 和 ΔT_c 可分别由散热量和热量流量计算,得 $\Delta T_h=11.0\,\text{K}, \Delta T_c=16.1\,\text{K}$。根据低温流体进口温度 $T_{ci}=30℃$,求得获得散热量 $\dot{Q}=50\,\text{kW}$ 时的高温流体进口温度 T_{hi}

$$T_{hi}=\frac{T_{co}-(\Delta T_h+T_{ci})\exp\left\{\frac{KA_h\Psi(\Delta T_h-\Delta T_c)}{\dot{Q}}\right\}}{1-\exp\left\{\frac{KA_h\Psi(\Delta T_h-\Delta T_c)}{\dot{Q}}\right\}}=109.2(℃) \tag{ex 8.48}$$

此温度没有超过设定的温度上限 110℃,即可确认本设计是合理的。

实际换热器的设计,常常用到很多关于换热系数、压力损失的经验值或经验公式,此外还要考虑基于制造过程、材料和成本等的限制因素。因此实际的设计并非如上述那么的简单。但是,为了让读者更好地理解传热系统设计的基本概念,所以这里只介绍了最简单的设计步骤。

第 8 章 参考文献

[1] 円山重直,機械の研究,53 卷(2000) p.335.
[2] 日本熱物性学会編,熱物性ハンドブック,改定第 2 版,(2000),養賢堂.
[3] 日本機械学会編,伝熱工学ハンドブック,(1992),森北出版.
[4] 国立天文台編,理科年表,丸善,(2003).
[5] 石塚　勝,電子機器の熱設計,基礎と実際,丸善(2003).

附录

Index

A

ablation 烧蚀 …………………………………… 157
absolute pressure 绝对压力 ………………… 13
absolute temperature 绝对温度 ……… 12,99,102
absorption band 吸收带 …………………… 117
absorption 吸收 ……………………………… 101
absorptivity 吸收率 ………………………… 101
Acoustic Doppler Velocimetry
　超声波测速仪 …………………………… 212
active cavity 活性空穴 ……………………… 131
adiabatic condition 绝热条件 ……………… 27
adiabatic section 绝热段 …………………… 202
ADV 超声波测速仪 ………………………… 212
air conditioner 空调机 ……………………… 124
air-cooling technology 空冷技术 …………… 197
aligned arrangement 顺排 ………………… 86
amount of heat 热量 ………………………… 13
analogy between heat and mass transfer
　传热与传质的相似性 ……………………… 178
angle factor 角关系,角系数 ………………… 113
annular flow 环状流 ………………………… 142
Archimedes principle 阿基米德定理 ……… 87
arriving flux 投入辐射 ……………………… 115
assumption of local equilibrium
　局部平衡假设 …………………………… 157
atom 原子 …………………………………… 99
average friction coefficient
　平均摩擦系数 …………………………… 65,76
average heat transfer coefficient
　平均换热系数 …………………………… 57
azimuthal angle 方位角 …………………… 111

B

baffle 折流板 ………………………………… 187
Beer's law 比尔定律 ………………………… 118
Benard cells 贝纳尔格包 …………………… 93
Bernoulli law 贝努利定理 …………………… 64
Bernoulli's equation 贝努利方程 ………… 18
Biot number 毕渥数 ……………………… 28,38
black body 黑体 …………………………… 10,102
black surface 黑体表面 …………………… 102
blackbody emissive power 黑体辐射率…… 10
Blasius formula 布拉修斯公式 …………… 83
blunt body 钝体,非流线形物体 …………… 80
body force 体积力 ………………………… 58
boiling cooling 沸腾冷却 ………………… 199
boiling curve 沸腾曲线 …………………… 128
boiling limitation 沸腾限制 ……………… 203
boiling 沸腾 ……………………………… 9,123
Boltzmann constant 玻尔兹曼常数 ……… 102
Bond number 邦德数 ……………………… 133
boundary condition of the first kind
　第一类边界条件 ………………………… 27
boundary condition of the second kind
　第二类边界条件 ………………………… 27
boundary condition of the third kind
　第三类边界条件 ………………………… 27
boundary condition 边界条件 …………… 26
boundary element method 边界元法 …… 50
boundary layer approximation 边界层近似 …… 63
boundary layer edge 边界层外缘 ………… 64
boundary layer equations 边界层方程组 …… 63
boundary layer flow 边界层流动 ………… 63
boundary layer 边界层 …………………… 9
boundary 边界 …………………………… 18
Boussinesq approximation 布辛涅斯克近似 …… 88
bubble agitation 气泡扰动机制 ………… 134
bubble coalescence 聚合 ………………… 129
bubble nuclei 气泡核 …………………… 129
bubbling cycle 气泡周期 ………………… 130
bubbly flow 泡状流 ……………………… 141
buffer layer 缓冲层 ……………………… 83
bulk mean temperature 流体平均温度 …… 69
bulk velocity 主体速度 ………………… 163

buoyancy 浮力	87
burnout point 烧毁点	129
burnout 烧毁	129

C

calorie 卡路里	13
calorimetry 热计量	210
capillary constant 毛细管常数	135
capillary force 毛细力	202
capillary limitation 毛细限制	203
Carnot cycle 卡诺循环	19
Cartesian coordinates 直角坐标系	25
cavity 空穴	131
Celcius 摄氏温度	12
central processing unit (CPU,中央处理器)	4
CHF point 临界热流密度点	129
churn flow 搅拌流	142
circular cylinder 圆柱	78
Clapeyron-Clausius equation 克拉珀龙-克劳修斯方程	125
closed system 闭口系统	15
Colburn analogy 科尔伯恩相似定律	83
cold plate 冷板	199
combined convection 联合对流	56
combined cycle 联合循环	2
compact heat exchangers 紧凑式换热器	187
complementary error function 余误差函数	40
composite cylinder 多层圆筒壁	33
composite plane wall 多层平板	31
composite sphere 多层球壳	35
concentration 浓度	161
condensation number 凝结数	148
condensation 凝结	9,123,143
condenser section 冷凝段	202
condenser 冷凝器	18
condensing gas 凝结气体	151
conductive heat transfer 热传导,导热传热,对流传数	5,23,99
configuration factor 角关系	113
constant heat flux 恒热流	27
Constant Temperature Anemometer 定温度型热线风速仪	211
constant wall heat flux 等壁面热流密度条件	70
constant wall temperature 恒壁温/等壁温条件	27,70
constitutive equation 本构方程	59
contact angle 接触角	126
continuous spectrum 连续光谱	117
control surface 控制面	18
control volume 控制体	18,57
convection 对流	6,7
convective heat transfer 对流传/换热	6,7,55,99
convective mass transfer 对流传质	162,176
cooler 冷却器	18
cooling of electronic equipments 电子仪器的冷却	195
core material 芯材	201
counter-flow heat exchangers 逆流式换热器	186
critical heat flux point 临界热流密度点	129
critical quality 临界干度	143
critical radius 临界半径	127
critical Reynolds number 临界雷诺数	67
cross-fin type heat exchangers 横向肋片式换热器	187
cross-flow heat exchangers 错流式换热器	186
CTA 定温度型热线风速仪	211
cylinder 圆筒壁	33
cylindrical coordinates system 圆柱坐标系	26

D

Dalton's law 道尔顿定律	163
degree of subcooling 过冷度	126,128
degree of superheating 过热度	126
departure from nucleate boiling DNB	143
design 设计	220
dielectric 电解质	10
Differential Thermal Analysis 差热分析仪	210
diffuse reflection 漫反射	101
diffusely emitting surface 完全漫发射面	111
diffusion coefficient 扩散系数	164,177
diffusion equation 扩散方程	168
diffusion velocity 扩散速度	164

diffusion 扩散 …………………………… 162
dimensional analysis 量纲分析 ……………… 216
dimensionless number 无量纲数 ……… 215,216
direct contact condensation 直接接触凝结…… 144
direct contact heat exchanger
　直接接触式换热器 ……………………… 187
direct cooling 直接冷却 ……………………… 199
direct liquid cooling 直接液冷方式 ………… 199
directional absorptivity 定向吸收率 ………… 119
directional emissivity 定向发射率 ……… 110,119
directional spectral emissivity
　定向光谱发射率 ………………………… 108
directional transmittivity 定向透过率 ……… 119
directionally emitting surface 定向发射面 …… 111
Dirichlet condition 狄利克雷条件 ……………… 27
discrete 离散 ………………………………… 103
distribution of electric charge 电荷分布 …… 100
distributor 分散板 …………………………… 206
Dittus-Boelter equation 迪图斯-贝尔特公式 … 83
divergence theorem 高斯散度定理 …………… 58
double-tube type heat exchangers
　套管式换热器 …………………………… 186
drag coefficient 阻力系数 …………………… 80
drag crisis 阻力危机 ………………………… 80
driving force 驱动力 ………………………… 162
drop-annular flow 环雾状流 ………………… 142
drop-wise condensation 滴状凝结 ……… 143,152
drying 干燥 ………………………………… 161
dryout 干涸 ………………………………… 143
DTA 差热分析仪 …………………………… 210
duct 槽道 …………………………………… 17
Dufour effect 迪富尔效应 …………………… 180
dyadic multiplication 并矢积 ………………… 58

E

eddies 涡流 …………………………………… 79
eddy diffusion 涡扩散 ……………………… 176
effective binary diffusion coefficient
　有效扩散系数 …………………………… 166
effective radiation heat transfer coefficient
　有效辐射传热系数 ……………………… 10
Einstein's summation rule
　爱因斯坦求和约定 ……………………… 81

electric dipole 电偶极子 …………………… 100
electric field 电场 ………………………… 100
electric oscillation 电振荡 ………………… 100
electromagnetic wave 电磁波 ……………… 7,99
emission angle 放射角 ……………………… 108
emission 放射 ……………………………… 7,99
emissive power 辐射能 ……………………… 10
emissivity 发射率 …………………………… 10
enclosed system 封闭空间 ………………… 114
enclosure 密闭空间 ………………………… 102
energy equation 能量方程 ………………… 61
energy level 能级 ………………………… 103
energy 能量 ………………………………… 5
engineering heat transfer 传热学 …………… 1
enthalpy 焓值 ……………………………… 17
entrainment limitation 卷吸限制 …………… 203
entropy generation rate 熵增率 …………… 19
equation of continuity 连续性方程 …… 58,167
equation of state 状态方程 ………………… 61
equimolar counterdiffusion
　等摩尔相互扩散 ………………………… 171
error function 误差函数 ………………… 40,154
evaporation heat transfer 蒸发传热 ……… 123
evaporation 蒸发 …………………………… 123
evaporator section 蒸发段 ………………… 202
evaporator 蒸发器 ………………………… 18
exergy 㶲 ………………………………… 19
explicit method 显式解法 ………………… 50
extended surface 扩展传热面 ……………… 35
external boiling flow 外部流动沸腾 ……… 141
external flow 外部流动 …………………… 56
extraction 提取 …………………………… 161

F

Fahrenheit 华氏温度 ……………………… 12
Falkner-Skan flow Falkner-Skan 流 ………… 78
Fanning friction factor 范宁摩擦系数 ……… 68
Fick's law of diffusion 费克扩散定律 ……… 164
Fick's second law of diffusion
　费克第二定律 …………………………… 168
film boiling 膜态沸腾 ………………… 128,129
film Reynolds number 液膜雷诺数 ………… 148
film temperature 膜温度 ……………… 87,147

film-wise condensation 膜状凝结 …………… 143
fin efficiency 肋效率 ………………………… 36
finite difference method 有限差分法 ………… 48
finite element method 有限元方法 …………… 50
finned surface 肋化传热面 …………………… 35
fin 肋 …………………………………………… 35
first-order reaction 1 次反应 ………………… 173
flow boiling in tube 管内沸腾 ……………… 141
flow boiling 流动沸腾 ………………………… 128
flow pattern 流动形态 ……………………… 141
flow separation 流动分离 …………………… 80
fluidized beds 流化层,流化床 ……………… 206
forced air cooling 强制空冷 ………………… 197
forced convection 强迫对流 ………………… 9,56
forced convective boiling cooling
　强迫流动沸腾冷却 ………………………… 199
force 力 ………………………………………… 13
fouling factor 污垢系数 ……………………… 194
fouling 污垢 …………………………………… 194
Fourier numbers 傅里叶数 ………………… 28,41
Fourier's law 傅里叶定律 …………………… 7,23
fraction of blackbody emissive power
　黑体辐射比率 ……………………………… 106
free convection 自由对流 …………………… 9,56
frequency of bubble departure
　脱离频率 …………………………………… 133
frequency 频率 ………………………………… 99
friction drag 摩擦阻力 ………………………… 80
front stagnation point 前驻点 ………………… 80
fully-developed flow between parallel plates
　平行平板间的充分发展流 ………………… 68
fully-developed flow in a circular tube
　圆管内的充分发展流 ……………………… 68
fully-developed temperature field
　充分发展的温度场 ……………………… 67,69
fully-turbulent layer 充分发展湍流区 ……… 82

G

Galileo number 伽利略数 …………………… 147
gamma-rays γ射线 …………………………… 99
gas constant 气体常数 ……………………… 163
gas turbine 燃气轮机 ………………………… 1
gauge pressure 表压 ………………………… 13

generation of bubble 伴随气泡生成 ……… 123
geometrical factor 角关系 ………………… 113
Gibbs free energy 吉布斯自由能 ………… 125
Gibbs's phase rule 吉布斯相定律 ………… 125
glass thermometer 棒状玻璃温度计 ……… 208
governing equations for convective heat transfer
　对流换热基本方程组 …………………… 57
Graetz number 格拉兹数 …………………… 74
Graetz problem 格拉兹问题 ………………… 73
Grashof number 格拉晓夫数 ………………… 88
grating 衍射光栅 …………………………… 102
gray body 灰体 ……………………………… 108
gray gas 灰体气体 ………………………… 119
gray surface 灰表面 ………………………… 108
groove structure 沟槽结构 ………………… 203
ground state 基态 …………………………… 103
growth period 生长期间 …………………… 133

H

Hagen-Poiseuille flow 哈根-泊肃叶流 ……… 68
heat conduction equation 导热方程 ………… 25
heat conduction 导热,热传导 …………… 1,6,23
heat exchanger 换热器 …………… 1,3,18,183
heat exchange 热交换 ……………………… 183
heat flux 热流密度 ………………………… 7,23
heat pipe 热管 ……………………… 4,124,202
heat pump 热泵 …………………………… 3,204
heat sink 热沉 ……………………………… 195
heat transfer coefficient 传热系数 ………… 9,56
heat transfer mechanism 传热机理 ……… 100
heat transfer rate 传热率 ………………… 6,13
heat transfer 传热学,传热 ………………… 1,5
heat transmission 传热 …………………… 183
heater 加热器 ……………………………… 18
heat 热量 …………………………………… 5
Heisenberg's uncertainty principle
　海森堡不确定性原理 …………………… 103
Heisler chart 海斯勒图 …………………… 46
hemispherical emissivity 半球发射率 ……… 110
hemispherical 半球状 ……………………… 110
Henry's constant 亨利常数 ………………… 169
Henry's law 亨利定律 ……………………… 169
heterogeneous condensation 非均匀凝结 …… 144

heterogeneous nucleation 非均相成核 ……… 131
hollow sphere 球壳 …………………………… 34
homogeneous chemical reaction
　均质化学反应 ……………………………… 167
homogeneous condensation 均匀凝结 ……… 144
homogeneous nucleation 均相成核 ………… 131
homogeneous solidification 均相凝固 ……… 157
horizontal circular cylinder 水平圆柱 ……… 91
horizontal fluid layer 水平流体层 …………… 92
hot-wire velocimeter 热线风速仪 …………… 211
hydraulic diameter 水力直径 ………………… 68
hydrodynamic entrance region 流体入口段 …… 67
hysteresis 滞后 ………………………………… 130

I

ideal gas 理想气体 …………………………… 12
immersion cooling 浸没式冷却 ……………… 205
implicit method 隐式解法 …………………… 50
incident 入射 ………………………………… 101
incipience of boiling 产生气泡 ……………… 128
inclined heated plate 倾斜加热平板 ………… 92
incompressible fluid 不可压缩流体 ………… 61
indirect cooling 间接冷却 …………………… 199
indirect liquid cooling 间接液冷方式 ……… 200
infrared radiation 红外线 …………………… 99
initial condition 初始条件 …………………… 26
insulation material 绝热材料 ……………… 200
insulation technology 绝热技术 …………… 200
integral method 积分法 ……………………… 77
intensive property 强度量 …………………… 125
interface 界面 ………………………………… 124
interfacial tension 界面张力 ………………… 126
internal boiling flow 内部流动沸腾 ………… 141
internal energy 内能 ……………………… 14,17
internal flow 管内流动 ……………………… 56
inundation 淹没 ……………………………… 150
inverted annular flow 逆环状流 …………… 143
irradiation 投入辐射 ………………………… 115
irregular fluctuations 不规则脉动 …………… 79

J

Jakob number 雅各布数 ……………………… 133

K

Kelvin；K 开尔文 …………………………… 102
kinematic viscosity 运动黏度 …………… 62,177
Kirchhoff's law 基尔霍夫定律 ……………… 107

L

Lambert surface 兰贝特面 …………………… 111
Lambert's cosine law 兰贝特余弦定律 ……… 111
laminar flow 层流 …………………………… 56
laminar forced convection from a flat plate
　层流强迫对流换热 ………………………… 75
Laplace coefficient 拉普拉斯系数 ………… 135
Laplace transformation 拉普拉斯变换 ……… 41
Laplace's equation 拉普拉斯方程 ………… 127
Laplacian operator 拉普拉斯算子 …………… 26
laser diode array 激光二极管阵列 ………… 205
Laser-Doppler Velocimetry；LDV
　激光多普勒测速仪 ………………………… 211
latent heat transport 潜热输送机制 ………… 134
latent heat 潜热 ………………………… 14,123
law of the wall 壁面定律 …………………… 82
LDA 激光二极管阵列 ……………………… 205
lead 引线 …………………………………… 195
leaving flux 有效辐射 ……………………… 115
Lewis number 路易斯数 …………………… 177
line of electric force 电力线 ………………… 100
liquefied natural gas 液化天然气 …………… 1
liquid cooling 液体冷却 …………………… 199
liquid phase 液相 …………………………… 124
liquid slug 液塞 ……………………………… 142
local friction coefficient 局部摩擦系数 …… 76
local Grashof number 局部格拉晓夫数 …… 88
local heat flux 局部热流密度 ……………… 9
local heat transfer coefficient 局部换热系数 … 57
local Nusselt number 局部努塞尔数 ……… 74
local Rayleigh number 局部瑞利数 ………… 88
local Reynolds number 局部雷诺数 ……… 76
logarithmic-mean temperature difference
　对数平均温差 ……………………………… 185
lower surface of cooled plate 向下冷却面 …… 91
lower surface of heated plate 向下加热面 …… 92
lumped capacitance model 集总热容法模型 …… 39

M

magnetic field 磁场 …… 100
mass concentration 质量浓度 …… 162
mass density 质量浓度 …… 162
mass diffusion flux 质量扩散通量 …… 164
mass diffusivity 扩散系数 …… 164,177
mass flow rate 质量流量 …… 67
mass flux 质量通量 …… 163
mass fraction 质量分数 …… 163
mass transfer coefficient 传质系数 …… 169,176
mass transfer 传质,物质移动 …… 161
mass-average velocity 质量平均速度 …… 163
mass-transfer Nusselt number
　传质努塞尔数 …… 177
material derivative 物质导数 …… 59
Max Planck 普朗克 …… 102
mean free path 平均自由行程 …… 24
mean velocity 截面平均速度 …… 68
mechanical engineering 机械工程学 …… 1
mechanism 机理 …… 99
media 介质 …… 100
melting temperature 熔解温度 …… 125
melting 溶解 …… 123,153
MEMS 微机电系统 …… 216
method of indices 指数法 …… 216
MHF 最小热流密度 …… 130
micro electromechanical systems
　微机电系统 …… 216
microlayer evaporation 薄液膜蒸发机制 …… 134
microlayer 微液膜 …… 134
microwavable oven 微波炉 …… 100
microwave 微波 …… 100
micro-channel 微槽道 …… 205
minimum fluidization velocity
　流化开始速度 …… 206
minimum heat flux point 最小热流密度点 …… 130
mist flow 雾状流 …… 143
mixed condensation 混合凝结 …… 143,148
mixed convection 混合对流 …… 56
mixed gas 混合气体 …… 151
mixture 混合物 …… 161
MLI 多层绝热材料 …… 201
mode of vibration 振动模式 …… 100
modeling 模型化 …… 220
molar concentration 摩尔浓度 …… 162
molar diffusion flux 摩尔扩散通量 …… 164
molar flux 摩尔通量 …… 163
molar-average velocity 摩尔平均速度 …… 163
mole fraction 摩尔分数 …… 162
molecular diffusion 分子扩散 …… 162
molecule 分子 …… 99
momentum mixing 动量掺混 …… 79
Moody friction factor 穆迪摩擦因子 …… 68
Multi Layer Insulation 多层绝热材料 …… 201

N

natural air cooling 自然空冷 …… 197
natural convection 自然对流 …… 9,56
natural convective heat transfer
　自然对流换热 …… 87
Navier-Stokes equation 纳维-斯托克斯方程 …… 59
net radiation flux 净辐射热流密度 …… 110
Neumann condition 纽曼条件 …… 27
Neumann's solution 纽曼解 …… 155
Newton's law of cooling 牛顿冷却定律 …… 9,56
node 波节 …… 104
nongray body 非灰体 …… 108
nongray surface 非灰表面 …… 108
non-condensing gas 不凝性气体 …… 151
non-Fourier effect 非傅里叶效应 …… 23
normal direction 垂直方向 …… 108
normal emissivity 法向发射率 …… 110
no-slip condition 无滑移条件 …… 64
nuclear power plant 核能发电站 …… 2
nucleate boiling region 核态沸腾区 …… 128
nucleate boiling 核态沸腾 …… 128
nucleation site 汽化核心 …… 129
nuclei 核心 …… 128
Number of Heat Transfer Unit
　传热单元数 …… 189
Nusselt number 努塞尔数 …… 66,177
Nusselt's liquid-film theory
　努塞尔液膜理论 …… 145

O

opaque 不透明 …… 101

open system 开口系统	16
optical thickness 光学厚度	118
orifice meter 孔板式流量计	211
oscillating capillary heat pipe 振荡热管	205
oscillator 振子	103
overall heat transfer coefficient 热通过率,总传热系数	30,183

P

package 组件	195
packed beds 填充层	206
Pai theorem π定理	216
parallel-flow heat exchangers 顺流式换热器	186
partial pressure 分压	163
Particle Image Velocimetry:PIV 粒子图像测速仪	211
Peitier effect 帕尔特效应	204
Peltier element 帕尔特元件	203
perfect emitter 完全辐射体	108
phase change 相变	123,124
phase equilibrium 相平衡	125
phase 相	9,14,124
phonon 声子	15
photon 光子	15
physical quantity 物理量	12
pin fin 针肋	36
pipe 管道	17
Pitot tube 毕托管	211
Planck constant 普朗克常数	102
Planck distribution 普朗克分布	102
Planck's law 普朗克定律	102
plane wall 平板	28,43
plate type heat exchangers 板式换热器	186
plug flow 塞状流	142
pn-junction pn节	198
polar angle 天顶角	111
Polyimid 聚酰亚胺	202
pool boiling 池沸腾	128
post dryout region 干涸后区域	143
power law correction 指数修正公式	83
power plant 发电站	2
power 功率	13

Prandtl number 普朗特数	65,177
pressure drag 压阻	80
pressure 压力	13
printed circuit board 印刷配线基板	195
prism 棱镜	102
production rate 生成速度	167
projected area 投影面积	111
propagation 传播	100
property 物性,物性值,物性参数	7,12,23,166
purification 精制	161
Péclet number 贝克来数	65

Q

| quenching 淬火 | 130 |

R

radiant energy 辐射能	110
radiation intensity 辐射强度	111
radiation thermometer 辐射式温度计	209
radiation 辐射	7,99
radiative heat transfer 辐射传热,热辐射	6,7,99
radiator 散热器	3
radio wave 无线电波	100
radiosity 有效辐射	115
random motion 不规则运动	162
ratio of sensible and latent heat 显热与潜热比	147
real surfaces 真实表面	107
rear stagnation point 后驻点	80
reciprocity law 倒易关系	114
rectangular fin 矩形肋	36
reflection 反射	101
reflectivity 反射率	101
refreshment of heat transfer surface 传热面的刷新效果	152
refrigerant 制冷剂	124,161
refrigerator cycle 制冷循环	204
regenerative heat exchangers 蓄热式换热器	187
region of interference 干涉区	129
region of isolated bubble 孤立气泡区	129
resistance thermometer 电阻式温度计	209

Reynolds averaged Navier-Stokes equation
雷诺平均纳维-斯托克斯方程 …………… 82
Reynolds averaging　雷诺平均 …………… 82
Reynolds decomposition　雷诺分解 ………… 81
Reynolds number　雷诺数 ………………… 65
Reynolds stresses　雷诺应力 ……………… 82
re-entrant cavity　内角空穴 ……………… 132
rotameter　浮子式流量计 ………………… 211
rotational motion　旋转运动 ……………… 100

S

saturated boiling　饱和沸腾 ……………… 128
saturation temperature　饱和温度 ……… 125,151
scale　垢,尺度 ……………………… 194,215
Scmidt number　施密特数 ………………… 177
Seebeck coefficient　赛贝克系数 …………… 204
Seebeck effect　赛贝克热电效应 …………… 208
seed particles　种状颗粒 ………………… 211
selective absorption　选择吸收 …………… 117
self view factor　自身角系数 ……………… 114
semiconductor chip　半导体芯片 …………… 195
semiconductor　半导体 …………………… 4
sensible heat transport　显热输运机制 ……… 134
sensible heat　显热 …………………… 14,123
separation　分离 ………………………… 161
shell-and-tube type heat exchangers
管壳式换热器 …………………………… 187
shell　容器 ……………………………… 187
Sherwood number　舍伍德数 ……………… 177
SI, The International System of Units
国际单位制 ……………………………… 11
similarity law　相似准则 ……………… 215,218
similarity　相似准则 …………………… 65
slug flow　弹状流 ………………………… 142
smooth surface　平滑面 ………………… 101
solid angle　立体角 ……………………… 110
solid cone　固体锥 ……………………… 110
solid phase　固相 ………………………… 124
solidification temperature　凝固温度 ……… 125
solidification　凝固 …………………… 123,153
sonic limitation　音速限制 ………………… 203
Soret effect　索雷特效应 ………………… 180
species　化学组分 ………………………… 162

specific heat at constant pressure　定压比热…… 17
specific heat at constant volume　定容比热 …… 17
spectral absorption coefficient
单色吸收系数 …………………………… 118
spectral absorptivity　单色吸收率 ………… 110
spectral band　波段 ……………………… 106
spectral distribution　波长分布 …………… 103
spectral emissive power　单色辐射能力 …… 102
spectral emissivity　单色发射率 ……… 107,109
spectral normal emissivity
单色法向发射率 ………………………… 108
spectral　单色 …………………………… 109
spectrum　分光 ………………………… 102
specular reflection　镜面反射 ……………… 101
speed of light　光速 ……………………… 100
sphere　球 ……………………………… 86
spherical coordinates system　球坐标系 …… 26
spontaneous nucleation　自成核 …………… 144
staggered arrangement　叉排 ……………… 86
stagnation flow　驻流 …………………… 78
steady flow system　定常流动系统 ………… 16
steam turbine　蒸汽轮机 ………………… 1
Stefan Number　斯忒藩数 ………………… 155
Stefan-Boltzmann constant
斯忒藩-玻尔兹曼常数 ……………… 10,105
Stefan-Boltzmann's law
斯忒藩-玻尔兹曼定理 ………………… 105
Stefan's solution　斯忒藩解 ……………… 156
steradian　球面度 ……………………… 110
stratified flow　分层流 …………………… 142
stream function　流函数 ………………… 75
stress　应力 …………………………… 13
subcooled boiling　过冷沸腾 ……………… 128
subcooling　过冷 …………………… 126,128
sublimation temperature　升华温度 ………… 125
sublimation　升华 …………………… 123,157
substantial derivative　物质导数 …………… 59
summation law　总和关系 ………………… 114
superheated liquid layer　过热液体层 ……… 131
superheating　过热 ……………………… 126
superposition　相互叠加 ………………… 117
surface boiling　表面沸腾 ………………… 128
surface force　表面力 …………………… 58

Index

surface heat exchangers 隔板式换热器 ……… 186
surface tension 表面张力 ……………… 126
system 系统 ……………………………… 5

T

Taylor series expansion 泰勒级数展开 ………… 87
temperature effectiveness 温度效率 ……… 189
temperature gradient 温度梯度 ………… 6,23
terminal velocity 终端速度 ……………… 206
the first law of thermodynamics
　热力学第一定律 ……………………… 15
the first radiation constant 第一辐射常数 …… 102
the law of conservation of species
　化学组分的守恒定律 …………………… 166
the second radiation constant
　第二辐射常数 ………………………… 102
the United States Customary System
　USCS 单位制 ………………………… 13
thermal boundary condition 热边界条件 …… 70
thermal boundary layer thickness
　温度边界层厚度 ……………………… 57
thermal boundary layer 温度边界层 ……… 56
thermal conductance 热导;输热系数 …… 30,202
thermal conductivity 导热系数 ………… 7,23
thermal contact resistance
　接触热阻 ……………………… 27,32,196
thermal diffusivity
　热扩散率,温度传导率 ………………… 26,177
thermal energy generation 内热源 ………… 32
thermal energy 热能 ………………… 5,14
thermal engineering 热工学 ……………… 1
thermal entrance region in a circular tube
　圆管流温度入口段 ……………………… 73
thermal entrance region 温度入口段 ……… 67
thermal equilibrium 热平衡 …………… 6,102
thermal insulation 隔热 ………………… 3
thermal radiation 热辐射 ………… 6,7,10,100
thermal resistance 热阻 ……………… 29,195
thermal stratification 温度分层 ………… 90
thermo siphon 热虹吸管 ………………… 203
thermocouple 热电偶 …………………… 208
thermodynamic temperature 热力学温度 …… 12
thermodynamics 热力学 ………………… 1,5

thermoelectric effect 热电效应 ………… 204
thermoelectromotive force 热电势 ……… 208
thermography 热红外成像仪 …………… 210
thermophysical property 热物性 ………… 7
thermopile 热电堆 ……………………… 210
total absorptivity 全吸收率 …………… 110
total emissive power 全辐射力 ………… 105
total emissivity 全发射率 ……………… 109
total pressure 全压 …………………… 163
total reflectivity 全反射率 ……………… 110
total thermal resistance 总热阻 ………… 30
total 全 ……………………………… 109
transfer 传递 ………………………… 99
transient conduction 瞬态导热 ………… 38
transition boiling region 过渡沸腾区域 …… 130
transition boiling 过渡沸腾 ………… 128,129
transmission 透过 …………………… 101
transmissivity 透过率 ………………… 101
triple point 三相点 …………………… 12
tube bank 管束 ……………………… 86
tube 水管 …………………………… 187
turbulent convective heat transfer
　湍流对流换热 ………………………… 79
turbulent flow over a flat plate
　掠过水平平板的湍流 …………………… 84
turbulent flow 湍流 …………………… 56
turbulent heat flux 湍流热流密度 ……… 82
turbulent mixing 湍流混合,湍流掺混 … 56,80
turbulent natural convection 湍流自然对流 … 91
two-phase flow 气液两相流动 …………… 141

U

ultraviolet radiation 紫外线 …………… 99
universal gas constant 普适气体常数 …… 163
upper surface of cooled plate 向上冷却面 … 92
upper surface of heated plat 向上加热面 … 91

V

vacuum insulation 真空绝热 …………… 201
vacuum 真空 ………………………… 100
vapor column 蒸汽柱 ………………… 129
vapor film 蒸汽膜 …………………… 137
vapor liquid exchange 气液交换机制 …… 134

vapor phase 气相 …………………… 124
vapor plug 气塞 …………………… 142
vapor pressure curve 蒸汽压曲线 ………… 125
vapor pressure 蒸汽压力 …………… 151
vectorial dimensional analysis
　矢量性量纲分析 …………………… 217
velocity boundary layer 速度边界层 ……… 56
Venturi-meter 文丘里管式流量计 ………… 211
vertical flat plate 垂直平板 ………… 88,91
vertical parallel plates 垂直平行平板 ……… 93
vibrational motion 振荡运动 …………… 100
view factor between elemental surfaces
　微小平面间的角系数 ……………… 112
view factor 角系数 ……………… 111,113
viscosity 黏度 …………………… 59
viscous boundary layer 黏性边界层 ……… 56
viscous sublayer 黏性底层 …………… 83
visible light 可见光 …………………… 99
volumetric thermal expansion coefficient
　体[积]膨胀系数 …………………… 61
vortex generator 旋涡发生器 …………… 80

W

waiting period 等待期间 …………… 133
wakelike layer 尾流层 ……………… 83
wall heat flux 壁面热流密度 …………… 65
wall shear stress 壁面剪切应力 ………… 65
wave number 波数 …………………… 99
wavelength 波长 …………………… 99
wavy flow 波状流 …………………… 142
wedge 楔形体 …………………… 78
wettability 润湿性 ………………… 152
wetting 润湿 ……………………… 126
wick 液芯 ………………………… 202
Wiedemann-Franz-Lorenz equation
　威德曼-弗朗兹-劳伦兹方程 …………… 24
Wien's displacement law 维恩位移定律 …… 105
working fluid 工作介质 ……………… 202
work 功 …………………………… 13

X

X-rays X射线 ……………………… 99

Y

Young's equation 杨氏方程 …………… 126

Z

zenithal angle 天顶角 ……………… 111
zeroth-order reaction 0次反应 ………… 173

索　引

（按拼音排序）

A

阿基米德定理　Archimedes principle ………… 87
爱因斯坦总和约定
　Einstein's summation rule …………………… 81

B

半导体　semiconductor ……………………………… 4
半导体芯片　semiconductor chip ………………… 195
半球发射率　hemispherical emissivity ………… 110
半球状　hemispherical ………………………………… 110
伴随气泡生成　generation of bubble …………… 123
邦德数　Bond number ……………………………… 133
棒状玻璃温度计　glass thermometer …………… 208
饱和沸腾　saturated boiling ……………………… 128
饱和温度　saturation temperature ……… 125,151
贝克来数　Peclet number ………………………… 65
贝纳尔格包　Benard cells ………………………… 93
贝努利定理　Bernoulli law ………………………… 64
贝努利方程　Bernoulli's equation ………………… 18
本构方程　constitutive equation ………………… 59
比尔定律　Beer's law ……………………………… 118
毕渥数　Biot number ………………………… 28,38
闭口系统　closed system ………………………… 15
壁面定律　law of the wall ………………………… 82
壁面剪切应力　wall shear stress ………………… 65
壁面热流密度　wall heat flux …………………… 65
边界　boundary …………………………………… 18
边界层　boundary layer …………………………… 9
边界层方程组　boundary layer equations ……… 63
边界层近似　boundary layer approximation …… 63
边界层流动　boundary layer flow ………………… 63
边界层外缘　boundary layer edge ……………… 64
边界条件　boundary condition …………………… 26
边界元法　boundary element method …………… 51
表面沸腾　surface boiling ………………………… 128
表面力　surface force ……………………………… 58
表面张力　surface tension ………………………… 126
表压　gauge pressure ……………………………… 13
并矢积　dyadic multiplication …………………… 58
波长　wavelength …………………………………… 99
波长分布　spectral distribution ………………… 103
波段　spectral band ……………………………… 106
波节　node ………………………………………… 104
波数　wave number ………………………………… 99
波状流　wavy flow ……………………………… 142
玻尔兹曼常数　Boltzmann constant …………… 102
薄液膜蒸发机制　microlayer evaporation …… 134
补充误差函数
　complementary error function …………………… 40
不规则脉动　irregular fluctuations ……………… 79
不规则运动　random motion …………………… 162
不可压缩流体　incompressible fluid …………… 61
不凝性气体　non-condensing gas ……………… 151
不透明　opaque …………………………………… 101
布拉修斯公式　Blasius formula ………………… 83
布辛涅斯克近似　Boussinesq approximation … 88

C

槽道　duct ………………………………………… 17
层流　laminar flow ………………………………… 56
层流强迫对流换热
　laminar forced convection from a flat plate …… 75
叉排　staggered arrangement …………………… 86
差热分析仪
　Differential Thermal Analysis ………………… 210
差热分析仪　DTA ………………………………… 210
产生气泡　incipience of boiling ………………… 128
超声波测速仪　ADV ……………………………… 212
成长期间　growth period ………………………… 133
池沸腾　pool boiling ……………………………… 128
充分发展的温度场
　fully-developed temperature field ………… 67,69
充分发展湍流区　fully-turbulent layer ………… 82
初始条件　initial condition ……………………… 26

传播　propagation …… 100
传递　transfer …… 99
传热单元数　Number of Heat Transfer Unit …… 189
传热机理　heat transfer mechanism …… 100
传热系数　heat transfer coefficient …… 9,56
传热学,传热　heat transfer …… 1,5
传热学　engineering heat transfer …… 1
传质努塞尔数
mass-transfer Nusselt number …… 177
传质系数　mass transfer coefficient …… 169,176
垂直方向　normal direction …… 108
垂直平板　vertical flat plate …… 88,91
垂直平行平板　vertical parallel plates …… 93
磁场　magnetic field …… 100
淬火　quenching …… 130
错流热式换热器
cross-flow heat exchangers …… 186

D

DNB　departure from nucleate boiling …… 143
单色　spectral …… 109
单色发射率　spectral emissivity …… 107,109
单色法向发射率
spectral normal emissivity …… 108
单色辐射能力　spectral emissive power …… 102
单色吸收率　spectral absorptivity …… 110
单色吸收系数
spectral absorption coefficient …… 118
弹状流　slug flow …… 142
导热,热传导　heat conduction …… 1,6,23
导热方程　heat conduction equation …… 25
导热系数　thermal conductivity …… 7,23
倒易关系　reciprocity law …… 114
道尔顿定理　Dalton's law …… 163
等壁面热流密度条件
constant wall heat flux …… 70
等待期间　waiting period …… 133
等摩尔相互扩散
equimolar counterdiffusion …… 171
滴状凝结　drop-wise condensation …… 143,152
狄利克雷条件　Dirichlet condition …… 27
迪富尔效应　Dufour effect …… 180
迪图斯-贝尔特公式

Dittus-Boelter equation …… 83
第二辐射常数
the second radiation constant …… 102
第二类边界条件
boundary condition of the second kind …… 27
第三类边界条件
boundary condition of the third kind …… 27
第一辐射常数　the first radiation constant …… 102
第一类边界条件
boundary condition of the first kind …… 27
电场　electric field …… 100
电磁波　electromagnetic wave …… 7,99
电荷分布　distribution of electric charge …… 100
电解质　dielectric …… 10
电力线　line of electric force …… 100
电偶极子　electric dipole …… 100
电振荡　electric oscillation …… 100
电子仪器的冷却
cooling of electronic equipments …… 195
电阻式温度计　resistance thermometer …… 209
定常流动系统　steady flow system …… 16
定容比热　specific heat at constant volume …… 17
定温度型热线风速仪
Constant Temperature Anemometer …… 211
定温度型热线风速仪　CTA …… 211
定向发射率　directional emissivity …… 110,119
定向发射面　directionally emitting surface …… 111
定向光谱发射率
directional spectral emissivity …… 108
定向透过率　directional transmittivity …… 119
定向吸收率　directional absorptivity …… 119
定压比热　specific heat at constant pressure …… 17
动量掺混　momentum mixing …… 79
对流　convection …… 6,7
对流传/热　convective heat transfer …… 6,7,55,99
对流传质　convective mass transfer …… 162,176
对流换热基本方程组
governing equations for convective heat transfer …… 57
对数平均温差
logarithmic-mean temperature difference …… 185
钝头物体,非流线形物体　blunt body …… 80
多层绝热材料　MLI …… 201
多层绝热材料　Multi Layer Insulation …… 201

多层平板　composite plane wall　……… 31
多层球壳　composite sphere　………… 35
多层圆筒壁　composite cylinder　……… 33

F

Falkner-Skan 流　Falkner-Skan flow　……… 78
发电站　power plant　…………………… 2
发射率　emissivity　……………………… 10
法向放射率　normal emissivity　……… 110
反射　reflection　………………………… 101
反射率　reflectivity　…………………… 101
范宁摩擦系数　Fanning friction factor　……… 68
方位角　azimuthalangle　………………… 11
放射　emission　………………………… 7,99
放射角　emission angle　………………… 108
非傅里叶效果　non-Fourier effect　……… 23
非灰表面　nongray surface　…………… 108
非灰体　nongray body　………………… 108
非均相成核　heterogeneous nucleation　……… 131
非均匀凝结　heterogeneous condensation　……… 144
沸腾　boiling　…………………………… 9,123
沸腾界限　boiling limitation　…………… 203
沸腾冷却　boiling cooling　……………… 199
沸腾曲线　boiling curve　………………… 128
费克第二定律
Fick's second law of diffusion　………… 168
费克扩散定理　Fick's law of diffusion　……… 164
分层流　stratified flow　………………… 142
分光　spectrum　………………………… 102
分离　separation　………………………… 161
分散板　distributor　…………………… 206
分压　partial pressure　………………… 163
分子　molecule　………………………… 99
分子扩散　molecular diffusion　………… 162
封闭空间　enclosed system　…………… 114
浮力　buoyancy　………………………… 87
浮子式流量计　rotameter　……………… 211
辐射　radiation　………………………… 7,99
辐射传热　radiative heat transfer　……… 6,7,99
辐射能　emissive power　……………… 10
辐射能　radiant energy　………………… 110
辐射强度　radiation intensity　………… 111
辐射式温度计　radiation thermometer　……… 209
傅里叶定律　Fourier's law　…………… 7,23

傅里叶数　Fourier numbers　…………… 28,41

G

γ射线　gamma-rays　…………………… 99
干涸　dryout　…………………………… 143
干涸后区域　post dryout region　……… 143
干涉区　region of interference　………… 129
干燥　drying　…………………………… 161
高斯散度定理　divergence theorem　……… 58
格拉晓夫数　Grashof number　………… 88
格拉兹数　Graetz number　……………… 74
格拉兹问题　Graetz problem　…………… 73
隔板式换热器　surface heat exchangers　……… 186
隔热　thermal insulation　……………… 3
工作介质　working fluid　……………… 202
功　work　………………………………… 13
沟槽结构　groove structure　…………… 203
垢,尺度　scale　………………………… 194,215
孤立气泡区　region of isolated bubble　……… 129
固体锥　solid cone　……………………… 110
固相　solid phase　……………………… 124
管壳式换热器
shell-and-tube type heat exchangers　……… 187
管内沸腾　flow boiling in tube　………… 141
管内流动　internal flow　………………… 56
管束　tube bank　………………………… 86
光速　speed of light　…………………… 100
光学厚度　optical thickness　…………… 118
国际单位
SI, The International System of Units　……… 11
过渡沸腾　transition boiling　…………… 128,129
过渡沸腾区域　transition boiling region　……… 130
过冷　subcooling　……………………… 126,128
过冷度　degree of subcooling　………… 126,128
过冷沸腾　subcooled boiling　…………… 128
过热　superheating　…………………… 126
过热度　degree of superheating　……… 126
过热液体层　superheated liquid layer　……… 131

H

heater　加热器　………………………… 18
哈根-泊肃叶流　Hagen-Poiseuille flow　……… 68
海森堡不确定性原理
Heisenberg's uncertainty principle　……… 103

海斯勒图　Heisler chart …………… 46
焓值　enthalpy …………………… 17
核能发电站　nuclear power plant ………… 2
核态沸腾　nucleate boiling ………… 128
核态沸腾区　nucleate boiling region ……… 128
核心　nuclei ……………………… 128
黑体　black body ………………… 10,102
黑体表面　black surface ……………… 102
黑体放射率　blackbody emissive power …… 10
黑体辐射比率
　fraction of blackbody emissive power …… 106
亨利常数　Henry's constant …………… 169
亨利定律　Henry's law ……………… 169
恒壁温条件
　constant wall temperature …………… 27,70
横向肋片式换热器
　cross-fin type heat exchangers ………… 187
红外线　infrared radiation ……………… 99
后驻点　rear stagnation point …………… 80
华氏温度　Fahrenheit ………………… 12
化学组分的守恒定律
　the law of conservation of species ……… 166
化学组分　species …………………… 162
环雾状流　drop-annular flow ………… 142
环状流　annular flow ………………… 142
缓冲层　buffer layer ………………… 83
灰表面　gray surface ………………… 108
灰体　gray body ……………………… 108
灰体气体　gray gas ………………… 119
混合对流　mixed convection …………… 56
混合凝结　mixed condensation ……… 143,148
混合气体　mixed gas ………………… 151
混合物　mixture ……………………… 161
活性空穴　active cavity ……………… 131

J

伽利略数　Galileo number …………… 147
机理　mechanism …………………… 99
机械工程学　mechanical engineering ……… 1
积分法　integral method ……………… 77
基尔霍夫定律　Kirchhoff's law ………… 107
基态　ground state ………………… 103
激光多普勒测速仪
　Laser-Doppler Velocimetry，LDV ……… 211
激光二极管阵列　laser diode array ……… 205
激光二极管阵列　LDA ……………… 205
吉布斯相定律　Gibbs's phase rule ……… 125
吉布斯自由能　Gibbs free energy ……… 125
集总热容法模型　lumped capacitance model … 39
间接冷却　indirect cooling ……………… 199
间接液冷方式　indirect liquid cooling ……… 200
角关系　angle factor ………………… 113
角关系　configuration factor …………… 113
角关系　geometrical factor …………… 113
角系数　view factor ………………… 111,113
接触角　contact angle ………………… 126
接触热阻
　thermal contact resistance ……… 27,32,196
截面平均速度　mean velocity …………… 68
介质　media ………………………… 100
界面　interface ……………………… 124
界面张力　interfacial tension …………… 126
紧凑式换热器　compact heat exchangers …… 187
精制　purification …………………… 161
净辐射热流密度　net radiation flux ……… 110
镜面反射　specular reflection ………… 101
局部格拉晓夫数　local Grashof number ……… 88
局部换热系数　local heat transfer coefficient … 57
局部雷诺数　local Reynolds number ……… 76
局部摩擦系数　local friction coefficient ……… 76
局部努塞尔数　local Nusselt number ……… 74
局部平衡假设
　assumption of local equilibrium ………… 157
局部热流密度　local heat flux ……………… 9
局部瑞利数　local Rayleigh number ……… 88
矩形肋　rectangular fin ………………… 36
聚合　bubble coalescence ……………… 129
聚酰亚胺　Polyimid ………………… 202
卷吸限制　entrainment limitation ………… 203
绝对温度　absolute temperature …… 12,99,102
绝对压力　absolute pressure …………… 13
绝热材料　insulation material …………… 200
绝热段　adiabatic section ……………… 202
绝热技术　insulation technology ………… 200
绝热条件　adiabatic condition …………… 27

均相成核　homogeneous nucleation ………… 131
均相凝固　homogeneous solidification ……… 157
均匀凝结　homogeneous condensation ……… 144
均质化学反应
　homogeneous chemical reaction ………… 167

K

卡路里　calorie ……………………………… 13
卡诺循环　Carnot cycle ……………………… 19
开尔文　K；Kelvin …………………………… 102
开口系统　open system ……………………… 16
科尔伯恩相似定律　Colburn analogy ……… 83
粒子图像测速仪
　Particle Image Velocimetry，PIV ………… 211
可见光　visible light ………………………… 99
克拉珀龙-克劳修斯方程
　Clapeyron-Clausius equation …………… 125
空调机　air conditioner ……………………… 124
空冷技术　air-cooling technology …………… 197
空穴　cavity …………………………………… 131
孔板式流量计　orifice meter ………………… 211
控制面　control surface ……………………… 18
控制体　control volume …………………… 18,57
扩散　diffusion ……………………………… 162
扩散方程　diffusion equation ……………… 168
扩散速度　diffusion velocity ………………… 164
扩散系数　diffusion coefficient ………… 164,177
扩散系数　mass diffusivity ……………… 164,177
扩展传热面　extended surface ……………… 35

L

0 次反应　zeroth-order reaction …………… 173
拉普拉斯变换　Laplace transformation …… 41
拉普拉斯方程　Laplace's equation ………… 127
拉普拉斯算子　Laplacian operator ………… 26
拉普拉斯系数　Laplace coefficient ………… 135
兰贝特面　Lambert surface ………………… 111
兰贝特余弦定律　Lambert's cosine law …… 111
雷诺分解　Reynolds decomposition ………… 81
雷诺平均　Reynolds averaging ……………… 82
雷诺平均纳维-斯托克斯方程
　Reynolds averaged Navier-Stokes equation … 82
雷诺数　Reynolds number …………………… 65

雷诺应力　Reynolds stresses ………………… 82
肋　fin ………………………………………… 35
肋化传热面　finned surface ………………… 35
肋效率　fin efficiency ………………………… 36
棱镜　prism …………………………………… 102
冷板　cold plate ……………………………… 199
冷凝段　condenser section …………………… 202
冷凝器　condenser …………………………… 18
冷却器　cooler ………………………………… 18
离散　discrete ………………………………… 103
理想气体　ideal gas …………………………… 12
力　force ……………………………………… 13
立体角　solid angle ………………………… 110
连续光谱　continuous spectrum …………… 117
连续性方程　equation of continuity …… 58,167
联合对流　combined convection …………… 56
联合循环　combined cycle …………………… 2
量纲分析　dimensional analysis …………… 216
临界半径　critical radius …………………… 127
临界干度　critical quality …………………… 143
临界雷诺数　critical Reynolds number …… 67
临界热流密度点　CHF point ……………… 129
临界热流密度点　critical heat flux point …… 129
流动沸腾　flow boiling ……………………… 128
流动分离　flow separation …………………… 80
流动形态　flow pattern ……………………… 141
流函数　stream function …………………… 75
流化层，流化床　fluidized beds …………… 206
流化开始速度
　minimum fluidization velocity …………… 207
流体平均温度　bulk mean temperature …… 69
流体入口段
　hydrodynamic entrance region …………… 67
路易斯数　Lewis number …………………… 177
掠过水平平板的湍流
　turbulent flow over a flat plate …………… 84

M

漫反射　diffuse reflection …………………… 101
毛细管常数　capillary constant …………… 135
毛细力　capillary force ……………………… 202
毛细限制　capillary limitation ……………… 203
密闭空间　enclosure ………………………… 102

模型化 modeling …… 220
膜态沸腾 film boiling …… 128,129
膜温度 film temperature …… 87,147
膜状凝结 film-wise condensation …… 144
摩擦阻力 friction drag …… 80
摩尔分数 mole fraction …… 162
摩尔扩散通量 molar diffusion flux …… 164
摩尔浓度 molar concentration …… 162
摩尔平均速度 molar-average velocity …… 163
摩尔通量 molar flux …… 163
穆迪摩擦因子 Moody friction factor …… 68

N

纳维-斯托克斯方程
Navier-Stokes equation …… 59
内部流动沸腾 internal boiling flow …… 141
内角空穴 re-entrant cavity …… 132
内能 internal energy …… 14,17
内热源 thermal energy generation …… 32
能级 energy level …… 103
能量 energy …… 5
能量方程 energy equation …… 61
逆环状流 inverted annular flow …… 143
逆流式换热器
counter-flow heat exchangers …… 186
黏度 viscosity …… 59
黏性边界层 viscous boundary layer …… 56
黏性底层 viscous sublayer …… 83
凝固 solidification …… 123,153
凝固温度 solidification temperature …… 125
凝结 condensation …… 9,123,143
凝结气体 condensing gas …… 151
凝结数 condensation number …… 148
牛顿冷却定律 Newton's law of cooling …… 9,56
纽曼解 Neumann's solution …… 155
纽曼条件 Neumann condition …… 27
浓度 concentration …… 161
努塞尔数 Nusselt number …… 66,177
努塞尔液膜理论
Nusselt's liquid-film theory …… 145

P

pn 节 pn-junction …… 198

π 定理 Pai theorem …… 216
板式换热器 plate type heat exchangers …… 186
毕托管 Pitot tube …… 211
帕尔特效应 Peitier effect …… 204
帕尔特元件 Peltier element …… 203
泡状流 bubbly flow …… 141
频率 frequency …… 99
平板 plane wall …… 28,43
平滑面 smooth surface …… 101
平均换热系数
average heat transfercoefficient …… 57
平均摩擦系数
average friction coefficient …… 65,76
平均自由行程 mean free path …… 24
平行平板间的充分发展流体
fully-developed flow between parallel plates …… 68
普朗克 Max Planck …… 102
普朗克常数 Planck constant …… 102
普朗克定律 Planck's law …… 102
普朗克分布 Planck distribution …… 102
普朗特数 Prandtl number …… 65,177
普适气体常数 universal gas constant …… 163

Q

浸没式冷却 immersion cooling …… 205
气泡核 bubble nuclei …… 129
气泡扰动机制 bubble agitation …… 134
气泡周期 bubbling cycle …… 130
气塞 vapor plug …… 142
气体常数 gas constant …… 163
气相 vapor phase …… 124
气液交换机制 vapor liquid exchange …… 134
气液两相流动 two-phase flow …… 141
汽化核心点 nucleation site …… 129
前驻点 front stagnation point …… 80
潜热 latent heat …… 14,123
潜热输送机制 latent heat transport …… 134
强度量 intensive property …… 125
强迫对流 forced convection …… 9,56
强迫流动沸腾冷却
forced convective boiling cooling …… 199
强制空冷 forced air cooling …… 197
倾斜加热平板 inclined heated plate …… 92

索　引

球　sphere ……… 86
球壳　hollow sphere ……… 34
球面度　steradian ……… 110
球坐标系　spherical coordinates system ……… 26
驱动力　driving force ……… 162
全　total ……… 109
全发射率　total emissivity ……… 109
全辐射力　total emissive power ……… 105
全吸收率　total absorptivity ……… 110
全压　total pressure ……… 163

R

传热　heat transmission ……… 183
传热率　heat transfer rate ……… 6,13
恒热流　constant heat flux ……… 27
换热器　heat exchanger ……… 1,3,18,183
搅拌流　churn flow ……… 142
燃气轮机　gas turbine ……… 1
热　heat ……… 5
热泵　heat pump ……… 3,204
热边界条件　thermal boundary condition ……… 70
热传导,导热传热,对流传热
conductive heat transfer ……… 6,23,99
热导,输热系数　thermal conductance ……… 30,202
热电堆　thermopile ……… 210
热电偶　thermocouple ……… 208
热电热　thermoelectromotive force ……… 208
热电效应　thermoelectric effect ……… 204
热辐射　thermal radiation ……… 6,7,10,100
热工学　thermal engineering ……… 1
热管　heat pipe ……… 4,124,202
热红外成像仪　thermography ……… 210
热虹吸管　thermo siphon ……… 203
热计量　calorimetry ……… 210
热交换　heat exchange ……… 183
热况　heat sink ……… 195
热扩散率,温度传导率
thermal diffusivity ……… 26,177
热力学　thermodynamics ……… 1,5
热力学第一定律
the first law of thermodynamics ……… 15
热力学温度　thermodynamic temperature ……… 12
热量　amount of heat ……… 13
热流密度　heat flux ……… 7,23
热能　thermal energy ……… 5,14
热平衡　thermal equilibrium ……… 6,102
热通过率,总电热系数
overall heat transfer coefficient ……… 30,183
热物性　thermophysical property ……… 7
热线风速仪　hot-wire velocimeter ……… 211
热阻　thermal resistance ……… 29,195
熔解　melting ……… 123,153
熔解温度　melting temperature ……… 125
入射　incident ……… 101
润湿　wetting ……… 126
润湿性　wettability ……… 152

S

塞状流　plug flow ……… 142
赛贝克热电效应　Seebeck effect ……… 208
赛贝克系数　Seebeck coefficient ……… 204
三相点　triple point ……… 12
散热器　radiator ……… 3
熵增率　entropy generation rate ……… 19
烧毁　burnout ……… 129
烧毁点　burnout point ……… 129
烧蚀　ablation ……… 157
舍伍德数　Sherwood number ……… 177
设计　design ……… 220
摄氏温度　Celcius ……… 12
升华　sublimation ……… 123,157
升华温度　sublimation temperature ……… 125
生成速度　production rate ……… 167
声子　phonon ……… 15
矢量性量纲分析
vectorial dimensional analysis ……… 217
水管　tube ……… 187
水力直径　hydraulic diameter ……… 68
水平流体层　horizontal fluid layer ……… 92
水平圆柱　horizontal circular cylinder ……… 91
顺流式热换器
parallel-flow heat exchangers ……… 186
顺排　aligned arrangement ……… 86
瞬态导热　transient conduction ……… 38
斯忒藩-玻尔兹曼常数
Stefan-Boltzmann constant ……… 10,105

斯忒藩-玻尔兹曼定理
Stefan-Boltzmann's law ……… 105
斯忒藩解 Stefan's solution ……… 156
斯忒藩数 Stefan Number ……… 155
速度边界层 velocity boundary layer ……… 56
索雷特效应 Soret effect ……… 180

T

泰勒级数展开 Taylor series expansion ……… 87
套管式换热器
double-tube type heat exchangers ……… 186
提取 extraction ……… 161
体[积]膨胀系数
volumetric thermal expansion coefficient ……… 61
体积力 body force ……… 58
天顶角 polar angle ……… 111
天顶角 zenithal angle ……… 111
填充层 packed beds ……… 206
投入辐射 arriving flux ……… 115
投入辐射 irradiation ……… 115
投影面积 projected area ……… 111
透过 transmission ……… 101
透过率 transmissivity ……… 101
涡流 eddies ……… 79
湍流 turbulent flow ……… 56
湍流对流换热
turbulent convective heat transfer ……… 79
湍流混合,湍流掺混 turbulent mixing ……… 56,80
湍流热流密度 turbulent heat flux ……… 82
湍流自然对流
turbulent natural convection ……… 91
脱离频率 frequency of bubble departure ……… 133

U

USCS 单位制
the United States Customary System ……… 13

W

外部流动 external flow ……… 56
外部流动沸腾 external boiling flow ……… 141
完全辐射体 perfect emitter ……… 108
完全漫发反射面 diffusely emitting surface ……… 111

威德曼-弗朗斯-劳伦兹方程
Wiedemann-Franz-Lorenz equation ……… 24
微波 microwave ……… 100
微波炉 microwavable oven ……… 100
微槽道 micro-channel ……… 205
微机电系统 MEMS ……… 216
微机系统
micro electromechanical systems ……… 216
微小平面间的角系数
view factor between elemental surfaces ……… 112
微液膜 microlayer ……… 134
维恩位移定律 Wien's displacement law ……… 105
尾流层 wakelike layer ……… 83
温度边界层 thermal boundary layer ……… 56
温度边界层厚度
thermal boundary layer thickness ……… 57
温度分层 thermal stratification ……… 90
温度入口段 thermal entrance region ……… 67
温度梯度 temperature gradient ……… 6,23
温度效率 temperature effectiveness ……… 189
文丘里管式流量计 Venturi-meter ……… 211
涡扩散 eddy diffusion ……… 176
涡旋发生器 vortex generator ……… 80
污垢 fouling ……… 194
污垢系数 fouling factor ……… 194
无滑移条件 no-slip condition ……… 64
无量纲数 dimensionless number ……… 215,216
无线电波 radio wave ……… 100
物理量 physical quantity ……… 12
物性 property ……… 7,12,23,166
物质导数 material derivative ……… 59
物质导数 substantial derivative ……… 59
物质移动,传质 mass transfer ……… 161
误差函数 error function ……… 40,154
雾状流 mist flow ……… 143

X

X 射线 X-rays ……… 99
施密特数 Scmidt number ……… 177
吸收 absorption ……… 101
吸收带 absorption band ……… 117
吸收率 absorptivity ……… 101

索　引

系统　system ……………………………… 5
显热　sensible heat …………………… 14,123
显热输运机制　sensible heat transport ……… 134
显热与潜热比（显热比潜热）
　ratio of sensible and latent heat ……… 147
显式解法　explicit method ……………… 50
相　phase ………………………… 9,14,124
相变　phase change ………………… 123,124
相互叠加　superposition ………………… 117
相平衡　phase equilibrium ……………… 125
相似准则　similarity law …………… 215,218
相似准则　similarity …………………… 65
向上加热面　upper surface of heated plat …… 91
向上冷却面　upper surface of cooled plate …… 92
向下加热表面　lower surface of heated plate … 92
向下冷却面　lower surface of cooled plate … 91
楔形体　wedge …………………………… 78
芯材　core material ……………………… 201
蓄热式换热器
　regenerative heat exchangers …………… 187
旋转运动　rotational motion …………… 100
选择吸收　selective absorption ………… 117

Y

1次反应　first-order reaction ………… 173
压力　pressure …………………………… 13
压阻　pressure drag ……………………… 80
雅各布数　Jakob number ………………… 133
淹没　inundation ………………………… 150
衍射光栅　grating ……………………… 102
杨氏方程　Young's equation ………… 126
液化天然气　liquefied natural gas ……… 1
液膜雷诺数　film Reynolds number ……… 148
液塞　liquid slug ……………………… 142
液体冷却　liquid cooling ……………… 199
液相　liquid phase ……………………… 124
液芯　wick ……………………………… 202
音速限制　sonic limitation …………… 203
引线　lead ……………………………… 195
隐式解法　implicit method ……………… 50
印刷配线基板　printed circuit board …… 195
应力　stress ……………………………… 13
㶲　exergy ……………………………… 19

有限差分法　finite difference method ……… 48
有限元方法　finite element method ………… 50
有效辐射　leaving flux ………………… 115
有效辐射　radiosity …………………… 115
有效辐射传热系数
　effective radiation heat transfer coefficient ……… 10
有效扩散系数
　effective binary diffusion coefficient ……… 166
原子　atom ……………………………… 99
圆管流温度入口段
　thermal entrance region in a circular tube ……… 73
圆管内的充分发展流
　fully-developed flow in a circular tube ………… 68
圆筒壁　cylinder ………………………… 33
圆柱　circular cylinder ………………… 78,85
圆柱坐标系　cylindrical coordinates system …… 26
运动黏度　kinematic viscosity ………… 62,177

Z

折流板　baffle ………………………… 187
针肋　pin fin …………………………… 36
真空绝热　vacuum insulation ………… 201
真空中　vacuum ………………………… 100
真实表面　real surfaces ……………… 107
振荡热管
　oscillating capillary heat pipe ………… 205
振荡运动　vibrational motion ………… 100
振动模式　mode of vibration ………… 100
振子　oscillator ………………………… 103
蒸发　evaporation ……………………… 123
蒸发传热　evaporation heat transfer ……… 123
蒸发段　evaporator section …………… 202
蒸发器　evaporator ……………………… 18
蒸汽轮机　steam turbine ………………… 1
蒸汽膜　vapor film ……………………… 137
蒸汽压力　vapor pressure ……………… 151
蒸汽压曲线　vapor pressure curve …… 125
蒸汽柱　vapor column ………………… 129
直角坐标系　Cartesian coordinates …… 25
直接接触换热器
　direct contact heat exchanger ………… 187
直接接触凝结　direct contact condensation … 144
直接冷却　direct cooling ……………… 199

直接液冷方式　direct liquid cooling ………… 199
指数法　method of indices ……………… 216
制冷剂　refrigerant ……………… 124,161
制冷循环　refrigerator cycle …………… 204
质量分数　mass fraction ………………… 163
质量扩散通量　mass diffusion flux ……… 164
质量流量　mass flow rate ………………… 67
质量浓度　mass concentration …………… 162
质量浓度　mass density …………………… 162
质量平均速度　mass-average velocity ……… 163
质量通量　mass flux ……………………… 163
滞后　hysteresis …………………………… 130
中央处理器　(central processing unit, CPU) …… 4
终端速度　terminal velocity ……………… 206
种状颗粒　seed particles ………………… 211

主体速度　bulk velocity …………………… 163
驻流　stagnation flow ……………………… 78
状态方程　equation of state ……………… 61
紫外线　ultraviolet radiation ……………… 99
自成核　spontaneous nucleation ………… 144
自身角系数　self view factor …………… 114
自由对流　free convection ……………… 9,56
总反射率　total reflectivity ……………… 110
总合关系　summation law ………………… 114
总热阻　total thermal resistance ………… 30
阻力危机　drag crisis ……………………… 80
阻力系数　drag coefficient ………………… 80
组件　package ……………………………… 195
最小热流密度　MHF ……………………… 130
最小热流速度点　minimum heat flux point … 130

常用物质的物性

(选自日本机械工程学会,《传热学手册》,修订版第 4 版,1986)

物质的主要物性

物 性	符 号	单 位	物 性	符 号	单 位
温度	T	K	普朗特常数	Pr	—
压力	p	Pa	表面张力	σ	mN/m
密度	ρ	kg/m³	电阻抗率	σ_e	$\Omega \cdot$ m
比热	c	J/(kg·K)	熔点	T_m	K
定压比热	c_p	J/(kg·K)	沸点	T_b	K
黏度	μ	Pa·s	熔解热	Δh_m	J/kg
运动黏度	ν	m²/s	蒸发热	Δh_v	J/kg
热传导率	k	W/(m·K)	临界温度	T_c	K
热扩散率	α	m²/s	临界压力	p_c	Pa

气体的物理性质(备注:默认压力 $p=1.013\times10^5\,\text{Pa}$)

物 质	T	ρ	c_p	μ	ν	k	α	Pr	备 注
			$\times10^3$	$\times10^{-5}$	$\times10^{-5}$	$\times10^{-2}$	$\times10^{-5}$		
空气	200	1.767 9	1.009	1.34	0.758	1.810	1.015	0.747	
	300	1.176 3	1.007	1.862	1.583	2.614	2.207	0.717	
	400	0.881 8	1.015	2.327	2.639	3.305	3.693	0.715	
氦 He	300	0.162 53	5.193	1.993	12.26	15.27	18.09	0.678	$T_b=4.21$
氩 Ar	300	1.623 7	0.521 5	2.271	1.399	1.767	2.09	0.670	$T_b=87.5$
氢气 H_2	300	0.081 83	14.31	0.896	10.95	18.1	15.5	0.71	$T_b=20.39$
氮气 N_2	300	1.138 2	1.041	1.787	1.570	2.598	2.193	0.716	$T_b=77.35$
氧气 O_2	300	1.300 7	0.920	2.072	1.593	2.629	2.20	0.725	$T_b=90.0$
二氧化碳 CO_2	300	1.796 5	0.851 8	1.491	0.830	1.655	1.082	0.767	
水 H_2O	400	0.555 0	2.000	1.329	2.40	2.684	2.418	0.990	$T_b=373.5$
氨气 NH_3	300	0.698 8	2.169	1.03	1.47	2.46	1.62	0.91	$T_b=239.8$
甲烷 CH_4	300	0.652 7	2.24	1.117	1.711	3.350	2.29	0.747	$T_b=111.63$
丙烷 C_3H_8	300	1.819 6	1.684	0.821	0.451	1.84	0.6	0.75	$T_b=231.1$

液体的物理性质(备注:默认压力 $p=1.013\times10^5\,\text{Pa}$)

物 质	T	ρ	c_p	μ	ν	k	α	Pr	备 注
		$\times10^3$	$\times10^3$	$\times10^{-4}$	$\times10^{-7}$		$\times10^{-7}$		
水 H_2O	300	0.996 62	4.179	8.544	8.573	0.610 4	1.466	5.850	$T_m=273.15, T_b=373.5, p_c=2.212\times10^7$
	360	0.967 21	4.202	3.267	3.378	0.671 0	1.651	2.064	$T_c=647.30, \Delta h_v=2.257\times10^6$
二氧化碳 CO_2	280	0.884 19	2.787	0.908	1.030	0.104	0.422	2.44	$p=4.160\times10^6, \Delta h_v=3.68\times10^5, T_c=304.2$ 升华温度:194.7, $p_c=7.38\times10^6$
氨气 NH_3	280	0.629 32	4.661	1.69	2.69	0.524	1.79	1.50	$p=5.51\times10^5, T_b=239.8, \Delta h_v=1.991\times10^5$
乙二醇 $C_2H_4(OH)_2$	300	1.112	2.416	157.0	141.0	0.258	0.959	147	$T_b=471, \Delta h_v=7.996\times10^5$
丙三醇 $C_3H_5(OH)_3$	300	1.257	2.385	7820	6220	0.288	0.961	6480	
乙醇 C_2H_5OH	300	0.783 5	2.451	10.45	13.34	0.166	0.864	15.43	$T_m=175.47, T_b=351.7, \Delta h_v=8.548\times10^5$
甲醇 CH_3OH	300	0.784 9	2.537	5.33	6.79	0.202 2	1.015	6.69	$T_m=159.05, T_b=337.8, \Delta h_v=1.190\times10^6$
甲烷 CH_4	100	0.438 88	3.38	1.443	3.288	0.214	1.44	2.28	$T_b=111.63, \Delta h_v=5.10\times10^5$
润滑油	320	0.872	1.985	1470	1690	0.143	0.825	2 040	
煤油	320	0.803	2.13	9.92	12.35	0.112 1	0.655	18.9	
汽油	300	0.746	2.09	4.88	6.54	0.115 0	0.738	8.86	
R 113 $CCl_2F\cdot CClF_2$	300	1.557 1	0.959	6.35	4.08	0.072 3	0.484	8.42	$T_b=320.71, \Delta h_v=1.438\,5\times10^5$
水银 Hg	300	13.528	0.139	15.2	1.12	8.52	45.3	0.025	$T_m=234.28, T_b=630$